赏艾景奖精品力作

见时代风景园林风范

壬辰深秋

孟兆桢

国际园林景观规划设计行业协会
International Landscape Design Industry Association

国际园林景观规划设计行业协会（International Landscape Design Industry Association，ILIA）是由世界各地热爱园林景观设计工作者自愿参与组成，2009 年经国家批准在中国香港依法正式登记注册的非营利性国际性社会团体和自律性行业管理组织，在多国设有办事机构，亚太区联络处设在中国北京，由该协会秘书长龚兵华主持工作。

本会使命是：以社群利益为依归，促进园林景观行业的发展，保护人居环境，寻求提升和确保景观规划设计专业及其从业人员的地位和利益；促进社会对景观规划设计贡献的认知，推广景观规划设计的教育和研究，寻求创造人类需求和户外环境的协调，最终为创造一个节能、低碳、生态及宜居的人居环境贡献力量。

本会专业领域包括：园林景观设计、城市规划设计、公共环境设计、职业技能鉴定、技术交流、咨询服务、国际交流与合作等。主要业务包括：

◆ 举办国际间学术交流活动、促进科技发展与合作

◆ 开展国际景观规划师等园林景观行业的专业认证

◆ 颁发有利于园林景观行业发展的奖项以示鼓励

◆ 从事园林景观规划设计行业研究，景观设计人才培养

◆ 园林景观设计专业设计服务

◆ 定期发布专业杂志

◆ 提供协会专业设计师名录

◆ 行业发展境况咨询服务

◆ 最新的园林景观设计科技信息

◆ 提供协会专业书籍和注册景观设计师考试的复习材料

◆ 提供参与实习项目的机会

◆ 继续教育和培训机会

◆ 享受会员折扣

◆ 享受景观设计大赛参赛资格

◆ 景观设计公司及组织的推荐列表服务

地址：北京市西直门内大街玉桃园 3 区 13 号楼
邮编：100035
电话：86-10-56295611
邮箱：expo@ilia.hk
网址：www.ilia.hk

世界屋顶绿化协会
International Rooftop Landscaping Association

世界屋顶绿化协会（International Rooftop Landscaping Association, IRLA）由屋顶绿化工作者自愿组成，2009 年 8 月 7 日在美国依法正式登记注册的非盈利社会团体。在多国设有办事机构，亚太区联系处设在中国，由该协会秘书长王仙民先生主持工作。

本会宗旨是：组织和团结屋顶绿化工作者，热爱和平、保护地球环境；建设低碳、节能、宜居，景观优美的生态环境；开展屋顶造田、发展屋顶农业、提高土地利用率，促进人类社会可持续发展

本协会专业领域包括：屋顶绿化、墙体绿化、室内绿化等，碳汇建筑、建筑节能、节地、雨水收集利用，屋顶造田、生态修复保护、规划、建设、管理。主要业务包括：

◆ 举办国际间学术交流活动，促进科技发展与合作；

◆ 推广普及新技术，号召人人参与绿化美化自己的居住环境；

◆ 颁发有利于屋顶绿化事业发展的奖项；

◆ 开展专业教育研究、促进专业人才培养

地址：北京市海淀区三里河路建设部 9 号院 4 号楼 105 室
邮编：100037
电话：86-10-67115339
传真：86-10-68312977
E-mail：bj6312@sina.com
世界屋顶绿化网：www.greenrooftops.cn

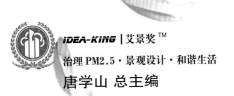

治理PM2.5·景观设计·和谐生活

唐学山 总主编

艾景奖

专业组

Selected Works in 2012 China Int'l Landscape Planning Awards
—— 2011~2012 IDEA-KING Awards Year Book

2012中国国际景观规划设计获奖作品精选

—— 2011~2012年度艾景奖原创作品年鉴

（上）

国际园林景观规划设计行业协会 编

龚兵华 主编　　　**王向荣 李存东** 副主编

中国林业出版社

图书在版编目 (CIP) 数据

2012中国国际景观规划设计获奖作品精选（上）：2011
～2012年度艾景奖原创作品年鉴 ／ 国际园林景观规划设计
行业协会 编 ． -- 北京 ：中国林业出版社，2012.10
　　ISBN 978-7-5038-6784-2

　　Ⅰ．① 2… Ⅱ．①国… Ⅲ．①景观设计－作品集－世
界－现代 Ⅳ．① TU986.2

中国版本图书馆 CIP 数据核字 (2012) 第 237089 号

策划　刘开运
出版　中国林业出版社（100009　北京市西城区德内大街刘海胡同 7 号）
E-mail：13901070021@163.com
电话　010-83283569
印刷　廊坊市佰利得彩印制版有限公司
发行　新华书店北京发行所
印次　2012 年 12 月第 1 版第 1 次
开本　880mm×1230mm　1/16
印张　24.5
字数　550 千字
印数　5000
定价　480.00 元（上 下）
（凡购买本社的图书，如有缺页、倒页、脱页者，本社营销中心负责调换 电话：010-83223115）

Selected Works in 2012 China Int'l Landscape Planning Awards
—2011~2012 IDEA-KING Awards Year Book

2012 中国国际景观规划设计获奖作品精选

——2011 ~ 2012 年度艾景奖原创作品年鉴

编委会

序

"艾景奖"国际景观规划设计大赛是具有世界影响力的专业赛事,一代宗师,园林教育专家、中国工程院资深院士陈俊愉先生曾对此活动高度关注,并为大赛题词作为支持。这位一生献身于绿化行业的园林泰斗与世长辞,业界为之扼腕叹息……他勉励大家努力学习,将我国的园林景观事业发展壮大,其一生对园林事业的热忱与执着将会激励我们每一个人。

"艾景奖"在总结首届赛事经验的基础上,推陈出新、借鉴经验、集思广益,第二届大赛以"治理PM2.5·景观规划设计·和谐生活"为主题,以"文化融合、时尚创意、生态低碳"为宗旨,倡导和谐节约的景观设计理念,鼓励大家运用新技术、新材料、新能源来设计园林景观作品,并帮助广大景观规划设计师树立这一重要理念,将其付诸实践,打造生态低碳的宜居城市。

活动自2012年3月23日在北京钓鱼台国宾馆启动以来,吸引了众多高校师生、设计工程企业及国内外知名设计机构的广泛关注,充分调动了一线设计人员及高校师生的积极性。作品范围涉及创意方案类、工程类、实例类三大类,具体包括城市规划设计、园林景观设计、居住区环境设计、风景旅游区规划、立体绿化设计、公园设计六大类。

此次参赛作品亮点纷呈,其中不乏精品之作!《2012中国国际景观规划设计精选——2011~2012年度艾景奖获奖作品年鉴》精选了部分获奖作品,与同行及广大读者分享。年鉴作品紧扣主题、设计风格不拘、理念新颖独到、设计思路清晰、文化韵味丰富,体现了世界与民族、传统与现代、艺术与实用的融合,反映出了大家对新兴市场的敏锐度与关注度,展现着设计师独具一格的艺术才华、丰富的想象力、创造性与强烈的时代感!

艾景奖获奖作品年鉴将向国内外市场传播中国设计师的设计智慧与其所创造的巨大市场价值,在对景观设计文化予以保存的同时,打造一个源于东方、面向世界的最佳交流平台。大赛对推动城市生态环境的改善、推进地域间的文化融合、加快整个景观规划行业的发展、扩大中国景观规划设计在国际的影响力具有深远意义!希望通过此类赛事,唤起更多年轻景观规划设计师的热情,积极探索、不断创新,共同推进园林景观事业的发展,为建设低碳宜居城市作出更大的贡献!

国际园林景观规划设计行业协会主席

唐学山

2012年10月

目 录

CONTENTS

艾景奖

陈佩秋书 时年九十有五 [印：陈佩秋]

专业组

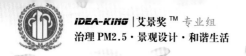
广州市江南西商业步行街景观规划设计

The Planning and Design of Guangzhou Jiangnanxi Road Commercial Pedestrian Street Landscape

项目名称：广州市江南西商业步行街景观规划设计
主创姓名：吕绍藩
单位名称：广州美术学院
项目类别：公共环境设计（方案）
所获奖项：iDEA-KING 艾景奖金奖

设计说明

广州市江南西路全长850米，宽约20米，两旁有紫金大街、紫丹大街、紫龙大街等9条支街，外围有工业大道、宝岗大道、江南大道等纵向主干道，以及宝业路、南田路、昌岗路等横向道路，广州地铁2号线、8号线以及30多路公交线路途经此地，交通方便程度完全可以满足步行需求，是海珠区发展最早、最成熟、规模最大的商圈。本景观规划设计采用艺术营造空间的手法，构建地上、地下多层的立体式商业步行街，意为广州市海珠区购物环境带来更加旺盛的生命活力，从而展开商业步行街景观规划设计。

从古至今，岭南社会就是一种商业性的市井社会，岭南的

总平面图

重商性和享乐性成了岭南文化的重要特征，同时也成为广州人行为选择的重要依据。由于地域中多雨、燥热的气候特点，形成了以骑楼为主要形式的街道空间，狭窄的街道空间成了城市主要的公共活动空间，尺度宜人、极具生活气息的街巷空间也是市民休闲、交往的重要场所。

随着互联网的普及、宽带网的铺设、网费的下调，以及网上信贷制度的建立，都将促使网上购物这一新型销售方式在国内的迅速发展。在此种条件下，现代商业步行街建设越来越趋向娱乐化、中心化、大型化和高级化发展。把购物和餐饮结合在一起，电影院、特色餐馆、夜总会、婚纱摄影、儿童娱乐等介入商业步行街已是一种趋势。人们不仅需要一个购物场所，而且还需要娱乐、游憩、交往，并从中获取信息。现代商业步行街既需要有舒适、便捷的购物条件，也需要有充满生机的街道活动。

设计理念

在国内高速城市化的过程中，商业发展得到极大提高的同时，传统城市文脉的断裂、人际关系的丧失、城市精神的没落、宜居程度的降低，使城市已毫无魅力可言。而这一切都是未来高速城市化进程中商业步行街建设所要解决的问题。本项目之景观规划就是一个有益的实践。

国内商业步行街的建设当中还存在盲目求大、经营缺乏特色和经济效益堪忧等问题，本规划案重视乡土景观、地方文化和民族文化，以及当代艺术展览和公共艺术展览的空间介入等特点；并且尊重本土文化、关怀弱势人群、重视商业步行街周围相关公共艺术、建筑环境与设施品质的提升问题，通过其形态特征、物质层面、文化层面、行为心理、公众参与程度等的分析与研究，对广州江南西商业步行街在诸如公共艺术、设备、立面、停车、尺度比例、招牌、街道、街廊、植物、休闲设施、材质、灯饰、遮阳篷、空间导向系统、户外广告、节点广场、十字路口、转角、材料质感、遮挡设施等细节性的环节上提出具体可行的设计要点与设计导则。其重点在于认清自身的自然风土，采用"可持续发展"和"以人为本"的设计理念，以广州现有的条件创造有人性化的购物环境。

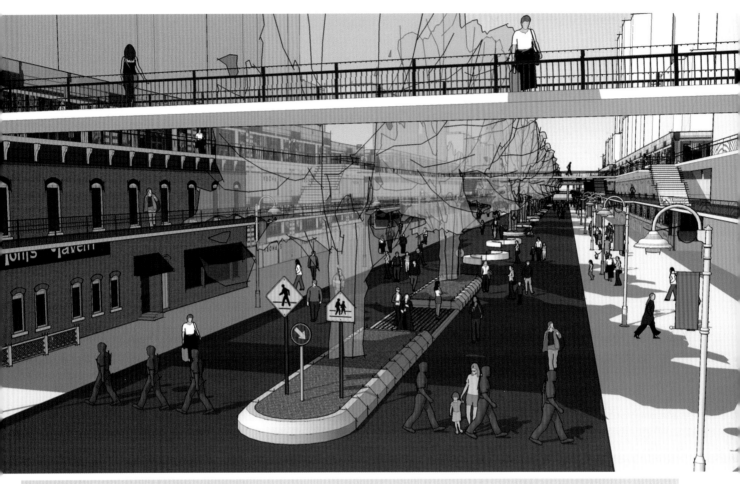

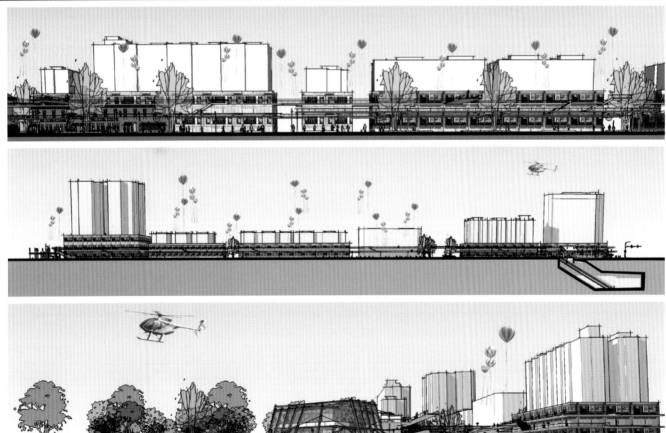

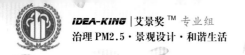

仰山国际温泉禅修中心规划设计

The Planning and Design of Yangshan International Spa & Zen Relaxation Center

项目名称：仰山国际温泉禅修中心规划设计
主创姓名：薛义 冯启飞 齐海涛 黄振煌
成员姓名：张吉强 阚玉洁 胡莉 陈程 刘大伟
单位名称：天津桑菩景观艺术设计有限公司
项目类别：旅游度假区规划
项目规模：约125公顷
所获奖项：iDEA-KiNG 艾景奖金奖

设计说明

僧俗两界，清净之源

规划部分

项目位于江西省宜春市城南洪江乡，距城区27千米，交通便利，全乡土地总面积171平方千米，其中本项目规划面积约1 227 671平方米（合1841亩，122.7公顷）；礼佛栈道约合3.12公顷，共计约125.82公顷。

洪江乡有丰富的含氡温泉，出水温度常年保持在55℃左右，目前日出泉量为1500吨。同时，洪江乡是我国南禅五宗之首沩仰宗的发祥地，具有深厚的宗教文化渊源。洪江乡民居呈现原生态散居为主的模式，民居建筑形式为干打磊结构形制，地方特色鲜明。

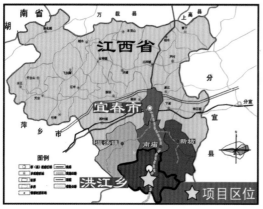

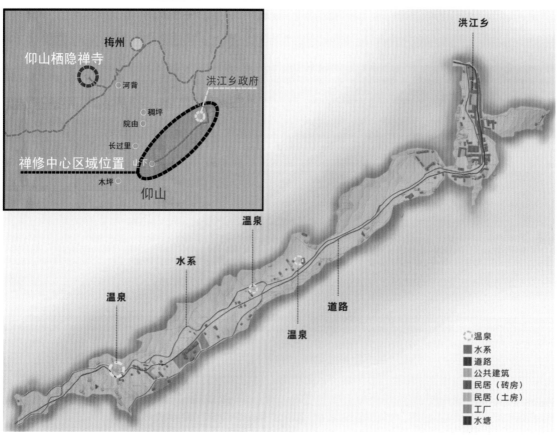

平面图

鸟瞰图

1. 规划总体思路

以禅宗文化为主体的资源发掘，以差异化、特色化、现代化为标准的建设评价，以僧俗两界的独特体验与融合互生为核心的创新规划建设观念构建三大规划体系：

（1）禅浴特种资源旅游体系。

（2）禅宗文化体验旅游体系。

（3）禅文化产业综合公共服务体系。

2. 规划总体定位

◆ 以禅文化为根基

◆ 以禅浴为中心

◆ 以禅文化体验为主题

◆ 以地域民俗为拓展

◆ 以禅文化产业为重要组成部分的仰山国际温泉禅修中心

3. 规划总体原则

（1）禅文化与休闲文化在精神与功能价值上创造有机契合与超然升华。

（2）科学合理设计温泉资源的开发和可持续利用，维护、提升区域的整体生态环境。

（3）保护挖掘本地传统民俗文化，促进调整地方经济的多样性。

（4）改善加强公共基础设施的建设，提升区域整体生活品质。

4. 规划总体目标

（1）规划目标

深度开发洪江乡禅与泉的独特资源优势，规划建设国际唯一性的温泉禅修中心，使其成为集传播修养禅宗文化，感悟体验洪江独特温泉神奇疗效，功能齐全、设施完备的修身养性、康体保健之现代特色的世外桃源。

（2）市场定位

以高端市场为主，以禅浴、禅文化体验为主，观光、购物、户外运动、会议、商务为辅，构建五大休闲度假格局：

①面向高端人士的特色休闲度假。

②面向自然与文化体验的休闲度假。

③面向禅修人士的增知度假。

④面向商务团体的休闲度假。

⑤面向特种休闲方式的户外运动度假。

（3）功能构成

一个核心：禅宗文化。

一个主题：氡温泉。

一个禅文化产业综合服务系统。

两个重点功能区：禅浴康体功能区、禅宗文化体验功能区。

17个禅修体悟中心，主要包括书院、禅修学院、禅悟园、禅河澄心广场、竹海畅神园、农禅园（禅诗园）、礼佛栈道、善法十浴、一花五叶浴、禅宗境界浴、理疗养生苑、禅河天籁园、禅河之源祖庭苑、禅浴修习广场、禅茶体验区、农禅人家、洪江乡民俗街。

景观规划部分

源

提升现状环境与建筑功能价值；

以禅心观世界；

返璞归真，

还原本来面貌。

景观规划理念

时间之外、清净之源；

时间之外，清净之源；

景观的构成强调"源"。

水之源，禅之源，茶之源：

最开始的地方，

最本真的面貌，

最向往的世界。

景观承载构成：

化身禅农

时间之外

桃源之间

修心悟道

参悟禅机

晚霞朝露

见山还是山

水月相忘

室内部分

亲切朴素、自然清丽、触动内心、本真之美。

注重：文化的生态、场域的质感、环境的生态、事物的本真、融合体验的禅修特质。

设计主旨

◆ 禅宗意境与现代室内设计的融合

◆ 室内外景观融为一体

◆ 室内环境是室外景观向围合空间的延伸，更加细腻与精彩

◆ 以禅为源，浸润万物

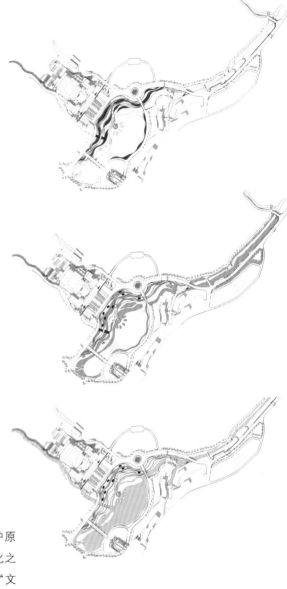

设计感悟

江西宜春仰山国际温泉禅修中心项目起始于 2008 年，为江西省省重点项目。

项目所在地为禅宗五宗之三宗的发源地，是中国南禅五宗之首沩仰宗的发祥地，与沩仰宗祖庭栖隐寺遥相辉映，现任中国佛教协会会长一诚大师为沩仰宗第十世传人，为项目题词；星云大师担任本项目顾问；本地同时也是宜春古时名播遐迩的仰山龙王香火地以及周围府县龙王菩萨的发祥地；是贡茶的产地；是最早有记载梯田的发源地。

项目包含新农村改造、文化旅游等内容；桑菩景观艺术设计有限公司（简称桑菩设计公司）承担了项目的从立项到规划、详规、建筑、景观、室内的全部过程，塑造"僧俗两界，清净之源"的理想之地。

桑菩设计公司的工作目标是保护原生态的自然景观、复兴人文地域文化之精华与环境的融合，祈向创新营造"文化景观"及与草木禽牲共存，遍地桑野诗趣，引领世人诗意的栖居的"育人景观"。

设计创新的重要动力是高度社会责任感和热爱生活、热爱人的驱使。敬畏自然、关注社会、关爱生命才能创意设计出符合地域自然特点、文化特征、满足人使用的个性设计，避免千城一面的同质化问题。在国家文化大发展的今天，景观环境超越一般观赏文化属性，是直接育人、营养人的重要文化载体。

桑菩设计公司表示要担当创意设计更多生态个性化的精品力作，为改变环境，提升生活品质多做贡献。

唐山市第十六中学新校区景观规划设计

The Landscape Planning and Design of Tangshan No.16 Middle School's New Campus

项目名称：唐山市第十六中学新校区景观规划设计

主创姓名：冯启飞

成员姓名：齐海涛 胡莉

单位名称：天津桑菩景观艺术设计有限公司

项目类别：公共环境设计

建成时间：2009 年

项目规模：20 000 平方米

所获奖项：iDEA-KING 艾景奖银奖

设计说明

追求自然清新、简朴明朗的环境

营造育人爱校、敬业图强的氛围

景观规划设计说明

强调景观环境的功能性、安全性、舒适性和艺术性；强调学校景观环境的文化、自然氛围。

规划设计目标

在充分理解功能与建筑特点的基础上，用现代科学的景观规划理念，强调景观风格与建筑特点的一致性，强调景

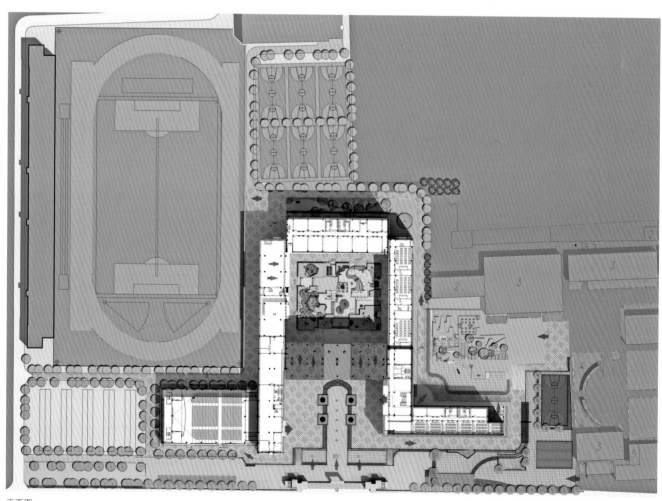

平面图

中庭鸟瞰图

观环境简洁质朴中多样化的区域功能和精致典雅的形态设计。

景观材料与色彩

以 30% 石材、70% 水泥砖为硬铺地主材料，颜色以红、灰建筑色为依据，素雅中彰显灵动。

规划设计结果

追求自然清新、简朴明朗的教学学习环境，激发学生的想象力和创造力，营造育人爱校、敬业图强的氛围，使科学理性的校园环境成为主要部分。

本方案综合利用现状地形高差特点，通过功能空间的划分，形成整个景观环境高低错落交织的特点，既扩大了空间使用，又减少了施工土方量，同时形成十六中学独有的环境景观面貌。

中庭剖面图

内庭院

充分考虑学生对休息、课余小运动量活动等综合交流区域的需求以及学生心理的变化。

新老校区的交接处

形成一个绿色通道。开敞的广场便于上下课人流的穿行。高低起伏的几何造型的草台配合错落的树木花卉，给人一种绿色的流动感。

设计说明

作为校园景观设计的一个案例，本设计强调景观环境的功能性、安全性、舒适性和艺术性；强调学校景观环境的文化、自然氛围。

工作目标是复兴人文地域文化之精华与环境的融合，创新营造"文化景观"及"育人景观"。设计创新的重要动力是高度社会责任感和热爱生活、热爱人的驱使。敬畏自然、关注社会、关爱生命才能创意设计出符合地域自然特点、文化特征、满足人使用的个性设计，避免千城一面的同质化问题。在国家文化大发展的今天，景观环境超越一般观赏文化属性，是直接育人、营养人的重要文化载体。

桑菩设计公司表示要担当创意设计更多生态个性化的精品力作，为改变环境，提升生活品质多做贡献。

入口大门

作为新校区的门户，将其定位为标志性建筑物，中间门牌的设计既是建筑风格的升华，又是入口广场—内庭院—后院中轴线的起始点。整个大门设计材质对比鲜明，钢架玻璃与实体墙形成视觉的虚实关系，并更大地开拓了室内使用空间，达到功能和形式的巧妙结合，整体造型简约，充满力度感。

入口广场

庄重严谨又灵动活泼，地面分区高差处理，既很好地组织了人流活动，又暗喻进出学校的起伏心理感受。四个圆形雕塑是学校音、体、美、德教育精髓的艺术体现，成为恒定的地标性建筑物。广场中间高起步道直通内庭院，既是景观视线的引导，又起到分流作用。整个广场开阔而凝重，体现学校教学特点和教学风范。

过廊

化散为整，通过整合部分柱子，通过浮雕，名人雕塑的设计把通道升华为集教育和欣赏的文化通道。

锦城世家高档住宅小区景观设计

The Landscape Design of Jinchengshijia Upscale Residential Area

项目名称：锦城世家高档住宅小区景观设计
主创姓名：唐盈
成员姓名：张玮 廖剑秋
项目类别：居住区景观设计
项目规模：6 万平方米
所获奖项：**iDEA-KiNG** 艾景奖金奖

设计说明

项目背景

锦城世家位于四川成都文脉的核心地带——永陵片区，即我国目前最大、最早发现的帝王陵——王建墓（永陵博物馆）所在地。因为永陵对于成都这个城市，对于成都人来说实在太重要了，从某种程度上来说，他是成都的根。所以当初团队就是本着"寻根"，唤起已经被遗忘的历史和辉煌，以"复兴" 理念作为出发点，完成了永陵公园的项目。在接下来对于一墙之隔的锦城世家项目，我们景观理念的核心便在于传承，一种文化的传承，一个城

主入口鸟瞰图

主入口景观

阳光书效果图

次入口景观

下沉庭院

市时代的传承。传承以"六艺"为主题文化参与空间，传承以国人骨子里的居住空间为模型，以三重门来划分不同的空间层次，以庭院来突出精致和品位，以现代景观风水学来进行心理环境的补偿及物化环境的提升。

设计构思

1.传承世家生活文化

在总体规划上将"礼、乐、射、御、书、数"传统的六艺作为公共的景观分区。分别为礼之如意广场、乐之童乐园、射之康生园、御之香溪步道、书之阳光书座乐、竹之景悠然，对应6个公共的文化空间，让住户闲暇时可以感受到传承的生活；

2.传承的居住空间模型

（1）三重门

古礼有云，天子五门，诸侯三门。何为贵？庭院深深为贵。借由门的概念，让每一个业主归家都依次通过：小区主（次）入口大门、月亮门、入户大堂门，从公共、半私密、私密空间层层递进。

三洞桥沿街效果

（2）庭院

传统的房子都是有院子的，不管是南方北方。在设计上，我们结合前面提到的以门划分空间层次的理念，在每栋楼前利用月亮门，划分一定的半私密空间作为该栋楼宇独享的院子。

入户庭院作为入口展示性区域与六艺的活动空间（六栋楼的命名）呼应，分别对应六艺形成了6个半私密空间。我们营造了不同的3种不同的空间节奏。6栋点式庭院，我们设计了6种不同的特色氛围。能让不同的客户根据各自不同的审美偏好和生活意趣选择他们最爱的生活空间。

御——腾云楼。楼王，体现与众不用的尊贵和不凡。

礼——知礼楼。体现庄重，沉稳和大气。

《乐》

乐——五音楼。体现自然，欢快的景观气氛。

射——穿扬楼。体现力量，硬朗。

书——万卷楼。体现文化和雅致。

数——精微楼。体现精细，简约，静谧。

（3）风水

风水虽然并不是我们强调的重点，但却是几千年来一直就植根于国人的思想之中的情节。而对于现代景观风水学来讲，在锦城世家的景观设计中更重要的就是心理环境的补偿及物化环境的提升。

石灰街沿街效果

设计感悟

作为一个有社会责任感的设计师，或许是因为以前城市规划专业学习的原因，所以总希望为这个城市、为过去的文化、为未来的人们做一些更加有意义的设计，并且一直为之努力着。

对于锦城世家这个项目，其实算是设计师从业将近十年来对我国传统居住项目的一次总结和创新。一直在研究一直在探讨，到底国人骨子里希望的居家环境是什么样的。虽然这是一个开发性商业项目，或许对于甲方来说有太多的要求和希望，但是很感谢他们对本设计的理解及认同，也给予了设计师最大限度的支持和帮助，从而完成了这一作品。

对于一路之隔的永陵公园也是这个设计团队完成的，因为永陵对于成都这个城市，对于成都人来说实在太重要了，从某种程度上来说，它是成都的根。所以当初就是本着"寻根"，唤起已经被遗忘的历史和辉煌，以"复兴"理念作为出发点，完成了永陵公园的项目。在接下来的锦城世家项目，同样也是做文化，但是更多的是做居住的文化，除了对应楼盘销售提出的"世家传承"，以"六艺"作为整个景观的线索，但深层次中更多的是对传统居住空间模型在当下"城市向上"全面开发高层住宅的现今形式下的创新和延伸。因为景观不仅仅只是文化符号，更多的是空间感受和氛围烘托，所以设计上用"门"来划分空间，强调私密性，用庭院来创造完美的生活空间和交流空间，用科学规划来进行心理环境的补偿及物化环境的提升，同时也在探寻传统的植物配置对应他们本身的五行属性来滋养人体内脏的五行属性从而达到除了美观生态效果以外—更健康的景观效果。

距锦城世家项目的设计工作已经完成了一段时间，但是当初设计团队一起创作、一起讨论的情形依然历历在目，我们共同创造了无限灵感，而我们也将更加有热情地去为这个城市、为传承的历史，以及为未来的人们创作更多赋予社会意义的作品。

感激，感恩。

《御》

蔡伦竹海风景区景观规划设计

The Lanscape Planning and Design of Bamboo Sea Tourist Scenic Area Cailun

项目名称：蔡伦竹海风景区景观规划设计
主创姓名：黄杰
成员姓名：张鑫 丁景 赖小刚
单位名称：湖南一建园林景观有限公司
项目类别：旅游度假区规划
项目规模：50万平方米
所获奖项：**iDEA-KING** 艾景奖金奖

设计说明

蔡伦竹海旅游风景区位于蔡伦的故乡——湖南耒阳市，濒临耒水；约合120平方千米竹海连绵起伏，竹类资源丰富；人文资源荟萃，有蔡伦古法造纸作坊遗址、张良洞、周瑜后人老宅、曾国藩筹粮处遗址、天然百米喷泉、溶洞奇观；汉白玉资源也相当丰富。

本次景观规划范围为核心景区。规划设计注重自然与人文的结合，以原生环境为依托，创造独特的人文环境。注重近、远期的阶段性控制规划，让景区健康生态、有序开发。注重传统人文与场地精神的高度融合，深度真实地挖掘人文历史。

主要景点有十里荷塘、张良洞、周瑜后人老宅、大河滩喷泉、野牛塘、螺丝洞、观海楼、万叠泉、游客服务与接待区等。景观精雅玲珑、人文独到、开阖有度、朴实幽雅。

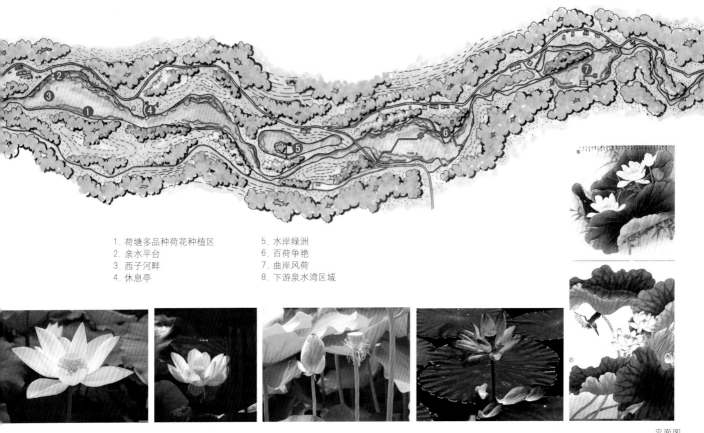

1. 荷塘多品种荷花种植区
2. 亲水平台
3. 西子河畔
4. 休息亭
5. 水岸绿洲
6. 百荷争艳
7. 曲岸风荷
8. 下游泉水湾区域

平面图

练兵堂、休闲山庄鸟瞰图

曲岸风荷效果图

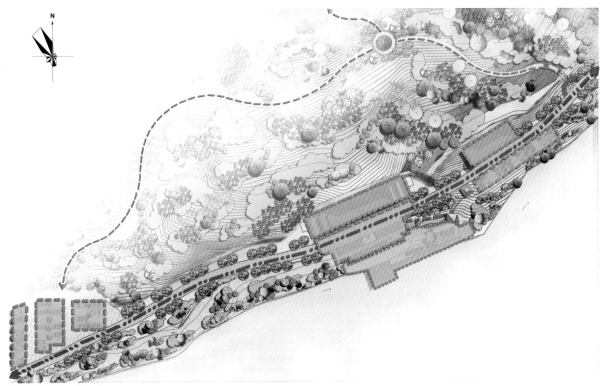

图例
LEGEND

车行道

主要步行游览路线

张良洞建筑群

张良洞前坪空间

生态停车位

亲水码头休闲区

螺丝洞交通流线分析

设计感悟

依托场所的历史人文、独具魅力的景观，是那么的亲切而理所当然。无需太多的装饰，无需要多余的雕琢，似乎景观就一直在那里，设计师只是需要擦拭表面的浮尘，就能让其出现在眼前。

对自然生态的重视是那么的重要，它可以让人感受到自然风景所赋予的纯粹是那么的迷人而心动，野草之美就在那里，你能做的就是感受和体味。

项目正在有序地建设实施阶段，部分景观已经呈现，但是在一定程度上存在施工与设计的背离，运营和管理的不足，但愿在后继的项目实施中能做得更好，让景观更加优美。

张良洞透视效果

野牛塘效果图

周瑜后人故居鸟瞰图

大河滩喷泉广场鸟瞰图

竹制品一条街

融侨旗山别墅一期景观设计

The Landscape Design of Rongqiao Qishan Villa I Phase

项目名称：融侨旗山别墅一期景观设计

主创姓名：陈学似

成员姓名：练令 卢征 叶中秀 林素娥 温明星 郑燕华

单位名称：福州地平线景观设计有限公司

项目类别：居住区景观设计

建成时间：2010 年 8 月

项目规模：100 000 平方米

所获奖项：iDEA-KiNG 艾景奖金奖

设计说明

1. 风格定位

为了与融侨旗山别墅的总体规划和建筑设计相融合，使景观与建筑相得益彰、谐调统一，本项目的景观设计风格定位为：现代简约休闲主义风格，并在现代主义的设计风格中融入中式古典主义的元素，使整个项目呈现出现代、简约、清新明朗且又具有含蓄的传统气质的景观特色。由于本项目位于旗山国家森林公园、福州著名风景名胜区旗山脚下，自然环境优美秀丽、空气清新，因此本项目的景观设计体现了融合居住、养生、休闲、度假为一体的休闲主义风格。

平面图

2.设计理念

（1）延续建筑的规划与设计理念，采用与建筑设计相一致的手法，使景观和建筑浑然一体，共同营造出高品质、高品味的别墅社区景观。

（2）在外部空间中的重要节点营造令人印象深刻的景观。

（3）强调别墅社区的私密性要求和私人居住空间领域感以及对安静环境的使用需求。

（4）创造可休憩、可交流的小空间，使之有机结合于半公共的内庭空间以及公共的外部空间。

（5）对双拼别墅提供尽可能大面积的私家花园，使这些别墅拥有自家的内庭院同时还拥有院落之外的私家花园。

（6）结合多重的院落空间，在庭院

融侨旗山别墅一期景观设计模型

内部种植小叶榄仁，形成茂密俊秀的林下休闲空间，促进邻里的交流及和美和睦邻里关系。

（7）注重乔木对环境营造的重要性，选择冠形好的高大乔木、名贵乔木、观花乔木等，使别墅掩映于绿树之中。

（8）在植物配置设计中，通过使用如竹、芭蕉、柳树、桃花、梅花、紫藤等颇具传统文化含意的树种，来表达符合社区风格的文化特质。

入口区域鸟瞰图

（3）9#（15#）～10#（16#）之间组团景观

该组团位于人行入口轴线的端头，从南北两端入口处开始往中心方向随台阶逐级抬升。通过矮墙的分隔使空间更加丰富且具层次，并在南北两侧划分出健身、休憩的空间和儿童活动空间，满足局部区域范围内公共活动的使用需求。在组团的中心位置设计一特色水景观，该景观同时也处于9#、10#、15#、16#内庭东西方向轴线的中心节点，使内庭空间与组团景观融为一体。

3. 重要节点的景观设计

（1）南侧人行主入口景观

围墙的后退使南部临路的别墅拥有独立的私家花园，并在人行主入口区域形成一片开阔的三角形地带。通过曲桥使人流穿过湖面自然地引向社区的入口、桥两边是开阔、静谧的水面，水中的树在水面上的倒影和着微风泛起的水涟漪显得更加的挺拔俊逸。紧靠着围墙设计一现代造型的临水亭和廊提供该区域休闲及赏景的场所。水、桥、亭、廊、墙、树以及别墅丰富的轮廓线和远处旗山的背景通过巧妙的组景在主入口区域形成优美的风景。

（2）西北侧水景观

该景观位于北侧城市主干道五都路往南进入本项目主入口东侧区域，利用地势的高差形成跌瀑景观，一方面顺着跌瀑的方向将视线往项目内部的纵深方向延伸，增强入口区域的景深；另一方面，跌瀑形成的水潭以及由大大小小的方块石构成的错落有致、现代感强、与建筑风格相和谐的叠石景观将给人留下深刻的印象。

设计感悟

融侨旗山别墅地处福州闽侯县南屿镇，北望旗山秀美风光，西邻虎秀山公园，南畔蓬莱溪川流而过。至于旗山，西晋尚书郎郭璞在《迁城计》中就有"左旗（山）右鼓（山），全闽二绝"之赞。旗山群峰旖旎，悬崖峭立，峡谷纵横交错，古树参天，瀑布飞泻，触目皆趣，犹如世外桃源。

位于旗山南麓的融侨旗山别墅一期项目，占地约168亩，建筑设计以现代简约的手法体现中国传统居住文化之神韵，既满足别墅对于"人、环境、建筑"相互交融的居住需求，又体现我国独有的院落式居住建筑之精髓。建筑试图通过白墙（乳白色石板材墙面）、灰瓦以及木质构架来营造现代中式风格。墙体以多种形式的围合，营建出多重院落空间。从院落外的公共空间到入户前的邻里景观空间再到入户的私家庭院，这三重空间体验给住户带来的礼仪感和安全感正是中国几千年的传统文化中最核心的心理需求。

景观设计的最大挑战不在于创造如何炫目的空间，而在于如何配合建筑和规划来共同实现预设的意图。对于本项目而言，现代中式既是对建筑也是对景观的风格定位。因此在形式上采用现代简洁的手法，同时融入一些传统的元素（如"回纹形"在压顶腰线上的应用）。在空间设计上，力图以现代的景观语言阐述传统的院落空间。我们希望提供这样的景观体验——在现代的场景中品鉴传统的韵味。

景观构筑物如亭廊等完全摒弃传统的做法，采用钢、木结构的现代形式，很好地体现轻盈之感。真正能表达中式传统神韵的不是在于简单地模仿传统园林的形式和构景元素，而在于通过平面布局并建立起空间体验，让身置其中的人感受到来自传统的启迪。哪怕你看不到任何传统的样式，但仍然能体会到与传统有一脉相承的关联，包括空间感受包括文化气质等。

硬景的材质与色彩对于表达景观品质和风格至关重要。本项目采用麻面浅黄色花岗石作为景墙、挡墙和隔墙的饰面，以此与建筑的外墙取得呼应，强调了视觉的舒适感和材料的品质感。墙体的明亮色调让人联想到中式园林建筑的"白墙"，地面铺装的色彩以灰调为主，"白"与"灰"的色调以及间或时用的木质材料很自然地表述出中式风格中那种典雅、中庸的气质。

在植物的设计中，竹子的应用在表现中式园林的意境方面是必不可少的，特别是在建筑山墙间形成了竹径幽深的小巷。小叶榄仁在院落内庭中的表现也让人印象深刻，该树挺拔俊逸，树枝横向伸出，阳光透过树叶和枝条斑斑驳驳地洒落在地面和墙上，形成令人愉快的光影效果。

台北关渡平原湿地公园与生态小区景观设计

The Landscape Design of Taipei Guandu Wetland Park and Ecological Residential area

项目名称： 台北关渡平原湿地公园与生态小区景观设计

主创姓名： 萧松年 林隽怡 林巧倩 徐佳鸿

成员姓名： 张美钤 盲健生

单位名称： 台湾皓宇工程顾问股份有限公司

　　　　　　 奥迪嘉（上海）投资咨询有限公司

项目类别： 城市规划设计

项目规模： 700 公顷

所获奖项： iDEA-KiNG 艾景奖金奖

设计说明

　　关渡平原是位于台湾省台北盆地主要河流——淡水河河口的冲积平原，其地景组成包含了稻田、灌溉渠道、水池、聚落、杂木林、沼泽与湿地，孕育了非常丰富多样的物种。面对台北都会区土地开发的压力，关渡平原近 30 年间一直在保育或开发的简化议题间互相对立，本案提出关渡高保护堤防向北退缩至大度路以北的"与水共存"主要构想，堤防不再围墙化而得以景观绿堤方式处理，退缩后之堤线外区域加上大度路以南公园用地共约 300 公顷仍保留为公园机能，

湿地公园
① 湿地保护区
② 山丘
③ 湿草地
④ 水生植物区
⑤ 湿地农业区
⑥ 浅水沼泽湿地
⑦ 观鸟墙
⑧ 深水湿地
⑨ 湿地教育中心
⑩ 信息中心

生态小区
① 绿堤防
② 自行车道
③ 抽水站
④ 景观廊道
⑤ 地铁站
⑥ 生态校园

农业公园
① 稻田景观
② 有机农场
③ 灌溉渠道
④ 大湖
⑤ 环境教育中心
⑥ 草地
⑦ 湿地体验苗圃
⑧ 水生花园
⑨ 温室
⑩ 市民农场
⑪ 农民市集
⑫ 五感环境体验公园
⑬ 永续教育中心

运动公园
① 主球场
② 室内游泳池
③ 运动与游戏广场（节庆广场）
④ 多功能草地
⑤ 滞洪池
⑥ 运动会议中心
⑦ 选手村
⑧ 不同球类运动
⑨ 网球场
⑩ 篮球场
⑪ 棒球场
⑫ 跑道
⑬ 绿色运动服务中心
⑭ 自行车越野公园
⑮ 其它运动网地
⑯ 临水码头
⑰ 水上活动

台北关渡平原总体配置构想图

台北关渡平原总体发展愿景图

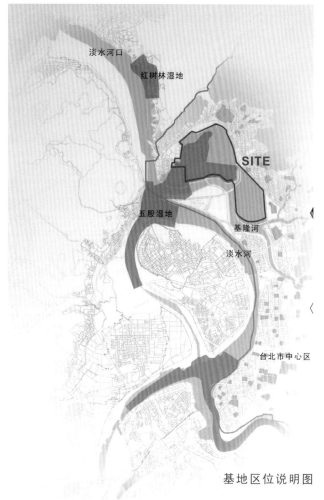

基地区位说明图

成为与关渡自然公园、淡水基隆河口与芦洲五股湿地组合的北部都会湿地公园，本计划成功的确保北侧60%的土地受到保护，并在环境敏感度的考虑下，将这些土地发展不同的使用与活动。

本案引入创新防洪控制策略，在确保都市200年的防洪标准下，基于"与水共存"及"还地于水"的概念，将整个区域切分为5年、50年、200年不同的防洪控制区，并将防洪墙转化为景观绿堤防形式以提供市民较舒适的环境。

受到绿堤防保护的都市开发区土地，采自给自足小单元生态小区方式进行概念设计。结合国际各专业界经验，本案规划一个生活、就业、教育、休闲娱乐以及资源循环利用自足的小区，并将社会住宅的构想纳入。在功能上，小区维生系统以生态基盘与综合治水理念，可达较外围市区多一倍容量的容洪排水能力，并可节省工程经费；BRT/轻轨及自行车系统为主轴之低碳运输规划诉求小区大众运输使用比例达80%；小区基地保水、中水、废弃物处理系统之绿建筑基盘规划也都纳入开发必要条件；经过财务试算与府内各执行主管单位调修，示范小区计划开发执行成本与一般传统都市计划开发之成。

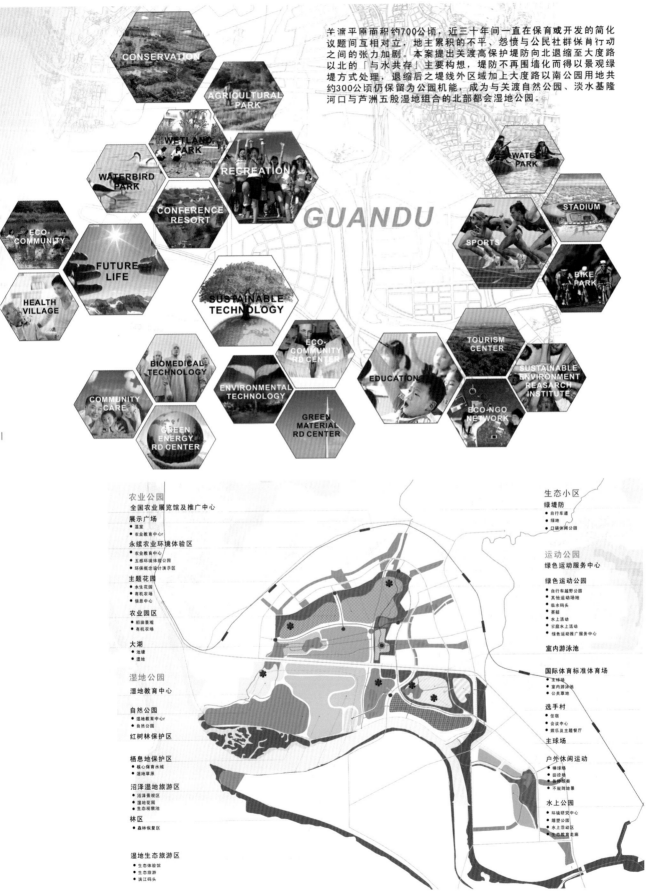

关渡平原面积约700公顷，近三十年间一直在保育或开发的简化议题间互相对立，地主累积的不平、怨愤与公民社群保育行动之间的张力加剧。本案提出关渡高保护堤防向北退缩至大度路以北的「与水共存」主要构想，堤防不再围墙化而得以景观绿堤方式处理，退缩后之堤线外区域加上大度路以南公园用地共约300公顷仍保留为公园机能，成为与关渡自然公园、淡水基隆河口与芦洲五股湿地组合的北部都会湿地公园。

台北关渡平原空间发展架构图

创新防洪控制策略

为了确保都市200年的防洪标准，现存法令规范了9.65m高的防洪墙要求。本计划在"与水共存"及"还地于水"的概念下，将整个区域切分为5年、50年、200年不同的防洪控制区，并将防洪墙转化为景观绿堤防形式以提供市民较舒适的环境。

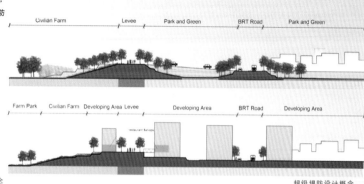

| Civilian Farm | Levee | Park and Green | BRT Road | Park and Green |

| Farm Park | Civilian Farm | Developing Area | Levee | Developing Area | BRT Road | Developing Area |

洪水控制概念

超级堤防设计概念

自给自足小单元生态小区概念示范设计

示范小区概念规划结合国际各专业界经验，规划一个生活、就业、教育、休闲娱乐以及资源循环利用自足的小区，并将社会住宅的构想纳入。在功能上，小区维生系统以生态基盘与综合治水理念，可达较外围市区多一倍容量的容洪排水能力，并可节省工程经费；BRT/轻轨及自行车系统为主轴之低碳运输规划诉求小区大众运输使用比例达80%；小区基地保水、中水、废弃物处理系统之绿建筑基盘规划也都纳入开发必要条件；经过财务试算与府内各执行主管单位调修，示范小区计划开发执行成本与一般传统都市计划开发之成本相当，在现行土地开发机制下是可执行的。

开放空间和自然排水系统图

景观/观景廊系统图

本计划保留既有农田灌排系统，并且从景观廊道角度建立起具结性的生态网络。引入都市农业活动、小区使用、观光旅游、运动发展等，创造具活力的都市开放空间系统，并将都市公园整合入都市暴雨管理系统中，建立水资源净化与再利用模式，有效恢复都市环境。

生态小区概念示范设计构想图

生态小区概念示范设计愿景图

镇江焦北滩湿地休闲农业园体现活动发展策划与水绿空间架构规划

The planning and Design of Zhenjiang Jiaobei Beach Wetland Leisure Agriculture Garden

项目名称： 镇江焦北滩湿地休闲农业园体现活动发展策划与水绿空间架构规划

主创姓名： 王佩琪 林宏益 吴庭羽

成员姓名： 梁不才 王心平

单位名称： 奥迪嘉（上海）投资咨询有限公司
台湾皓宇工程顾问股份有限公司
台大园景生物科技股份有限公司

项目类别： 农业旅游策略雨水绿鸡盘规划

项目规模： 3000 亩

所获奖项： *IDEA-KING* 艾景奖金奖

设计说明

江苏镇江焦北滩为长江流域流经镇江多年所冲刷出之冲积平原，距离镇江市中心仅咫尺之距，地理位置极佳，环境自然，土壤肥沃，是一处可兼顾农业经营与环境保护的绝佳地点。本计划工作目标，在参酌先进休闲农业发展趋势，策划符合镇江农业与水利特色之休闲农业体验活动，并发展大面积休闲农园必要之有机"水绿基盘"景观规划，建立明确的园区空间发展架构与经营发展策略，有效作为水投公司往下进行园区分期分区开发、景观方案设计之指导原则或参考依据。

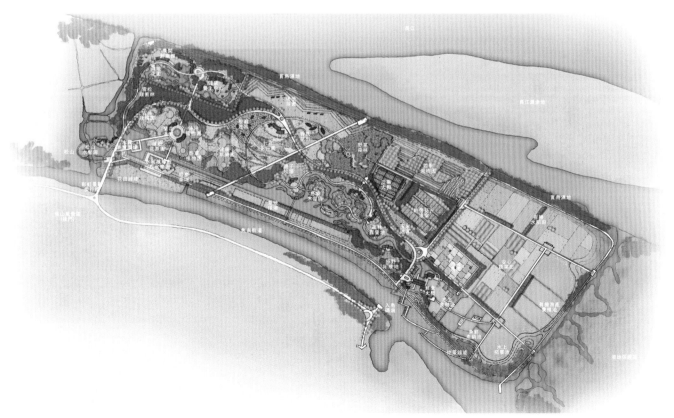

全区水绿基盘架构与配置示意图

镇江焦北滩为长江流域流经镇江多年所冲刷出之冲积平原，距离镇江市中心仅咫尺之距，地理位置极佳，环境自然，土壤肥沃，是一处可兼顾农业经营与环境保护的绝佳地点。目前焦北滩中段部分约3,000亩土地出租给农民作为农业生产使用，但在水利局积极推动镇江水资源旅游的目标下，拟计推动本段焦北滩湿地做为城市休闲农业园发展，在兼顾生态环境平衡之原则下，提高农业生产附加价值，并提供休闲农业之体验环境以及生态环境教育之平台。

本计画工作目标，在参酌先进休闲农业发展趋势，策划符合镇江农业与水利特色之休闲农业体验活动，并发展大面积休闲农园必要之有机『水绿基盘』景观规划，建立明确的园区空间发展架构与经营发展策略，有效作为水投公司往住进行园区分期分区开发、景观方案设计之指导原则或参考依据。

镇江焦北滩湿地
农业体验活动

水绿交享曲 & 地景农业园：再造新『香林花圃』

『香林花圃』是焦山十六景之一，原意指焦山中的香林庵内牡丹景致。本案借取香林花圃的意涵，在焦山以北的焦北滩湿地中，以农业地景为景观核心，营造出新的『香林』、『花圃』，并定位焦北滩湿地为提供游客共享水与绿、学习新农业的新乐园。

引导镇江健康生活趋势的实验岛屿
展现镇江水绿资源风情的临江地景公园
学习镇江水利文化与新知的趣味大地教室
参与镇江农业栽培与后处理技术的游戏场

多元农业体验序列之全园活动策划

转化单纯农业生产机能创造休闲体验与科普教育学习机会

农业资源可总括用『农业生产』、『农民生活』、『农村生态』三个向度加以分类整理，不同的资源面向可进一步发展出多元化的活动、赏景、体验等机会。本基地目前作为单纯农业生产使用，已具备农业生产的基本体验资源，但并无农民生活、与农村生态存在其中。因此，在主题性休闲农业体验活动的策划上，本计划强调藉由丰富农业作物各阶段栽培过程，以及栽培产生之农产品收成，来发展各式体验活动。

■ 農業生產栽培體驗　　　　■ 農業與植物知識學習
■ 農業副產品加工製造體驗　■ 田野運動遊戲
■ 農業手工藝創意體驗　　　■ 水利與水文化學習
■ 農業地景與植物欣賞　　　■ 生態觀察

"香林花圃"是焦山十六景之一，原意指焦山中的香林庵内牡丹景致。本案借取香林花圃的意涵，在焦山以北的焦北滩湿地中，以农业地景为景观核心，营造出新的"香林""花圃"，并定位焦北滩湿地为提供游客共享水与绿、学习新农业的新乐园，发展目标包括：

1. 引导镇江健康生活趋势的实验岛屿

2. 展现镇江水绿资源风情的临江地景公园

3. 学习镇江水利文化与新知的趣味大地教室

4. 参与镇江农业栽培与后处理技术的游戏场

农业资源可总括用"农业生产""农民生活""农村生态"3个向度加以分类整理，不同的资源面向可进一步发展出多元化的活动、赏景、体验等机会。本基地目前作为单纯农业生产使用，已具备农业生产的基本体验资源，但并无农民生活、与农村生态存在其中。因此，在主题性休闲农业体验活动的策划上，本计划强调藉由丰富农业作物各阶段栽培过程，以及栽培产生之农产品收成，来发展各式体验活动，如农业生产栽培体验、农业副产品加工制造体验、农业手工艺创意体验、农业地景与植物欣赏、农业与植物知识学习、田野运动游戏、水利与水文化学习、能观察等。

在整体空间架构上，基于多元丰富农业体验的构想，在3000多亩土地上，规划"四核心体验中心"来带动"四地景休闲分区"。"四核心体验中心"分别为休闲农业体验中心、都市农业体验中心、精致花园疗愈中心、水文化教育中心，搭配较高密度的休闲农业设施投入，形成满足游客各项休闲农业旅游体验服务的核心区域；"四核心体验中心"分别为地景农业赏景区、趣味大棚体验区、原野健康休闲区、安心农渔生产区，以地景化的农作栽培方式，兼顾农业生产及旅游赏景功能。

以『四核心體驗中心』帶動『四地景休閒分區』空間發展架構

A 休闲农业体验中心 有机农业体验·生态农业教育·健康养生倡导

入岛码头整合堤防工程设计，以地景缓坡方式形成游客进入园区的第一入口意象。包含入岛码头与地景缓坡、鲜食大棚与游船码头，水生食材区、河鲜养殖区与水上拓展池。

B 都市农业体验中心 地景农业成就·趣致农业认识·创意农业体验

规划都市农业体验中心，将农业发展中与都市居民生活更贴近的体验性、创造性、休憩性活动配置于本区内。包含农闲创意坊、农业后处理工厂、培训社室、创意美廊、湿地花园、农业养生馆。

C 精致花园疗愈中心 农业科普教育·园艺治疗体验

以多样花卉为主题的精致花园，创造出一个可以让游客优游其中的漫步场所，在欣赏美丽花卉与园景风景的同时，兼具有科普教育与园艺治疗的功能。包含兰花景观温室、古典玫瑰园、缤纷草花园、香气花园、健康中草药园、特用植物园、七彩花卉园、树荫趣味迷宫、蔷松缓冲林。

D 水文化教育中心 水资源知识倡导·水文化展现发扬·水环境游戏体验

利用既有优美的水塘与水域间闲置房舍，以及西侧松廖山的良好登高望远条件，塑造相异于东侧入口的农业风情。包含彩虹桥与花田缓坡、入口广场、水雾表演广场与亲水阶梯看台、水利故事馆、水乐园与堤顶看台、多功能庆典草坪、松山宾景亭与水文化会馆。

a 地景农业赏景区

以微整地方式形成具地形变化的大地景，形成各具特色的地景欣赏区。包含缓坡茶园、香氛花田、野菜森林。

b 趣味内铺什验区

以温室大棚与果树为主要栽培内容，区内提供体验各类农事活动的机会，并兼具作物认识的教育功能。包含四季栗园、热带花卉温室、玉米迷宫。

c 原野健康休闲区

以原野训练、健康运动为主题的休闲区，营造园区内相对荒野生态景象。包含亲子牧场、岛屿木屋、疏林露营地、原野拓展地、草球球场。

d 安心农渔生产区

提供区健康食材，以及舒适的田园气氛。包含有机水稻田、有机水产养殖、五色健康蔬菜田、市民农园、湿地观察区。

藉山近水的休闲体验动线规划

本园兼具休闲旅游与农业生产两种不同的机能，因此在园区的动线布局上，考虑适当的分离，以确保农事服务动线与休闲旅游动线不致形成干扰。园区休闲体验动线充分引藉山水地势与景观资源，结合生态水道与防洪绿堤整体设计，使游客在漫行于园区时，与生态水绿地景农情风光更为贴近。

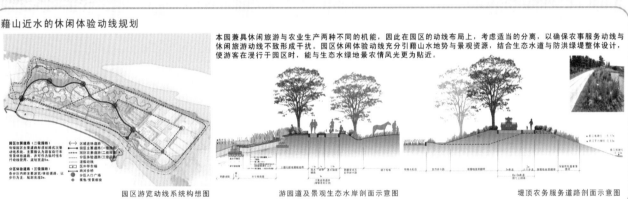

园区游览动线系统构想图　　游园道及景观生态水岸剖面示意图　　堤顶农务服务道路剖面示意图

自然净化设计：休闲与农业水资源分流管理系统

考量基地既有农田灌排系统与园区空间规划，将农业用水与休闲景观用水整合为一完整可各自独立的水资源系统。利用生态净化湿地、河流湿地，将农业回归水净化湿地等自然净化设计方式，使农业用水经过初步处理后，可以直接供景观用水使用，湿地生态设计也创造出丰富的赏景休闲空间。

於有机稻田区内设计净化灌溉水路渠道，利用环境的自然高差，营造出兼具景观效果的灌排渠道，营造自然多孔隙的渠底环境：于渠内增加水生植物净化带，提升灌排水路水质，当灌溉渠道内的水位已超过低水位地时，渠道内的水将会自然从渠道内流出，灌溉周边的有机农田。

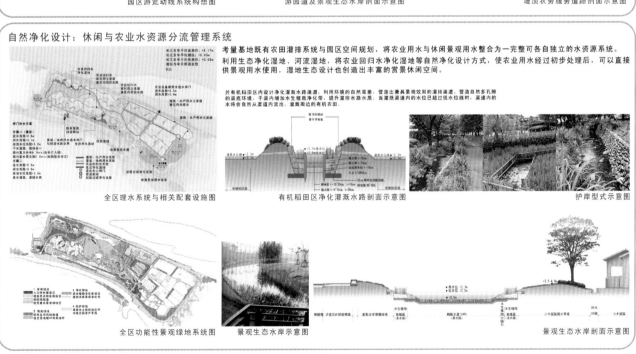

全区理水系统与相关配套设施图　　有机稻田区净化灌溉水路剖面示意图　　护岸型式示意图

全区功能性景观绿地系统图　　景观生态水岸示意图　　景观生态水岸剖面示意图

以『四核心體驗中心』帶動『四地景休閒分區』空間發展架構

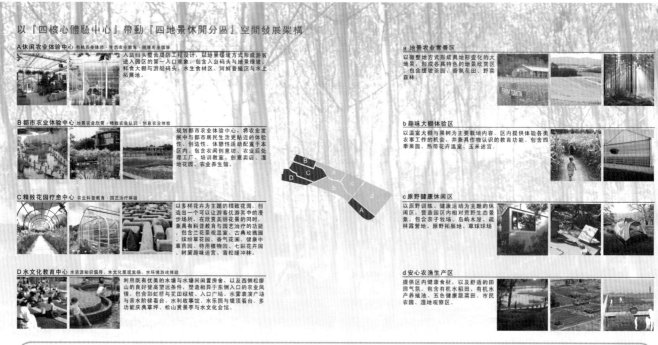

A 休闲农业体验中心 有机农业体验・生态农业教育・健康农业倡导

入岛码头整合堤防工程设计，以地景缓坡方式形成游客进入园区的第一入口意象，包含入岛码头与地景缓坡、鲜食大棚与游船码头、水生食材区、河鲜养殖区与水上拓展池。

B 都市农业体验中心 地景农业欣赏・精致农业认识・创意农业体验

规划都市农业体验中心，将农业发展中与都市居民生活更贴近的体验性、创造性、体憩性活动配置于本区内，包含农闲创意坊、农业后处理工厂、培训教室、创意卖店、湿地花园、农业养生馆。

C 精致花园疗愈中心 农业科普教育・园艺治疗体验

以多样花卉为主题的精致花园，创造场所，不可以让游客优游其中的漫步场所，在欣赏美丽花景的同时，更具有科普教育与园艺治疗的功能，包含兰花景观温室、古典玫瑰园、缤纷薰衣草园、香气花园、健康中草药园、特用植物园、七彩花卉园、树薯趣味迷宫、喜松缓冲林。

D 水文化教育中心 水资源知识倡导・水文化展观发场・水环境游戏体验

利用既有优美的水塘与水塘间闲置房舍，以及西侧松廖山的良好登高望景条件，塑造相异于东侧入口的农业风情。包含彩虹折桥与花田绿堤、入口广场、水雾喷泉广场与亲水阶梯看台、水利秘事馆、水乐园与堤顶看台、多功能庆典草坪、松山赏景亭与水文化会馆。

a 地景农业营养区 以地景地方式形成具地形变化的大地景，形成各具特色的地景欣赏区，包含缓坡茶园、香氛花田、野菜森林。

b 趣味大棚体验区 以温室大棚与果树为主要栽培内容，区内提供体验各类农事工作的机会，并兼具作物认识的教育功能。包含四季果园、热带花卉温室、玉米迷宫。

c 原野健康休闲区 以原野训练、健康运动为主题的休闲区，营造园区内相对荒野生态景象。包含亲子牧场、岛崎木屋、疏林森露营地、原野拓展地、草球球场。

d 安心农渔生产区 提供生产食材，以及舒适的田园气氛。包含有机水稻田、有机水产养殖区、五色健康蔬菜田、市民农园、湿地观察生态。

藉山近水的休闲体验动线规划

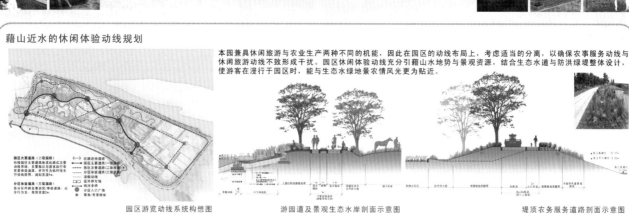

本园兼具休闲旅游与农业生产两种不同的机能，因此在园区的动线布局上，考虑适当的分离，以确保农事服务动线与休闲旅游动线不致形成干扰。园区休闲体验动线充分引藉山水地势与景观资源，结合生态水道与防洪绿堤整体设计，使游客在漫行于园区时，能与生态水绿地景农情风光更为贴近。

园区游览动线系统构想图　　游园道及景观生态水岸剖面示意图　　堤顶农务服务道路剖面示意图

自然净化设计：休闲与农业水资源分流管理系统

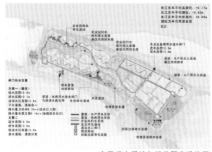

考量基地既有农田灌排系统与园区空间规划，将农业用水与休闲景观用水整合为一完整可各自独立的水资源系统。利用生态净化湿地、河流湿地，将农业回归水净化湿地等自然净化设计方式，使农业用水经过初步处理后，可以直接供景观用水使用，湿地生态设计也创造出丰富的赏景休闲空间。

于有机稻田区内设计净化灌溉水路渠道，利用环境的自然高差，营造出兼具景观效果的灌排渠道，营造自然多孔隙的渠底环境，于渠内增加水生植物净化带，提升灌排水路水质，当灌溉渠内的水位已超过低水位线时，渠道内的水将会自然从渠内流出，灌溉周边的有机农田。

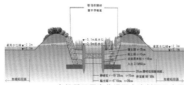

全区理水系统与相关配套设施图　　有机稻田区净化灌溉水路剖面示意图　　护岸型式示意图

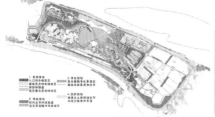

全区功能性景观绿地系统图　　景观生态水岸示意图　　景观生态水岸剖面示意图

武汉市新林生态农业产业园景观规划

The Planning of Wuhan Xinlin Ecological Agricultural Industrial Park

项目名称： 武汉市新林生态农业产业园景观规划

主创姓名： 董桥锋

成员姓名： 林育敏 魏心怡 牛静 工静

单位名称： 武汉现代都市农业规划设计院

项目类别： 城市规划设计

项目规模： 10 平方千米

所获奖项： iDEA-KING 艾景奖金奖

设计说明

1.项目区位概况

项目区位于湖北省武汉市江夏区郑店街，107 国道沿线，占地 3689 亩。项目区距武汉市 35 分钟车程，距离纸坊街（区中心）35 分钟车程，距离天河机场 95 分钟车程。

2.发展目标

（1）湖北省、武汉市两级循环农业示范基地。

（2）武汉市生态养殖示范基地。

3.项目定位

（1）依托一个基地

项目区占地 3689 亩，紧邻 107 国道、803 省道，区位优势明显。区域内有 8 个矿坑、林地长势良好，场地特征突出。

（2）打造两型农业

拟将项目区打造成为资源节约型、环境友好型农业综合板块开发示范项目。

（3）发展三大产业

①养殖业。年出栏 3 万头。

②蔬菜种植业。建设设施蔬菜基地 100 亩，露地蔬菜基地 500 亩，打造绿色品牌，争取有机品牌。

③林果业。建设高标准化花木基地 1200 亩，无公害果树种植基地 1000 亩。

4.战略研究

（1）依托养殖基地，建立"猪——沼——渣——蔬菜（林果）"的循环农业模式。

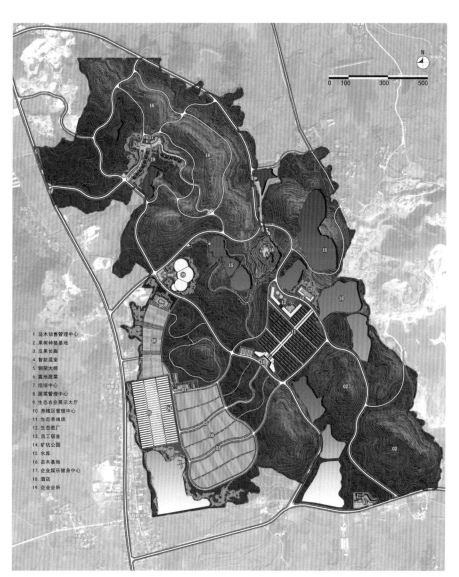

1 苗木销售管理中心
2 果树种植基地
3 瓜果长廊
4 智能温室
5 钢架大棚
6 露地蔬菜
7 组培中心
8 蔬菜管理中心
9 生态农业展示大厅
10 养殖区管理中心
11 生态养殖场
12 生态肥厂
13 员工宿舍
14 矿坑公园
15 水库
16 苗木基地
17 企业娱乐健身中心
18 酒店
19 企业会所

总平面图

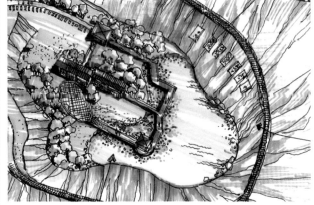

矿坑遗址公园

（2）依托项目区现状，布局三大产业。

（3）依托现有良好自然环境，打造高端服务基地（企业会所）。

（4）依托现有山体林地改造升级，打造良好生态环境。

（5）依托现有道路，打造循环、经济的交通系统。

（6）依托现有矿坑，建设农业水利设施。

设计感悟

初来项目场地，满目山丘、矿坑与破碎的道路。原有的自然条件被人为破坏够，失去了生机与活力，但是每个场地都有自己的"魂"与"根"，我们要找到它，找到场地的特色并播下希望的种子，让它生长发芽，拥有持续发展的动力与活力，这就是我们的责任。

这颗希望的种子就是都市农业的开发与建设：资源的综合利用、能源的第次利用、物质的良性循环，实现经济持续增长和环境最佳保护的目标，让发展与环保双赢。我们可以看到不久以后山环水抱，环境优美，基础设施良好，动植物生机勃勃，老人小孩在此共聚天伦之乐，淳朴热情的民风让人流连忘返，俨然成为陶渊明笔下的又一桃花源：土地平旷，屋舍俨然，良田美池桑竹之属；阡陌交通鸡犬相闻；黄发垂髫，怡然自得。

本项目的规划不仅仅能对场本身有更深的认知，同时也是一次自我旅行。设计源自于对场地本身的感受与人类的需求做出智慧的、敏感的、富于创造性的有力回应，并与社会经济、自然环境达到有机的统一。我们剥卜希望的种子，它会结出美丽的果实。

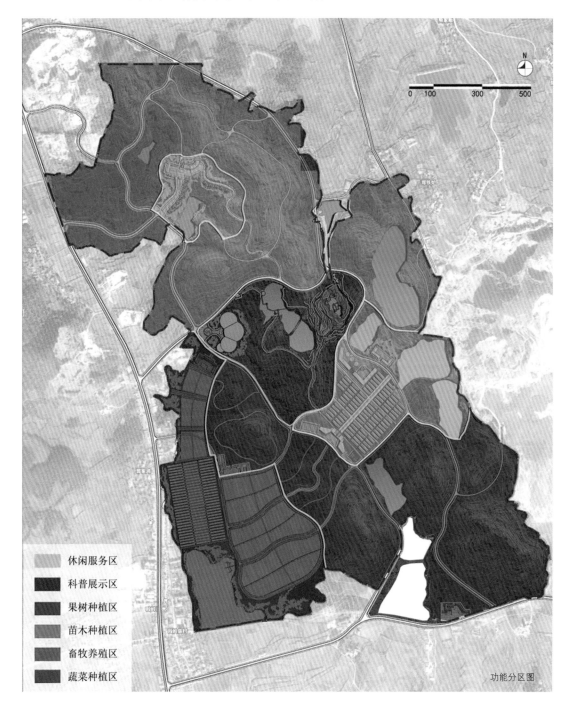

休闲服务区
科普展示区
果树种植区
苗木种植区
畜牧养殖区
蔬菜种植区

功能分区图

图例
— 轴线
◎ 功能区
▦ 片区

规划结构图

图例
景观主轴
景观次轴
田园绿化带
森林绿化带
景观核心
景观节点

景观序列

主干道 9m
次干道 4.5m
082乡道
107国道
● 停车场

旅游道路规划

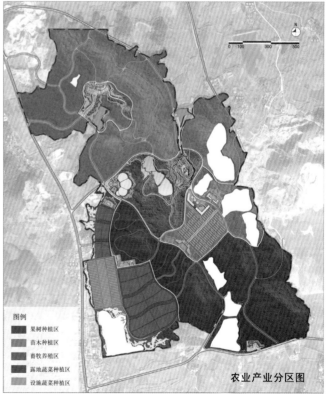

图例
果树种植区
苗木种植区
畜牧养殖区
露地蔬菜种植区
设施蔬菜种植区

农业产业分区图

乡村的融合与生长
——武汉市江夏区大都地产农业板块景观概念规划

R ural Integration and Development
—The Landscape Conception planning of Wuhan Jiangxia District Dadu Real Estate Agriculture Plate

项目名称： 乡村的融合与生长
　　　　　　——武汉市江夏区大都地产农业板块景观概念规划

主创姓名： 董桥锋

成员姓名： 林育敏　巍心怡　赵道奎　何中华

单位名称： 武汉现代都市农业规划设计院

项目类别： 景观规划设计

项目规模： 10平方千米

所获奖项： iDEA-KiNG 艾景奖银奖

总平面图

设计说明

　　大都地产农业板块地处武汉市江夏区五里界，隶属中国光谷·伊托邦，总占地面积约1.1万亩。规划设计延续伊托邦力图打造的"以生态、智能、文化为基底，融合度是田园于一体的深绿色低碳新城"概念，最终将其定位为"生态、高效、旅游"的都市农业综合体。

　　在对我国现有都市农业发展模式的研究后，针对都市农业"建设无序发展、规划脱离实际"等问题，结合对基址从浅到深的分析及理解，规划设计提出"乡村的融合与生长"的概念，以尊重现有村落布局及产业布局为前提，着重通过景观手段对场地地形、道路、水系、林地、村落五大要素的修复及对产业结构提升，解决基址生态格局混乱、土地无序开发及村落缺乏公共空间的问题，探索一条新的都市农业发展模式。

设计感悟

1. 田垄之上——乡村的融合与生长

　　初次来到五里界街道，便被其广袤的农田肌理、多变的地形起伏、丰富的水系河流所打动，乡村美丽的画面顿然再现。只可惜，现状开发中存在的交通系统不完善、地形破坏严重、产业链不健全等问题，使这块美丽的土地了无生机。

　　"为什么我的眼里常含泪水，因为我对这土地爱的深沉"。

　　当饱含感情去了解这块土地时，我们能发现她是那么具有生命力：作物的生长、湖水的灵动、丘田的连绵、乡村

鸟瞰

空间的转折……一切都让人感觉到，我们的改造是为了让她苏醒，并使她更具生命力。

然而，我们要做的并大肆规划拆迁带来的二次破坏，而是让各个元素有序融合、有机生长。融合，是提升原有村落与周边的农业景观；是梳理现状破碎的道路；是改造丰富的水系河流；是挽留正在流失的农耕文化、地域文化；生长，是空间的开放与私密结合；是满足生产生活的新道路体系；是自然野趣的滨水景观；是对未来新生活的畅想。

融合与生长，让世世代代生活在这块土地上的生命延续，让岁月累积的历史延续。农耕文化，水色黛，灵秀多娇，一切都在田园中孕育生机。我们坚信，区域的文明进程，将伴随着新版块的开放性、多元性而大大推进，唐涂村与老屋汤村的人们也将随着这一次的规划，改变过去，享受全新的乡村生活。

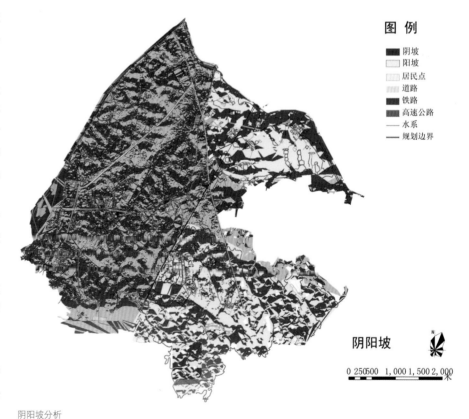

图 例

■ 阴坡
□ 阳坡
▨ 居民点
▨ 道路
■ 铁路
■ 高速公路
—— 水系
—— 规划边界

阴阳坡

0 250500 1,000 1,500 2,000
米

阴阳坡分析

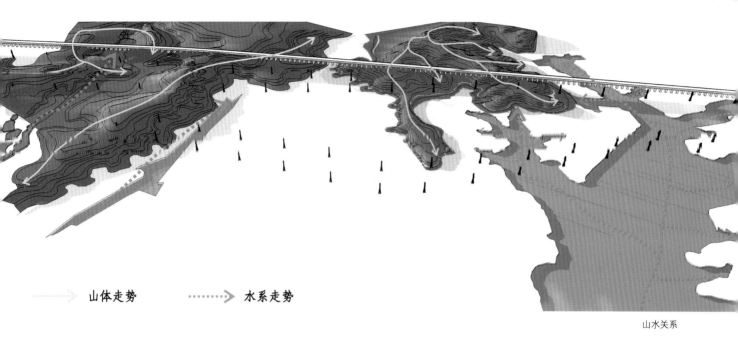

→ 山体走势　⋯⋯⋯▶ 水系走势

山水关系

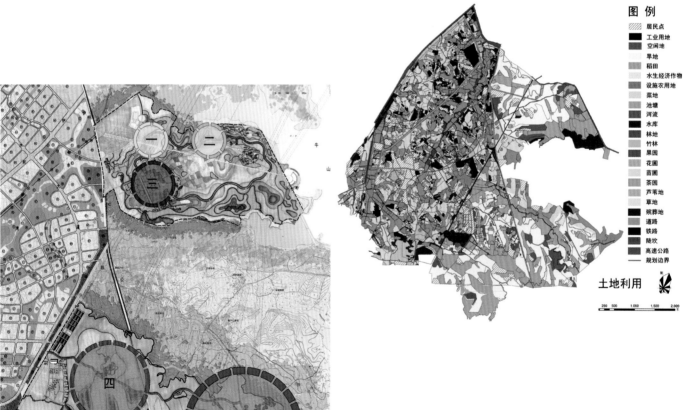

图 例
▨ 居民点
■ 工业用地
空闲地
旱地
稻田
水生经济作物
设施农用地
菜地
池塘
河流
水库
林地
竹林
果园
花圃
苗圃
茶园
芦苇地
草地
殡葬地
道路
铁路
陡坎
高速公路
—— 规划边界

土地利用

250　500　1,050　1,500　2,000

图例：

一：湘莲种植区
二：花木种植区
三：蔬菜种植区
四：花茶立体种植区
　　（食用菊、食用玫瑰、有机茶）
五：花木种植区
六：杨梅种植区

东莞市石龙郊野公园规划设计方案

The Planning and Design of Dongguan Shilong Country Park

项目名称：东莞市石龙郊野公园规划设计方案

主创姓名：张伟

成员姓名：周伟 谭培荣

单位名称：东莞市绿资原野园林景观有限公司

项目类别：公园类环境设计

建成时间：2010 年 8 月

项目规模：111 385 平方米

所获奖项：*iDEA-KING* 艾景奖银奖

设计说明

1.自然优先原则：尊重自然，保护环境，做到艺术性与自然性的高度统一。

2.生态化原则：追求生态化的环境艺术，强调公园在生态系统中的作用，强调人与自然的共生。

3.经济原则：充分利用场地条件，减少工程量，考虑公园的经济效益。

4.可持续原则：强调景观体系的结构完善、自成体系，以利于可持续发展战略的切实实现。

5.人文主义原则：充分考虑人的活动心理及审美等要求，强调以人为本，多方考虑展开活动的安全性，其中种植设计体现安全、健康的原则，达到优美、实用、环保的目的。

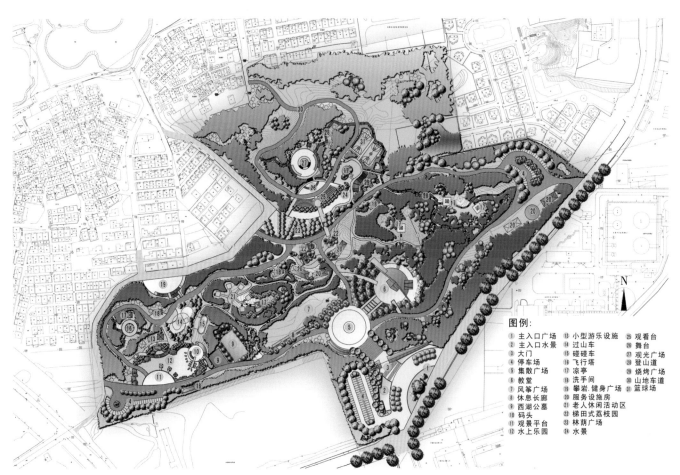

图例：
① 主入口广场
② 主入口水景
③ 大门
④ 停车场
⑤ 集散广场
⑥ 教堂
⑦ 风筝广场
⑧ 休息长廊
⑨ 西湖公墓
⑩ 码头
⑪ 观景平台
⑫ 水上乐园
⑬ 小型游乐设施
⑭ 过山车
⑮ 碰碰车
⑯ 飞行塔
⑰ 凉亭
⑱ 洗手间
⑲ 攀岩.健身广场
⑳ 服务设施房
㉑ 老人休闲活动区
㉒ 梯田式荔枝园
㉓ 林荫广场
㉔ 水景
㉕ 观看台
㉖ 舞台
㉗ 观光广场
㉘ 登山道
㉙ 烧烤广场
㉚ 山地车场
㉛ 篮球场

总平面

鸟瞰图

教堂概念设计方案

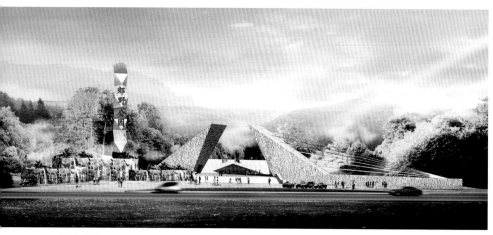

主入口效果

设计说感悟

石龙郊野公园是开放的自然空间，它讲述的是人与自然交流，人与人交流以及人与城市交流的故事，它以大气势、大线条的符号、场景、实物和空间来促进人、自然、城市融为一体。

充分发挥公园特有的自然条件，结合公园现状，以人为本，创造出时代特色鲜明，满足休闲功能要求的郊野生态公园。

观光广场、舞台效果

金域阳光
The Landscape Design of Jinyu Sunshine

项目名称：金域阳光
主创姓名：唐洪涛
成员姓名：邹莉 严东平 袁媛 曹薇 谭运鸿
段辉燕 李国才
单位名称：攀枝花阳城金海房地产开发有限公司
项目类别：居住区景观设计
项目规模：631 093 平方米
所获奖项：IDEA-KING 艾景奖金奖

设计说明

景观风格定位：东南亚皇家园林景观。

景观设计理念：最纯粹的皇家礼遇，小景、浮雕、绿荫、艳阳、流水，身处园林的每个角落，每一步，都是绝佳的艺术体验，其乐无穷。

（1）以现代东南亚为设计依据，柔和雅致、清新的原木亭和质朴的石材园路流露出休闲的生活情调。

（2）浓密的植物与丰富的情趣小品共同组成多层次空间。中心水景以不规则的戏水池，热情而浪漫，富有情调的泰式亭渗透出浓郁的生活氛围。

鸟瞰图

热带园林景观的设计可以因地制宜：有私家花园的别墅户主，可以于房前屋后精心造景；带屋顶的，可以在屋顶搞一个热带园林；对于一般的家庭来说，如果只有一方小小的阳台，也可以在阳台上大做文章，做成一个热带景观阳台；甚至还可以将热带景观引入室内，比如客厅的一个角落、休闲室、楼梯底、玄关等处都可以营造出热带园林景观。

私家花园 （适用面积：5 平方米~30 平方米）

对于一个面积大约在 100 半方米的私家花园来说，在空间上能够容纳很多热带园林的元素，在设计上也是游刃有余的。

热带乔木 以大型的棕榈树及攀藤植物效果最佳

在东南亚热带园林中，绿色植物也是突显热带风情关键的一笔，尤其以热带大型的棕榈树及攀藤植物效果最佳，目前最常见的热带乔木还有椰子树、绿萝、铁树、橡皮树、鱼尾葵、菠萝蜜等，

其形态极富热带风情，是设计师常用来营造东南亚热带园林的"必备"品。

当然 100 平方米的花园里，不一定全都种上椰子树或棕榈树等高大的植物，也可以根据地形适当点缀一些攀枝花本土特色的植物，如，苏铁，三角梅形成高大乔木、低矮灌木和攀藤植物相互配搭的立体绿化，也是目前常见的做法。

人造泳池、人造沙滩 本项目占地 216 亩，泳池面积也应在 800 平方米左右，如果可能的话，不妨考虑建一个私家泳池或人造沙滩。游泳池的面积可依地来定，如果花园面积为 100 平方米左右，泳池的面积不会太受限制，从几十平方米到上百平方米都可以；在造型上一般都以不规则的为佳，像波浪或流水状；在泳池底部铺上天蓝色的瓷砖，往往能营造热带海洋的感觉。

人造沙滩大多设在游泳池旁边，面积大小跟泳池成正比，几平方米左右的小沙滩也能找出休闲的意味，可以摆上两张休闲椅、撑一把太阳伞，是闲暇时

晒晒太阳、聊聊天的绝好场所，也是最能体现热带风情的"道具"。

纳凉亭：平台旁最好有高低错落的植物陪衬

在东南亚热带园林中，比较常见的一些茅草篷屋或原木的小亭台，大都为了休闲、纳凉所用，既美观又实用，而且在建造上并不复杂，因此也被攀枝花的一些楼盘或家庭所接受。此类原木的休闲亭可以在攀枝花的一些园艺店里订做，大小都可以根据自己的需求决定。

如果不做纳凉亭，也可以用一方原木平台代替，然后选择一套休闲桌椅，一家人在原木平台上闲聊也是很惬意的事。当然，平台旁最好有高低错落的植物陪衬，才更有情趣。

园林小径：以突出东南亚的自然、质朴为原则

从花园入口到走完整个花园，应该有一条设计合理的小径作"引导"。

目前在花园里设计一条原木或鹅卵石的小道比较多见。如果采用原木，最

好跟纳凉亭或平台的材质一致，也可以原木与鹅卵石结合，以突出东南亚的自然、质朴为原则。

加入攀枝花亚热带园林元素

当然，在热带园林风情之中适当加入一些攀枝花园林元素，如天然的火山石、大理石材等，散落于植物根部或原木小道的两侧，更具本土化的热带风情。

屋顶花园 （适用面积：100 平方米左右）

对于 100 平方米左右的屋顶花园来说，在景观制作手法上跟上面的私家花园没太大区别，从空间大小和工艺难度上考虑，可将泳池的面积缩小或取消，或用一个小面积的观赏类水池代替，养一些热带鱼或花草也不错。采用"亲水""亲绿"造园手法，将亭台、水、绿、石完美结合，最大程度实现人与自然的亲密接触。

必须在屋顶做透气性好的防水层

但屋顶花园进行景观设计时，有个最关键的问题：屋顶的防水必须考虑。不要以为建筑本身已具有防水层，在进行屋顶花园的景观设计时就不考虑防水，首先必须在屋顶做一层透气性好的防水层；另外，屋顶的承载力，必须请专业人员进行屋顶承载力的计算；做好防水层的铺设后，在计算的承载范围之内才可进行园林造景。

丽晶材料和轻质土可减轻荷载

目前在攀枝花市面上新出现的丽晶材料和轻质土等材质，解决了屋顶防水和减轻荷载的问题。这种丽晶材料可方便做成各种不同形状、尺寸、色彩和质感的防水层。

丽晶材料具有美观天然、质轻防漏的特点，建造屋顶花园时，用丽晶胶水、沙、泥等，在屋顶先做一只"大大的船"，"船"的作用是防漏水，也防止植物根系侵入混凝土楼面，但"船身"壁厚维需 4~6 毫米。"船"上装上过滤层和轻质土后，即可种植植物。

利用小空间大做景观：景观面积 5 平方米较为合理。

据资深主笔设计师说，室内景观占地约 5 平方米的较为合理，不过在营造热带风情的室内景观时，可以在阳台、玄关、楼梯底、休闲室等区域适当地用热带植物来烘托，不必拘泥于空间的大小。

据资深设计师推荐，在大面积的客厅可以选择枝叶舒展、姿杰潇洒的观叶植物，如棕竹、橡皮树、散尾葵等，也可选用绿萝、发财树、巴西铁等，同时吊数盆悬挂植物，使房间富有热带气息；若房间面积较小，则宜选择娇小玲珑、姿态优美的小型观叶植物，如袖珍椰子等，或置于案头，或摆放窗前，这样布置，既不拥挤，又不空虚，与房间大小和谐协调，充分显示出热带植物的魅力。

区域用热带植物来烘托

另外，观叶植物的色彩、形态和气质要与房间功能相协调。沙发旁宜选用较大的散尾葵、绿萝等，人坐在沙发上犹如置身于大自然怀抱之中。茶几和桌面上可放 1~2 盆小型盆栽植物，让绿色随时进入眼帘。在较大的客厅里，可在墙边和窗户旁悬挂 1~2 盆绿萝、常青藤，以形成丰富的层次，让客厅情趣盎然。

室内植物忌无光照，不通风

在室外庭院的景观固然可以满足一定的光照，那是彩叶植物所喜欢的，但一些喜半阴的蕨类植物应选择东向，南向半庇荫的环境，温度在 15~25℃最适宜植物生长。室内植物除了光照问题要注意之外，干燥也是一大问题，切勿终日开着空调。让室内适当有些新鲜空气的流通，对于居住者和植物都好。

据资深设计师表示，目前较常见的园林风格还有中式、日式，其中日式枯山水园林最能表达一种禅意，自然、闲适，所有材质、景观都呈最自然最闲散的状态，看似漫不经心，实则透露枯山水园林的精髓，自然、不做作、在不经意中传递出大自然的灵性；而中式园林常讲究"曲径通幽"，比如常常在很小的空间里，有池水之曲，山径之曲，修廊之曲，而且行于曲径之上，不断左折右弯，使空间感觉更为深远，使"画面"更生动，更深邃、耐看，更耐人寻味。

比如说植物吧，以高大挺拔的椰子树为代表，迎风招展，远远地就能闻到热带的气息；比如说水吧，在日式园林或中式园林中，大都以小桥流水、花草掩映等比较含蓄的形式出现，但在东南亚的热带园林里，水常常是大面积地坦露着，无遮无拦，比如一汪碧蓝碧蓝的池水、还有人造沙滩什么的，这些总让人联想起海滩、太阳伞、休闲椅，还有奔跑在沙滩上的红男绿女……具有很强烈的热带风情，因此只要正确运用一些热带园林的元素，打造出热带园林景观并非难事。

汉川市涵闸河景观规划设计

The Landscape Planning and Design of Hanzha River Hanchuan

项目名称：汉川市涵闸河景观规划设计

主创姓名：窦逗

成员姓名：张海英 张永辉 惠晨灏

单位名称：南京金埔景观规划设计院有限责任公司
南京市规划设计研究院有限责任公司

项目类别：公共环境设计

项目规模：70 公顷

所获奖项：**iDEA-KiNG** 艾景奖金奖

设计说明

涵闸河横贯汉川市中心城区，西起四汊河口，向东流入汉江，全长约 4.65 千米，是连接新老城区的一条蓝色纽带。但当前河水污染严重，沿岸景观风貌普遍较差，严重影响了城市居民的生活品质，阻碍了城市建设与发展。随着旧城地区建设力度的不断加强，涵闸河综合整治工作越来越具有重要性、紧迫性。本次河道景观设计旨在构筑城市良好的面貌，重塑"江汉明珠，鱼米水乡"的形象，打造滨水、生态、人文的宜居都市形象。

涵闸河景观的设计理念是充分融合当地文化创造特色景观，以山为骨梳理本土景观脉络；以文为媒，在景观中注入地方文化；体验为用，激发多重体验的景观感受。

本设计以"一轴、两区，四段"为景观构架，以涵闸河为轴线串起人文休闲和生态休闲两个功能区；分为文化体验、中央公园、历史旅游、生态公园四个景观段，重点打造"文化广场、说善书场、演艺广场、观河唱晚、革命纪念、兰亭听风，荷塘月色"在内的汉川新八景。

文化体验段东起涵闸河与汉江交汇处，西至文化街。设计以涵闸河为骨，汉川文脉为魂，融时代风情与传统文化底

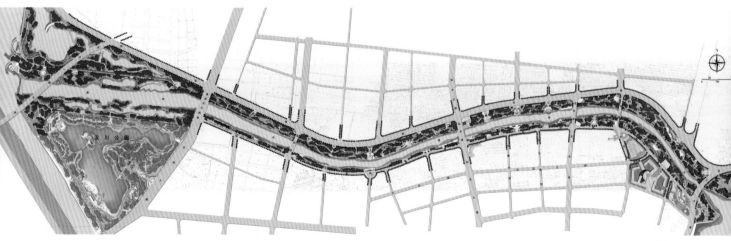

平面图

鸟瞰图

观河唱晚广场

蕴于一体，充分彰显汉川滨水城市魅力。本段重点打造汉川的古典风俗文化，以设置文化景石、浮雕景墙、景观小品，构建表演舞台，设置大型市民广场的方式来烘托汉川文化，架构具有特色内涵的戏曲景观文化。

中央公园段东起文化街，西至仙女大道，由于位于新老行政中心之间。所以设计以滨河的活动与体验为主题，让市民能在河滨享受自然亲切、丰富多彩的城市生活，延续城市功能，体现亲民、亲水的景观特色，形成活力缤纷的画卷。设计师利用原有地形的高差关系，营造富有韵律的叠水空间，并结合码头，演绎广场为中老年市民提供日常聚会、说书、唱戏、晨练等活动的场所为市民提供一块抒发兴致的乐土。

生态公园

历史旅游段东起仙女大道，西至仙女二路，设计重点突出历史人物、革命文化的主题，重点打造历史人物情怀，凸现汉川"敢为天下先"的热血精神。

生态公园段东起滨湖大道，西至四汊河口，现状水面较宽，水质较好，四汊河口位置设置节制闸，调节涵闸河水位。规划定位为生态公园，利用现有水体、河滩、河埂稍加改造设计成为湿地公园，保持场地的原有韵味。

本方案从景观性与生态性的角度出发，解决了包括驳岸样式单一、河中污水井林立、堤顶路标高太高等不利因素，并以增设节制闸的方式把河内水位控制于最佳景观高度，最终保证方案最大化的实现对涵闸河乃至于整个汉川市的环境治理及景观升级。

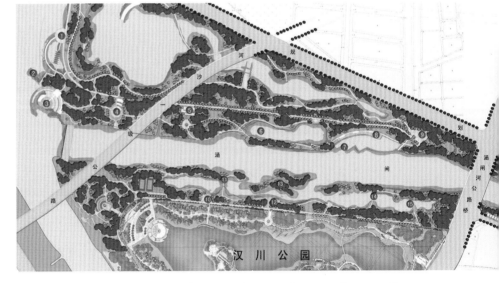

汉川公园

① 入口广场　② 河口码头　③ 亲水广场　④ 郊野广场　⑤ 野营广场　⑥ 荷塘月色　⑦ 曲径通幽
⑧ 观赏大台阶　⑨ 湿地广场　⑩ 垂钓广场　⑪ 湿地栽植　⑫ 木栈道　⑬ 鸟岛　⑭ 湿地栈道

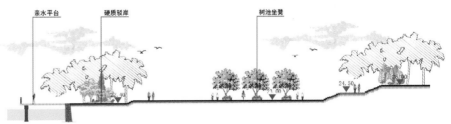

设计感悟

汉川市涵闸河原是川城的护城河，是汉川市重要的生态景观命脉，在其城市格局中占有极其重要的地位。几十年过去了，随着城市的发展，汉川河的压力也越来越大，当前河水污染严重，两岸的驳岸形式单一，最严重的是暴露在外的污水检修井，沿岸景观风貌普遍较差。在市政府的强力推动下，涵闸河的改造工程启动了，这是一项造福人民、功在社稷的宏伟工程，我们有幸能参与这个项目的景观绿化设计感到万分荣幸，经过多次的现场勘察，和涵闸河指挥部一轮又一轮的探讨设计方案，经过多次的专家评审，终于为涵闸河量身打造了一套最可行、最理想的改造方案。

叠水广场

汉川文化广场

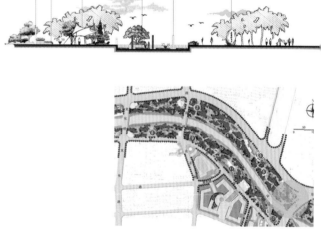

说善书场

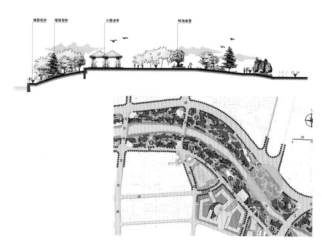

中国品牌家纺布艺总部基地

The Landscape Planning and Design of China Brand Textile Cloth Art Headquarters Base

项目名称：中国品牌家纺布艺总部基地
主创姓名：麦珂
单位名称：麦珂空间设计事务所有限公司
项目类别：公共环境设计
所获奖项：**iDEA-KiNG** 艾景奖银奖

设计说明

为配合中国品牌家纺布艺总部基地以总部经济的战略出发，全面打造成一个现代的、可复制的具有较强竞争力的产业群体，让余杭本土文化与国际潮流相互交融形成一幅有鲜明行业特征的恢弘画面。

立意：唐诗人张佑的《过临平湖》诗曰："三月平湖草欲齐，绿杨分影入长堤。田家起处乌犹吠，酒客醒时谢豹啼。山槛正当连叶渚，水塍新筑稻秧畦。人间漫说多歧路，咫尺神仙路欲迷。"

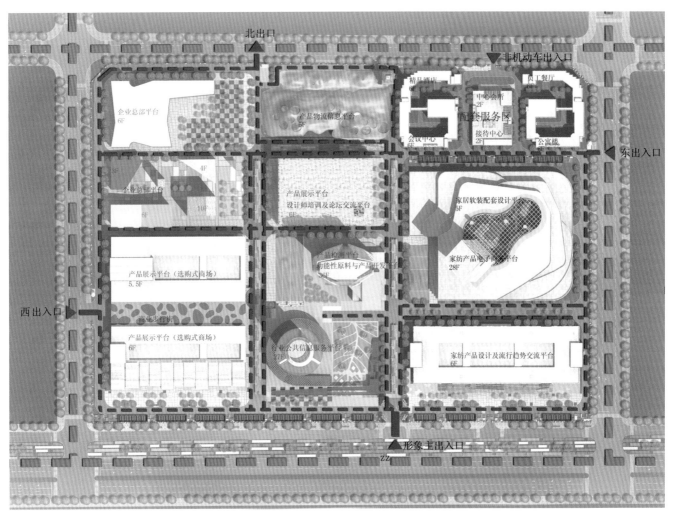

平面图

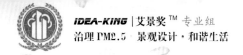

鸟瞰图

在规划上以"节奏"为制衡，根据原有的建设基础因地制宜出"一核、两廊、三广场"，动静结合，加强北固融南、隔西东扬的翘楚之势，使320亩在空间、功能上有机咬合。人车的相对分流、建筑的高低错落、广场的聚散、水景的萦绕、生态的植物搭配、颜射的变幻，一切都在斗转星移、节气的交替中生机勃勃着。

建筑风格：将十大功能服务平台以时尚、概念、生态的练达设计手法呈现，极力营造出有轻纺特色的工业旅游基地，在变化中寻找统一追求予人耳目一新的现代风格。

景观亮点：千人聚散广场及挑起的空中观景秀台在色彩斑斓的人行道飘蓬、植物带的簇拥下，一切都热闹有序进行着，但是能否让人流连忘返呢？可以有，在商业横流的现实中尽量去保留些自然的、人性的一面，其实这样更耐人寻味、更具商业价值。追求诗般意境，提供烦累中得到休憩的场所，用余杭的上塘河

文脉作延展，梅花、生态的自然植被点缀其间，呼应"江山依旧在，几度夕阳红"的恢弘画面。蒙德里安格子立体应用贯穿全园，丰富多彩增加识别功能，体现基地与时俱进的经营理念。

园区内的交通物流尽可能物理式载客、载卸物！东南西门均可进出车流，唯有北门出车流及配套服务区的电屏车、自行车进出。

艺术性，建筑的外形及内空间、材质、图案的搭配应用形态，和着景观植被的柔美润泽，个中穿插的路灯、休息椅、雕塑小品，白天是自然的而夜晚也有她的柔美，这就是所要的文化生态。

乐清文化创意产业园

The Landscape Design of Yueqing Cultural Creative Industry Park

项目名称：乐清义化创意产业园
主创姓名：麦珂
单位名称：杭州麦方装饰设计工程有限公司
项目类别：城市规划设计
项目规模：大型
所获奖项：**IDEA-KING** 艾景奖铜奖

设计说明

本项目的设计，让人们感受时尚潮流，感受艺术气息，畅享品质生活。根据项目自身的情况（建筑、环境、空间格局）、市场前景、区域或城市的特质等，提出本案的规划主题为：一个以时代印记为内涵的新型商业办公场所。

按照"保留、改造、新建"的原则进行改造，充分利用现有厂房、办公楼等建筑，不改变现有建筑的基本结构，以保留历史原貌；在不破坏原厂区的整体坏境的前提下，对建筑内部进行必要的改造、修补、装饰，将其整体改造成为带有明显特色，充满现代时尚气息，又不乏经典气质的特色园区。园区内增加了梦想大楼、淘宝城和接待、展示会议中心、电影院、及独立餐厅。新建筑的增加原则：时尚、前卫、新颖。与厂区的老建筑形成一种LOFT建筑氛围。搭建阳台、扩大窗户等方式延伸办公楼的独立空间，更多地享受阳光；充分利用厂区建筑的层高，在空间上打造出层次感；对园区内的小围合院落，进行保留，并搭建回廊，种植藤蔓植物，营造古朴的气氛。本项目的立面改造充分体现时尚、潮流与前卫，每一幢建筑都有自己的特色与风格，体现与众不同的诉求，展现非比寻常的视觉感受。

本项目的整体布置，用各类艺术品进行点缀，用艺术为工作增加动力，让艺术为生活更添美好，用艺术突显卓尔不凡，使整个园区处处流露出艺术的魅力，处处展现出时代的张力，让人流连忘返，令人为之陶醉。如利用工厂甲原有的涡轮机搭建一个12米高的雕塑，即体现了创意园的特征，也艺术化了。

园区每个角落每个细节都有与众不同的艺术气息。无论的绿化植被，还是景观小品，都尊享艺术的角度，将园区打造成一个纯正的艺术商业办公中心，让步入其中的人，第一感觉就是步入了一个有历史感的现代商业办公娱乐的场所。

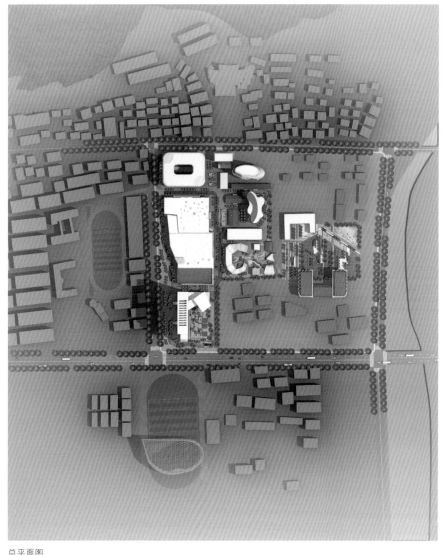

总平面图

鸟瞰图

信阳市潢光一体化概念规划

The planning of Xinyang Huangguang Integration Conceptual

项目名称：信阳市潢光一体化概念规划
主创姓名：汪守庄
成员姓名：陈鹭 宋吉涛 王坚 姚勋 马文岩 陈洁 刘晓飞 田丽媛
单位名称：北京盛世飞虹景观规划设计有限公司
项目类别：城市规划设计
项目规模：491 平方千米
所获奖项：iDEA-KING 艾景奖金奖

设计说明

1. 基本情况

潢川和光山的直线距离约 12 千米，同处信阳市的中心位置。从南北朝始就同城共治，政治、经济一体化的关系密切。有京九、宁西两条铁路经过，是沪陕、大广两条高速公路交叉路口，还有 312、106 两条国道，以及京九、乌沪两条光缆，西气东输的两条直线经过，形成了 5 个黄金的交叉中心，是信阳市政治、经济、文化的枢纽地段。亦是河南省"十一五"规划中已确定的战略规划方向。

2. 规划概念

设计的规划概念是：城市一体化不是两个城市拼接而是两个城市政治、经济文化的有机结合，形成一个新的城镇体

全景鸟瞰图

路岛绿心效果

系。以改善、制止大城市病的产生和发展，形成一个城乡互补的城市，形态结构科学的、环境友好的、环境优美的新型城市地区，而不是不断扩张的大饼型城市。

3. 规划内容要点

（1）城市功能分区科学合理：潢川、光山二城保持综合型城市性质，进行松动式调整。官渡河西建成风景优美的政治文化中心。主要工业迁至下风下水方向的付店工业园区。西北部的龙堰水库建成风景旅游区，5 个组团城市。

（2）组团城市生态健全，两高速交叉口处建成苗圃花园与水库风景区相辅相映，具风景城市特色。

（3）路岛花园的建设优化了物流城市经济效益和风光特色，充分发挥了枢纽

城市经济发展优势，促进城市经济发展。

（4）加强了城市改造程序的灵活性，可以根据城市经济发展的规律和投资条件的变化，分期分区逐步完成城市的蜕变过程。

（5）丰富城市建设发展、改革的科学经验，提供城市建设的理论和规划建设的新途径和新规律。

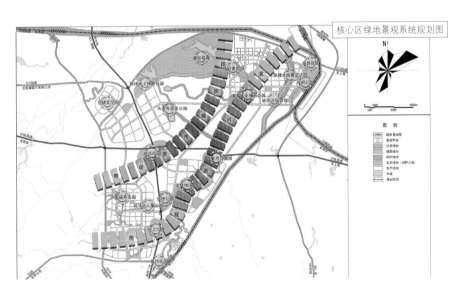

核心区绿地景观系统规划图

全国区位

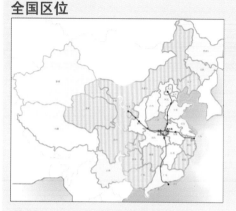

潢川、光山与国内重要经济区的交通联系

通过宁西铁路联系长三角城市群和关中城市群；

通过京九铁路联系京津冀城市群、珠三角城市群、武汉城市群、山东半岛城市群、中原城市群、徐州城市群等国内最重要的经济区。

区位分析图-1

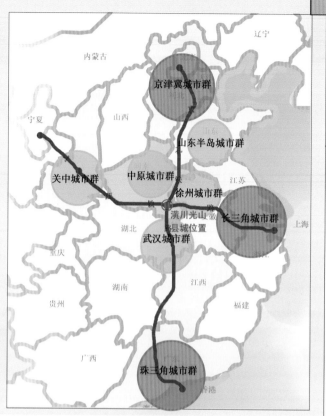

区位分析图-2

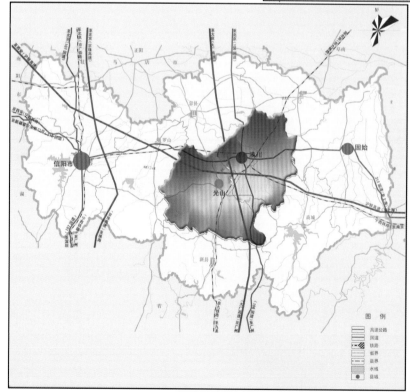

潢光在信阳的位置图

设计感悟

在近代大城市的建设发展进程中，"城市灾难，层出不穷，难以医治"。当19世纪初，霍华德先生的"田园城市"理论问世后，引导着现代城市规划理论的发展前景，于是出现的欧美的城市地区，我国的环境友好型城市等。但是要消除世界上那些知名的特大城市的问题尚无良策。我们对潢光一体化概念规划的理念的尝试，仅能对那些希望步入特大城市后尘的城市们，找到一种良性发展的对策，如果这类优化城市的诞生，也能促进特大城市的体解，岂不是一件大好事吗？

小黄河渡桥意向图

景观意向效果图一

商品集散市场意向图

市政广场意向图

滨河小广场意向图

滨水小区意向图

景观意向效果图二

工厂景观意向图

滨水度假意向图

滨水田园意向图

西宁鲁青水上公园景观设计
The Landscape Design of Xining Luqing Water Park

项目名称： 西宁鲁青水上公园景观设计

主创姓名： 王妍 王伟 张磊

成员姓名： 马玉龙 王彩玲 苏峰坤 张冬云 田川

单位名称： 青岛新都市设计集团有限公司（青岛市园林规划设计研究院）

项目类别： 公园类环境设计

建成时间： 2007年9月

项目规模： 14公顷

所获奖项： IDEA-KING 艾景奖金奖

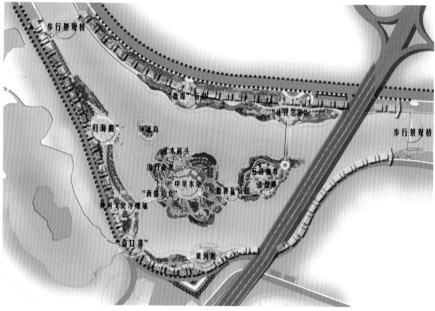

平面分区图

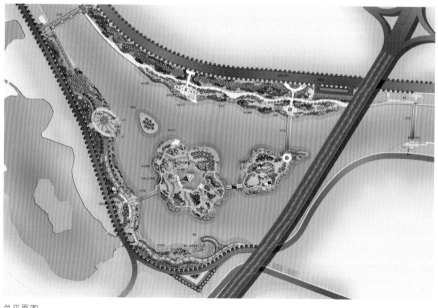

总平面图

设计说明

鲁青水上公园位于西宁市中心区，总占地面积14公顷。公园景观设计结合湟水河的水利工程，以科学合理的水利治理、优美雅致的环境景观、服务于市民。景观设计以山东、青海两省的自然、人文景观为主题，体现山东人民的热情和鲁青两省人民的深厚友谊。本方案在2005年西宁市鲁青水上公园设计的全国招标中，获得第一名，该工程总投资6000万人民币，于2007年9月竣工。

设计理念：高原绿洲，鲁青风情

水的科学治理是设计成功的前提；景观与功能的巧妙结合是设计成功的关键。我们通过严格的计算，以"分流清淤"、"静水沉淀"、"导流行洪"、"分级防洪"等一系列的办法对水系模式进行科学的设计，在此基础上，结合设计主题进行公园的景观设计，形成3个板块区域。

景观布局：一个文化景观轴，两个版图岛，一条景观堤

建成后的鲁青水上公园与人民公园形成一个整体，为西宁市民提供了一个良好的休闲娱乐去处，提升了周边区域的整体环境品质。

设计感悟

2006年我们完成了西宁市鲁青水上公园的规划设计，并参与了后续组织建设的全过程，在一年多的设计和建设过程中感触颇多。

由于鲁青水上公园的建设是与湟水河同仁立交桥段的河道治理、防洪规划融为一体的，因此，面对特殊的地理水文特质，水的科学治理是设计成功的前

鸟瞰图

提；景观与功能、人文的巧妙结合是设计成功的关键。

首先，我们面临的主要问题是如何将湟水河这样一条淤泥泛滥的泄洪主河道打造成一个适合游览活动的景观水系，在满足湟水河防洪功能的基础上，使景观设计得到最佳的基底环境。

如何应对如此不利的条件呢？在与相关水利专家积极研讨及严格的计算的基础上，在否定了多个方案后，我们以"分流清淤""生态驳岸""静水沉淀""导流行洪""分级防洪"等一系列的办法对水系模式进行科学的设计，在原有淤泥河道的现状基础上，通过导流设计，将其分流为相对独立的行洪涵洞和静水水面两部分，行洪涵洞满足主要防洪功能，通过坝体设计将河水有序导入静水水面，通过净水沉淀保证静水水面的水位和水质，在下游桥下隐蔽位置定期清淤。同时，建设过程中应人民公园要求，将净化后的湟水河水与人民公园东湖、西湖进行

黄河源

联通，从而将人民公园东西湖水系变为活水。以此为水上公园景观营造了良好的基底环境。

那么，接下来就是如何用景观的语言来表达公园的鲁青文化主题了。鲁青

水上公园为山东省援建项目，旨在体现山东人民的热情和鲁、青两省人民的深厚友谊。

创作过程中，我们深入挖掘鲁、青两省的地理、历史、人文特色，并从中

寻求多方面的联系，结合现状地形从多个角度加以诠释。南北两条景观带体现两省的共性与联系。

南岸"黄河文化"景观轴，创意来源于我们的母亲河——黄河。其源头位于青海的三江源，并由山东注入渤海。因此，把她看作青海和山东连接的纽带，通过"黄河源""壶口瀑""黄河文化景观墙""归海曲"几个具有代表意义的黄河人文景观点的设计，让人们既感到青海和山东处于黄河流域的特殊位置，也展现了黄河本身的人文气息。

北岸"鲁堤"景观带，思路来源于杭州西湖的"苏堤"。苏轼治理杭州西湖时建的"苏堤"流芳百世，此处，我们设"鲁堤"这一纪念性景观，可谓相得益彰。"鲁堤"上设纪念性"鲁堤"石刻及系列小品景观，以体现齐鲁文化的魅力与传承。

鲁青水上公园作为湟水河的一部分，为减缓河水的冲击和泥沙的沉积，在水面上游区域设一个导流岛，将河水分成南北两条过水通道，在下游可设置几处

归海曲

小岛辅助河水分流。因此，我们选取不影响水流通过的两处植被较茂密区域作为岛屿位置，以青海、山东两省版图为

礼仪之邦

形，营造青海园和齐鲁园，体现两省特色；在两岛中间设一纪念性的"友谊桥"，象征两省人民的情谊。

"青海园"引入网状的溪流，象征三江源的水网意象，园内设置内湖，寓意中国最大的内陆湖——青海湖。园区设 "西部儿女""中华水塔""湟石奇观"3个主要景点。"西部儿女"主题雕塑，以彩陶为面料，既体现了青海彩陶的这一特色，也展现了西部人民的风采。"湟石奇观"则通过艺术的加工，将湟石这一冻土地区的自然奇观展现为一处景点，体现高原的景观特色。那么青海园位于全园的中心位置，应布置一处标志性构筑物控制全园视线，而青海湖作为中国最大的内陆咸水湖，素有"中华水塔"之称，因此在"青海版图岛"内湖上设"中华水塔"大体量构筑物，作为全园的视线焦点。

"齐鲁园"则着力展示齐鲁文化的博大精深，在这里通过"一岛一山一名人"

的概括以展现其精华。岛上设"五岳之尊"和"圣贤亭"两处景点。"五岳之尊"景点以泰山石的形态塑一处假山，并题字，以一石之景概一山之境，体现齐鲁地理特色。"圣贤亭"取齐鲁建筑风格，在亭内设孔子像，孔子作为中国传统文化的先知圣贤，是山东最重要的历史名人，因此，以这样"一亭一像"的形式来体现齐鲁人文特色。

通过鲁青水上公园项目，使我们对水域治理与水系景观设计积累了更加宝贵的经验，为我们后期许多与防洪水系相关项目的设计打下了良好的基础。几年来，得益于西宁鲁青水上公园项目的实践，在很多山地和防洪水系相关项目中，在防洪要求与景观设计相冲突的情况下，我们都能坚持用科学的方法对水系模式进行深入探讨，通过深入分析，实现了景观与功能巧妙的融合。

友谊桥

中华水塔

西部儿女

阜新绿地剑桥一期景观工程

Fuxin Greenland Cambridge A Phase Landscape Engineering

项目名称：阜新绿地剑桥一期景观工程
主创姓名：谭勇 全丽辉
成员姓名：林洋 单越男 李宏芳 艾一鹏
单位名称：沈阳老撒绘景环境艺术有限公司
项目类别：居住区景观设计
建成时间：2012年9月
项目规模：155 570.54平方米
所获奖项：**iDEA-KING** 艾景奖金奖

设计说明

阜新绿地·剑桥位于阜新市细河区玉龙新城人民大街北段与龙湖路交汇处，由绿地集团倾力打造，绿地集团携18年22省41城卓越建筑经验，于2011年进驻阜新玉龙新城，在新城核心投资50亿元倾力打造城市中央百万平方米英伦城邦，承袭百年英伦铸，就百万平方风情大盘，成就阜新品质生活的标杆，御领阜新墅质元年。绿地·剑桥——缔造阜新未来的高品位人群聚集地。

阜新绿地·剑桥园林景观传承纯正英伦建筑精髓，融会双拼、联排、多层、高层等多种建筑形态完美组合；集商业、住宅、现代服务业于一体，综合配套齐全，公共建设施完备，优雅、大气，在社区内规划建设高端英伦风情商业街及人性化社区医疗中心。围绕玉龙新城行政中心、商业中心的地利之便，阜新绿地·剑桥风情生活商业街亦全新诞生，餐饮、咖啡厅、商场、酒吧、KTV、银行、超市一应俱全，让日常生活便捷而丰盈。承载绿地卓越品质，缔造阜新第一名盘。

阜新绿地·剑桥项目得到政府的大力支持，为了回馈社会、满足年轻家庭的子女教育问题，绿地集团与政府协商建设市重点教育机构——剑桥学校，并全资投入6000万元打造以九年义务教育方针为蓝本、全方位满足业主子女的义务教育需求的精品学校。

绿地剑桥景观设计将总体规划分为两部分去着手深入，分别为："开放式公共绿地的景观规划"，"居住区组团中的公共绿地设计"。

开放式公共绿地位于整个楼盘的南侧，设计师深刻挖掘阜新作为中国玛瑙之都的城市文化底蕴，力求创造属于这座城市的性格。以玛瑙象征爱情的美丽传说为引线，提出了"爱神献给城市的礼物"的主题理念。力求在拉动本项目的同时，形成提升城市形象的一张名片。打造浪漫的爱情之旅——爱的誓言，紫色的薰衣草，浪漫的英式钟塔和主题水景雕塑，在以植物密植所形成的"流动的花海"的背景林带的掩映下，处处洋

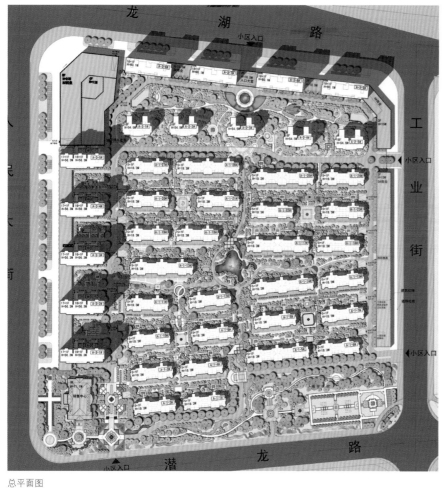

总平面图

溢着节日的浪漫气息。

　　居住区组团中的公共绿地的设计理念是"与自然融合的交响曲"。以音乐为主题建造的英式风格园林，呈现出以音乐感悟为体裁的园林景观氛围。景观力求打造崇尚时尚和品位、追求生活品质和格调但不张扬，与自然完美融合的浪漫英式居所。而如何将听觉感受到的飘缈空灵的声乐之美更多转化为视觉感观，是本案的设计要点，重点在小区中心区域，根据剑桥的由来——剑河之桥，中心形成蜿蜒曲折的河道景观。由音乐的前奏到高潮起伏的感受来营造园林景观，让形式和感觉统一起来。设计师还大胆地运用曲线、弧线的道路规划，通过空间缓冲，为住户留出足够多的休闲活动面积，也营造出更多的绿化空间。同时，将音乐旋律的动态感觉统一起来，每个区域空间围合部分用以音乐为主题的雕塑或水景来点缀，演奏与自然完美结合的交响曲。

浪漫满屋

设计感悟

有时我不禁问自己真正的好的设计是什么？可能每个人所想是不同的，就好像100个人心里有100个"哈姆雷特"一样，设计思维是源源不断的，我们只要秉承设计"以人为本"服务于人，这就是所有设计思维的出发点，也是我们所做设计中的"根源"。

随着现代社会的发展，现代的园林设计正朝着一个相互渗透、相互借鉴的方向发展，不只是物质空间的外在表现同时也要烘托出设计中的人文内涵。本案借助科学知识和文化素养，本着对自然资源的保护和管理的原则，最终创造

出对人有益、使人愉悦的美好环境。项目以自然环境和硬质铺装糅合的设计思路来延续，突出自然和人文的相交融。遵循功能主义原则，营造舒适环境的同时便利于人，满足一定的功能要求。为满足人群的基本户外活动需要的最基本的物质功能，从园林各种要素的组织到空间形态的处理，都必须建立在"以人为本"之上。通过点、线、面、体、色彩、材料等形式来描述设计总规划中"开放式公共绿地的景观规划"，"居住区组团中的公共绿地设计"的自由组合形式，物质、精神、审美功能三者共同作用的有机整体。

重视人性化、生态化、节俭化、个性化，合理安排自然和人工的因素，着眼于心灵的感染，思想的升华，在环境营造上不单单满足人的观赏性，更多的表达人对于更高层次的精神诉求，使环境和心灵达到"人、自然、艺术氛围"的唯美境界。

南溪公园概念性方案设计

The Conceptual Scheme Design of Nanxi Park

项目名称： 南溪公园概念性方案设计

主创姓名： 邹玉坤

成员姓名： 温娜 王雪松 刘男男 王敏敏

单位名称： 长春市启达绿化景观工程有限公司

项目类别： 公园类环境设计

项目规模： 301 公顷

所获奖项： IDEA-KING 艾景奖金奖

设计说明

　　项目位于吉林省长春市南部新城核心区域，是长春市首个湿地公园，建成后将成为南部新城的"地标性"工程。占地面积301公顷，伊通河贯穿其南北，河道自然长度4.78千米。根据现场水资源相对较丰富、现场构筑物较少等优点，通过生态设计手段将城市、河流、湖面三者和谐地结合到一起，将南溪公园打造成一个和谐、生态的城市中心公园。

　　整个园区的设计以"南北为轴、东西呼应"，以"和谐"二字为总体设计构思。整体规划如一个展翅飞翔的和平鸽，寓意着：南溪公园如一只和平鸽，牵引着新老城区，融合着

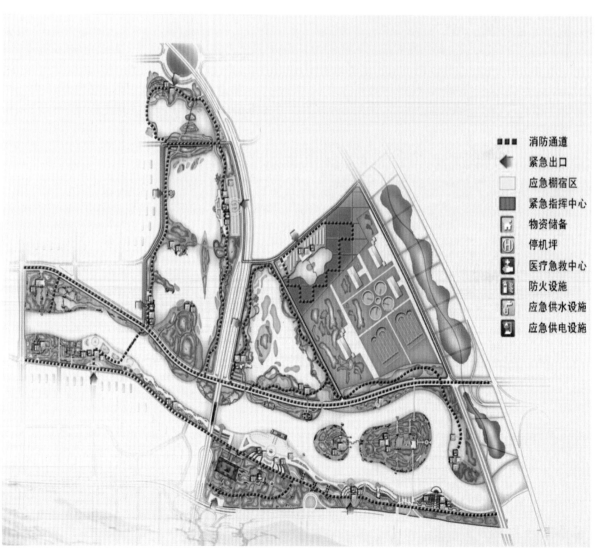

消防通道
紧急出口
应急棚宿区
紧急指挥中心
物资储备
停机坪
医疗急救中心
防火设施
应急供水设施
应急供电设施

平面图

鸟瞰图

经济、技术、文化，为长春市的未来城市中心衔来一个和谐、生态、艺术的橄榄枝。

遵循"南北为轴、东西呼应"的总方针，形成"一水、一带、两区、两心、八园、八广场"的总格局。

一水：伊通河作为孕育了城市文明的摇篮被再度关注，城市发展也呈现出回归于河流的趋势，此次设计以伊通河为起源向两侧发展。

一带：伊通河作为城市的生态轴，南三环——南绕城高速公路两侧的滨河景观带将起到承上启下的作用，不仅要承接老城区的风光带，还要拉开南部新城伊通河绿化景观带的序幕。

两区：南溪公园主要分为东西两个区，西区——西部城市广场，作为城市南部新城的商业开放空间，设计与商业配套的滨水街道、连接河流游憩系统的游船码头、服务于周边居民的活动场地、举行庆典活动的广场等。丰富河岸使用功能，提升开放空间质量，吸引公园人气。东区——生态湿地公园，充分利用该地段的原有湿地、湖泊、河道、滩涂等，栽植长春特有的湿生植物，营造一个集生态、游览、科普、观光与一体的城市湿地公园。两个不同的区域形成不同使城市景观与湿地景观形成完美的互动。

两心：伊通河中间的核心岛是整个公园的中心，起到点明和谐主旨，连接分区的纽带作用。

八园：根据中国特有的优秀民族文化，依据本园区的主旨思想——"和谐"，设计了八个民族文化园——和、平、茶、书画、棋、艺、乐、诗，不同的园子体现不同文化特色

八广场：分析东北的民风民俗，依据不同的季节、不同的娱乐旅游项目设计了八个不同性质的广场。

我们以一水一带为主线，分别从建筑、交通、生态系统、防御系统等十个方面进行总体规划设计。以前期的经济效益和生态效益拉动后期的开发建设，由北向南分两期开发，争取做到"建一块，精一块"。让南溪湿地唱响伊通河综合治理的新篇章。

细水荷香

设计感悟

1. 项目思考

长春南溪公园应该建成一个怎样的公园呢？身为土生土长的长春人，作为设计师的我们能做的是什么？带着这样的思虑，我们的设计团队进行了积极热烈的讨论……

南溪公园西部靠近未来繁华的城市主城区，东部为大面积的湖面，中间是伊通河自然风光带。如何带动南部新城商业、文化、休闲，增值净月的地产、生态等效益，如何在伊通河中起到承上启下的作用，是南溪公园要起到的作用。

2. 项目构思

通过对周边环境的详细分析后，本设计区域用地性质比较多元化，它扮演着城市中的景观公园、城市中的湿地、城市中的滨河景观带三重身份。故此我

龙舟广场

们提出了："城市与湿地、和谐与生态"这一设计构想。挖掘城市的地域文化与湿地的生态文化最终达到城市与湿地，人文与生态的和谐相容。打造一个集生态、文化、旅游、观光、科普、防洪于一体的城市综合性公园。

遵循"和谐、生态"的设计理念，我们一遍遍地去思考，去讨论，以什么样的主题或者形式去表达我们的理念？在经过无数次的讨论后，再大着眼项目地段，地块里的每一个线条，每一处高差，都糅合到了我们的大脑中，和平鸽的影像越发的清晰跟明朗起来！我们整个园区的整体规划就犹如一个展翅飞翔的和平鸽，头尾连接着净月旅游经济开发区与高新技术产业开发区，两翼覆盖着北部中心老城区和南部开发新城区。遵循"南北为轴、东西呼应"的总方针。

翔和广场龙柱夜间效果

翔和广场

南溪飞瀑

江西省萍乡市商周古城水库景观概念性规划

The Conceptual planning of landscape of Jiangxi Province Pingxiang City Shangzhou Gucheng Reservoir

项目名称：江西省萍乡市商周古城水库景观概念性规划

主创姓名：郭宏峰 李辉

成员姓名：李瑛 林畅雄 林建海 刘华彬 滕建宫 李文江 王崛 朱群建

单位名称：浙江大学建筑设计研究院风景园林分院

项目类别：城市规划设计

项目规模：210公顷

所获奖项：iDEA-KiNG 艾景奖金奖

设计说明

　　最终通过对山，水，城的空间格局营造，形成以山峦湖体自然景观为背景，以萍乡地域文化及历史文化为特色，集休闲，旅游，商业为一体的城市湖泊公园，成为展现萍乡城市化的窗口和名片。

　　理念：资源保护，历史延续，景观再生，湖城渗透。

　　资源保护：对地形地貌及植被予保护，作为公园的基本骨架和风格。

总平面图

鸟瞰图

历史延续：将部分值得保留的村落和农田改造利用，赋予其新的生命力。

景观再生：参考商周时期古城考古资料再造三田古城。

湖城渗透：将城引入公园，增加园区活力；公园渗透入城，形成绿色网络。

湖城渗透城市设计：

湖滨区块城市设计：开发模式低层高密度。

西侧云棚岭山脉要达到与湖面相映衬的效果，对临湖建筑进行高度控制，保证天际线绿色背景。沿湖设计观景塔，从而形成错落有致的城市天际线效果。

高铁区块城市设计：开发模式高层低密度。

高铁站和公园之间设绿轴，形成湖城互渗效果。绿轴两侧规划高层建筑，形成城市视线迪廊。

规划结构：一环，三片，五区。

一环：七米的主环路和4米的二级路组成便捷的交通体系。

三片：商业服务区，服务管理区，悬圃休闲度假区。

五区：中心湖景区，田中景区，周城景区，湖滨景区，湿地景区。

中心湖景区

田中湖湖面形成以等高线为依据，岸线力求合自然之理，以达两山夹一湖，山水相依的效果。田中湖区共规划了12处景桥。以石桥和木桥为主。桥的形式有平桥，拱桥，亭桥，既划分水面空间，湖上重要的景观节点和观景点。

田中景区

利用现有地形，应势利导，成为具有萍乡地域特点的郊野公园。

从公园北入口进入田中景区，映入眼帘的是依山而成的梯田，改建原有民居作为景区餐饮配套建筑。改建民居和农田组成了一幅田中烟树般的恬淡风光。

隔水相望的荪壁紫坛毗邻湖滨区，南临郑和路，是闹中取静之地。组团式民居，或临街相倚，或围水而筑，或围合成院，或散落，与环境相融，沿线呈步移景易。

周城景区

原场地为一高台，在此处为发现原商周古城遗址，但已遭严重破坏。景区设计中考虑古城重现。

古城分内城和外城。内城为宫殿，外城为普通居民居住地。设想在此处复建内城。内城的主要建筑为宫殿，社台和祖庙。其基本格局为"前朝后寝"，"左祖右社"。布局上并不完全追求轴线对称，而是因地制宜。

湖滨景区

为沿湖商业步行区，形成湖城渗透的城市界面。沿湖修建宽阔的林荫大道，

设置室外咖啡座、湖滨广场、林荫休息区等，满足市民及游客观湖、休憩、购物、休闲等多种需求。开阔广场可组织多样的文化娱乐活动和小型演出。

在湖西北侧设田中塔，成为鸟瞰全园甚至全城的重要景点：田中揽胜。

湿地景区

位于公园东侧。利用原基质田埂肌理，形成形态丰富的湿地空间，斑块状湿地营造丰富的植物群落，设计古朴的木栈道和草亭，形成湿地游览路线。

设计感悟

由于田中湖水库公园具有城市防洪及古城保护等特殊功能，因此在工程规划实施过程中需要解决城市防洪与景观营造之间的矛盾，需要平衡古城遗址保护与旅游开发之间的矛盾。我们与文

物保护专家、水利设计院等共同合作，
一一化解了这些矛盾。

萍乡水资源丰富，有袁河、萍水、芦水、莲江、典水 5 条河流，整个城市的防洪形势非常严峻，萍乡的母亲河——萍水河贯穿整个公园，由于莲水河汛期和旱期水位落差很大，若全靠自然水流将很难控制水库水位，整个公园景观效果也无法保证。为此我们联合萍乡市水利设计院，通过专门开设泄洪道和设置闸桥等工程手段，使整个库区水位保持稳定，同时满足城市泄洪要求。

在古城遗址处理上我们也很谨慎，通过与文物保护专家、当地文保部门的多次协商最终确定原址原样完整保留古城遗址，在遗址范围内不进行任何开发挖掘。为了让市民和游客能直观了解古城的历史面貌，我们在遗址南面设置了"周城怀古"景点，重现古城风貌。

承载功能是本案设计的核心，发现问题、解决问题是本案设计的最大挑战，多专业、多部门之间的协调与合作是方案最终得以顺利实施的保障。我们在此次设计过程中积累了很多宝贵的实际经验，对今后类似项目设计将会提供极大的帮助。

济南市大明湖风景名胜区扩建改造工程

The Expansion and Reconstruction Project Ji'nan Daming Lake Scenic Area

项目名称： 济南市大明湖风景名胜区扩建改造工程

主创姓名： 王文雯

成员姓名： 肖鹏 王中龙 陆波 高跃 马骁骥 邴长波

单位名称： 济南市园林规划设计研究院

项目类别： 旅游度假区规划

建成时间： 2009年9月

项目规模： 29.4公顷

所获奖项： IDEA-KING 艾景奖金奖

设计说明

1. 规划范围

大明湖于2003年被山东省政府确定为省级风景名胜区和历史风貌保护区。它是泉城特色标志区的核心部分。景区范围为：东至黑虎泉北路，南至明湖路，西北连接西护城河、北护城河。景区原有面积74.0公顷，扩建后总面积达到103.4公顷。

方案总平面

2. 主要规划设计思路

（1）认识大明湖的历史文化价值，深入挖掘传统造景手法并加以应用。从人文积淀、理水造园等角度对大明湖的价值与特色进行全面认识与评估，提炼历史文化资源并形成"七桥风月""秋柳含烟"等8处景点主题。整理继承大明湖传统布景组景手法，总结历史岸线形态类型并沿用，建造手法上传统与现代相结合。

（2）重视对大明湖扩建景区内历史遗存的保护与利用。保留大明湖原有东南岸线，延续了原有的景观格局，传承了大明湖历史脉络；将东南街区内老胡同视为历史遗迹，转化其为景区内交通路线；尽可能保护古树、历史建筑、门楼、青石板路，从景观及功能上重新组织。

（3）提高大明湖的公共性，将"园中湖"还原为"城中湖"。扩大湖面水体，面对城市打开，延长亲水岸线长度；将纵贯湖区的南北历山街由城市道路变为园中道路，使原大明湖与小东湖有机联系为一整体；园区管理实施景区开放、景点封闭。

（4）恢复湖畔历史建筑，使其成为展示古城非物质文化遗产的场所，接续城市记忆，丰富景区功能。

3. 创新与特色

（1）结构、生态、功能多管齐下，恢复大明湖与古城的共生关系。

（2）促进城市公共资源共享，完成"园中湖"到"城中湖"的转型。

（3）深入挖掘并沿用传统造园规律，实现新老湖区的完美融合。

（4）保护并利用扩建景区内物质遗产与非物质遗产资源，延续历史景区的文脉。

"超然致远"效果图

4. 景区结构

大明湖风景名胜区扩建规划挖掘历史、典籍、遗存、民俗等文化内容，形成8个景点主题，分别是："鸟啼绿荫""超然致远""竹港清风""萦堤远水""七桥风月""秋柳含烟""明昌晨钟""稼轩悠韵"。

（1）"鸟啼绿荫"：南北历山街以东，扩大原有的小东湖，增加湿地及鸟禽栖息岛，创造生机盎然、丰富多样的生态景观。景区内设闻韶驿、水云居、鹊华居，增加景区的服务功能。为人们提供一个接近自然、亲近水面的原生态园林环境。

（2）"超然致远"：建筑临溪区，眺东湖，气氛庄重。景区主体建筑超然楼为东西轴线，连通大明湖新旧二区，其他建筑依山就势向南北展开，围合出气氛静谧的水面。超然楼统领整个景区，使整个景区浑然一体。

"明昌晨钟"效果图

鸟啼绿荫效果图

秋柳含烟春景

（3）"竹港清风"：本景区意境源自曾巩《南轩》："病眼对湖山，孤吟寄天地。"此处堆山理水形成港湾，修竹成林，色莹如玉，曲径蜿蜒，翠阴榆里，遂称"竹港清风"，景观建筑"竹港清风轩"，向南侧可收揽超然楼景观。

（4）"萦堤远水"：本景区意境源自曾巩《戏呈休文屯田》："绕郭青山叠寒玉，萦堤远水铺文练。"结合保留岸线的形态走势设长堤，名为"曾堤"，为纪念齐州知府曾巩而设，北对汇波楼，南对新增景区"七桥风月"。堤畔水面西侧开阔，东侧小巧转折，极大地丰富了东西两侧景观效果。

（5）"七桥风月"：本景区意境源自曾巩《离齐州后五首》："将家须向习池游，难放西湖十顷秋。从此七桥风与月，梦魂长到木兰舟。"此景区为大明湖南岸中部重要景点，此处溪流环绕，由旧胡同转变而来的景区小路穿溪过桥，各有风致，合曰"七桥风月"。保留建筑经迁建整合后沿街临水，充分体现济南老城风貌，同时具备特色商业和文化展览的功能。

（6）"秋柳含烟"：因清初济南名士王士桢佳作《秋柳》及其组织的"秋柳诗社"得名。建设秋柳园，其中主要景点为秋柳诗社和天心水面亭，将部分保留民居改造为王士祯纪念馆，重寻"数椽馆舍明湖侧，后辈人传秋柳章"的"秋柳遗风"。塑造出"青石板作纸，杨柳枝为毫，明湖水泼墨，秋柳诗成行"的"历下文士风情"。

（7）"明昌晨钟"：景区紧靠钟楼遗址，恢复钟楼台基并形成小型观景高台。围绕钟楼形成小型广场，恢复文化服务建筑"明湖居"，此建筑以曲艺演出活动为主，结合旅游功能。此景区通过一条景观轴线串联正谊广场、候船廊和历下亭，是联系大明湖路最密切的一个景区。其中也融合思敏楼、枕湖楼和司家码头等历史遗迹，成为延续历史文脉并具有现代使用功能的文化旅游景观。

（8）"稼轩悠韵"：此景区位于稼轩祠南部，拆除现有建筑，组织改善祠南景观。南部正对省府北门，形成城市轴线。东侧通过保留水体种植，将稼轩祠、晏婴祠、玉虚书藏、退园等共同构成了一个文化底蕴极为丰厚的景区。大明湖整治改造是济南古城保护的最重要部分，是优化旧城内用地结构、增加城市休闲与服务设施的重要举措，是深入挖掘并继承发展济南传统景观文化精髓的重要机会，是全面提高并综合改善城市居住环境的重要内容，改造后的大明湖成为了泉城更加夺目的明珠，传承历史、面向未来，散发出饱含古城人文精神的城市复兴光辉。

明湖店夜景

天心水面亭夜景

超然楼和鹊华乔夜景

秋柳园效果图

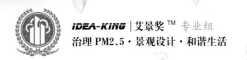
中国棋院杭州分院（天元大厦）屋顶绿化设计

The Roof Greening Design of China Hangzhou Branch

项目名称：中国棋院杭州分院（天元大厦）屋顶绿化设计
主创姓名：周兆莹
成员姓名：薛芬 宋晓敏
单位名称：浙江省风景园林设计院有限公司
项目类别：立体绿化设计
所获奖项：iDEA-KING 艾景奖金奖

设计说明

第一部分：场地概况

杭州天元大厦位于钱江新城 CBD 内，东临钱塘江，环境条件得天独厚。自从中国棋院杭州分院在这里正式挂牌入住，从建筑规模来看，它无疑是围棋界当仁不让的"世界第一"，这里将会成为中国围棋文化的中心。因此，建筑外围的环境营造就应该更具有文化的倾向性和艺术性。

整个绿地空间分为两大块，一块位于一层地下车库顶板上的立体绿化，一块则在裙房屋顶绿化。

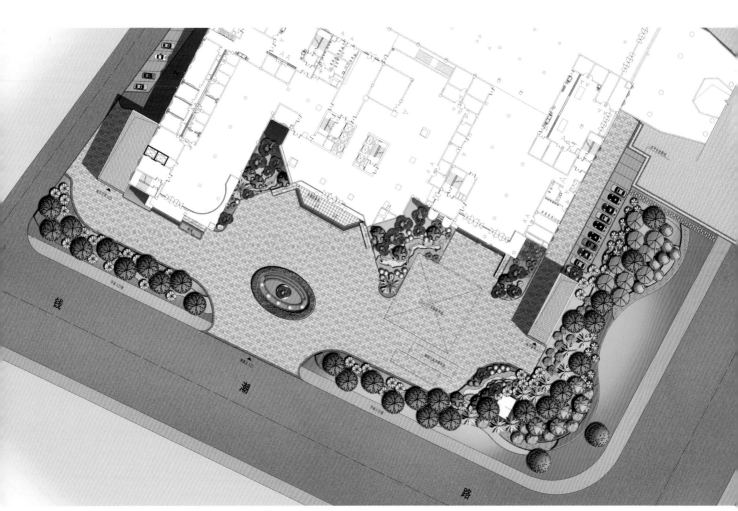

总平面图

整体鸟瞰图

第二部分：详细设计

一层地下车库顶板上的立体绿化

一层地下车库顶板上的立体绿化主要是天元大厦建筑周边外围绿地，是天元大厦的主要门户景观，同时也担当了杭州棋院的景观诉求。

意境中的对弈应该有飘逸的松摆；有如春笋般拨出地面的台石；有细细的润水；有古朴自然的棋台，有松涛作响，绿色环抱。

因此，松、石、水、棋就是我们更改原有环境的意境元素。

我们将原本庞大的意境造景微缩成一个盆景。以盆景的方式平以小见大。

松：苏轼和黄庭坚在松树下弈棋，忽然几颗松子落在棋盘上，苏轼念道："松下围棋，松子每随棋子落。"由此可见，

鸟瞰图

一层地下车库顶板上的立体绿化

有模拟和真实的体态。通过豆石模拟水的流畅，蜿蜒在石的边缘，来自棋中的细水，滋润着石头的肌理，丰富着石头的色彩。滑过层层的石阶，落入虚拟的豆石流中，轻轻隐入，颇有润物细无声的意境表达。

棋：散布在平石台上的棋子，是文化语言的载体，光滑的形体、黑白的色彩丰富了整个意境空间，与主入口的棋子喷泉有了很好的呼应，也使棋子喷泉显的不再孤单。

松、石、水、棋合成的是完美的对弈空间，有声有色；每一块单独是景，可远观可近赏，依偎在大厦的一隅，挺拔中见细腻。

整个外围空间则选用高大乔木与樱花等相搭配。使外围入景，依稀可见，透过花隙隐约中观到绿色苍劲的松涛。内部看出去，绿树环绕，花雨层层。

松树对于对弈环境的重要性。我们可选用适合杭州生长的罗汉松和五针松，通过造型的选择和组合来模拟对弈的气氛和意境。它是盆景的灵魂所在。

石：它是盆景基盘，盘的形态决定盆景的形态，我们将选用自然开采的石料，以10～15厘米作为一个单位厚度，

根据自然石板自然梯度叠加3层，形成跌水阶梯。最上面的一层，可以平面为基准，个别起峰，形成石浪，增加变化。置石采用天然花岗岩矿石，依据现场景观要求人工雕凿，或伏或立，形态丰富。

水：水是听觉、触觉的来源，是意境营造中最容易获得的捷径，这里的水

裙房屋顶绿化改造

裙房屋顶化园总面积约为 11500 平方米，现有临江商业和住宅。通过棋文化的诠释和植物的重新梳理，达到自然生态景观和棋文化传播相结合。

裙房屋顶绿化改造思路从两个方面来考虑：

一是屋顶花园紧临钱塘江，观江条件得天独厚，所以要充分利用这个自然景观。根据棋院的特有属性，增加棋文化内涵，将棋韵与江涛、植物景观完美融合。通过沿用一层地下车库顶板上的景观元素：松、石、水、棋形成比较自然的具有"棋味"的园林景观；增加文化典故：钱塘竞技和当湖十局等文化小品。

二是为了更加突出棋韵文化和下棋氛围，在植物改造中，增加大量的色叶树种和花香树种。使赏花、对弈、观江、闻涛四味合一，打造极具诗情画意的杭州棋院景观氛围。

钱塘竞技

钱塘竞技

对弈与当湖 | 局

全椒南屏山森林公园规划设计

The Planning and Design of Quanjiao Nanping Mountain Forest Park

项目名称：全椒南屏山森林公园规划设计

主创姓名：张建和

成员姓名：周兆莹 柳智 李志民 吴恬静 林竞芳

单位名称：浙江省风景园林设计院有限公司

项目类别：公园类环境设计

所获奖项：iDEA-KING 艾景奖金奖

设计说明

南屏山森林公园位于全椒县城南郊，襄水之滨。此次设计地块位于全椒县城的东南，总面积约为87公顷。

设计理念

都市森林、文化奇葩。

都市森林——方案以生态保护为基本原则，遵循森林公园生态性的本质，在设计上尊重场地保护，实行合理布局，以最小干预的形式来进行活动、游憩环境的设计。

总平面图

鸟瞰图

文化奇葩——立足于全椒悠久的历史文化，方案注重传统文化的保护，在设计中赋予景观文化内涵的同时，利用参与性的景观设计来记载和传承全椒悠久的历史文化。

根据南屏山森林公园的自然条件和现有旅游资源的性质和特点，设计将南屏山森林公园分为四大功能区块：

一是以文化展览、康体娱乐、生态涵养功能为主的生态文化保护区。

生态文化保护区位于森林公园的南片区，主要由文化展览、康体娱乐、生态涵养3个主题部分组成，是体验森林公园生态环境和全椒历史文化的核心区域。主要景点有：南入口广场、乌龙塔、全椒历史与书刻艺术博物馆、颐年园、盆景园、笔峰毓秀、王枫亭等。

二是以儒林风情街、书院、南岳行

笔峰毓秀牌坊

儒林风情街整体鸟瞰图

林中漫步

宫等特色商务、游憩景观空间组成的儒林风情商务区。

儒林风情商务区位于森林公园北部，是依托历史古迹"南岳行宫"而建的徽派建筑商业街区，是游客进行购物、餐饮、休闲、聚会等活动的特色商务区块。主要景点有：儒林风情街、南谯书院、南岳行宫、墨池、览胜亭、乌龙泉等。

三是以疏林草坪、水上楼阁、入口广场等娱乐活动空间组成的休闲运动区。

根据全椒城市发展现状，休闲运动

休闲运动区鸟瞰图

区的设计分为近期和远期两个方案，其中近期方案依托原始矿山等特殊地理条件，设置吊脚楼、假山瀑布、疏林草坪，从而形成一系列户外活动空间；远期方案则在原有疏林草坪地块的基础上建森林浴场，丰富活动内容。休闲运动区是南屏山森林公园最具活力的游览区域。主要景点有：东入口广场、水上楼阁、疏林草坪、森林浴场（远期方案）、假山瀑布、云影亭等。

四足以岩石、中草药园、禅静园、林阴漫步等组成，具有观赏、教育、游憩功能的科普体验区。

科普体验区位于公园东北部，是以岩石、中草药和养生为主题的科普教育体验区块，主要景点有：岩石园、中药养生园、禅净园、林中漫步等。

南屏山森林公园景观规划设计在原修建性规划的基础上，根据现状场地条件，对全椒森林旅游、历史文化展示、

南岳行宫效果图

科普教育和健身娱乐所进行的更深层次详细的设计，丰富了景观内容的同时，更注重全椒城市发展的需求，为南屏山

森林公园的建设提供了一个完整的、可实施的景观设计方案。

汤泉·谷

Spring Water · Valley

项目名称：汤泉·谷

主创姓名：富元

单位名称：三亚富元装饰设计工程有限公司

项目类别：住区景观设计

项目规模：47万平方米

所获奖项：**iDEA-KiNG** 艾景奖银奖

设计说明

概况

区位条件：辽宁省辽阳市弓长岭区汤河镇柳河村，处于辽宁省城市群的中心地带，毗邻沈阳市60千米，辽阳市30千米，鞍山市30千米，抚顺市90千米，本溪市30千米，丹东市90千米，四通八达的公路交通网，贯通2300万人的黄金旅游圈。

规划理念

充分利用自然环境，努力做到与自然结合的最大化、对生态的干预最小化，低碳、环保、节能、和谐。

规划愿景

结合辽阳本土地理与历史文化优势，

打造最具有北方特色的"水上都市"。

住宅区建筑

多层建筑规划通过道路和水系划分成人们熟悉的街道、小巷、庭苑等系列空间元素及园林小品，营造出一个区别都市环境的"梦里水乡"，让居者在自然环境中体验返璞归真的情趣。同时，生态化低密度的居住建筑设计和水系设计，充分体现了"以人为本"的设计思想。

城市商业片区

北侧商业片区：小汤河北岸为综合商务、商业区，意在打造不同特色，不同业态，功能完备的城市复合商业区，采用低层带线状建筑，各建筑分体由"桥"连接整体交通、空间流畅的基础上，强化独立区间的功能和特色，成为一个个

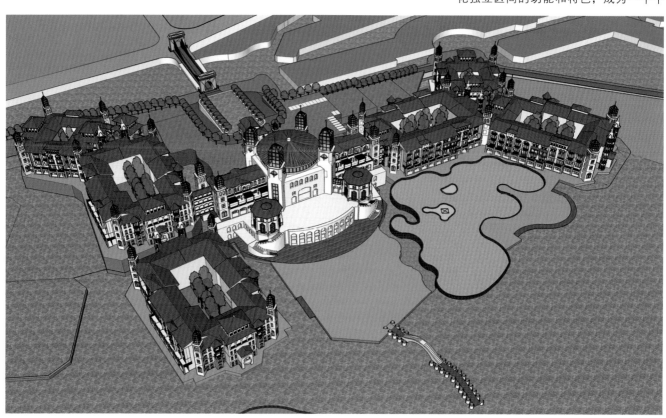

总平面图

鸟瞰图

的有机因子，使整个片区充满活力，体现生态设计原则和理念，节能环保。北侧沿主干路为多层商务建筑，强化对内部空间的围合，也使业态更加丰富。

建筑上借鉴了西班牙风格，结合地域的优势，通过差异文化的体现，营造具有时代气息特色的滨水商业空间，给人以新奇的异域感受，强调典雅的商业氛围的营造，温馨而亲切，增强区域的特色和活力，给人们留下深刻的印象。

温泉度假酒店

酒店依山傍水，设有：温泉浴场、室内外温泉洗浴、各具特色的大小泡池30 余个、游泳馆、世界顶级 SPA、网球场及高档特色套房、中西餐厅和各类会议室、跑马场等多余项娱乐项目。独具匠心的高雅装潢、堪称一流的设施设备，必将成为您旅游、度假、休闲、娱乐之首选。置身于亚洲第一、世界第二的温泉中让您感受到无穷的快乐，使您百乏皆除、生机盎然。使居者精神振奋、疾病顿消、身心愉悦。追求个性化的服务让您尽情享受商旅的温馨、浪漫！

酒店效果图

低点日景

低点夜景

水上乐园区

水上游乐园包含独特的是船形的无边界游泳池、冲浪池、章鱼滑道、儿童嬉水池、热身池、休闲池、河流河、踏水池、瀑布，水幕，涌泉、喷泉、水蘑菇，并与陆地部分绿化、假山、建筑小品等相互映衬、融合，给居者的水上游乐各休闲创造了一个优美的环境。同时还有宜于健身的水疗池，石板廊，死海浴池，鱼疗池，泡池、玫瑰花汤、奶浴池、菊花花汤，矿砂浴池等。冬季可开展冬泳、溜冰、滑雪、冰壶等体育项目。避免了由于北方季节特点造成的冬季亲水不便感，成为一项全季候的游赏建筑。汇集了人气，最大限度地体现自然环境所赋予的价值。

山海韵·龙栖湾

Charming Mountain Sea · Dragon Habitat Bay

项目名称：山海韵·龙栖湾

主创姓名：晶儿

单位名称：三亚富元装饰设计工程有限公司

项目类别：居住区景观设计

项目规模：63 万平方米

所获奖项：**iDEA-KING** 艾景奖银奖

设计说明

1. 现状概述及分析

（1）周边环境。龙栖湾地处海南省乐东县东南海岸线，港湾全长 30.1 干米，沙滩平坦洁白，海水蔚蓝，港湾一年四季风平浪静，是一个风景优美的自然港湾。

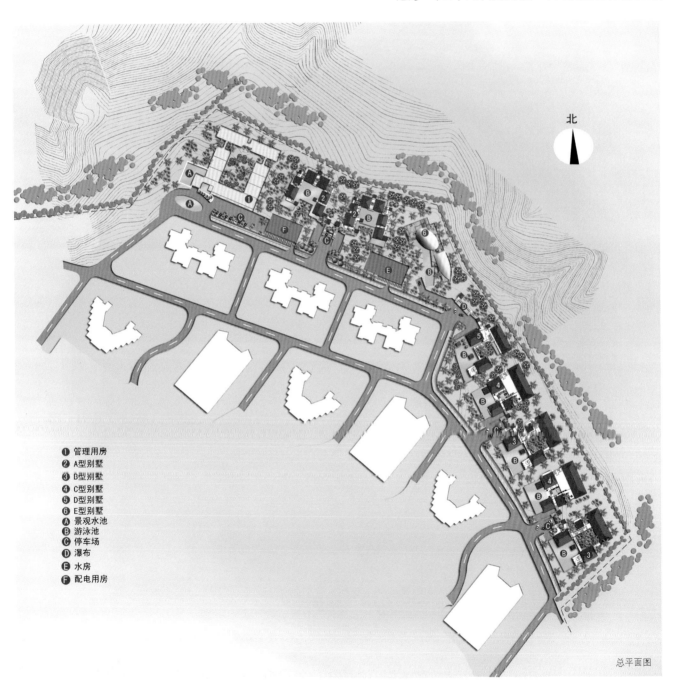

北

● 管理用房
❷ A型别墅
❸ B型别墅
❹ C型别墅
❺ D型别墅
❻ E型别墅
Ⓐ 景观水池
Ⓑ 游泳池
Ⓒ 停车场
Ⓓ 瀑布
Ⓔ 水房
Ⓕ 配电用房

总平面图

2.设计说明

对中国人而言，三亚是理想的度假胜地，因此在三亚购房居住本质上是一种度假式的居住。它区别于我们常态居住的关键就在于更加重视自然环境、户外空间、休闲娱乐、运动健身设施的质量。因此，如何尽可能大地争取自然环境和户外空间就成了本规划布局的关键。基于以上分析，我们在本项目规划中采用了实边缘、虚中间的布局。既最大可能地为整个小区创造了安静的居住环境，同时也由此在小区中部形成了一片贯穿整个小区东西的景观步行空间。在这片不受汽车干扰的自然环境中，我们从西向东依次布置了入口广场、岛式观景泳池、园林露天游泳池、儿童戏水池、亲子乐园、中心广场、主题式花园、运动健身园、知鱼池等景观设施，让寓居其间的人们真正体验自然环境中的诗意生活。

004A 户型别墅效果图

（2）构造向心居住空间。中国人居住的传统是向心居住。为此我们根据环境特点，将住区分为东西两个居住组团，西区以水景区为中心，东区以休闲运动健身区为中心，南北住宅向心布置，东西两个组团又以基地中部的中心广场为中心结合为一个整体，内部采用曲线路网，将东西两个组团串联起来。中心广场、东西两个居住组团与住宅底层架空形成的室内庭园，以及建筑的空中花园一起形成一个由公共空间、半公开半私密空间和纯私密空间构成的空间体系，使建筑与庭园真正做到成对出现，庭院式空间的精神在该项目中得以淋漓尽致地体现。

花园洋房

（3）建设养生型园林。由于社区居住以度假养生为主，因此在景观设计上要重点突出度假养生特色。我们将社区中心绿地设计成可行、可望、可游的水景和园林，在绿地西部水景区集中堆山、叠石、理水、配置花木，并用一条蜿蜒曲折的小溪将各水景空间串联起来，形成开闭开的自然水空间序列。为强化整个中心景区的文化性，我们对中心景区进行了文本化和象征化的处理，设计了一些可以阅读的"文本"，如特殊的标志物(一棵大树,一口水井,一座小亭等)，以及集中的湖面、绿化、薄膜覆盖的活动场地、高大的柱廊围合出的圆形文化广场等。其鲜明的场所形象，使中心景区真正具有了成为居民活动中心和心理中心的场所特征。

管理用房效果图

幸福·荷语墅

Happiness · The Villa

项目名称：幸福·荷语墅

主创姓名：富元

单位名称：三亚富元装饰设计工程有限公司

项目类别：居住区景观设计

项目规模：29.2万平方米

所获奖项：iDEA-KING 艾景奖铜奖

设计说明

1.基地概况

（1）区位与现状条件。本项目位于河北雄县，雄县地处京津保三角腹地，隶属河北省保定市。雄县地处环京津、环渤海、京津冀经济区核心地带。是河北省规划的环京津休闲旅游产业的核心区域。

2.整体构思与规划原则

（1）整体构思

项目定位——度假型：依托白洋淀的优良生态环境和市场品牌基础，结合区位优势，白洋淀温泉城的定位为京津冀及环渤海地区的温泉休闲度假中心（SRD），主要市场为休闲度假和高端商务休闲，模式为温泉+生态度假。总体环境为湿地——林地生态富集的风景地。

充分利用周边水资源，并在小区内引入水景，建成以水文化为特色的温泉水景小区。

丰富的产品类型满足各类人群的不同需求。

（2）规划原则

① 符合地区总体规划的要求，综合地区发展，协调周边相关地段，合理确定功能布局，综合开发、配套建设。推进温泉会馆，商务会馆、会展中心、星级酒店及相关配套设施的开发建设，构建集旅游观光、休闲度假、会展商务、乡村风情、娱乐休闲为一体的现代旅游度假区。

② 综合考虑雄县的城市性质、气候、习俗和传统风貌等地方特点和规划用地周围的环境条件，充分利用规划用地内有保留价值的水体、植被、道路等，将其纳入规划；适应居民的活动规律并综合考虑日照、采光、通风、防灾、配建设施及管理要求。

③ 贯彻以人为本的思想，以建设生

总平面图

总平面图

鸟瞰

态型居住环境为规划目标，创造一个布局合理、功能齐备、交通便捷、绿意盎然、生活方便，具有文化内涵的住区。注重居住地的生态环境和居住的生活质量，合理分配和使用各项资源，全面体现可持续发展思想，把提高人居环境质量作为规划设计、建筑设计的基本出发点和最终目的。水系的整治，绿化系统的建立及绿化覆盖率的提高，改善居住地生态环境。通过完善的配套设施。方便的交通系统，宜人的空间设计以及健身、休闲、娱乐场所的设置，提高几多生活质量。

④ 强调住区环境与建筑，单体与群体，空间与实体的整合性。注意住区环境、建筑群体与城市发展风貌以及自然的协调。建筑突出个性，并利用高差营造出丰富的空间；群体建筑与空间层次应在协调中求变化。公共活动空间的环境设计，应处理好建筑、道路、广场、院落、绿地、水景和建筑小品之间及其与人的活动之间的相互关系。

大户型 01 效果图

大户型 02 效果图

南京御豪汤山温泉国际酒店

Nanjing Yu Hao Spring Hotel

项目名称：南京御豪汤山温泉国际酒店
主创姓名：苏坤
成员姓名：陈皓 任庆
单位名称：玉琪璘景观堂·上海墨刻景观工程有限公司
项目类别：公共环境设计
建成时间：2010年6月
项目规模：7100平方米
所获奖项：iDEA-KiNG 艾景奖金奖

设计说明

　　南京御豪汤山温泉国际酒店为一家民国建筑风格的温泉度假酒店，坐落于中国四大温泉之首的南京汤山，建筑面积约：29 000平方米，占地面积：12 800平方米，景观面积：7100平方米。北楼屋顶景观为中式设计风格，以"晋唐子遗"为设计理念，以晋代书法和唐代陶俑文化线索贯穿始终，镶嵌在屋顶花园内的各式露天温泉汤池，给人带来怡情山水的人文情怀。独特的景观设计手法营造出山水之美和聚会欢愉的场所，群贤毕至，少长咸集，茂林修竹，清流激湍，于此畅叙幽情。

鸟瞰

设计感悟

　　南京御豪汤山温泉国际酒店把露天温泉设在楼顶上，设计巧妙。共设有11个汤池，30余休息包间。镶嵌在绿荫丛中的各种特色汤池，为宾客带来护肤、养生、保健等方面的诸多惊喜。浪漫简约的园林布局，汩汩泉水，热气腾腾，让人仿佛置身于天外仙境而流连忘返。舒适放松的音乐、幽幽薰香散发出的芬芳、大自然的流水声、鸟鸣声宛如天籁之音，使您完全融入到大自然的气氛之中，感受来自：视觉、听觉、嗅觉、味觉、触觉、冥想的愉悦中，从而达到深层放松，养生育容的目的。

阜阳市植物园规划设计

The Llandscape Design for Botanical Garden of Fuyang City

项目名称：阜阳市植物园规划设计

主创姓名：沈立雄

成员姓名：姜楠 王秀秀 石连勇 刘耀元 凌瑶 单小仪 龚玥

单位名称：山东远景绿化有限公司

项目类别：公园类环境设计

项目规模：410 000平方米

所获奖项：**iDEA-KiNG** 艾景奖银奖

设计说明

1. 现状

（1）城市概况

阜阳市位于安徽省西北部，北邻齐鲁，西连豫鄂，是千里淮北平原上的一座古城。一条淮河、一道秦岭把中国分成南北两部分，阜阳正处于我国南北交界处，交通便利、水陆辐辏、舟车四达，自古就有"襟河带淮，中州锁钥"之誉。阜阳市地处上海经济区的西北隅，京九经济带与陇海——兰新欧亚大陆桥的交汇处，具有良好的区位条件。在新一轮安徽省城镇体系规划中，阜阳市被确立为皖北城镇群的核心城市之一，皖西北地区的中心城市。阜阳市现辖颍州、颍东、颍泉3区，临泉、太和、阜南、颍上4县和界首1市，市域总面积9775平方千米，市域总人口约988万人。至2008年底，阜阳市城市人口约70万人，建成区面积约70.5平方千米。

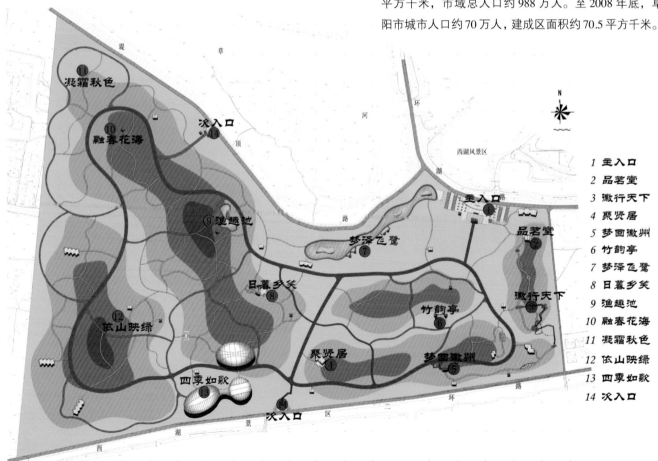

1 主入口
2 品茗室
3 徽行天下
4 聚贤居
5 梦回徽州
6 竹韵亭
7 梦泽飞鹭
8 日暮乡关
9 渔越池
10 融春花海
11 凝霜秋色
12 依山映绿
13 四季如歌
14 次入口

总平面图

整体鸟瞰图

（2）自然环境分析

①气候　阜阳市属暖温带半湿润季风气候，特点是季风明显、四季分明、气候温和、雨量适中、光照充足。

②土壤　阜阳全市土壤共划分为砂姜黑土、潮土、棕壤、水稻土、黑色石灰土与红色石灰土6个土类，其中砂姜黑土面积最大，分布最广，阜阳市土壤质地较好，土层深厚、盐碱化面积也极少，宜农宜林，但土壤肥力总体较低。

③水文　淮河沿本市南部自西向东流过，阜阳境内主要河流有颍河、泉河、茨河、洪河、谷河、西淝河和大型人工河道茨淮新河等，均属淮河水系。

2. 植物园范围

基地位于阜阳城西湖风景区西南角，景区环湖路、草河堤顶路以南，景区二环路以北。本次规划用地东西长约960米，

竹韵亭

日暮乡笑

品名堂

聚贤居

南北宽 320 ~ 770 米不等，规划用地总面积 42 公顷。

3. 植物园性质

公园设计要求以阜阳市的地方区系植物种类收集保护为基础，兼顾对周边区系植物种类的引种驯化，进行植物种质资源收集、保存等方面工作，旨在将植物园建成集游憩休闲、科普、科研等功能于一体的四级专业园。

4. 设计目标

旨在建成以生态园林风貌与植物文化相融合，集植物种质资源保育、科研科普、旅游休憩于一体的综合性植物园。

5. 总体布局

根据植物园功能，其布局结构形式为：一环（园内车行道形成的环线）；五区（入口管理服务区、植物展示区、生态保育区、科普教育区、游憩休闲区）；十园（湿生植物园、观光游览区、蔷薇园、秋景园、展览温室区、药用植物园、引种驯化区、森林休闲区、竹园、盆景园）。

金川·聚金兰庭

Jinchuan · Jujinlanting

项目名称： 金川·聚金兰庭

主创姓名： 何太洪

成员姓名： 刘阜 章怵丽 周潼

单位名称： 成都海外贝林景观设计有限公司
　　　　　　甘肃金川集团房地产开发有限公司

项目类别： 居住区景观设计

项目规模： 70 000 平方米

所获奖项： iDEA-KiNG 艾景奖金奖

设计说明

金川·聚金兰庭遵循"自然""和谐""纯粹"的规划原则，坚持地域性和场所感并重，最大限度地利用和发挥环境资源优势，体现自然特色和人文精神、绿色生态理念，在尊重周边环境的同时，凸显景观与生活、土地优雅舒适的关系，并大面积使用有着时光铭刻印记。

本设计以满足业主居住期望和需求的居住生活环境为规划目的，以打造一个多元性的充满生机与居住活力的生活空间为设计原理。金川·聚金兰庭尊重地域文化，衍生着自己独特的生活文化，体现着一种对新生活的新体验和国际化的居住理念，充满着简欧风格的住宅概念，幽雅宜人的社区环境、亲切的生活氛围，还有清新的空气和健康的呼吸。

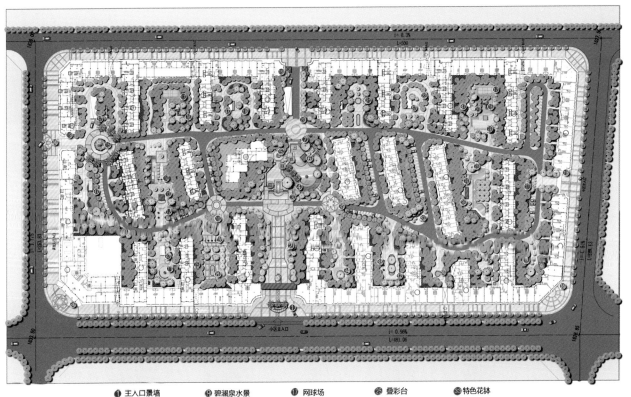

❶ 主入口景墙　❾ 碧澜泉水景　❿ 网球场　㉕ 叠彩台　㉝ 特色花钵
❷ 迎宾水景大道　❿ 植物组团　⓲ 云锦台　㉖ 观景廊架　㉞ 花语林
❸ 碧幕汀叠水水景　⓫ 彩蝶园雕塑　⓳ 次入口　㉗ 品鸿溪　㉟ 特色铺装
❹ 亲水木平台　⓬ 特色花钵　⓴ 特色铺装　㉘ 香林花语景墙　㊱ 商业街特色铺装
❺ 水悦喷泉　⓭ 景亭　㉑ 香林花语　㉙ 绿的景墙　㊲ 地下停车场出入口
❻ 聚贤亭　⓮ 趣味吐水小品　㉒ 云悠台　㉚ 花露台
❼ 特色景墙　⓯ 绿茵台　㉓ 观景休闲椅　㉛ 特色景墙
❽ 云悠格花园　⓰ 儿童欢乐谷　㉔ 水上汀步　㉜ 绿韵景墙

总平面图

设计感悟

宝川·聚宝兰庭运用创新的"情境主题文化"景观设计原理，以现代简欧的园林的设计理念构筑生活空间，注重小区景观的美感及视觉享受，更注重景观与人的互动关系，以雕塑艺术的姿态打造，精雕细琢的一草一木、一树一林，让生活在风景里盛放。呼吸着新鲜的空气，与繁华保持恰当距离，无都市之喧嚣，无尘世之烦扰。

项目采用立体绿化的自然理念，以自然化设计融合于自然、亲和于自然，设置不同高低层次植物的错落种植，以小乔木搭配灌木与植被为主要造景绿化手法，营造立体绿化空间。户外绿化景观与室内空间相交融，实现不出户门就能看到美丽的风景。让住户与大自然亲密接触，使户型与景观的均好性得到了很好的统一。

效果图

金海世纪城
Golden Sea Century City

项目名称： 金海世纪城

主创姓名： 梁先孝

成员姓名： 工勇 陈载鹏 李晖东

单位名称： 攀枝花金海实业有限公司

项目类别： 居住区景观设计

项目规模： 306 亩

所获奖项： *IDEA-KING* 艾景奖金奖

设计说明

Art Deco 的建筑装饰艺术浓厚。

棕黄色的外饰面，整体风格浑厚、浓郁，具有高端楼盘的气质。高层建筑的交错布置，打破了地块的不规则格局，同时自然形成了不同的景观围合空间，丰富了高层的景观观赏面。

秩序中的"自然之美"

艺术人生、绿色生活居住区的景观致力于打造一种新的艺术人生绿色生活方式 采用典雅——风格，从功能性出发，为居住提供一系列功能性的活动空间。让建筑、自然景观与人文景观和谐交融，带给人们更环保、更人文、更艺术、更多元的生活空间秩序是建筑立面带来的庄严高雅的感官效果，景观设计通过道路系统，地形起伏变化，潺潺溪流，丰富的种植空间层次来形成刚柔兼并的自然形态之美。

整个 20 世纪，很多设计思潮的兴起都和 Art Deco 装饰、建筑艺术运动有关，可以说 Art Deco 是一场至今尚未结束的艺术革命。

Art Deco 以其兼容并蓄的宽容视野和灵活自由的创作方式使设计获得了极大的空间，也因此使人们在全球化的今天可以在融汇多元文化和多种艺术思想的背景下，设计出多种宜居的生活。

◆ 项目定位：市中心高端住宅 / 品味与功能的集合。

◆ 目标客户群：城市精英，都市白领。

特征：

生活品位——体现尊贵与气质。

自由舒适——不追求特定风格，注重舒适度。

时尚活力——喜欢创新，别具一格。

把握空间体系分布的主题原则，以

总平面图

鸟瞰图

"水""绿"作为本案的主题思想，把握"静态、景态、康态、情态、恒态"主题理念，营造"生态智慧园林，人性居住空间"

景观设计构思与设计特点

1. 亲切宜人的水际体验

水际体验是人类最重要的情感体验之一，生命万物都离不开水的滋养，景观设计中，抓住水景景观这一主题，结合溪流、喷泉、等景观要素，以水的不同形态、色彩、动静、文化内涵等要素，营造出亲切宜人的水际体验，形成社区一道独特的风景线。

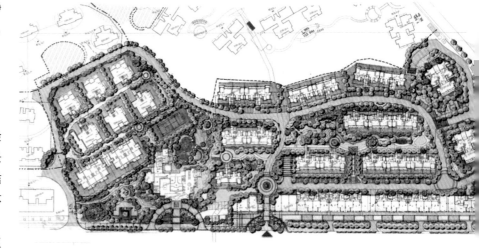

2. 塑造丰富的缓坡景观

缓坡景观以其独有的地形地貌特征，给人丰富的空间与视觉感受，在景观设计中，针对基地地形特征，注重营造丰富的坡地地形，通过植物软化、立面景观处理等手段，形成特有的坡地景观。

3. 高品位的休闲健身体验

项目定位确立了"生态智慧"这一主题。高效率、快节奏、竞争力强的现代生产和生活，为人们提出更高的体质要求，人们更加注重内心世界的充实与安宁，追求与周围环境的协调平衡，以迎接现代生活中的各种挑战。

① 阳光花园　　　⑫ 特色林荫
② 绿步　　　　　⑬ 花坛组
③ 特色雕塑　　　⑭ 花语台
④ 花廊　　　　　⑮ 特色叠水
⑤ 特色景墙　　　⑯ 地面停车位
⑥ 山亭　　　　　⑰ 消防回车地
　　　　　　　　⑱ 健身花园
　　　　　　　　⑲ 羽毛球场
　　　　　　　　⑳ 驿站台
⑯ 特色景亭
⑰ 亲子花园
⑱ 浪漫花径
⑲ 亲子花园
⑳ 健身步道
㉑ 多彩园
㉒ 风情商业街

0　10　20

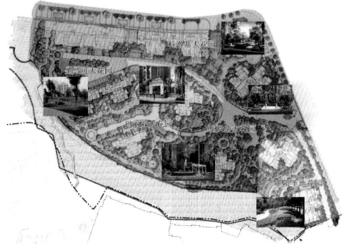

4.植物为主题系列化

植物景观设计中以生态学理论为指导，以再现自然，改善和维护小区生态平衡为宗旨，达到生态效益、社会效益统一；充分发挥植物的景观功能、游憩功能、保健功能、防护功能和文化功能等，结合各组团地形变化，形成季相各异的植物景观；以园林绿化的系统性、生物发展的多样性、植物造景为主题的

可持续性为使命，达到平面上的系统性、空间上的层次性、时间上的相关性。

5.讲究景观与建筑和谐协调，相得益彰

建筑的个性，不是来自外表，而是因为它在满足居住者生活需求的基础上，符合居住者的个性和审美需求，把人的情感方式和生活方式客观化，使居住者对房子、街道、草木产生独特的情感体验，

从而使建筑、人、环境在和谐的互动中达到统一。

6.讲究组团及入户之间的标志物识别性

即通过植物、景观小品、指示牌、系列性题名等对个体别墅进行区别，让人们在类同的别墅风格中能体现自家的个性，快速地寻找到自己的家园。

设计感悟

从前期现场踏勘实际情况，项目地形复杂，高差较大山地景观，在每一台地做到一步一景。从山地特点出发，从建筑与山地地形之间的关系，规划山地道路系统，营造立体空间景观，营造立体生态特色景观。

景观结合建筑风格以 Art Deco 的建筑风格园林为设计主题展开，主要景观布置在各个组团，形成"一横两纵"的景观轴线，简欧式的小品、活动空间布置其中，强调住户的舒适度和归家的感受，结合考虑一下景观风格和我们这个山结合在一起，本身山的风景和这个山的文化结合在一起，景观色彩考虑大环境，景观上面根据这个坡地做了高低错落，然后从这个角度看过去，整个空间感就活了，在里面需要做的就是一些边坡的处理，高差的处理。

我们都知道，在平地上做景观可能一套景观施工图可能能用得上的可能最多是在 70%~80%，有 20% 是没法用的，因为景观是很灵活的东西，根据现场的变化可能有些用不上。那么在坡地和山地上做景观，一般是有 50%，的施工图是用不上的，根据山地的变化很复杂，可能随时控制不住。哪怕之前的准备工作做得很足够了，也会充满着种种的变数，我认为在后期实施的时候最需要注意到的就是首先设计单位对现场的一个把握能力，第二是开发商自己对于现场的一个把握能力，甲乙双方的共同努力才能打造出一个好的作品。

在植物方面考虑尽量保留和保护基地内现状植物，优先选用本土具有观赏价值的植物种类，注重植物四季的变化，多应用春季开花的植物，增加秋季色叶的树种，增加常绿植物的种植，使之在冬季也能保持一定的绿视效果。

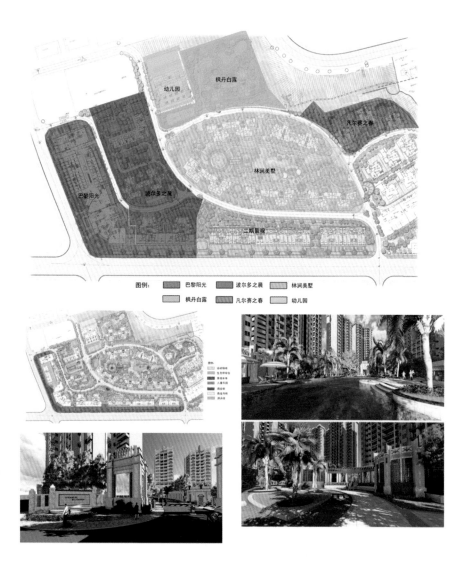

图例：■ 巴黎阳光　■ 波尔多之展　■ 林涧美墅
■ 枫丹白露　■ 凡尔赛之春　■ 幼儿园

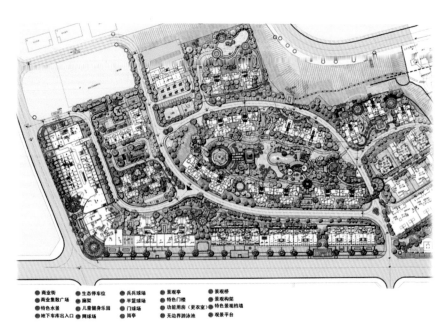

上海南外滩滨水区综合开发实施方案重要节点景观深化设计

The Landscape Design of the Important Pitch Point of Shanghai South Bund Binshui District Comprehensive Development Plan

项目名称：上海南外滩滨水区综合开发实施方案重要节点景观深化设计

主创姓名：杨明 宿宸

成员姓名：程薇 刘洋 刘瑜

单位名称：华东建筑设计研究院有限公司

项目类别：公共环境设计

项目规模：7.1公顷

所获奖项：*IDEA-KING* 艾景奖金奖

设计说明

世界经济的一体化。没有哪一个国家能够拥有发展本国经济所必需的全部资源、资金和技术，而必须进行交流和相互合作，形成 "全球相互依赖"的经济格局。黄浦区的定位：发展金融业，现代服务业的产业类型。

文化。不仅仅指对历史的怀念与延续，更期待在未来一定时期内形成独特的对社会进步产生重大影响的意识形态，包括思想、理念、行为、风俗、习惯、代表人物，及有益于开展这个群体整体意识所辐射出来的一切有意义的活动。

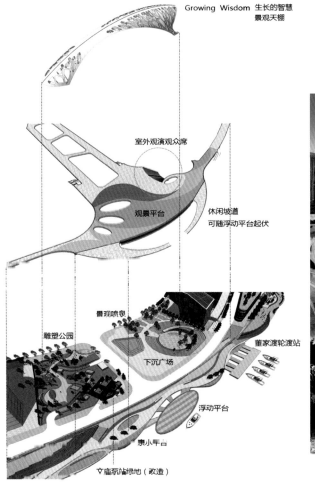

Growing Wisdom 生长的智慧
景观天棚

室外观演观众席

观景平台

休闲坡道
可随浮动平台起伏

景观喷泉

雕塑公园

下沉广场

董家渡轮渡站

浮动平台

亲水平台

文庙泵站绿地（改造）

总平面图

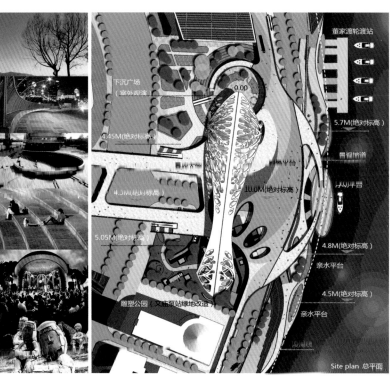

Site plan 总平面

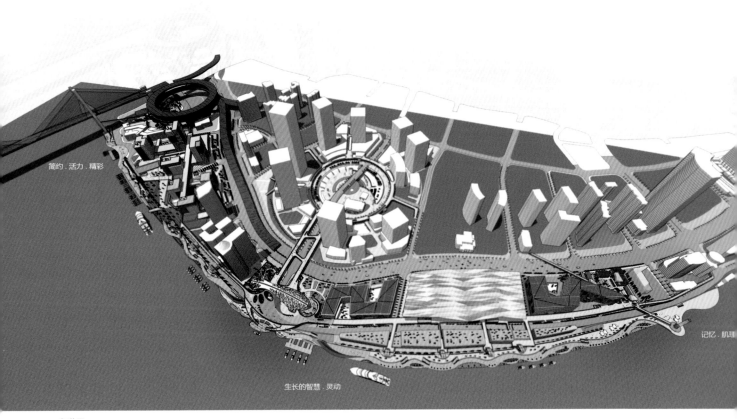

简约.活力.精彩

生长的智慧.灵动

记忆.肌理

鸟瞰图

生态进程。洪水、潮汛既是对人类的威胁，也是大自然万物息息相关的一个不可避免的环节。综合气候、季节、动植物等物种状况的稳定是维持地区生态平稳的必要条件。

设计原则。南外滩景观适宜世界经济活动开展。南外滩景观蕴含高品味的文化或未来可培育的文化意味。南外滩景观成为不可忽略的生态进程，符合可持续发展的要求。

共性原则。南外滩景观区域统一独特的城市肌理和文化含义的界定，同时和以南以北的外滩上有内在及形态的和谐延续。连续贯通的高架平台和高桩码头亲水区。设计元素统一：统一的灯具、栏杆、标识及区域铺装形式的协调统一。寻求已存在的历史遗迹，突出南外滩区域的地域特征，而不是在白纸上新建。

◆ 复兴路节点设计理念

"尊重城市的原生机理、对话历史的原生建筑"。

设计综合了周边环境的因素，复兴地块位于老码头地区（十六铺）和沿江五库之间的重要位置。13个节点中最具历史文化性的区域。所以在复兴地块的设计中，宜适当融入原有的城市肌理、发掘历史文化内涵。

设计中的景观节点吸收采纳了原有的网格化、块状化的城市机理。通过新的手法和元素，如绿化、历史建筑、种植缓坡等，力求在旧的骨架上形成新的城市意象。

通过旧建筑的保留改造利用，在绿化节点中形成可供人们停留的空间，营造具有人气的场景氛围。建议更多的保

留有价值的建筑，并在此区域形成一定的场所氛围，突出保留里弄的形态完整性。

◆ 董家渡路节点设计理念

"聆听城市的声音，与城市的互动中找到建筑自己的智慧"。

缘起：我们需要什么样的节点景观空间？

通过对沿江建筑空间充分的解读，我们发现其形态各异，宛若一首乐章的各个部分。董家渡路节点位于整个南外滩基地中间犹如乐曲的高潮部分。从规划空间形态上分析，认为在此节点应有某种形态的景观建筑和空间。在功能上既起到南北承接的作用，又可以丰富沿江空间，吸引人们的视线在此与建筑、黄浦江产生互动和情感上的交流，并且

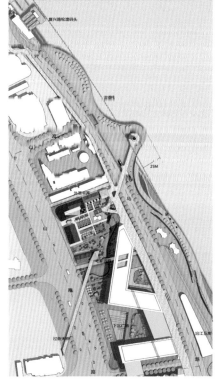

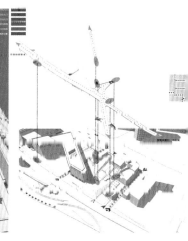

复兴路节点

因其独特优美的造型打造出南外滩自身的标志形象，景观建筑"生长的智慧"成了点睛之笔。用自己独特的智慧充分融入到城市空间，成为南外滩空间序列重要的一环。又利用自己独特的造型和周边环境营造出了互动感极强的滨江、演绎、休闲、文化的传播（雕塑公园）的公共活动空间。人们在此活动的同时充分感受到了人、建筑、空间、城市之间的绝美平衡。

◆ 南浦人桥节点设计理念

方案的功能主体为休憩，结合基地内部环境较为消极的特点增加了极限运动功能，并配套有商务服务及艺术工作室等多种业态功能，形成了综合性社区运动主题公园。大草地部分：塑造静谧环境，草地周边起翘，形成遮挡以减少周边交通噪声影响，并在挡土墙上进行涂鸦。

极限运动部分位于桥下，由急速滑道、趣味滑碗、攀岩和涂鸦墙组成，将桥下的消极空间转换为积极空间；业态空间泡由若干组团组成，有结合草地音乐会安置音乐工作室，有入口处的安保和办公，有极限运动发烧友俱乐部和设备租赁；覆土大屋面呈波浪形，内部功能为置换的南浦大桥管理所。方案的流线组织原则是尽量较少对现有交通的影响，并设置二层步道与相邻地块连接。方案在岸线的整合与衔接上加强纵深方向的渗透，用生态桥梁削弱硬质隔断对生态的破坏。

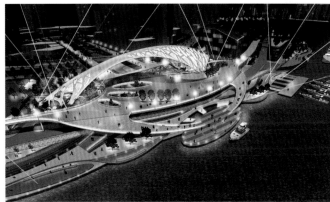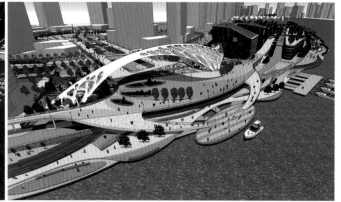

董家渡路节点

设计感悟

◆ 复兴路节点

"尊重城市的原生机理、对话历史的原生建筑"。

复兴路节点是本次设计中最有历史纪念意义的地区。在设计中力求做到既保留它的历史原真性又能在新的时期中具有其新的使用功能，使这个地段焕发出特有的光彩。

设计中，为了突出保留里弄的特色，实地考察了现状建筑的使用情况和保留价值，选择有较高品质的建筑依据里弄的特有机理进行布局，做到"修旧如旧"；同时结合景观节点中人的活动流线，赋予它们休闲、餐饮或纯景观的用途。

◆ 董家渡路节点

"聆听城市的声音、与城市的互动中找到建筑自己的智慧"。

而且犹如点睛之笔的景观建筑"生长的智慧"。在用自己独特的智慧充分融入到城市空间，成为南外滩空间序列重要的一环。又利用自己独特的造型和周边环境营造出了互动感极强的滨江、演绎、休闲、文化的传播（雕塑公园）的公共活动空间。人们在此活动的同时充分感受到了人、建筑、空间、城市之间的绝美平衡！

◆ 南浦大桥节点

"每个设计都将是一次挖掘背后故事的旅程"。

南浦大桥景观节点深化过程中，面临最核心的问题是如何转化消极的城市环境因素，利用特点鲜明、个性强烈的空间特质，打造积极的公共空间！通过充分的论证和调研，策划了以摇滚、极限运动为主题的街头文化公园。增加了涂鸦等草根艺术要素，复合了餐饮、运动、草根创作等功能。最终方案得到了组委会和业界的好评，我们设计者更珍惜在每一个看似毫无希望的空间中蕴藏的各种可能，设计师的职责在于发现背后这些潜藏的闪光点，并通过合理的手法将它们挖掘出来。每个设计都将是一次挖掘背后故事的旅程。

鄂尔多斯诃额伦母亲公园设计

Hcclun Mother Park Design in Ordos City, China

项目名称· 鄂尔多斯诃额伦母亲公园设计

主创处名. 胡沽 吕璐珊 韩叙

成员姓名: 王晓阳 张凡 谷丽茉 崔亚楠 陈酉鸣 储楚

单位名称: 北京清华城市规划设计研究院

项目类别: 公园类环境设计（实例类）

建成时间: 2010 年

项目规模: 21 公顷

所获奖项: **iDEA-KING** 艾景奖金奖

设计说明

项目背景

鄂尔多斯市在早期水草丰美、森林茂密、商业发达、文化多元，是蒙古贵族聚集的地方。由于一代天骄成吉思汗去世后就埋葬在这里，使鄂尔多斯市成为世界蒙古族文化的圣地之一。本项目位于鄂尔多斯市东胜区西部经济技术开发区，是城市金融办公区的中央绿地，总面积 21 公顷。甲方要求以成吉思汗的母亲诃额伦为主题，设计一个反映草原文化的公园。

诃额伦生于呼伦贝尔高原呼伦湖畔，其名字的内涵是"白云"的意思。她嫁给了蒙古部落的汗王，丈夫早逝后，她没有称帝因袭皇位，而是坚强地承担起了家庭的重担，以自己的聪慧天资和深谋远虑，为实现大蒙古的统一，走完了自己普通但又令人钦佩的一生。诃额伦一生专心致志于蒙古民族的兴旺发达，抚育出了像铁木真那样的民族英雄，因而其历史作用和功勋是不容磨灭的。历史学家认为，没有诃额伦就不会有强大的蒙古帝国，诃额伦一生表现出的最深沉、最博大、最真挚的母爱，是中华民族所有女性的楷模。

总平面图

鸟瞰图

项目挑战

尽管距离蒙古帝国最强盛的时期已经将近900年，成吉思汗及其母亲诃额伦仍然是蒙古人民心目中的真神。在蒙古地区，几乎每一个城市都有以诃额伦为主题的公园，因此，这一主题的表现有很大难度。同时，由于鄂尔多斯市处于半荒漠干旱地区，给公园植物环境的建设带来很多困难，在鄂尔多斯市已经建成的公园中，植物品种单一和养护成本高的问题比较突出。本设计需要提出更好的解决方案，为当地城市绿化工作提供范例。

设计对策

1.诃额伦文化主题的表达

（1）母亲形象的确定及安置。以雕像的形式表现诃额伦的主题，是蒙古地区经常采用的方法。

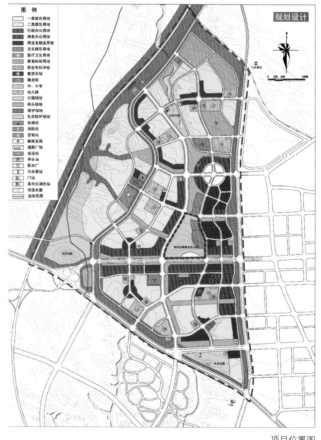

项目位置图

全园建成照片

在这个公园中，我们在英雄母亲形象的设计上打破了传统的严肃庄重的、神像般的艺术手法，选择了一个普通的、安静慈祥的牧羊女来塑造诃额伦的形象。雕塑石材选用乳白色花岗岩，在阳光照射下，反射出淡淡的光晕，在安静祥和中透出一种神圣的气息。

本项目用地是一个高差近 10 米的土丘，诃额伦雕像高 12 米，安放在土丘顶部的广场上，周围的办公区的人们可以清楚地看到她宁静慈祥的形象。

（2）公园水景与地方文化。公园无水不活，对于干旱地区的城市公园来说，水景尤为重要。本园水景的营造仍然围绕诃额伦的故事展开，采用象征手法，利用公园现状地形，在最高处和北侧最低处分别设计两个水池，象征诃额伦年轻时的生活过的"呼伦湖""贝尔湖"。诃额伦的雕像就放在最高处的水池边，平静的水池反映出天空中飘过的朵朵白云，这样的构思亦出自诃额伦名字中的含义。

（3）南广场的构图。从全园的整体构图上可以看到南广场的构图采用了类似蒙古包穹顶的圆弧路网构图，这样的设计不仅解决了坡地无障

诃额伦雕像

喷泉

碍设计的步行要求，而且也呼应了公园的文化主题——母爱，广场依靠在北部弧形环抱的地形中，仿佛是母亲温暖的怀抱。

2.种植设计

（1）多品种：克服当地人对于植物选择的观念，选择当地适生植物品种超过60种，满足生物多样性的需求，通过多样组合达到景观效果，起到植物种植的实验示范作用。

（2）多层次：公园绿地地面全覆盖，形成3～4层的组团空间层次。

（3）多色彩：以油松、樟子松为基调，强调灌木、地被丰富的色彩变化。

（4）低成本：为降低绿化管理费用，种植设计尽量不种植禾本科的草坪；多选用当地野生的灌木进行种植；采用小规格苗木，乔木干径不超过15厘米，提高成活率。

溪流

武汉盘龙城国家考古遗址公园概念设计

Wuhan Panlongcheng National Archaeological Park Conceptual Plan

项目名称：武汉盘龙城国家考古遗址公园概念设计

主创姓名：李存东 史丽秀 赵文斌 王力军 刘环

成员姓名：孙文浩 高达 方威 张曼华 路璐 王洪涛 颜玉璞 刘于涵 土婷 董荔冰

单位名称：中国建筑设计研究院环境艺术设计研究院

项目类别：公园类环境设计（方案类）

建成时间：2012 年 8 月

项目规模：955 公顷

所获奖项：*IDEA-KING* 艾景奖金奖

设计说明

盘龙城遗址位于湖北省武汉市黄陂区盘龙城开发区，是商代前期距今 3500 至 3200 年前后的古城遗址，主要遗存包括：盘龙城城址，含城垣、壕沟、宫殿基址等重要遗迹及古城四周分布的商代遗址和墓地。

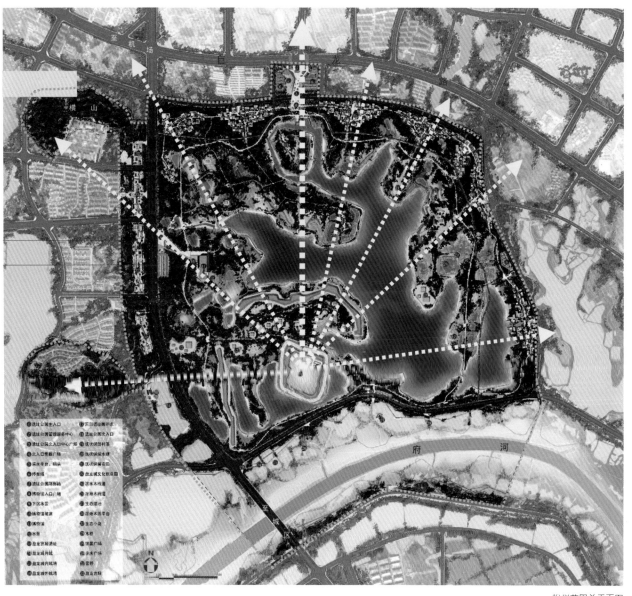

规划范围总平面图

鸟瞰图

遗址博物馆展示区效果图

　　规划以严格遵守"盘龙城遗址保护总位规划",尊重现有城址保护的前提下,对遗址墓葬本体进行合理挖掘、保护与展示,同时修复被破坏的遗址环境、移除可能导致破坏的因素,尽可能还原历史环境风貌,并对现状的水、鱼塘、地形、植被、农田、村落等进行针对性的梳理与再利用,并在严格执行遗址保护规划的前提下,在规定范围内修建遗址博物馆、公园配套设施及产业园,促进遗址公园的经营性发展。

　　我们希望盘龙城遗址公园是以盘龙城遗址本体为保护重点,以历史环境恢复为核心,以殷商文化为依托,兼顾教育、游览、休闲等多项功能为一体的国家考古遗址公园,也希望通过特色游线类型的组织及叠加,运用水路、陆路的交通配置提供了短期游线、长期游线及特色游线的各种可能性。

设计感悟

遗址公园不同于普通意义上的城市公园，它始终是以保护遗址为规划前提，这就要求必须严格遵守"盘龙城遗址保护总位规划"，并在尊重现有遗址本体保护的前提下，对遗址进行合理挖掘、保护与展示。然而遗址的保护往往又与地方经济不能同向发展，为此如何在真实、完整地保护盘龙城遗址的全部历史信息和文化价值的前提下，合理利用和充分展示其文化价值与内涵，使遗址保护在地方社会经济文化发展中获得可持续的和谐关系是我们规划研究的一个方向。于是我们以保护——历史——价值为原则，以盘龙城遗址本体为保护重点，以历史环境恢复为核心，以殷商文化为依托，兼顾教育、游览、休闲等多项功能为一体的国家考古遗址公园，使遗址价值和社会价值达到一个共通点，使其在规划上体现遗址公园向城市的过渡，自然向人工的过渡，历史向现代的过渡。

保护——始终以保护为前提，坚持"最小干预"的原则。从保护入手，根据保护总规和世界遗址保护有关要求划定限定性分区，指导下一步规划。

历史——尊重历史，规划要有充分的依据，尽量还原一定历史场景，使人们体验历史。

价值——围绕遗址价值开展工作，强调突出遗址主题，充分向公众展示和阐释遗址——盘龙城的突出普遍价值。

除了对考古遗址公园规划设计方法的研究，我们总结出遗址公园的"设计精神"所在——即遗址＋记忆＋文脉＋人＝设计精神。公园的本质是遗址，通过对历史记忆的追溯，向城市传达出历史文脉的讯息。另一方面，我们将"人"作为研究的精神核心，（因为"人"不仅缔造了历史，还发掘了遗址，延续了文脉），并最终将这种"设计精神"运用到遗址公园及城市发展的建设中。因此盘龙城国家考古遗址公园的规划，不仅要以人为本，注重遗址体验，也包括遗址分区、交通、游线、小品设计等，充分调动人的参与性和积极性，从而更好地传播盘龙城的历史文脉。

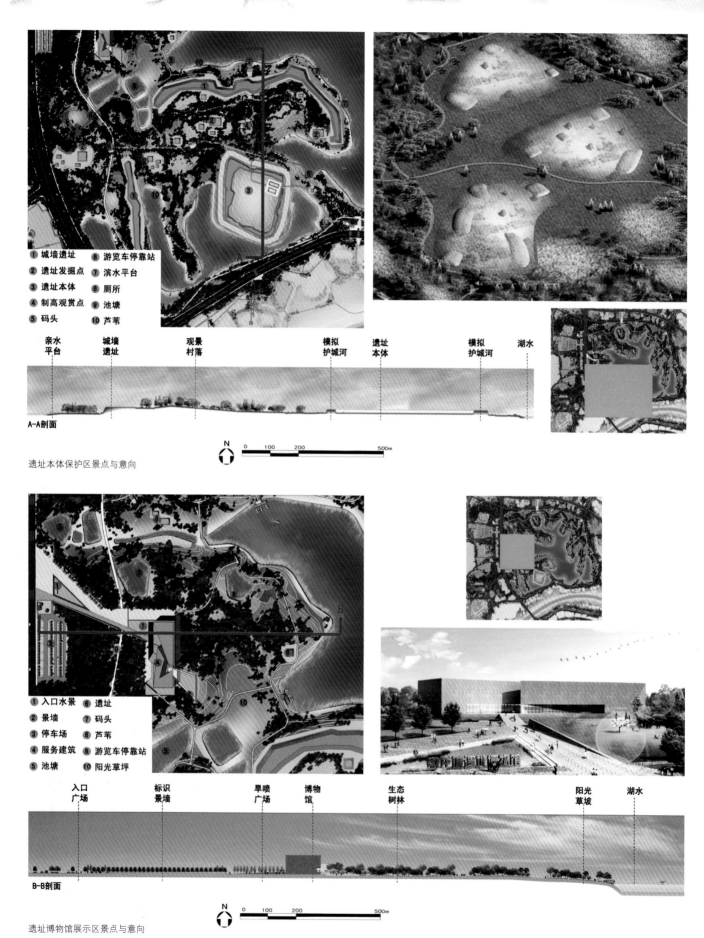

① 城墙遗址　⑥ 游览车停靠站
② 遗址发掘点　⑦ 滨水平台
③ 遗址本体　　⑧ 厕所
④ 制高观赏点　⑨ 池塘
⑤ 码头　　　　⑩ 芦苇

亲水　　城墙　　　观景　　　　　　　模拟　　遗址　　　　模拟　　湖水
平台　　遗址　　　村落　　　　　　　护城河　本体　　　护城河

A-A剖面

0　100　200　　　500m

遗址本体保护区景点与意向

① 入口水景　⑥ 遗址
② 景墙　　　⑦ 码头
③ 停车场　　⑧ 芦苇
④ 服务建筑　⑨ 游览车停靠站
⑤ 池塘　　　⑩ 阳光草坪

入口　　　标识　　　　旱喷　　博物　　　生态　　　　　阳光　　湖水
广场　　　景墙　　　　广场　　馆　　　　树林　　　　　草坡

B-B剖面

0　100　200　　　500m

遗址博物馆展示区景点与意向

月亮湾湿地公园景观规划设计

The Landscape Planning and Design Moon Bay Wetland Park

项目名称： 月亮湾湿地公园景观规划设计

主创姓名： 李建伟 王绎乔 刘琦

成员姓名： 刘兴华 姜佳奇 邹东方 王诗雨 王琦 宋秀哲

单位名称： 北京东方艾地景观设计有限公司

项目类别： 公园类环境设计（方案类）

项目规模： 110 万平方米

所获奖项： IDEA-KING 艾景奖金奖

设计说明

公园紧依汉水，所以，我们以"流"为概念，体现水流的冲刷，自然的力量。公园设计分为三大主题板块：森林氧吧，享受自然游憩；阳光草地，提供城市休闲；湿地水环境，体味生态科普。各类活动的加入，使公园变得丰富多彩，让襄阳人民在工作学习之余，亲近自然，享受生活。

设计感悟

浩瀚湿地，心高天阔；悠然境界，放逸人生。在这里可以放慢脚步，去享受生活，畅游茂密丛林，听林风沙沙；闲坐阳光草坪，看孩子姗姗学步；寄情自然湿地，心情如行云悠悠淡淡……抛却城市的繁忙，享受美好的心情与环境。依汉水，享悠然，月亮湾会被打造成集城市休闲、自然游憩、生态科普等功能于一体的综合性城市公园。

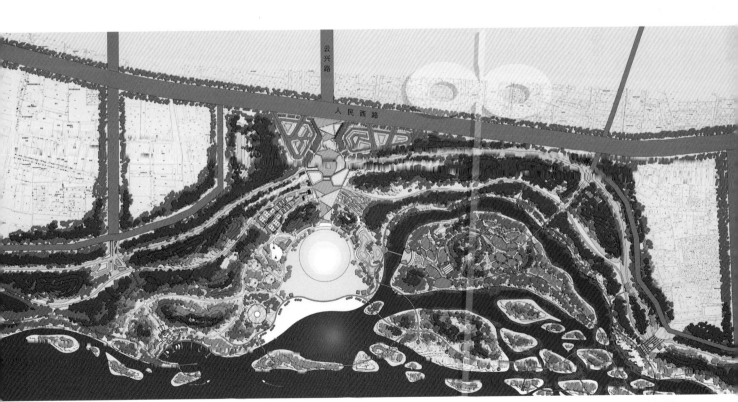

总平面图

吉林省大安市嫩江湾湿地公园景观规划设计

The Landscape Plaming Design of Nenjiang Bay Wetland Park in Da'an City, Jilin

项目名称： 吉林省大安市嫩江湾湿地公园景观规划设计

主创姓名： 李齐 李晓东 刘元超

成员姓名： 贺奇 张英 庄亚希

单位名称： 新加坡邦城规划顾问有限公司

项目类别： 公园类环境设计（方案类）

项目规模： 22.74 平方千米

所获奖项： *IDEA-KING* 艾景奖金奖

设计说明

吉林省大安市嫩江湾湿地公园规划以湿地生态保护为设计前提，在赋予湿地公园文化内涵的同时，通过与城市的协调发展，实现城市与湿地公园的和谐共生。规划以现状景观资源评价为出发点，通过对该地的生态安全格局的研究，合理确定湿地公园的功能区域划分，结合湿地公园生态保护措施，结合大安地区文化特色，合理确定各功能区保护与发展要求，同时湿地公园设计考虑与城市互动，促使大安城市与湿地协调发展。通过设计恢复大安生态环境基底，让大安城市民众生活更便捷、更多彩、更生态、更安全、更亲和、更温馨、更健康、更节能。

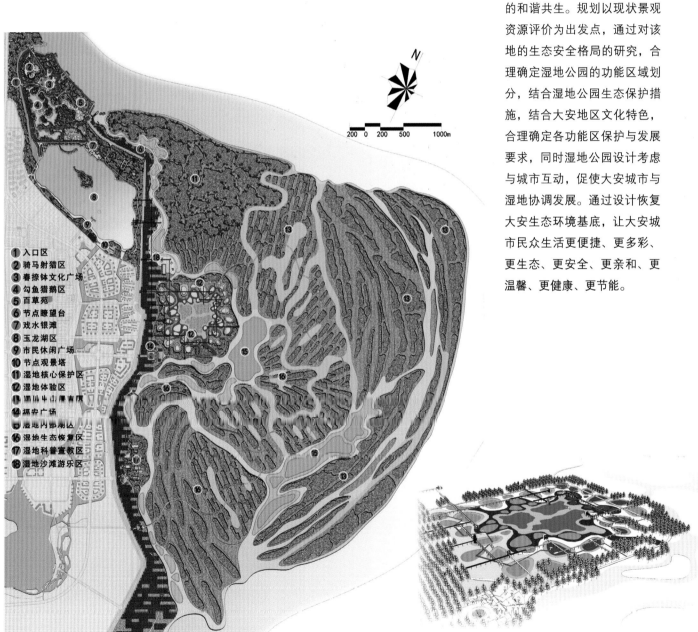

① 入口区
② 骑马射猎区
③ 春捺体文化广场
④ 勾鱼猎鹅区
⑤ 百草苑
⑥ 节点瞭望台
⑦ 戏水银滩
⑧ 玉龙湖区
⑨ 市民休闲广场
⑩ 节点观景塔
⑪ 湿地核心保护区
⑫ 湿地体验区
⑬ 湿地生态恢复区
⑭ 涵杏广场
⑮ 湿地内部湖区
⑯ 湿地生态恢复区
⑰ 湿地科普宣教区
⑱ 湿地沙滩游乐区

总平面图

鸟瞰图

大安湿地——整体交通

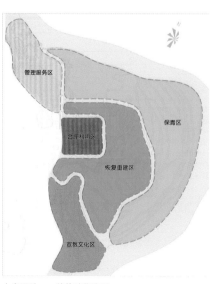

大安湿地——整体功能分区

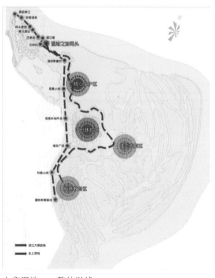

大安湿地——整体游线

① 入口区
② 骑马射猎区
③ 春捺钵文化广场
④ 破冰钓鱼区
⑤ 百草苑
⑥ 节点瞭望台
⑦ 戏水银滩
⑧ 玉龙湖区
⑨ 市民休闲广场
⑩ 节点观景塔
⑪ 石牌坊
⑫ 野趣苑
⑬ 渔人码头
⑭ 旅游接待中心
⑮ 纵鹰猎鹅区
⑯ 礼仪大道
⑰ 蒙古风情园
⑱ 安之桥
⑲ 源起嫩江水闸
⑳ 柳堤扬帆广场

㉑ 望江楼
㉒ 嫩江滨水码头
㉓ 祈福港
㉔ 龙石广场码头
㉕ 安福桥
㉖ 健身休闲广场
㉗ 春捺钵文化建
㉘ 滨江林下广场
㉙ 亲水栈道
㉚ 亲水平台
㉛ 地藏庙

㉜ 福禄岛区景观
㉝ 修行禅院
㉞ 修心茶社
㉟ 星级酒店
㊱ 大安酒文化展示中心
㊲ 粮仓遗址

服务区线路标注

设计感悟

东赏长白山、西游嫩江湾。

打造吉林省著名的湿地国家公园，为人类湿地的保护和子孙后代留下一份鲜活的遗产。

国家湿地公园将为人们提供从自然保护、宣传教育、观光游览到享受当地文化的多元机遇，使之成为休闲、度假的理想旅游胜地。提升湿地景源级别，凸显嫩江湾国家湿地公园的自然生态、人文历史景观。

福建平潭龙凤头海滨公园二期

Fujian Pingtan Longfeng Head Beach Park (B Phose)

项目名称：福建平潭龙凤头海滨公园二期

主创科土：阵立楠

单位名称：厦门山土畅帆景观艺术有限公司

项目类别：公园类环境设计（方案类）

项目规模：45.59公顷

所获奖项：*IDEA-KING* 艾景奖金奖

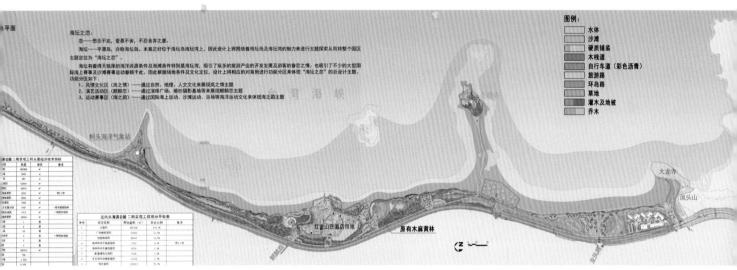

总平面图

设计说明

根据项目场地分析总结（本案刚好位于平潭处风口风沙较大，海岸土壤盐碱度高）。本次设计要解决的问题如下。

问题一：如何防沙固沙问题。

对策：（1）通过增设外围堤坝减少海浪对沙滩的冲刷；（2）在园区内增设一些防沙屏；（3）营造微地形，增加绿化绿量，特别是海边沙生植物。

问题二：绿化种植条件差，如何提高植物的成活率。

对策：（1）选择耐盐碱性强，抗风性强的植物；（2）适当的改良种植土，加厚种植层；（3）乔木以组团种植为主。大量以灌木和地被植物为主，减少受风面；（4）结合防风屏和微地形对新种植物起一定保护作用。

问题三：如何体现地区特色文化内涵，打造自己特色旅游品牌。

对策：（1）重点打造沙滩休闲运动为特色的旅游品牌，形成平潭旅游新名片；（2）挖掘平潭地区自身的特色海岛风情文化和海洋文化。设计主题功能定位以"阳光海岸线、海滨休闲园"为总体功能定位，发展成国际海滨运动、休闲旅游的阳光海岸。

风自然文化展示馆效果图

设计主题文化定位

园区文化体现：借海坛之名，展现阳光之恋

文化主题：海坛之恋

恋——想念不忘，爱慕不舍，不忍舍弃之意

海坛——平潭岛，亦称海坛岛。本案正好位于海坛岛海坛湾上，因此设计上将围绕着海坛岛及海坛湾的魅力来进行主题探索从而将整个园区主题定位为"海坛之恋"。海坛有着得天独厚的海洋资源条件及海滩条件特别是海坛湾，吸引了众多的旅游产业的开发发展及游客的眷恋之情；也吸引了不少的大型国际海上赛事及沙滩赛事运动眷顾于此。因此根据场地条件及文化定位，设计上将相应的对案例进行功能分区来体现"海坛之恋"的总文化主题。功能分区如下：

（1）风情文化区（岚之情）——通过自然、地理、人文文化来展现岚之情主题。

（2）演艺活动区（麒麟恋）——通过演绎广场、婚纱摄影基地等来展现麒麟恋主题3、运动赛事区（海之韵）——通过国际海上运动、沙滩运动、浴场等海洋运动文化来体现海之韵主题。

酒店主入口效果图

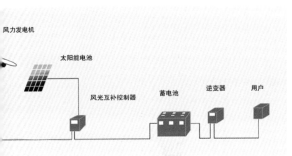

不论年龄大小，只要健康情况良好，就可体验室内风洞舱飞行。

自然风化展示区

设计感悟

通过对项目的文化背景调查分析到场地的地理地质条件、气候条件、潮汐分析总结，从提出问题到怎么解决问题进行了一系列的前期工作，对设计来说是必行的基本工作，没有对场的进行深刻的分析是很难进行后面的设计工作的；特别是本案地址、地质、气候条件特殊，为了解决所遇到的问题，不仅是在专业上的提升，还要跨学科跨领域的去学习探索（像海洋动力学、风力学等）。本次的设计对我来说不仅只是个很好的挑战，更是个很好的学习和提升的机会，从而更深层次理解景观设计不仅仅源于生活和自然的简单模式，它更是人和自然的融合以达到和谐统一，从而赋予景观设计的灵魂。

听涛观海效果图

阻沙屏效果图

石阵效果图

兖州市民公园
Yanzhou City Park

项目名称： 兖州市民公园

主创姓名： 孙善坤

成员姓名： 杨露露 张宗青 张文芳 王春旭

单位名称： 济宁易之地景观设计有限公司

项目类别： 公园类环境设计（方案类）

项目规模： 70 000平方米

所获奖项： iDEA-KING 艾景奖金奖

设计说明

兖州市丽水公园位于兖州市中西部市中心。在场地的东侧为城市的几个商业中心：贵和购物、银座购物、大润发超市，是市民的商业活动中心；西侧为兖州交通的火车道；南面为高架桥，北面为住宅区。整个场地以动包围静，所以广场就形成了这片区域动静结合的空间纽带。

本项目的景观设计以场地现状为点，以兖州文化为线，以城市功能需求为面。进行了点、线、面的组织布局。

再者，兖州的文化历史悠久，大禹治水定九州的传统故事，李白、杜甫相会诗坛佳话，儒家文化影响下的仁义之地再加上兴隆塔地宫现世的文化宝藏，让佛教文化大放异彩。铁路是兖州连接九州的大动脉，煤炭资源闻名遐迩，这些资源的汇聚是托起兖州经济发展的重要基础。

面对当下交通的变革、资源的枯竭，兖州站在城市转型期，打造文化城市的动作如火如荼。

设计中采用铁路与煤炭，资源与文化的背景，设计了山水清音、城市的记忆，兖州之魂，盛世欢歌几个主题区。

平面图

鸟瞰图

星耀·水乡景观项目湿地公园景观设计

Xingyao · The Landscape Design of Watery Town Wetland Park

项目名称：星耀·水乡景观项目湿地公园景观设计
主创姓名：熊海军
成员姓名：李玲 干婷 陈诚 龙凤华 杨科存 蒋盛 任朝泽 谈代龙
单位名称：云南自林环境工程有限公司
项目类别：公园类环境设计（方案类）
项目规模：450 111 平方米
所获奖项：iDEA-KiNG 艾景奖金奖

设计说明

现有场地以鱼塘为主，水深约 60 ～ 80 厘米，植被、色彩单一，冬季植物基本全部枯黄。

根据现有情况，湿地规划分为以下 5 点：

（1）有效保护湿地资源和环境，为鸟类提供一个安全适宜的栖息繁衍之所。同时营造一条人与自然和谐相处的参观路线，场地内鸟类品种丰富，目前原始生态水体系统保持良好。

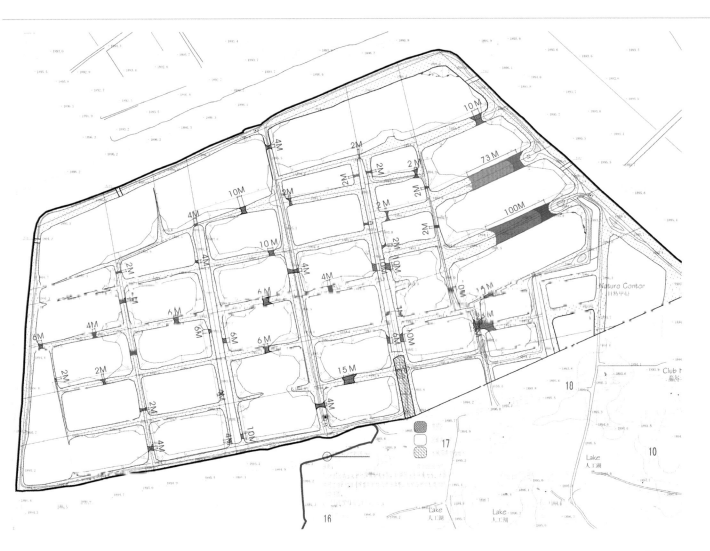

平面图

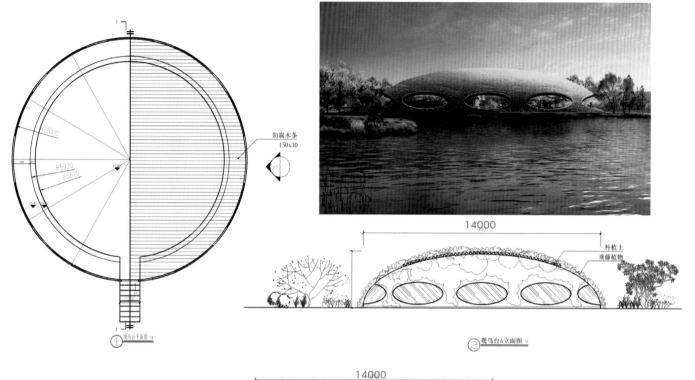

① 观鸟台平面图 M

防腐木条
150x30

② 观鸟台A立面图 M

14000
种植土
垂藤植物

14000
种植土
垂藤植物

碎石垫层
站台
C10轻
水泥砂浆找平
素土夯实

③ 观鸟台1-1剖面图 M

（2）坚持城市湿地保护与合理开发利用相结合的原则，应在全面保护的基础上合理利用，适度开展科研、科普及游览活动，发挥湿地的经济和社会效益。

（3）采用传统的原生态驳坎方式，进行淤泥护坡、插柳固堤、捻泥清淤，对塘堤及大树根基进行加固保护。

（4）为进行科学、合理的湿地景观规划设计，以本地乡土物种为主进行湿地恢复，规划以生态为基础，并贯穿整个规划的指导思想。

（5）建立湿地科普认知区，重点展示湿地生态系统、生物多样性和湿地自然景观。对湿地植物和鸟类观赏区域放置标识牌，让游人能更直观地了解湿地生物和湿地环境。

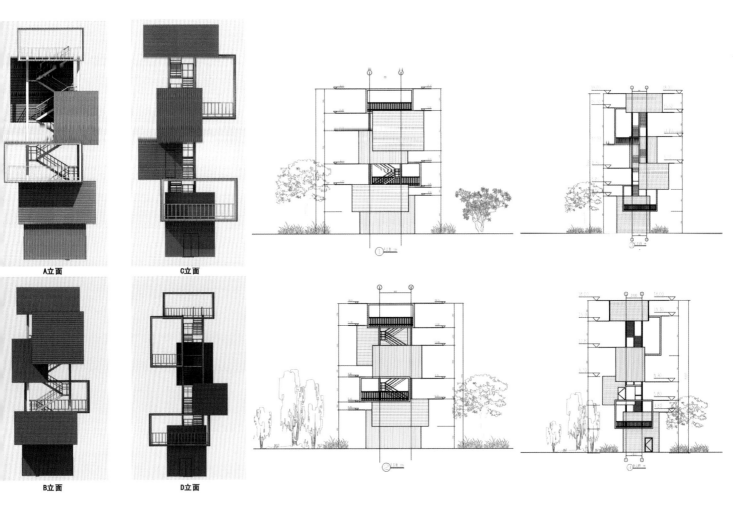

A立面   C立面

B立面   D立面

设计感悟

湿地是重要的国土资源和自然资源，湿地与人类的生存、繁衍、发展息息相关，是自然界最富生物多样性的生态景观和人类最重要的生存环境之一，它不仅为人类的生产、生活提供多种资源，而且具有巨大的环境功能和效益，被誉为"地球之肾"。

湿地在提供水源、补充地、抵御洪水、调节径流、蓄洪防旱、控制污染、保护海岸和河流堤岸、防风、调节气候、控制土壤侵蚀、清除和转化毒物和杂质、保留营养物质、净化水源、防止盐水入侵、提供可利用资源，保护和调节小气候、提供野生动物的栖息地、航运、旅游休闲、教育和科研等诸多方面有着其他系统不可替代的作用。

湿地生态保护的目的在于进行科学、合理的湿地景观规划设计，以本地乡土物种为主进行湿地恢复，建立持续的湿地监控机制，在湿地游憩活动开发的同时，控制核心区的人为干扰和对项目进行切实有效的保护开发。规划以生态为基础，并贯穿整个规划的指导思想。其中主要以湿地水系、湿地植被、湿地生物（鸟类为主）为对象，关注湿地生物个体、种群及群落与环境的互相关系、湿地生态系统的结构和功能、湿地生态系统的类型和演替、湿地的评价与管理等，从而融合湿地利用和湿地游憩建设综合性的湿地公园。

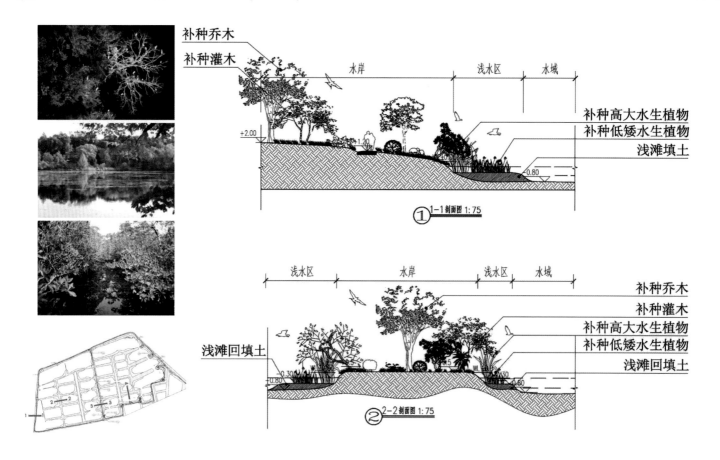

补种乔木
补种灌木
水岸　浅水区　水域
+2.00
1.20
补种高大水生植物
补种低矮水生植物
浅滩填土
0.80
1　1-1剖面图 1:75

浅水区　水岸　浅水区　水域
补种乔木
补种灌木
补种高大水生植物
补种低矮水生植物
浅滩回填土
浅滩回填土
0.30
0.80
0.80
2　2-2剖面图 1:75

浮岛样式

浮岛选配植物

竹竿
水葱
大聚藻
1　浮岛做法平面图　130

水葱
大聚藻
竹竿
陶粒蛭石混合
无纺布
少量公分石
固定绳索
2　浮岛做法1-1剖面图图　130

康田国际企业港环境景观方案设计

The Landscape Design of Kangtian International

项目名称： 康田国际企业港环境景观方案设计

主创姓名： 雷志刚

成员姓名： 彭灿勇 唐止戊 杨传海 杨洋

单位名称： 重庆联众园林景观设计有限公司

项目类别： 公园类环境设计（实例类）

建成时间： 2012 年 6 月

项目规模： 18 000 平方米

所获奖项： IDEA KING 艾景奖金奖

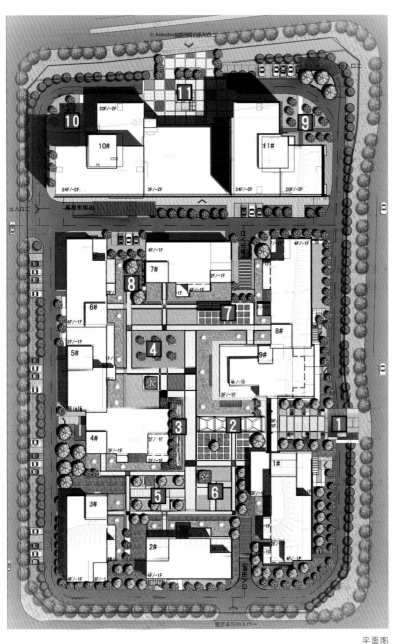

平面图

设计说明

设计运用蒙德里安抽象几何主义的解析故事

——对蒙德里安简约设计在规划中的表现与理解

蒙德里安作为几何抽象画派的先驱，与德士堡等组织"风格派"提倡自己的艺术"新造型主义"。认为艺术应根本脱离自然的外在形式，以表现抽象精神为目的的追求人与神统一的绝对境界，亦即今日我们熟知的"纯粹抽象"。蒙德里安早年画过真实的人物和风景。后来逐渐把树木的形态简化成水平与垂直线的纯粹抽象构成，从内省的深刻观感与洞察里，创造普遍的现象秩序与均衡之美。他崇拜直线美，主张透过直角可以静观万物内部的安宁。

设计亮点

◆ 直线几何

设计充分结合了建筑的尺度外轮廓尺度感，以蒙德里安几何艺术为基调打造商务中心的简约景观空间。

◆ 水景——平台——建筑

每栋建筑体均亲水而立，结合木平台，自然清新，搭和周边绿化景观，营造出的是现代商务办公空间的简约、快捷，彰显出的是亲和力、人性化。

◆ 榉树广场

婀娜多姿的榉树，耸立在企业港中庭广场上，树下的坐凳变换着摆放的方向，继续演绎着轻松和释然。合理设置景观节点上以直线性的开发空间，保证人流动聚散的同时又具备观赏效果。

◆ 光影

建筑、构筑物、小品、乔木、灌木等，复合式组合，与天相接，与水相印，形成光影关系。

水上的雕塑的屹立、水下的雕塑的虚实，为景观增加一份景致、增添一份细腻。

◆ 水景

设计用"静若处子、动若脱兔"来释义项目中对水的运用，动、静恋的水景相结合，怡情逸景，相得益彰。

◆ 地形营造

微地形的营造在环境并不突兀，不经意间可以感受到地形的起伏跌落，映衬着企业港的景，为她增添一种韵感、一种悦动。

◆ 广场铺装

广场景观以蒙德里安《红、蓝、黄》为基调铺装地面，以体现色彩的变化和渐变为主要构成手段。

◆ 简约艺术雕塑

场地雕塑小品，以蒙德里安艺术特性作为装饰的方向，以整体打造企业港现代商务办公氛围。

◆ 标识牌

以形体构造专项设计的导示牌及企业 LOGO 等识别标志来体现广场的设计感与简约性。

设计感悟

著名设计师理查·沙普曾指出："我们不应该再发明创造那些已经存在没有人真正需要的产品。我们应该只创造那些人类真正需要的，现在还没有的产品。"因此，作为设计师的我们不断尝试和创新着那些真正需要，却被忽略或者未被发现的事物。

设计是蕴含于产品之中服务于其需求的内在价值，实用、安全、耐用理应放在环境设计的首位，形态、色彩、材料、表面及构造等美学价值却是作为设计者应该去探索、去发现的。可以说，设计是一种使自身有实用意义的艺术行为。

艺术的设计，源自生活，也引导着生活。他联系着设计者的思想，思想有多高，舞台就有多大。当我们运用艺术来阐述我们的设计，带着使用者去看那些被忽略的事物，得到富于创造性的有力回应，并与传统文化，经济社会，自然环境达到有机统一。

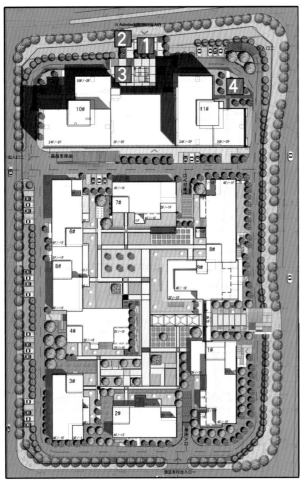

景观设施意向图

内部硬质景观意向图

五象湖公园（南宁市园博园）规划设计方案
The Planning and Design of Wuxiang Lake Park (Nanning Garden Exposition)

项目名称：五象湖公园（南宁市园博园）规划设计方案

主创姓名：李延伟 高原 学红庆

成员姓名：杜曼 张焱菁 欧阳小虎 郑涵 罗晶晶

单位名称：EDSA Orient

项目类别：公园类环境设计（方案类）

项目规模：122 公顷

所获奖项：**iDEA-KiNG** 艾景奖银奖

设计说明

　　五象新区位于广西南宁市南部，核心区范围 670 公顷，广阔的空间承载了南宁新的契机和梦想。我们承接规划设计的五象湖公园是五象新区核心区的大型城市综合性公园，同时也是南宁市申办 2013 年第三届广西园林园艺博览会（园博园）的用地。本项目位于自治区重大公益性项目用地的南部，东起平乐大道，西至玉象大道，北起秋月路，南至凤凰路，中间横穿玉洞大道。用地面积约 122 公顷。

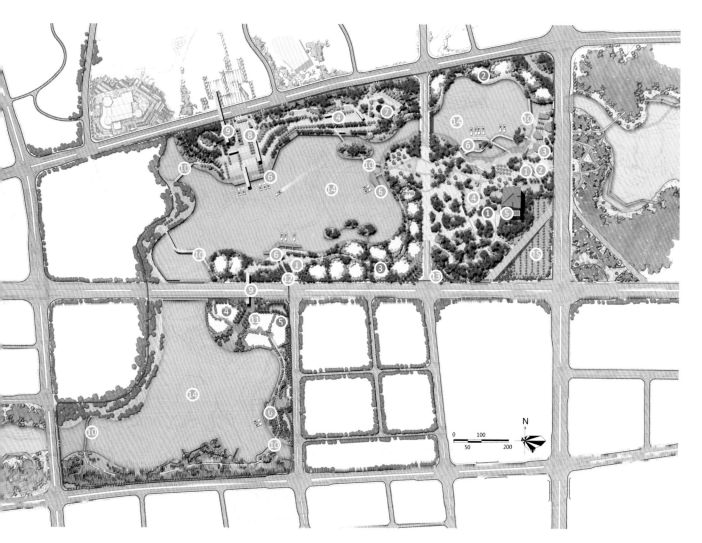

平面图

鸟瞰图

五像塔效果图

依据南宁建设"中国水城"的指导思想，充分利用五象湖天然的自然地理条件，结合周边地块，合理布置功能区块，划分景观功能空间。将南宁自然特色、地方特色、民族特色融合到国际化、生态化的景观环境中，呈现南宁当代城市新面貌和可持续发展的前景。我们将五象新区核心区包括中央公园和五象湖公园的设计构思："流光溢彩，花团锦簇"。其中，五象湖公园的设计构思："花团锦簇"。五象湖公园的水中有山和中心公园的山边有水，正是南宁山水辉映的真实写照。在整个综合景观规划的具体景观点上，我们展现当地的文化精髓、民俗活动、传统故事和特色产品形象，运用南宁瑰丽的自然景观和文化传承来演化场地平面、立面的形象。将"流光溢彩，花团锦簇"的景象融入到整个景观体系中。

根据园博会办展需要，设置如下功能区：东入口景观大道区、北入口广场区、14个地级市展园区、国际友好城市占园区、设计师展园区、企业展园区、经济强县展园区、五象塔区等，并通过各具特色的种植配置、景观小品设施体现各区域特色。

其中，主入口景区是设计的重点区域。该区域设计从道路与周边的联系共融入手，打破普通的景观轴线概念，将整个区域作为一个整体规划设计。以南部密植的乔木和零星散布的草地花卉塑造大气的森林景观；以渗透至主场馆的疏林草地过渡到有序变化的迎宾景观大道，景观大道上散布的片植绿地，自南向北由密到疏；以交错穿插的亲水木平台和便桥自然过渡到优美的生态湿地及五象湖二湖中。

设计感悟

如何将地方元素自然而然地融入现代园林中，一方面构建新鲜的现代园林，一方面又能获得当地人们的认可，是我们首要考虑的问题。在设计过程中，我们重点从以下几个方面入手。

1. 形体

抽象的形体是当代设计中广受欢迎的，但在少数民族地区淳朴的人们眼中，喜闻乐见的还是极具地方和民族特色的

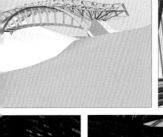
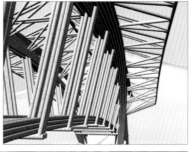

动植物形象。在主入口景观标识的设计过程中，我们就遇到了这样的问题。于是，设计构思从大象的鼻子入手，以五只向上舒展、富有张力的象鼻矗立在主入口，作为景观标识。一方面突破了公园大门在人们心目中的固有形象，体现了设计师独到的设计手法；一方面迎合了委托方对"五象"这一地区名称形象表达的要求。获得了一致的认可。

2. 色彩

素净雅致的色彩基调令人身心放松，景观设计师们因此十分喜欢；明媚鲜艳的色彩让人兴奋愉快，符合少数民族人们热情奔放的性格。这两者如何统一呢？我们将素净的色彩运用在大场景的塑造上。重点区域如北入口景观灯柱，以明快的色彩组合出绚丽夺目的效果，与周围郁郁葱葱的树木相得益彰。

宁波市鄞州堇园（大洋江公园）景观设计方案

The Landscape Design of Jin Park(Da Yangjiang Park) in Yinzhou District of Ningbo

项目名称： 宁波市鄞州堇园（大洋江公园）景观设计方案
主创姓名： 张根朗
成员姓名： 王颖伟 虞优辉 胡刚 屠龙威 吕慧 康瑜 袁嘉璐
单位名称： 宁波市花园园林建设有限公司
项目类别： 公园类环境设计（方案类）
项目规模： 12 137 平方米
所获奖项： iDEA-KING 艾景奖银奖

设计说明

设计概况：

本设计内容为宁波鄞州堇园（大洋江公园）景观设计，项目位于鄞州区，项目东临水韵江南居住区，局部临馨园路，南至堇山路，西北两面分别被大洋江与前塘河交叉围合。基地呈L型，总面积12137平方米。

设计理念：

把水真正融入到景观中，让水的柔软，水的光滑，水的活泼，水的强劲，——展现在人们面前，让人们在观赏嬉戏中能真正感受到水的各种特质，从而激起人们对生活的由衷热爱，对城市的美好向往。

设计介绍：

设计师通过对现有场地的细致勘查，对该区块的历史意义与地位、项目背景进行分析，将该园命名为堇园，将已拆迁的孙马村元素进行挖掘与整理，将整个公园浓缩成一个村庄的模式，并在核心区景观中组建孙马人家景点，在"村庄"末尾段以农业景观为主要种植模式，品种选择也以特色的堇菜科为主。水是贯穿整个场地始终的，在整个设计中，对现场河道进行梳理整顿，将现状河道进行拓宽，增加行洪宽度，在水景设计中将全部利用原生态河水。

项目定位：

能够改善生态环境、具丰富文化内涵、满足市民生活休闲需求、提升城市形象的城市公园。

平面图

鸟瞰图

设计策略：

文化性、生态性、功能性、前瞻性。

1. 一个具有历史感和文化感的名字——董园。

2. 选择一个具有地域代表性的景观片段贯穿始终。

3. 对部分原河坎的实行保护性保留。

4. 沿河道侧以浅水区为主，减少硬质河岸，增加行洪宽度，丰富动物和植物生活空间。

5. 雨水及河水的半自循环系统。

6. 选择乡土材料：植物、硬质、设施。

7. 提供足够的亲水活动区、休息设施。

8. 功能设施与健身趣味结合。

9. 生产性景观在城市开放空间中的应用。

中塘河公园景观透视图

中塘河公园景观透视

中塘河公园景观透视

设计感悟

地球表面的主要形态就是水、陆两种，滨水景观讲究的陆与水的衔接，其设计的研究的范围是非常宽泛的，他所涉及的专业也必然是宽泛的，因此，我们既要强调科学的设计分析和合理的组织设计，也要强调艺术和美对文化、历史的表达与表现，笔者通过对滨水景观的设计与实践的综合分析，总结以下几点滨水景观设计中经常遇到的问题与广大同行与读者分享。

1.防洪体系设计与亲水活动功能的矛盾，即滨水带的竖向设计。

2.水系行洪宽度问题。

3.与上位规划衔接。

4.对场地现状的尊重，包括现状利用，文物保护等。

5.土方平衡问题。

6.土质改善与改良问题。

7.景观设计用水来源问题。

8.景观特色问题。

9.居民的需求问题，真正将景观融入到居民的生活中去。

湖南－湾田·国际建材总部基地景观规划设计

Hunan—Bay Field · The Landscape Planning and Design of the International Building Materials Headquarters Base

项目名称： 湖南－湾田·国际建材总部基地景观规划设计

主创姓名： 张瀚宁

成员姓名： 鄢春梅 周序羽 徐松丽 梁寸草

单位名称： 深圳文科园林股份有限公司

项目类别： 公园类环境设计（实例类）

建成时间： 2011 年 10 月

项目规模： 925 亩

所获奖项： *IDEA-KING* 艾景奖铜奖

设计说明

基地的所在地——丁字镇具有优越的交通区位条件，场地区域水、陆、铁路交通十分便利，京珠高速、绕城高速、长沙港码头、京广铁路、火车货运北站共同构筑出地块便捷的交通流线。

从古至今，道路与河流为人们带来文明与财富，更是市场存在和发展的先决条件。作为一个放眼国际的专业市场园区，场地周边便捷的铁路与船运为建材总部未来的发展奠定了有力的基础。本次的景观设计正是以此为出发点。

铁轨，简洁、坚韧、纵横之间承载着力量万钧；河流，无质无形，无边无界，起起伏伏却能让浪花激荡。两者的力量性质如此不同，就如水与火；却能完美地融合在一起，成为一个迈向国际的企业的摇篮；也正是这种组合给了我们设计灵感。

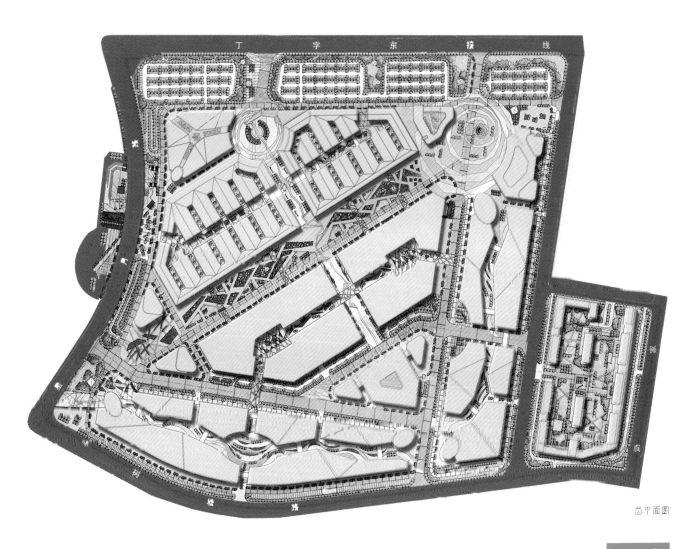

总平面图

鸟瞰图

设计感悟

　　整个景观依据上层规划的总体框架进行设计。设计中以建材文化为主要线索，同时将丁字镇这一独特的富有地方性特色的历史文化融入设计中，整个设计既要满足文化主题的展示同时也对建筑的昭示性起到衬托的作用，其中建材文化通过多个不同建材主题小广场向游人进行展示，整个设计中将大型广场和小型广场通过小道紧密相连，满足了人们休闲的需求，同时

提供给人们展示、聚集，提供给商家展销、开展商业活动的场地，在需要时可以兼顾停车场的作用。

　　植物设计中同样体现本地特色，提取长沙本地的本土植物为主要骨干绿化，同时将长沙市花市树更加强调地表现出来，突出地域色彩，植物设计中利用植物本身特点将季相变化、色彩变化充分应用，形成高低错落疏密有致的布局。

　　建材文化广场：提取主要的五个建

材主题进行表现，将"灯具""五金""木业""浴用"4个主题表现在4个广场（20米×20米）中，"石材"主题则融入丁字镇历史景墙中进行表现。主要通过景墙对丁字镇历史的阐述，诠释整个丁字镇文化。建材文化小广场的雕塑，以重点性凸出为设计主旨，不主张雕塑繁杂多样化，而是通过典型原型选择，直白的表意，艺术的加工，塑造一个视觉焦点，凸出主题。

　　休闲小品设施采用功能复合化、管理粗放化原则，尽量将同一样设施多功能化，既节省了空间也增加了很多趣味性，同时还可以节省一部分造价。

　　铺装以价格适中的灰麻石系列为主，颜色方面，灰色、黑色为主要的基调，通过黄色进行点缀，整个色彩稳重大方、现代简洁，铺装多以灰黑白交替变化为主，小广场和大型广场的变化不同，原理统一，形成整体感强烈的景观化硬景。

成都保利皇冠假日酒店

Chengdu Poly Crownc Plaza Hotel

项目名称：成都保利皇冠假日酒店
主创姓名：李建伟 杨薇 黄智慧
成员姓名：王希铭 薛明
单位名称：EDSA orient
项目类别：公共环境设计（实例类）
建成时间：2011 年 10 月
项目规模：114 000 公顷
所获奖项：IDEA·KING 艾景奖金奖

设计说明

成都保利皇冠假日酒店项目位于成都北三环外蜀龙大道西侧，距成都市中心约 15 千米，距新都新城区约 6 千米，交通便捷。成都保利皇冠假日酒店位于整个规划地块的中部，承载着周边居住地块及旅游地块的配套服务功能，是成都北部新城规划首个五星级酒店。主要客户为城北旅游、商务会议客户、高尔夫商务客户等，酒店建筑面积约 45000 平方米，塔楼层数 19 层，裙楼 4 层，配置 350 个客房及其他高档配套项目。酒店周边景观设计面积约 114 000 平方米，现场西高东低，高差 26 米，是成都平原非常稀缺的山地景观。

酒店共分为 6 个区域，前场包括停车场区域及酒店入口区域，后场包括多功能草坪区域，沙滩泳池区域，婚庆教堂区域及谷地花溪区域。设计结合项目场地气质，建筑设计风格及所处区域文化特质，最终定位设计目标：打造干净大气的空间形态，在简约现代的造型下，点缀展示新都文化特征的小品，描绘出地域特色文化与现代休闲氛围兼具的田园风情。

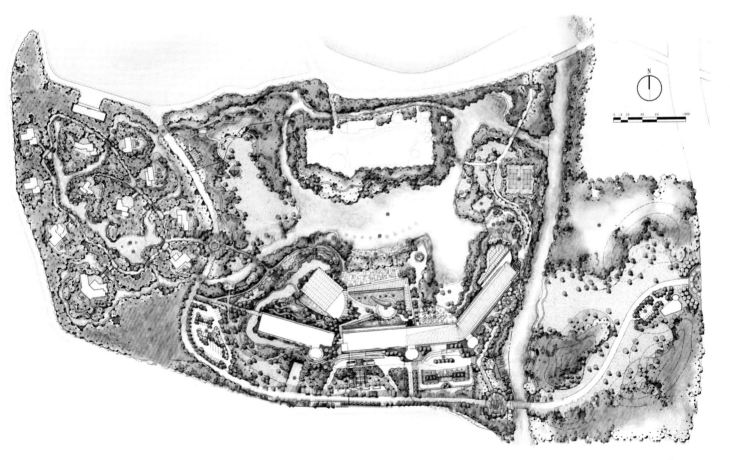

平面图

鸟瞰图

设计感悟

现代休闲氛围的田园风光

现代设计所提倡的生态的，可持续发展的设计理念，开敞共享的空间，简洁的形态，与传统园林里曲径通幽，柳暗花明又一村的设计意境是两种完全不同的设计主张，导致两种完全不同设计思路和手法的原因很多，其中重要的一点是文化的差异，传统与现代生活方式的差异，致使人们对空间序列的组织，氛围的营造，以及对空间的理解，使用都大相径庭。

成都保利皇冠假日酒店位于成都北三环外蜀龙大道西侧，周边多为居住地块和休闲度假旅游地块，既是居住地块的高品质绿地，又是休闲度假的高端配套服务项目。客户多为城北旅游、商务

实景

会议客户、高尔夫商务客户等,酒店定位:成都北部首家集度假和商务于一体的综合型超五星级酒店。

酒店的景观面积约 12 公顷,场地西高东低,高差 26 米,无论从场地面积还是竖向条件,都是非常难得的设计条件。一个有特色的现场条件,对设计师来说既是机会又是挑战。设计初始,业主提出两个要求,一是在原场地的基础上尽可能地减少土方量,所有室外活动场地依地势情况和室内空间合理布置;二是酒店周边居住区较多,景观设计以地形和植物为主要塑造手段,减少构筑物,为周边打造生态的人居环境。

依据业主和酒店管理公司提出的要求,设计深入挖掘场地气质和地域文化特征,定下了"休闲山水"的基调,既有简洁大气的空间形态的组织,又有体现乡土特色的细节设计。

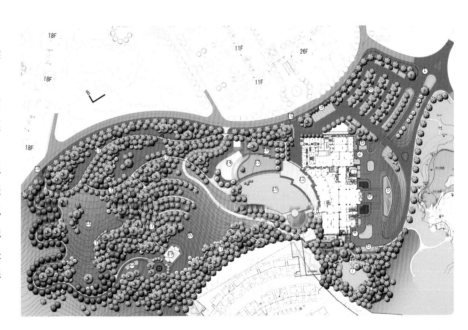

在空间模型的勾勒和空间序列的组织上,设计团队经历了从传统小空间的围合,到以共享空间为中心的现代设计方式的转变,尝试性地使用更开放和相

互穿插的空间格局,就近建筑布置了室外餐饮区,多功能草坪;利用地势,在较高处设计了沙滩入水,低处产生了无边际泳池;利用高差将室外的餐饮区设

157

计成覆土建筑，与草坡连成一体；并通过数次踏勘现场，确定了婚庆教堂制高点的位置，成为了场地内的视觉焦点，也是高处俯瞰酒店全景的绝佳位置；后场的山谷通过简单的改造轻松转变成充满野趣的"谷地花溪"……

前场以"水"为主题，将高处酒店的水景与低处售楼处的湖面在视线上联系在一起，后场以"山"为主题，满眼的绿意，起伏的地形，镶嵌着一片白沙，一弯绿水……

事实证明，对于大尺度的室外空间，现代简约，开放共享的空间设计，比起以营造小空间见长的传统设计手法，现场更具震撼力和感染力，也是设计团队一次有益的尝试。

霍尔果斯中哈国际边境合作区景观设计

The Landscape Design of Huoerguosi China–Kazakhstan International Border Cooperation Area

项目名称： 霍尔果斯中哈国际边境合作区景观设计

主创姓名： 王元新

成员姓名： 梁新渊 吴建军 戴金梅 洪枫 伊莎

单位名称： 新疆印象建设规划设计研究院（有限公司）

项目类别： 公共环境设计（方案类）

建成时间： 2010 年 5 月

项目规模： 1.2 平方千米

所获奖项： *IDEA-KING* 艾景奖银奖

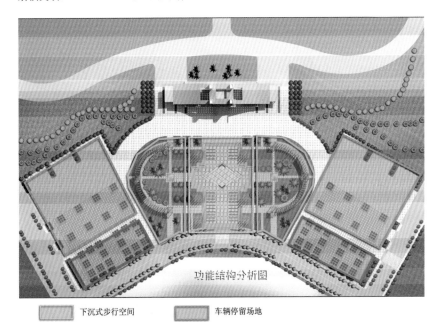

功能结构分析图

下沉式步行空间	车辆停留场地
绿化休闲场地	人车聚散灵活空间

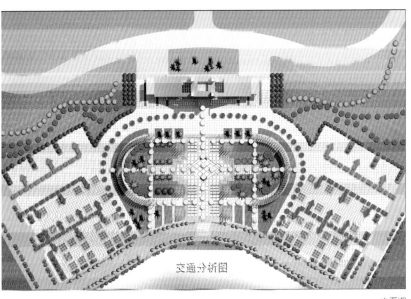

交通分析图

平面图

设计说明

中国情结——霍尔果斯印象

——霍尔果斯中哈国际边境合作区景观设计。

围绕三大主题，打造六大景观亮点。

主题一：中国情结，霍尔果斯印象

表现手法：中国文化元素作为整个区域景观设计的主体文化元素展现出中国不俗的国际姿态。

景观亮点：下沉式中国结形态聚宝盆喷泉广场上，随处可见的传统中国结形态、地景、廊架、喷泉等，充分展示了中国·霍尔果斯的国际姿态。

主题二：开放的国门，流金的通道

表现手法：中哈文化融合构成新的文化元素而体现出霍尔果斯中哈合作区的融合特色。

景观亮点：中哈霍尔果斯合作区两国连接通道标志塔

以"开放的国门，流金的通道"为设计理念，高度 18.81 米，纪念 1881 年两国正式通商；巨大的"H"造型有如长城垛口，也像古代钱币，体现出"和平、和谐、合作"的霍尔果斯精神。

主题三：一河贯园区，演绎新丝路

表现手法：新疆地域文化特点融入整个景观设计当中，不经意间让新疆走向世界。

整个河段景观配合四大功能分区，也按照兴、动、趣、静四个主题分别塑造出不同的意境，展现出别具一格的新疆地域文化。

景观亮点：兴——活力之水，生机口岸

以开阔的庆典广场，几何形态的环状水

本设计在满足广场功能划分和交通组织的前提下，注重开畅空间的丰富变化，同时赋予广场一定的文化内涵。

广场采用中轴对称的布局手法，突出其特有的国家形象，对应主体建筑。中间设计下沉步行带，依次向外为绿化休闲区和车人停留区。

中轴以人行为主，最能体现本次设计的亮点，在广场的几何中心设中央核心景观——"中国情结"，地景以传统红色中国结的形态布局，地面铺装玻璃材料，在结的交叉点上设计旱喷头，静中有动，形成整个易地的高潮。

步行带两侧的绿化区设计树阵和灯阵，布局排列有序，显示威严，象正训练有素的军队，并有夹道欢迎的队列感。

广场东西两侧的场地兼有停车和休闲的功能，强化场地的通透感和干净性。树种以乔木为主，分叉高，车辆可在树阴下停留，更加人性化的考虑。

鸟瞰图

霍尔果斯口岸中哈两国通道标志塔

面、标志性的国际会议中心以及挺拔的高层建筑塑造体验国门特征的现代商务中心。以水为内涵，方圆兼备，体现合作中心在天圆地方之间，像水一样吸取活力，富有生机。

景观亮点：动——流动之水，繁华街市

以中式建筑小品景观——亭、廊、水榭为题材，巧妙运用中国元素，将流动的水系形成带状景观空间，中央大道东侧为绿带和商贸服务建筑，西侧为由中小体量建筑形成的连续建筑群体，体验街市的流动、繁华，以及商业兴隆的景象。

景观亮点：趣——浪漫之水，闲趣园林

以新疆伊犁哈萨克风情为主题空间的休闲风情园，充分展现新疆地域文化特色，使短暂居住在这里的人们享受到别具一格的休闲生活和浪漫风情。

景观亮点：静——闲静之水，回归自然

水系纵向贯穿，形成带状绿化空间，这里人流相对稀少，利用水系为物流园区增添一些柔软的情调，达到返璞归真，宁静致远的自然效果。

◆人视图（从中方进入哈方涵道）　　　◆夜景（在哈方一侧进入中方涵道）　　　◆夜景（在中方一侧进入哈方涵道）

鸟瞰图

设计感悟

中国情结——霍尔果斯印象

——新疆印象建设规划设计研究院（有限公司）董事长 王元新

中哈霍尔果斯边境合作中心是中哈两国元首达成共识的国家战略项目，是世界上首个跨境自由贸易体。合作中心所在霍尔果斯口岸位于新疆伊犁哈萨克自治州西部，与哈萨克斯坦接壤，是我国西部历史悠久、辐射中亚市场区位最优、自然条件最好、综合运量最大、基础设施完善的国家一类公路口岸。

鉴于其存在的战略意义和国际地位，我们认为霍尔果斯合作区的景观设计的战略意义也上升到了整个国家形象的层面，应该展示出泱泱中华的魅力与特色，留给世界一个典型的中国形象，展现出霍尔果斯从容的国际姿态。所以我们提出以"中国情结，霍尔果斯印象"为主旋律展开景观设计。正如我们预想的那样，霍尔果斯中哈国际边境合作区景观建成之后便印证了我们的判断。

新疆印象的设计理念认为，所谓的原创"建筑工程设计"、"景观工程设计"，单纯的工程设计是难有灵魂的，只有站在"城市导演"的高度，通过不断的"文化思考"和"环境艺术"升华，才能使设计作品得到提升。

霍尔果斯中哈国际边境合作区景观设计之所以取得成功，正是因为我们的设计没有停留在单纯工程设计的层面，我们要肩负起"城市导演"的历史使命和社会责任感，方向性地使用策划规律、高瞻远瞩地规划城市未来格局，文化艺术地设计城市建设蓝图，通过艰苦的"文化思考"过程寻找项目的灵魂所在，并用"环境艺术"的手段将其表现出来。

霍尔果斯中哈国际边境合作区景观设计的成功不是偶然而是必然，是新疆印象10年艰苦卓绝一路走来探索出来的创新求索之路的有一印证。新疆印象一直坚持的从功能建筑，到风貌建筑，走向建筑的设计创新之路，路漫漫其修远兮，新疆印象任重而道远。

2014 青岛世界园艺博览会世园大道景观工程

The Landscape Engineering Design of Shiyuan Road, EXPO, 2014 Qingdao

项目名称：2014 青岛世界园艺博览会世园大道景观工程

主创姓名：徐国栋

成员姓名：徐国栋 方坤 孟颖斌 孔祥川 何丽珍

单位名称：青岛市市政工程设计研究院有限责任公司

项目类别：公共环境设计（方案类）

项目规模：2.9 公顷

所获奖项：iDEA-KiNG 艾景奖金奖

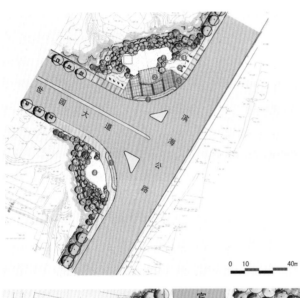

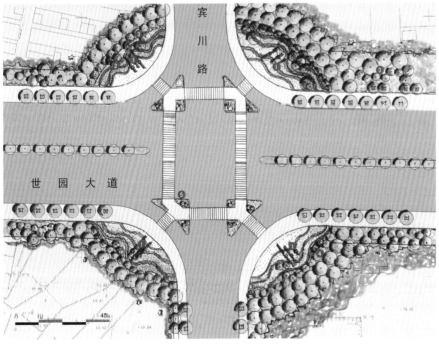

半面图

设计说明

项目概况：2014 青岛世界园艺博览会世园大道总长约 4.3 千米，北临世界园艺博览会主展区，南临规划中的李沧生态商住区，西接入水略，东至滨海大道，是园区南部贯通东西的交通主干道。

形象定位：充分挖掘道路周边山、水、林、果、石等自然资源优势；遵循青岛"海派"景观特色；凸现园艺化、国际化、科技化的休闲旅游氛围营造；打造沿途风光具有区别于青岛其他的道路景观形象。

设计目标：打造兼具生态性、标识性、文化性、功能性、安全性、环保性、科技性的国际化高品质景观道路绿化。

设计构思：构思来源于通灵、流淌的水墨画与大地绿色基底、蓝色水系以及多彩、缤纷植物的艺术融合，体现青岛市独具魅力的"灵秀、绮丽"特质，凸现"水墨绿韵，缤纷之舞"的园林意境，用一种超常的思维模式，来寻求大地园林景观、艺术与人的心灵沟通，营造强烈、震撼、强烈、冲击的视觉感受，强调"形"与"神"的完美统一。

设计手法：以简洁大气的设计手法，作为区域内道路的整体风格，融合色彩、多媒体景观表现、浪漫曲线造型、现代园艺小品造景、植物造景等多样化的国际景观设计手段创造人与环境和谐共存的生态区景观绿色生态长廊。

景观结构与方案设计：世园大道在遵循世园会主体理念的基础上，形成"一带、六心、六段"的景观特色。一带指：一条绿色长廊景观带；六心指：河畔花谷、七彩化丘、云裳绿林、缤纷砂壑、映彩花港、石林紫湾等六个道路节点；河畔花谷

鸟瞰图

以山，水，石，花为主要设计要素。设计营造一种山体，植被，水系，石景自然延续，相互呼应，融合的生态环境；七彩花丘以树、花、石为主要设计要素。设计以起伏的微地形、高低错落的椭圆花丘为主要形态和肌理，以展示园博会精湛的园艺艺术；去裳绿林以树、花、石、雕塑为主要设计元素，以绿林为主要基调，以波浪式叠加形成林带，营造好似山林、绿意盎然的自然生态景观；缤纷秋壑以树、花为主要设计要素，色叶乔木沿线阵列，园艺花卉梯次分布，形成层层花阶并镶以金属边缘，营造远观成带近观成阶的园艺景观效果；映彩花港以树、花、石、雕塑为主

要设计元素。设计以绿林为背景，通过色叶花木构成前景，通过乔灌草花的竖向搭配，营造出变化多样的季相景观；石林紫湾以树、花、石、草为主要设计元素。该区段结合地形及观赏面物点，设计集散性广场并根据地形设计岩石瀑布，展示园博会与自然和谐并进的特点。

六段指：母亲之林、绿林花廊、田园蜜语、秋之绚舞、缤纷园艺、秋之艳舞等六条线形景观带。

植物造景构思：标识性流动视觉景观，旅游、生态、景观综合有机体。

1."骨架"：高密度乔木林形成景观骨架，凸现景观界面、层次、空间分隔；

2."多彩"："缤纷、绮丽"的灌木、地被形成连绵变化的大地景观艺术；

3."多维"：与自然山体、植被梯度衔接，构建立体、生态的多维植物景观；

4."特质"：强调道路绿地系统的整体性与各条道路的景观个性、标识性；

5."联动"：道路绿化线型结构与节点绿化相得益彰，整体联动，有效提升开发地的环境品质。

设计感悟

2014 年世界园艺博览会能够在青岛举办不仅是青岛，是山东，也是中国的一次机会。我们能够参与本次国际项目的建设，感到万分荣幸。大家心中都暗暗攒着一股劲，要将自己最佳的状态，最高的水平发挥出来，要在世园会的历史上留下值得回味的一笔。

在设计前期，我们世园项目组每天驻扎在世园会现场与当地的居民聊天，亲身体验世园会当地的自然文化与历史文化。通过对大量文献资料的调查以及对青岛这座美丽之都的感悟，提出了"水墨绿韵，缤纷之舞"的主题思想，延续这个思路，项目组的成员集思广益，经过数次头脑风暴的冲撞，最后初步形成了"一带、六心、六段"的景观结构，以自然界的"谷、丘、林、壑、港、湾"为点，以"母亲之林、绿林花廊、田园蜜语、秋之绚舞、缤纷园艺"为线，共同诠释中心主题。经过数轮汇报、数个日夜奋战、数次修改完善，我们终于看到了盛开的花朵。

设计是一项创作的过程，是一项快乐的过程，是一项艰辛的过程。"不经历风雨，怎能见彩虹"，一部好的作品需要风雨的洗礼，需要使用者的认可，我想这也是以人为本最朴素的理解吧。

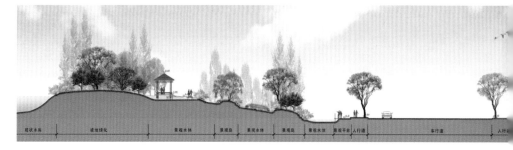

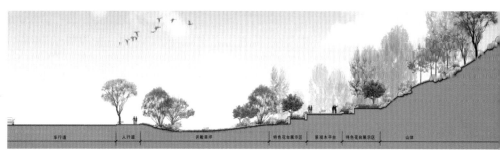

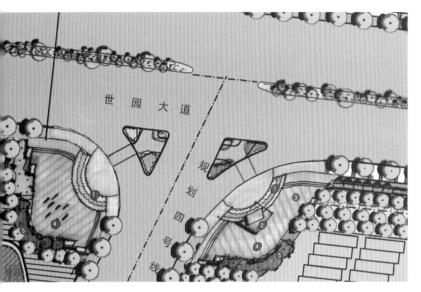

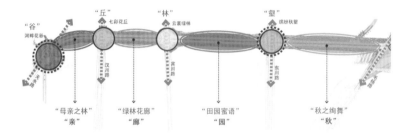

"谷" "丘" "林" "塾"
河畔花谷 七彩花丘 云霞绿林 缤纷秋塾

"母亲之林" "绿林花廊" "田园蜜语" "秋之绚舞"
"亲" "廊" "园" "秋"

深圳市宝安财富港大厦园林景观工程

The Garden Landscape Engineering of Shenzhen Baoan Wealth Harbor Mansion

项目名称： 深圳市宝安财富港大厦园林景观工程

主创姓名： 袁毅华

成员姓名： Garry Vico、Samiley 谢志刚

单位名称： 深圳市古兰景观设计有限公司

项目类别： 公共环境设计（方案类）

建成时间： 2011 年

项目规模： 21 000 平方米

所获奖项： iDEA-KiNG 艾景奖金奖

设计说明

MODERN 的气息、韵律的生活。

以高尚、现代、自然作为我们的景观设计理念，用流畅的线条和规则的几何构图，组成功能明确的景观空间。使整体布局既赋予逻辑性，又赋予激情。空间手法上，运用了动与静，开放与私密，现代与野趣的对比，创造出有节奏、有韵律的空间，采用了许多现代的既生态的又经济的造景元素。

"大气舒适的居住环境、现代宜人的空间尺度"。

设计综合考虑了小区的建筑风格。从主入口到中心广场区域形成了良好的视觉和人行空间，同时也使景观和建筑融为一体。设计紧紧抓住楼盘所在地域特征，通过景观材质、道路、空间小品的设计体现本设计"大气、宜人、现代"的设计定位。

景观设计指导思想

1. 确定以人为本的设计思想

尊重人的居住行为特征，体现"对人的关怀"，创建"人性化"的居住区环境，实现"人性化"的住房居住功能。创建宁静安详、文化、生态、交往、独处等多元性的人性空间。

2. 探索环境与文化意境

探索空间环境结构和景观文化意境完美结合的表达方式，力求营建"以人为本"的公共活动空间，形成一串以自然生态绿化为景观的休闲带。为人们提供居住、观赏、休闲、交流、娱乐的好场所。

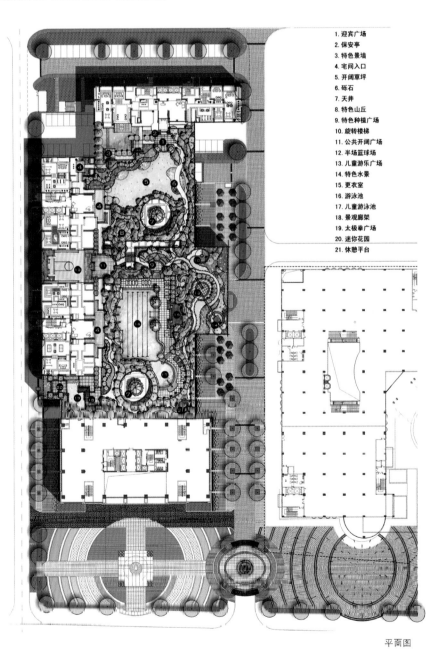

1. 迎宾广场
2. 保安亭
3. 特色景墙
4. 宅间入口
5. 开阔草坪
6. 砾石
7. 天井
8. 特色山丘
9. 特色种植广场
10. 旋转楼梯
11. 公共开阔广场
12. 半场篮球场
13. 儿童游乐广场
14. 特色水景
15. 更衣室
16. 游泳池
17. 儿童游泳池
18. 景观廊架
19. 太极拳广场
20. 迷你花园
21. 休憩平台

平面图

鸟瞰图

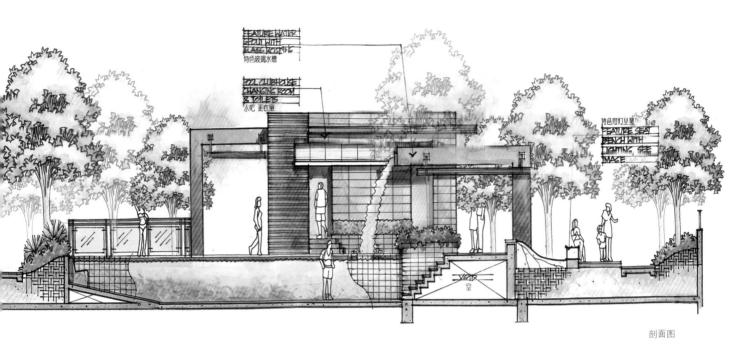

剖面图

3.强调财富港独特的建筑特征

建筑是文化的表现，每一时代都在它所创造的建筑上写下它的自传。以独特的现代设计的方法注入财富港的建筑文化内涵，以文化多元性适应人们新的生活需求。人类从谋生到乐生，也是社会发展的必然。

4.充分体现财富港的生态特征

尊重财富港的地域环境，因地制宜，巧于利用建筑结构，保护生态环境，以生态设计的办法，力求财富港与自然生态共存共同发展，从属于自然生态并服务于自然生态的改造，如同自然界中的其他生态一样，从母体中汲取营养，并且对母体的生存和发展作出贡献。

设计感悟

当我们不再追求都市的繁华喧嚣，而渴望心灵的自由释放。这种"出则繁华，入则宁静"的生活空间分更受青睐。

"大气舒适的居住环境，现代宜人的空间尺度"成为我们用心缔造的和谐空间。

屋顶花园绿化

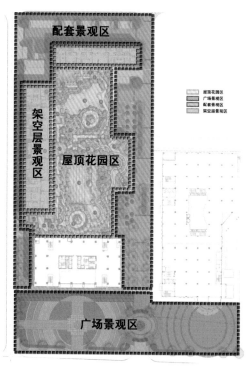

配套景观区

架空层景观区

屋顶花园区

广场景观区

屋顶花园区
广场景观区
配套景观区
架空层景观区

功能分区

效果图

手绘效果图

温哥华国际会展中心西翼扩展

The West Wing Expansion of Vancouver International Convention Centre

项目名称： 温哥华国际会展中心西翼扩展
主创姓名： BRUCE HEMSTOCK/CHRISTOPHER DONALD STERRY
单位名称： PWL 规划和景观设计事务所
项目类别： 公共环境设计（实例类）
建成时间： 2010 年
项目规模： 24 000 平方米绿色屋顶 +5 800 平方米广场
所获奖项： *IDEA-KING* 艾景奖金奖

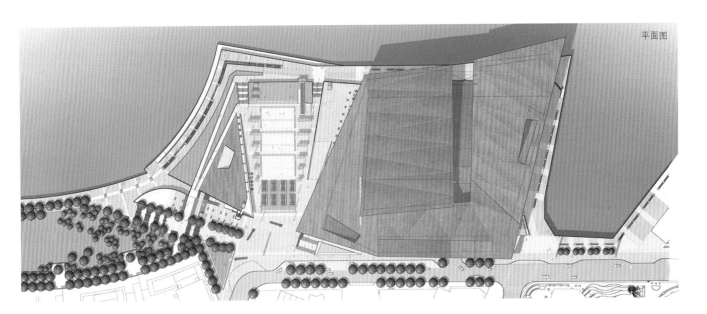

平面图

设计说明

2010 年，在久违了 150 年后的温哥华市中心最重要的商业区出现一片 24 000 平方米生机盎然的野生动物栖息地。与传统的公园不同的是这个孕育着鸟雀、昆虫甚至松鼠的栖息地却建在 12 层楼高的屋顶上。这就是温哥华国际会展中心西翼扩展项目的绿色生命屋顶。

会展中心以全新的理念，将 BC 省原生的茂盛野草和野花移植到当时北美最大的绿色屋顶上来，结合建筑设计和濒临的高豪港绿色公园，整个会展中心模仿了乔治海峡对岸的北部山脉形态。在寸土寸金的温哥华市中心创造了一个城市绿洲，改善了城市空气质量，收集和重新利用了降

海堤步道

鸟瞰图

排水

水，提高了城市绿地率，有效地降低了热岛效应，并为温哥华的滨海城市天际线添加了一片美好的绿色。

会展中心 5800 平方米的广场是温哥华市中心南区最大的城市广场，可容纳 8000 人以上的市民活动。会展中心广场还荣幸成为了 2010 年温哥华冬季奥运会火炬广场。

会展中心周边一圈海滨布道是温哥华市中心完整的海堤大道 (Seawall Walkway) 的一个重要节点，提供自行车和人行双道交通。

会展中心绿色屋顶使用了当今世界上最先进的绿色屋顶技术，它的一套复杂系统包括屋顶降板层 (Roof Deck)，根系隔离层 (Root Barrier)， 漏水检测网 (Leak Detection Grid) 和绿色生命屋顶复合层 (Living Roof Overlay)。

温哥华国际会展中心获得了 LEED 白金级别节能环保认证，作为整体设计的重要组成部分，景观设计功不可没。

设计感悟

温哥华国际会展中心的景观设计是对城市生态环境的一个重新认识过程，通过这个设计我们可以在闹市区最核心地段也能听到鸟鸣声，看到蝴蝶的飞舞，和感受到广场散步人群对自然，对绿色发自内心的喜悦！这个绿色层面的教育意义甚至比它实际的功能更加重要，它告诉了人们实际上自然离城市生活并不远，只看你愿不愿意为它提供一个栖息地。

北部海堤步道

大台阶和高豪港绿色公园

高豪港绿色公园和会展中心绿色屋顶融为一体

夜景

培植熟土

东部海堤步道

栗雨公园景观规划
The Landscape planning and Design of Liyu Park

项目名称： 栗雨公园景观规划
主创姓名： 田军
成员姓名： 田军 何强 沈宇龙
单位名称： 株洲市规划设计院
项目类别： 公共环境设计（方案类）
建成时间： 2011 年 2 月 17 日
项目规模： 58.5 公顷
所获奖项： IDEA-KING 艾景奖金奖

设计说明

栗雨公园（于 2011 年 2 月更名为栗雨休闲谷），地处栗雨工业园中央商务区中心地带，总面积约 58.5 公顷，其中水面约 32.9 公顷，是湖南省内最大的跌水游园。本项目考虑中水回用、雨水收集及其他补水系统的协调与配合使用，有效地解决了一系列的技术难题。其次，依场地地势设计三级水坝，且保留现状植被，综合考虑了公园与外围市政道路标高、综合管线、慢行系统等相关对接与预留。同时，以公园的功能布局、出入口等公共空间的要求，较好地引导周边城市的设计与开发。主要特点如下。

1. 自然生态

保留原有的自然山体与植物，依山就势巧设了各式园林小品；生态水系中科学配置适宜的水生植物，利用水生植物的姿韵、线条、色彩等自然属性，实现水质的净化并丰富水体景观；尊重场地，利用南高北低的地势特点，设计三级湖面和滚水坝；公园贯穿城市中央商务区，成为连接株洲大道与湘江重要的生态廊道；常绿与落叶植物科学搭配，陆生与水生植物有机结合，植物品种多达 200 多种，生物多样性明显。

2. 低碳环保

自行车道曲径通幽，环绕栗雨公园，并与市政道路及各小区出入口公共自行车停靠点贯通，形成完善的绿道系统，为低碳出行创造良好的环境；人工湖补水通过人然雨水收集和污水处理厂的中水回用相结合，每年汇入人工湖的回收用水多达 100 万吨，每天为园区节约自来水 1 万吨，构成了一道观景和治污比肩同行的靓丽风景线。

3. 以人为本

依托湖水资源优势，打造具有滨水特色的人文景观；以花木成阴、鸟语化香

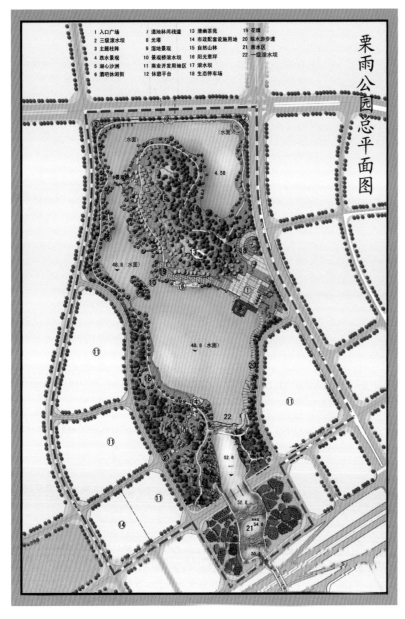

平面图

鸟瞰图

林中草亭

的景观特点及优质的公园环境，创造宜人的活动场所，成为市民休闲的良好去处，影响并带动周边地块的发展，提升了城市的品质。

4. 完善的配套服务设施

园区设有游客服务中心、小卖部、公共厕所、生态停车场、环保旅游车、公共自行车及景观小品等完善的配套设施。

设计感悟

2011年2月17日，作为我市"旅游升温"战役重点及城市公共空间代表的栗雨公园，正式开园。按照"生产、生活、生态"三生协调的理念，高新区在大力推进园区基础设施建设的同时，精心建设了栗雨中央商务区，栗雨公园就位于中央商务区中心地带。作为体现城市文化内涵的公共空间，在不少城市规划建设中没有得

阳光草坪

到应有的重视,然而栗雨公园的成功建设,不仅只满足人们对公园的向往,同时说明公共空间的建设和利用有着越来越重要的作用。它是彰显城市个性特色的重要载体,也是展现城市社会生活的真实舞台,还是引导城市有序发展的必然途径。面对我国城市公共空间的诸多问题,栗雨公园建设的先进理念和成功经验可以给我们提供很好的启迪和借鉴。

第一,栗雨公园在规划设计阶段,就对整个栗雨中央商务区做了整体的研究。从地块的有效利用出发,不单只是把栗雨公园作为公园而简单设计,而是以强调有效利用土地,保持环境和生态的可持续发展及创造以生态化人居环境为特征,适宜和有效支持产业园区综合发展的城市环境为原则,力图将栗雨公园这一城市公共空间,打造成为栗雨中央商务区的核心纽带,使其成为高密度的城市中心满足市民公共活动需求的见证。栗雨公园的景观设计,

林中水瀑

总体鸟瞰实景

文化城

延续了规划思路，依据"以人为本"、"自然生态"的原则，推崇匠心于自然，倾情于山水，致力于空间，山、水、园融为一体的城市理念，力争塑造"科技共山水一色"的城市形象。景观设计是需要落地实施的设计，讲究的不光只是图面上的美感，更重要的是整体的空间把握及实施的细节处理。栗雨公园的景观设计针对现状池塘，进行大量的分析和研究，设计三级人工湖；湖岸围设亲水平台、水上栈道等休闲景观；人工湖补水以天然雨水和河西污水处理厂的中水回用相结合；生态水系中科学配置适宜的水生植物，利用水生植物的姿韵、线条、色彩等自然属性，实现水质的净化并丰富水体景观。以最合理有效及最具经济价值的形式布局，将生态、文化等有机的景观要素穿插在城市肌理中，创造出独具特色的大尺度滨水城市空间。

第二，栗雨公园于2009年11月开工，2011年2月17日正式开园，在短短的一年多时间里，在政府、高新区、设计单位、施工单位及监理等多方的积极参与与配合下，高新区投入大量人力、物力及财力，迈着坚实的建设步伐，按时按质地完成了栗雨公园的建设。建设过程中，建设单位

秉着"遵从设计，师法自然"的原则，有条不紊地开展工作，对施工单位高标准、严要求，力求建设一个人与环境的绿色和谐，人造环境与自然环境的密切结合，充分体现尊重自然而不仅仅是改造自然的现代设计思想，营造生态化的人居环境为特征的和充满现代审美情趣的工业园区中心公园。

第三，栗雨中央商务区区域规划面积6平方千米，规划人口12万，拟建设成为集办公、研发、商业、酒店、教育、居住、休闲等多功能十一体的现代综合服务区。栗雨公园位于中央商务区中心地带，由株洲大道辅道、珠江北路、栗雨西路和规划六路围合而成，总规划面积878亩，其中规划水面480亩，主游道3700米，自行车道3600米，总投资2亿元。规划设计之初，对于在商务区的中心地带，建设一个面积这么大的公园，社会上存在多种质疑的声音，大多数认为耗费这么多的时间和金钱，在这样一个极具价值的地块上，营造一个单纯为市民休闲服务的公共空间，是不是有点大材小用。然而，事实证明，政府的决策和整个地块的规划设计是可持续发展的，是将经济效益和社会效

益统筹考虑的。

结语：栗雨公园公共空间的营造，为整个栗雨中央商务区提供了商业服务、旅游休闲、市政服务、城市生态保护等诸多功能，因为这些增值的附加功能，使其成功地吸引了大量的市民前来参观，聚集了人气，同时也成功地引来了大量的投资商，使其成为商务区经济价值提升的增长点，带动了周边的招商引资，使周边的地块价值翻了2倍，这样换算一下，不难看出，前期对栗雨公园的投资，不仅可以从后期的商业建设中得到回报，同时还能还给市民一个自然生态的公园，一个诠释着城市生活品质和精华的公共空间。由此可见，城市公共空间是一种动力，它推动着城市的积极发展。

福荣都市绿道

Urban Green Road of Furong Road

项目名称：福荣都市绿道

主创姓名：王锋 姜超

成员姓名：陈岳全 杜小松

单位名称：深圳市汉沙杨景观规划设计有限公司

项目类别：公共环境设计（方案类）

建成时间：2011 年 8 月

项目规模：10.05 万平方米

所获奖项：iDEA-KiNG 艾景奖金奖

设计说明

福荣都市绿道位于深圳福田区，西起滨河大道，东止新洲路，全长 3.08 千米，沿线拥有众多楼盘和城中村。考虑到周边地区没有可供居民休闲及运动的活动空间，而福荣路绿化带本身又具有林荫空隙，具备改造生态活动场所的条件。林带中有大量长势尚好的乔木，但是地被植物比较杂乱，卫生问题严重。我们整合现有的资源，把福荣路打造成一条功能齐全的都市绿道。现有的大量的乔木，对于控制城市 PM2.5 来说，是很好的资源，我们在此基础上，又种植了大量的地被和灌木，丰富

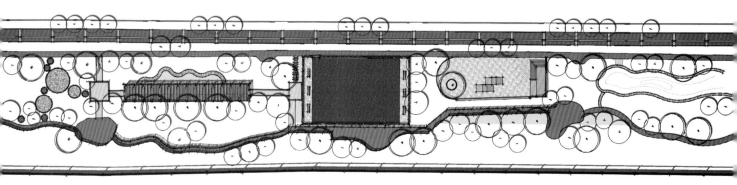

风雨廊广场平面

叶形廊架

木栈道效果图

植物的层次，增加绿地面积，使之形成"乔木冠幅——灌木——地被"3个植物层次，继而形成一个整体的城市空气净化屏障。

福荣都市绿道的规划设计理念：以健全的森林生态环境为特色，集游憩游览、运动娱乐、休闲保健、自然生态为一体的多功能综合性公园。设计以"自然、生态、雅致"为基调，坚持标准适度、功能齐全、经济适用的原则。

本着"健康运动、自然生态、清新雅致"的设计理念，沿线设计了自行车道，连接红树林生态保护区和红树林滨海休闲公园；贯穿全园的林间缓跑径、儿童乐园、小型滑板场和轮滑场、半场篮球场、门球

场、分布在全线的多处康体广场、林下休闲广场、舞韵广场、有遮风避雨的风雨廊架、林中木栈道等休闲运动设施，满足各个年龄层次的使用人群。另外，我们还在园区内设置了环保厕所、保安亭、标识牌以及照明系统等便民设施，最大程度地给人们提供便利。

设计感悟

刚接到这个项目时，是有一定压力的，甲方要求在大运会开幕前完工，时间紧，任务重。我们设计团队对福荣路现状进行了详细的考察，总结存在的问题，提出可行性方案，在与甲方多次沟通汇报后，最终确定了可实施性的方案。福荣都市绿道全线比较长，沿线有很多住宅区和中小学校，我们根据不同的使用人群，进

行合理的规划设计，增设了休闲活动广场和运动场等很多便民设施。由于现状有大量长势良好的乔木，要做到尽可能不破坏它，但是我们在配置地被和灌木时遇到了挑战，由于现有乔木冠幅很大，地面接收到的阳光有限，需要配置完全耐阴的地被和灌木，我们尽量在有限的品种中，选择搭配出更多的层次感。另外，在施工过程中，尽管遇到了很多的问题，我们始终对施工工艺严格把关，对每一个细节都进行仔细推敲，使得施工完成后的效果还是不错的。使原本脏乱差的环境，变得生机盎然，给市民营造了一个亲近自然、放松身心的和谐绿色空间，看到那么多市民在绿道中漫步观景、休闲锻炼，我们的努力没有白费，能为改善城市的环境尽我们的微薄之力，我们倍感欣慰。

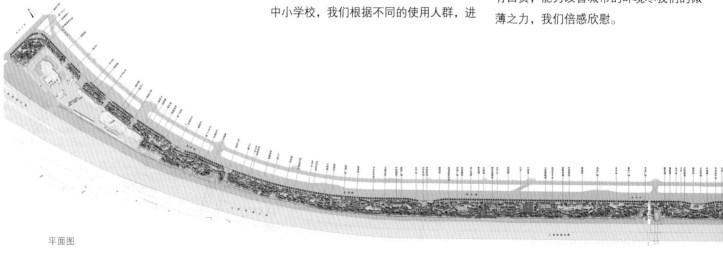

平面图

自行车停放点 Bicycle Parking Area

儿童乐园 Children's Playground

卵石花池 Pebble Planter

曲桥汀步 Curving Boardwalk

木栈道 Boardwalk

圆台 Round Wood Platform

休闲平台 + 廊架 Leisure Platform & Trellis

散步道 + 观跑道 Walking & Jogging Trail

镂空景墙 Hollow Scenery Wall

序列景墙 Scenery Wall

休闲木平台 Leisure Wood Platform

汀步 + 景墙 Step Stone & Scene Wall

滑板广场 Square

叶形廊架+康体设施 Trellis & Fitness Facilities

木栈道之二 Boardwalk 2

风雨廊+卵石池 Trellis & Pebble Planter

小型滑板场 Small Skateboard Court

公共厕所 Toilet

风雨廊 Trellis

叶形廊架 Trellis

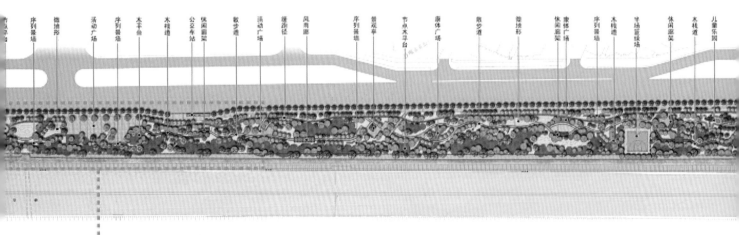

木栈道之一 Boardwalk 1

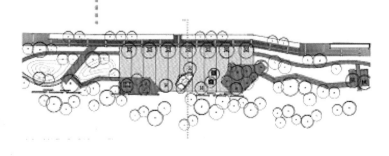

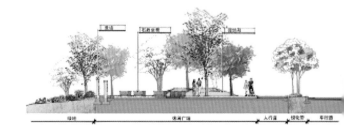

泉州市洛阳江两岸滨江区域景观规划设计

The landscape planning and design of Binjiang Area Quanzhou Luoyang River side Banke

项目名称：泉州市洛阳汀两岸滨江区域景观规划设计

主创姓名：刘淑元

成员姓名：宋为 吴丹 江慧强

单位名称：艾斯弧（杭州）建筑规划设计咨询有限公司

项目类别：公共环境设计（方案类）

项目规模：2571.98 公顷

所获奖项：**iDEA-KING** 艾景奖金奖

设计说明

洛阳江两岸规划设计强调城市生活的多元化，合理导入多元文化、多元项目，把现代化的城市设计与生态保护和谐统一，体现人与自然的和谐、开发与保护的和谐、人文环境的和谐，在设计过程中充分考虑并运用地方特色文化，引用国际高标准的设计理念，打造国际化的旅游景点。

设计重点强化现有的山、水、城的格局，加强区域文化遗产的保护和特殊文化的研究，突出洛阳江现有的生态资源优势，重点考虑沿江生态建设，创造洛阳江两岸独特的滨水体验带，使其成为泉州市主要的公共开发空间；力争建设后的洛阳江将成为闽南文化旅游的展示舞台，特色生态保护教育示范基地，泉州市民重要的滨江休闲游憩带，吸引海内外游客的文化旅游胜地。

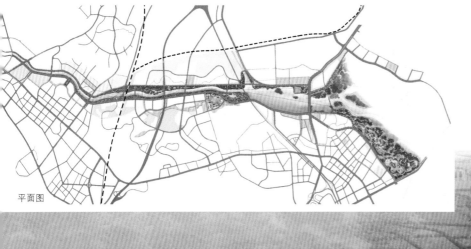

平面图

鸟瞰图

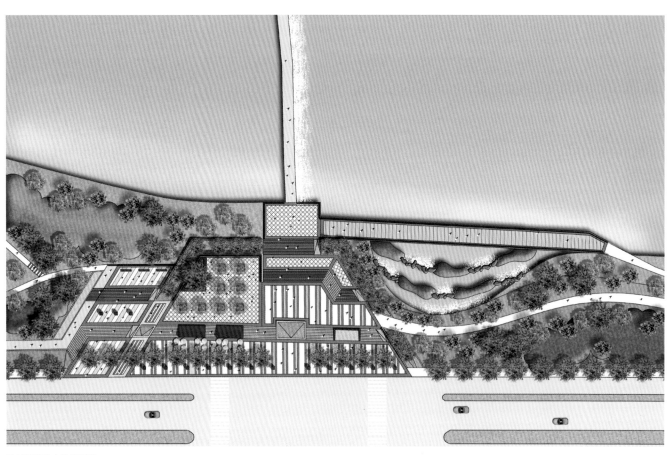

陈三坝桥头广场平面图

陈三坝桥头广场断面图

陈三坝桥头广场效果图

生态保护示范区效果图

生态保护示范区断面

生态保护示范区平面图

人文观光体验区断面图

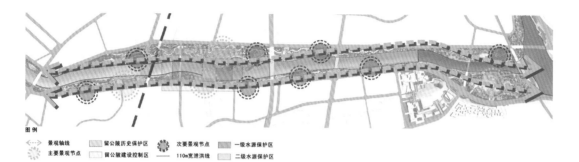

图例

景观轴线　　　留公陵历史保护区　　次要景观节点　　一级水源保护区

主要景观节点　　留公陵建设控制区　　110m宽港洪线　　二级水源保护区

人文观光体验区结构分析图

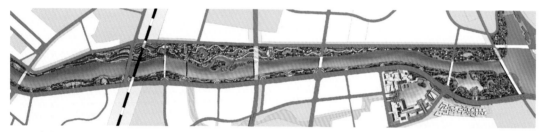

人文观光体验区平面图

人文观光体验区效果图

南通唐闸 1895 工业以及复兴规划项目景观设计方案（油脂厂地块）

The Landscape Design Nantong Tangzha 1895 Industrial and Recovery Planning Project(Oil Factory Land)

项目名称：南通唐闸 1895 工业以及复兴规划项目景观设计方案（油脂厂地块）

主创姓名：于立晗

成员姓名：魏晓东 张羽 杨震宇 高珊珊 刘兴歌 胡雪 李峰 齐延成

单位名称：清华大学美术学院环境建设艺术咨询研究所

项目类别：公共环境设计（方案类）

项目规模：3.4 公顷

所获奖项：**iDEA-KING** 艾景奖金奖

设计说明

"南通·1895"项目规划以保护历史文化，改善民生的同时创建中国乃至世界传统手工业战略产、学、研及推广传播中心为目的，进而促进南通整体社会，经济，文化，环境可持续协调发展。

方案将创意产业及配套服务城市区域以开放的网格流线与周边城市相融合，区域之间及区域内部根据现有场地空间及建筑环境进行了保护利用、修缮、改建及新建设计，使场地空间形成完整的轴线关系及空间节奏。形成了广场、街巷、公共展厅、庭院等室外空间类型。对现有厂房、办公、仓库等室内空间根据创意产业的功能需求进行了重新定位，并新建了部分特色建筑，形成特色创意工坊、展厅、办公、休闲会所等室内空间。

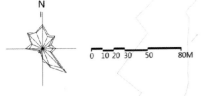

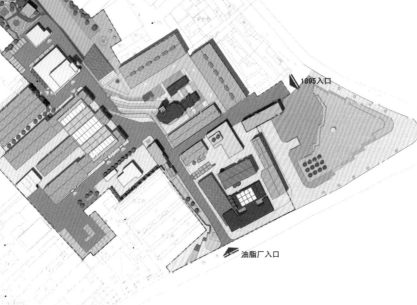

总平面图

序号	分项	面积
1	总体用地面积	33495㎡
2	开发后建筑面积	25626㎡
3	建筑基底面积	15233㎡
4	绿化面积	5700㎡
5	容积率	0.8
6	建筑密度	50%
7	绿化率	70%

序号	分项	面积
1	开发前建筑面积	27052㎡
2	开发后建筑面积	25626㎡
3	加金属廊架与景观构筑物面积	1037㎡
4	拆除建筑面积	1418㎡
5	清洁内绿化面积	10460㎡
6	外观修缮恢复面积	12154㎡
7	屋顶修缮面积	6435㎡
8	外观改造面积	12637㎡
9	屋顶绿化面积	1830㎡

鸟瞰图

景观设计着眼于对场地民族工业历史文化与当代创意产业相结合，将场地与建筑围合界面进行语言梳理，创造性格鲜明的工业创意文化景观。满足当代创意文化活动的空间要求的同时反映场地深厚的历史文化。

设计感悟

在整体晚于西方工业文明和近代城市发育的半殖民地半封建社会，张謇独创适合当时社会条件的建城道路，十分超前地确立花园式城市理念，先于英国城市规划先驱霍华德"田园式城市"概念3年，并付诸实施。即以大生纱厂选址唐闸为起始，形成相对独立、城乡相间的"一城三镇"格局。由中国人自己规划、自己建设、在30年间将一座封建县城建成一座完整的近代城市，从工业、农垦、交通、金融、通讯、商业，到教育、文化、园林、慈善、社会事业，几乎涵盖了近代城市要素的全部内容。别于帝国列强殖民侵略影响下的上海、青岛、天津、大连，优于城市功能尚不健全的武汉、唐山，先于国民政府经营的南京、重庆。为了建设南通城，张謇考察日本，培养测绘、建筑人才、依托古城、筑路架桥、疏浚河道、保坍造闸、垦牧开荒、团练防务、开通长江和内河航线、电力电灯电话、公路公交公园、城市功能所需之基本设施——兴办，为聚集人才人气、发展生产和商贸，提供了必备的硬件基础。而办实业、教育、文化和社会事业的巨大资金来源非朝廷非国民政府，几乎都是来自民间，来自发展生产力。张謇规划、建设、经营城市的理念是符合时代需求、符合当时全方位实际的，也是创新的，对今天也有借鉴意义的。

南通作为"中国近代第一城"，其独特的近代历史文化资源令人瞩目。南通历史文化保护和城市形象塑造要重点把握近代文化特色，利用近代文化要素，加以充分发挥，并注意保护和延续"一城三镇"历史城区格局，保护和利用唐闸近代工业历史文化街区，保护和传承"中西合璧"建筑风格，整体规划，重点保护，有效利用，以确立重要历史文化名城的地位，塑造富有个性的城市形象。

虹桥商务区核心区八号地块 D23 景观

Hongqiao Business District, the Core Area of The 8th Lot D23 Landscape

项目名称： 虹桥商务区核心区八号地块 D23 景观

主创姓名： 饶嵩 宇静波

成员姓名： 刘晓丽 黄崇伟

单位名称： 东方园林产业集团——东联（上海）创意设计发展有限公司

项目类别： 公共环境设计（方案类）

项目规模： 约 13 400 平方米

所获奖项： *IDEA-KING* 艾景奖金奖

设计说明

虹桥商务区紧邻虹桥枢纽，上海世博会之后城市重点发展区域。商务区核心位置，具有良好的交通和配套支持。而核心商务区南门户，紧邻市区与商务区联系的主要通路。

根据建筑提出的"绿谷"概念及生态建筑的背景，我们提出了"拟海拔"景观概念。所谓生态建筑，就是将建筑本质就是能将数量巨大的人口整合在一个超级建筑中，通过组织（设计）建筑内外空间中的各种物态因素，使物质、能源在建筑生态系统内部有秩序地循环转换，获得一种高效、低耗、无废、无污，具有生态平衡的建筑环境。通过对生态建筑的解读，我们在整体景观系统上提出对自然生态海拔的景观风貌的模拟，拟定出在不同高度应有的一种风貌特征，以及人的行为活动和生物的分布量会与海拔的高度发生变化，从而建立一种新型的立体绿化系统。

详细设计主要分为地面空间、地下空间及地面屋顶花园空间，根据不同的高度，分为五大海拔，分别为生态体验空间、办公休憩空间、商务交往空间、商务交通空间和商业休闲空间。

平面图

鸟瞰图

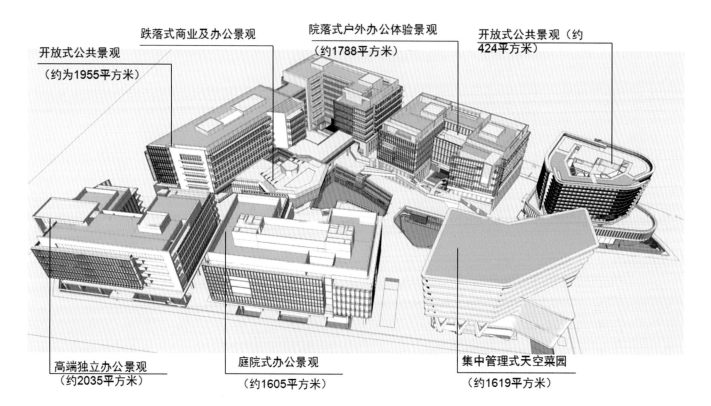

开放式公共景观
（约为1955平方米）

跌落式商业及办公景观

院落式户外办公体验景观
（约1788平方米）

开放式公共景观（约424平方米）

高端独立办公景观
（约2035平方米）

庭院式办公景观
（约1605平方米）

集中管理式天空菜园
（约1619平方米）

设计感悟

在接触到这个项目的前期阶段，我们在思考，虹桥三星街区的核心商务区，需要怎样一种气质的景观。是现代的？超前卫的？还是具有虹桥特色的？经过一段时间的摸索，我们找到了设计的切入点——这个以绿谷为主题的商务体中，以层层退台空间为特色，以亲人尺度的街区为卖点，他们寻求的正式一种与生态环境融合的绿色基质！从这点出发，我们如何能凸显绿色建筑的主题呢？在落实设计、保证整体大环境的同事，我们将通过空中花园、屋顶绿化、自然光和风的利用、太阳能光伏发电等，实现生态、低碳、节能的目标。项目还在不断向前推进的过程中，通过多次与业主、建筑师的沟通与协调，天空花园、垂直绿化、雨水循环利用为景观造景等，都不再是空谈。

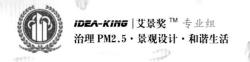

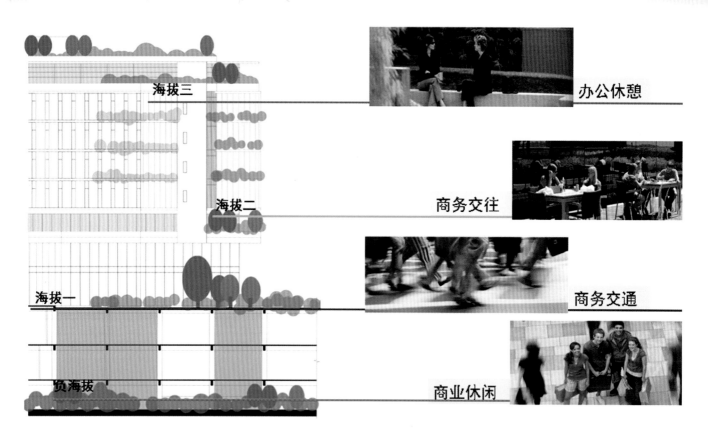

海拔三　　　　办公休憩

海拔二　　　　商务交往

海拔一　　　　商务交通

负海拔　　　　商业休闲

黑龙江省牡丹江市宁安城市景观设计

The Ning' an Urban Landscape Design in Mudanjiang City, Heilongjiang Province

项目名称：黑龙江省牡丹江市宁安城市景观设计

主创姓名：胡志峰 田静

成员姓名：王君 陈彦宾 刘阳阳

单位名称：重庆天开锦城园林景观设计有限公司北京分公司

项目类别：公共环境设计（方案类）

项目规模：约 30 0000 平方米

所获奖项：**iDEA-KiNG** 艾景奖金奖

设计说明

宁安市南北长约100千米，东西宽约140千米，总面积7923.9平方千米。距哈尔滨320千米，距牡丹江23千米，距牡丹江民航机场19千米，是东北亚经济技术交流中商贾往来、物资集散和信息传递的重要区域。

为有效实施城市规划战略，以点带线，以线带面，分重点，有步骤地实施城市景观改造和扩建工程，在改善城市环境的同时，吸引投资、旅游等项目带活经济，形成有效合理的良性循环；通过对城市景观结构的研究，确定前期景观建设范围为"五点三路一带"。

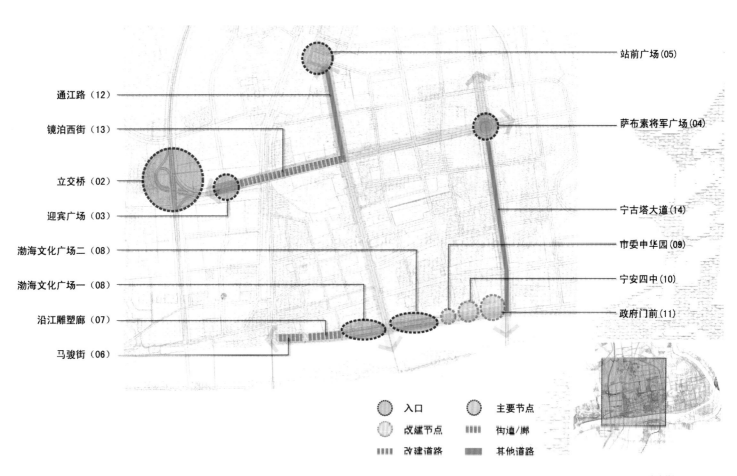

通江路（12）

镜泊西街（13）

立交桥（02）

迎宾广场（03）

渤海文化广场二（08）

渤海文化广场一（08）

沿江雕塑廊（07）

马骏街（06）

站前广场（05）

萨布素将军广场（04）

宁古塔大道（14）

市委中华园（09）

宁安四中（10）

政府门前（11）

入口　　　主要节点

改建节点　街道/廊

改建道路　其他道路

半血图

立交桥（方案一）鸟瞰图

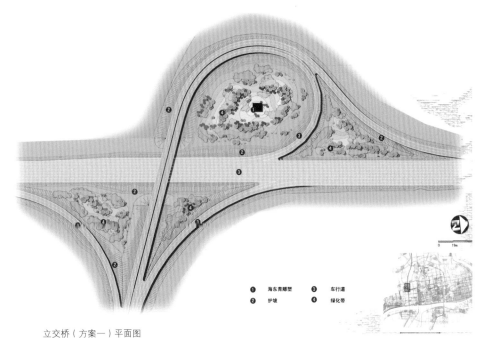

立交桥（方案一）平面图

① 海东青雕塑　　③ 车行道
② 护城　　　　　④ 绿化带

"五点"景观：立交桥景观、迎宾广场景观、图腾景观、萨布素环岛景观、火车站站前广场景观。

"三路"景观：镜泊湖路道路景观、宁古塔大道景观、通江路（未来商业街）景观。

"一带"景观：滨湖绿化带景观。

宁安城市景观风貌的基本要素主要包括自然景观、历史景观和文化特色景观3个方面，包含了"山、水、城、林、古建"五大景观要素。景观设计及工程紧紧围绕宁安城市规划这一原则，努力营造宁安"山水之城"的原本风貌，使其成为名副其实的"塞北小江南"。

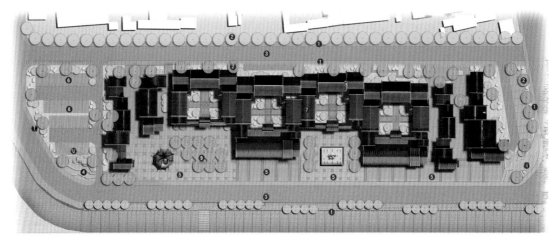

马骏街平面图

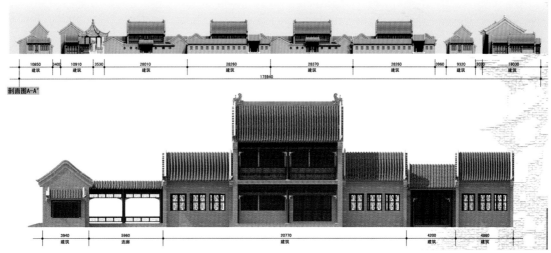

| 10850 | 3400 | 10910 | 3530 | 28010 | 28260 | 28370 | 28260 | 3960 | 9320 | 3020 | 18030 |
| 建筑 | 建筑 | 建筑 | | 建筑 | 建筑 | 建筑 | 建筑 | | 建筑 | | 建筑 |

175940

剖面图A-A'

| 3940 | 5960 | 20770 | 4200 | 4880 |
| 建筑 | 连廊 | 建筑 | 建筑 | 建筑 |

马骏街立面图

马骏街鸟瞰图

马骏街鸟瞰图

渤海文化广场鸟瞰图

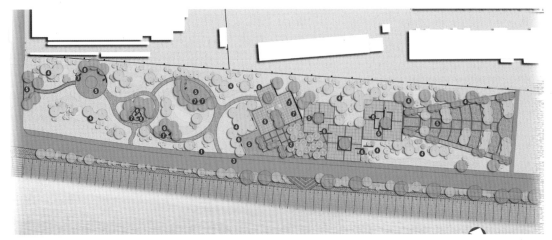

渤海文化广场平面图

厦门高崎机场航站楼前广场景观

Xiamen Gaoqi Airport Terminal Square Landscape

项目名称： 厦门高崎机场航站楼前广场景观
主创姓名： 邓钊 刘庆珏
成员姓名： 李燕祥 吴义暖
单位名称： 福州国伟建设设计有限公司
项目类别： 公共环境设计（方案类）
项目规模： 约 60 000 平方米
所获奖项： iDEA-KiNG 艾景奖银奖

设计说明

在"低碳、环保"成为景观设计师一种责任的今天，厦门高崎机场前广场景观力求在"环保型景观"的方面迈进一步。我们塑造的是"会呼吸的大地"。

本案的地理位置重要，位于厦门高崎机场航站楼前，地下一层为整层停车场。漂亮的地面景观在满足休闲、交通等的同时，也为地下停车场提供了自然的"采光、通风、疏散"等。穿插其中的五个共享天井，以参天大树结合或动或静的水景，造就一派"自然生态"的景象。整体构图以"海西之窗"为主题，吸取厦门特色的"海滩、音乐、白鹭"为灵感，通过微地形的处理，形成动感飘逸的绿色大地。将生态排水、节能环保等因素贯穿其中，最终形成独具特色具有不可复制性的景观作品。

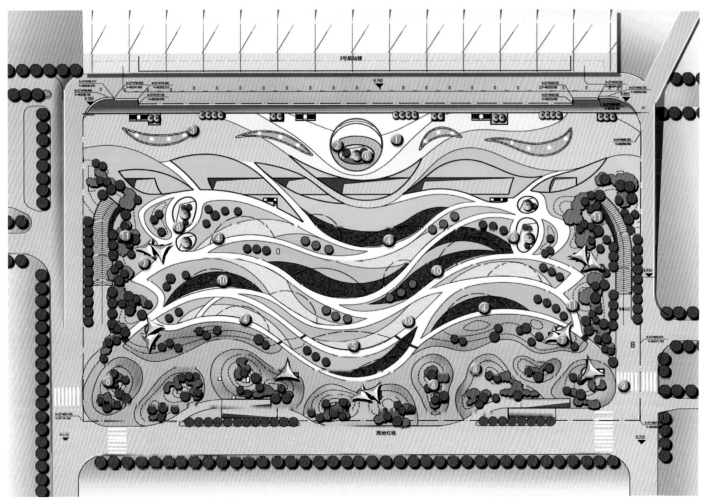

平面图

鸟瞰图

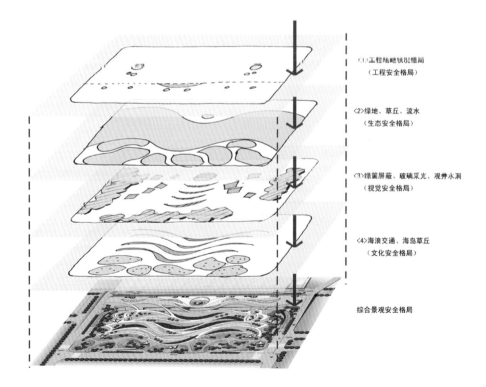

〈1〉工程场地状况相局
（工程安全格局）

〈2〉绿地、草丘、流水
（生态安全格局）

〈3〉绿篱屏蔽、玻璃采光、观井水洞
（视觉安全格局）

〈4〉海浪交通、海岛草丘
（文化安全格局）

综合景观安全格局

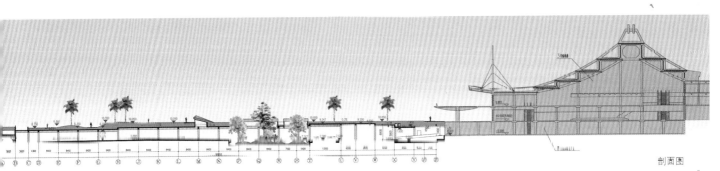

剖面图

山东省沂南县诸葛亮文化纪念广场

Zhuge Liang Cultural Memorial Plaza, Yinan Town, Shandong Province

项目名称： 山东省沂南县诸葛亮文化纪念广场
主创姓名： 胡洁 卢碧涵 邹梦成
单位名称： 北京清华城市规划设计研究院
项目类别： 公共环境设计（方案类）
建成时间： 2009 年 5 月
项目规模： 3.77 公顷
所获奖项： **iDEA-KiNG** 艾景奖银奖

设计说明

项目背景

沂南县位于山东省临沂市，古称阳都，是三国时期著名政治家、军事家诸葛亮的诞生地。诸葛亮文化纪念广场位于沂南县西部区域卧龙山公园入口处，广场面积 3.77 公顷。

广场与卧龙山公园相接，西靠卧龙山，地势由西向东顺势斜坡，高差较大，约 18 米。用地范围处于城市交通路口，且车流量较大。广场南北两侧均为仿汉商业街及庭院的组合建筑群，商业建筑以两层为主，局部一层，建筑外观整体统一，形成连续的街景，周边多为居住用地。

委托方要求本广场设计以诸葛亮生活的汉代时期文化为背景，以纪念诸葛亮为主题，集纪念、集会和服务等功能为一体的城市广场。

设计特色

1. 空间尺度随游人活动而变化——广场西侧道路，平时是路，会议期间将两侧封闭，形成广场的一部分。为了维持会议期间的交通，车辆沿广场外侧的"U"型道路行驶。

2. 强化广场仪式感——通过强化广场中轴线和逐渐增高的地势，增加广场的朝圣感；将新广场与老诸葛亮公园的文化相互连接和延续，增强整体感。

3. 充分利用现状——借用公园里现有的雕塑家韩美林的作品—诸葛亮铜像、及原有的汉阙（一种汉代塔状建筑，通常位于大门两侧），与新广场融为一体，设计成轴线的关系，结合中国古建天坛的丹陛桥的处理方法，利用削坡处理现状高差。由于高差，在广场入口处现有一条长坡，考虑纪念活动时人们都站在斜面上，活动

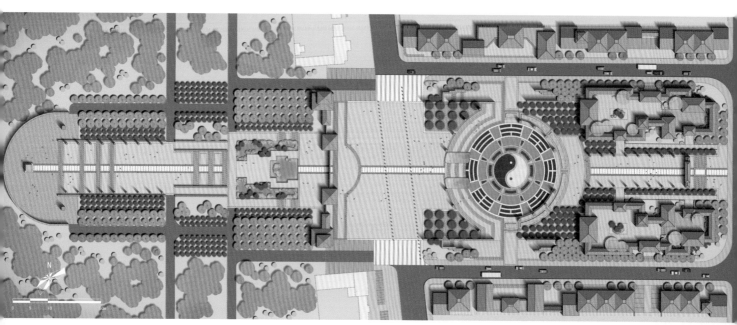

总平面图

俯瞰图

极其不方便，无论是均匀的削坡，还是分级台地式削坡，都达不到纪念广场的震撼效果。因此，在广场东端设计大规模台阶和牌坊，形成朝拜感、仪式感，并加大了广场的容量。

4.体现当地文化——通过对汉文化的研究，利用古朴自然的石材铺装、石雕、仿汉建筑等设计元素打造"智圣"诸葛亮的时代背景。广场铺装设计采用中国汉代传统灰色作为整体的基调色彩，以中国传统整石和青砖的铺地形式作为衬托广场的雅致背景，在延续中国建筑设计中轴线的同时，从历史和地域特色中提取图式语言，分别以诸葛亮发明的"八卦"及汉代"雷纹""回纹"（由雷纹演变而来）等加以抽象作为广场的主题，并遵循相似分型原理进行纹理结构设计以满足不同观赏角度的需要，使三者在尺度、风格和功能上既交相呼应又各具特点和不同，形成传承地域与文化特色、反映特定精神、汗溢现代情致的空间序列。

体现汉文化的灯柱

庆典仪式

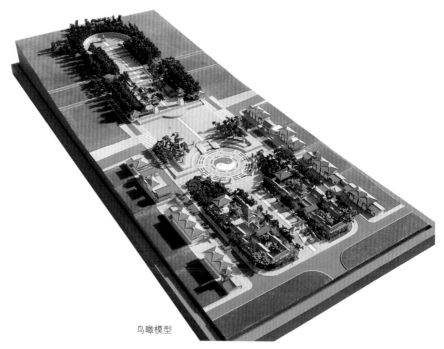

鸟瞰模型

广场入口及汉式牌坊

杜尔伯特蒙古族自治县天湖广场景观设计

The Landscape Design of Tianhu Square, Dorbod Mongolia Autonomous County

项目名称：杜尔伯特蒙古族自治县天湖广场景观设计

主创姓名：傅吉清

成员姓名：邓旭坤 倪金娟

单位名称：杭州施朗（美国 SLA）建筑设计咨询有限公司

项目类别：公共环境设计（方案类）

建成时间：2011 年 10 月

项目规模：约 7.8 万平方米

所获奖项：*iDEA-KING* 艾景奖金奖

设计说明

天湖广场系杜尔伯特蒙古族自治县的城市中心景观区块，结合天湖水系的堤岸型滨水休闲广场。

首先，将"地形艺术"的概念引入景观设计中：在这个项目中，我们希望将"地形艺术"的概念引入景观设计中，打破平面向展开的传统思维模式，不仅仅从生态或者园艺的角度去思考问题，而是以地景艺术的手段，以大地为背景，以竖向上改变空间或者平坦的现状，将公园打造为富有艺术性的景观空间。

其次，创造以地域和民族风情为依托的景观：本土文化是城市公园无法脱离的设计要素，在这个设计中我们将结合当地文化背景与民俗风情特色，充分使用当地的特色文化与特色风俗作为其特点所在。

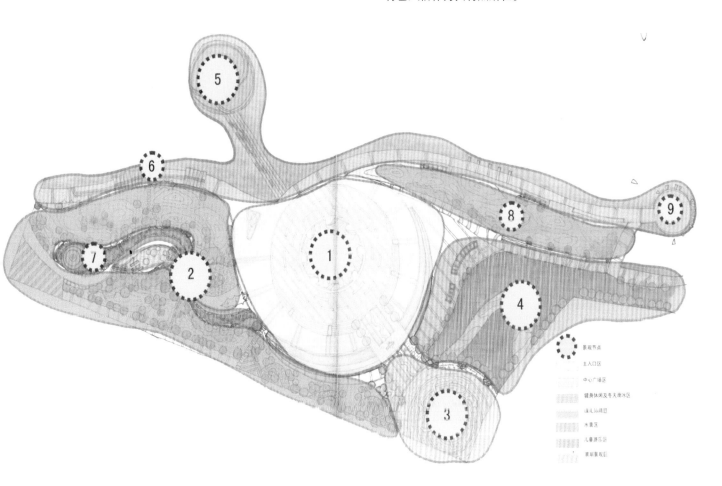

功能分析

鸟瞰图

另外，营造艺术化的场地精神：穿插其间的小尺度轻松的构筑物小品，为人们在紧张快节奏的工作之余，提供视觉上的愉悦。人文艺术的场地内涵使人身心愉悦，充满地域文化特征的艺术品设置营造了浓厚的城市文化氛围。深刻解读特定场所的内在意义，通过物质载体的塑造特别着眼于夜景的设计，表达美妙视觉意象。

最后，打开临水空间，增加空间互动性：天湖是当地的一个重要旅游资源，设计借鉴了国内外的一些滨水空间的成功案例，希望充分挖掘公园与糊的交流，将沿湖的一面打开，同时充分利用好这一景观，将湖岸打造成集码头、观光、娱乐、健身为一体的空间所在。

广场中央大型水景装置的形式来源是蒙古族重要的建筑形式——蒙古包，被做了简化和变形处理。蒙古族的一些民族图案也被运用到了设计中。

主广场外围的文化景墙以广阔草原中山脉为意象来源，它改变了广场缺乏竖向变化的现状，即使雪天，景墙仍然能够成为广场中的一段风景。

桥透视

龟壳透视

设计感悟

针对现状条件、设计策略我们提出了对于本方案的构想：塑造富含地域文化意蕴和景观环境构造的美学意向。

整个景观结构由中心广场起始，步行空间以螺旋形的图案像外扩展，象征银河系生命存在的空间和生命遗传符号DNA，体现了宏观宇宙和微观生命的统一，寓意天圆地方的玄奥主题。

同时景观平面也从丹顶鹤与马头琴的形态得到启发，左右两侧双翼展开，如丹顶鹤展开翅膀意欲起飞一般，也象征着我们的景观设计将立足本土，同时在当代城市环境中寻求更好的发展方向。

广场透视

磨盘水景透视

沿河透视

南充·迦南公园（避难场所）景观设计

Nanchong · Chinana Park (Shelter) Landscape Design

项目名称：南充　迦南公园（避难场所）景观设计

主创姓名：朵前 李文华

单位名称：四川华胜建筑规划设计有限公司

项目类别：公共环境设计（方案类）

建成时间：2011 年 10 月

项目规模：99.3 亩

所获奖项：**iDEA-KING** 艾景奖银奖

设计说明

1. 项目概况

嘉南路生态公园位于南充市嘉陵区中心位置，处于嘉南路和南虹路交叉口位置，地块呈长方形，占地面积 99.3 亩。本项目西侧为待建 24 层楼房，内部有一条宽约 6 ～ 8 米的排洪渠从北向南贯穿，整体地形趋于平缓，无较大高差。

2. 公园性质及规划指导思想

以城市规划为依据，充分发挥公园特有的自然条件，以人为本，创造出具有时代特色鲜明，满足生态、文化、游憩等休闲功能要求的城市综合性公园。

建成后的此生态公园将刷新南充市公园的 5 个第一：

（1）城区中第一个避难城市公园。

（2）市区内绿化率覆盖第一的生态公园。

（3）市区内水生植物群落第一丰富的生态公园。

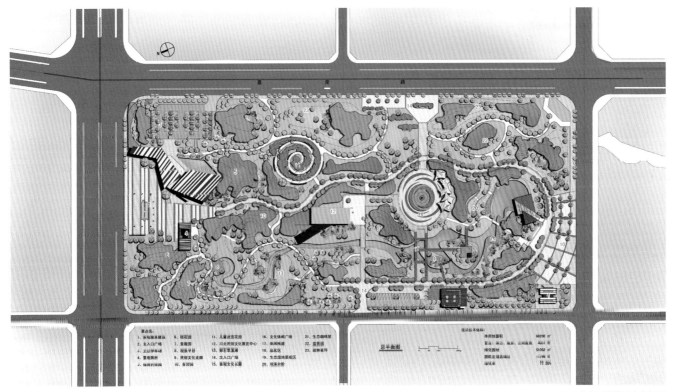

避难区域设置点分析图

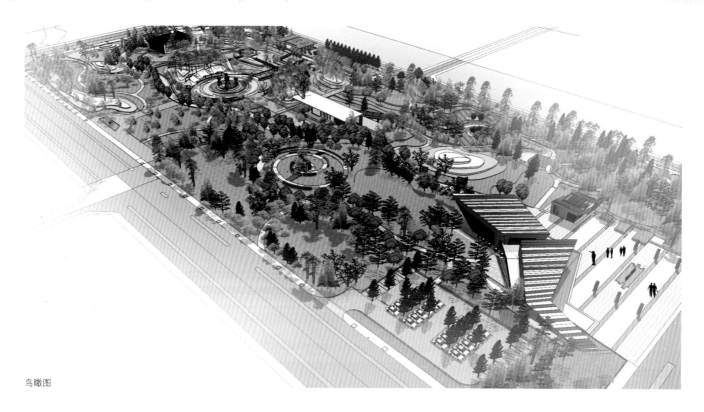

鸟瞰图

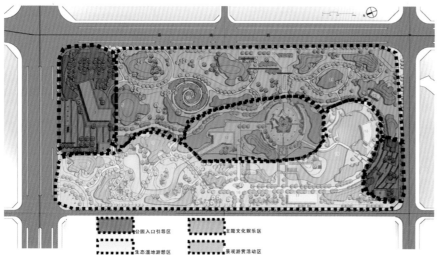

功能分析图

公园入口引导区　　主题文化娱乐区

生态湿地游憩区　　景观游赏活动区

景观效果图

（4）南充市区市井文化最为鲜明的公园。

（5）省内第一个低碳节约型的公园。

3. 设计手法

（1）历史文脉和地域文化的表达。在公园的平面布置上采用起伏变化，抽象地表现嘉陵江文化延绵起伏的山水文化，以体现鲜明的文脉、地裁文化特征，交织着理性的感受与浪漫的性调，从而达到景观、绿化的表达和结构逻辑的统一。

（2）城市设计方法的运用。从大尺度城市空间着手，形成了与城市设计相吻合的公园界面组合方式和空间形态。同时，在此基础上进行深化，为了公园设计不单从形态上符合城市设计要求，而且力求流线组织、空间组织方面与城市空间，道路网络、市民活动相吻合。

（3）与嘉陵江文化的交融。嘉陵江

入口景观效果图

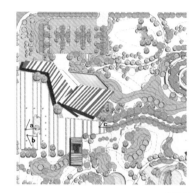

主入口

是南充母亲河，举世闻名。通过纵向和横向通道的组织，把人流引到文化主题娱乐区，寓教于乐。玲珑、通透的建筑群体，又与公园文化风格相映衬，成为亮丽的风景，二者相得益彰。

4. 总平面构思

（1）设计原则。平时它是公园，灾难来临时它是生命的"避风港"。面对紧急事态下，公园等公共空间作为应急避害的场所发挥了其潜在的巨大城市功能及避难场所的设置，应在保证维持受灾群众正常生活的同时，尽可能减少对公园的破坏性影响，便于灾后恢复公园正常运营。设计从以下几个方面考虑：

◆ 设计大片宽敞的平躺用地，在平时作为室外活动场地、草坪、林间空地等，紧急时期可以作为避难场所。

◆ 设计可靠的水源，取消取水点以及临时公共厕所的管网，或结合公园

公共厕所系统，适当提高设计使用人数。保证应急时期有谁用，同时保证消防安全。

◆ 设计充足的用电容量，在安全的场所预留用电出口，并单独计量。

◆ 设立可靠的物资临时存放空间，及相应保障系统，可以结合公园用地设计为半地下或掩土建筑，平时弱化其视觉影响。

◆ 规划完善的公园自身防火系统。对林地、建筑的防火设计应可靠。

◆ 公园内人流的疏散应可靠安全，路网密度合理，充分考虑老人、儿童的使用要求，避免建设性伤害。

◆ 建立园内完整的监控及通信广播系统，应急突发事件。可与背景音乐系统结合考虑。

（2）交通组织。紧急避震疏散场所

内外的避震疏散通道有效宽度设计为4米，室内逼真场所内外的避震疏散主通道有效宽度不宜低于7米。与城市出入口、中心避震疏散场所、市政府抗震救灾指挥中心相连的就在主干道为40米和26米。避难疏散主通道两侧的建筑能保障疏散通道的安全畅通。

5. 景观节点分区

（1）主入口广场景观区。

（2）旱溪景观区。

（3）生态湿地景观区。

（4）民俗文化文广场景观区。

（5）老年儿童健身活动区。

（6）安静游憩区。

重庆工程职业技术学院新校区景观设计

The Landscape Design of New Campus of Chongqing Vocational Institute of Engineering

项目名称：重庆工程职业技术学院新校区景观设计

主创姓名：陈丰

成员姓名：江梦 向唯薇 杜婧 罗娜

单位名称：重庆远辉艺轩园林景观规划设计有限公司

项目类别：公共环境设计（方案类）

项目规模：1100亩

所获奖项：iDEA-KING 艾景奖银奖

设计说明

1. 概念篇

区位——

重庆工程职业技术学院新校区位于重庆江津区滨江新城职教园区的东北角，占地面积1100亩，距沙坪坝上桥车行距离36千米，车程时间30分钟左右。（市区图）地块西侧隔缙云中路可远眺风景秀丽的国家级风景区缙云山脉，东邻重庆主城至江津城区双向八车道交通主干线的津马路，在地块靠近津马公路东南端的用地，是轻轨车站的建设用地。南北分别面向城市规划路科教中路及科教北路。

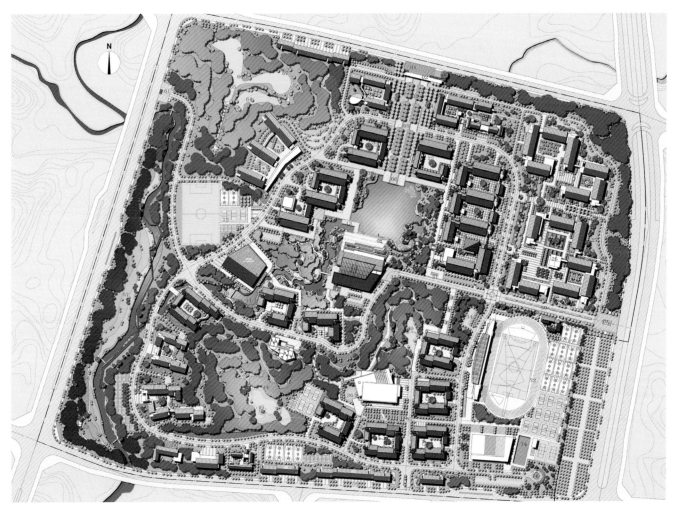

平面图

文脉——

整个地形总体较平缓，成丘陵地貌，地表大部分被土层覆盖，其间有一河流从北至西贯穿全场，突出的浑圆状小山丘与宽缓的沟谷相间分布，局部留下独特的整体崖壁及小瀑布。整个场地植被较茂盛，多为耕地，沟谷一带水田遍布，展现出一片田园景色。

? 设计理念

基地原建筑规划功能分明，空间疏密有致，结合该校园60年的历史沉淀，设计中遵循原山水空间格局，将古典掇山理水的方式融入地质变化形成的跌水瀑布和整体崖壁，将文脉延续，寻找出"韵动的青春，永恒的记忆"。切实体现学院精神与"展示科学"紧密结合，保住可持续发展的地域文化。

设计理念一：文脉

工程学校特有得办学理念和文化底

花溪效果图

蕴是她独特的优势,此设计以雕塑小品整列的方式从北入口为开端的视线通廊贯穿开阔的水面眺望图书馆,形成展示校园文化的中轴线。

设计理念二:水脉

遵循本地自然的景观格局,纵横开阔,因山就水,通过校园内水系的组织来体现长江文化,展示自由奔放、不屈不饶、锲而不舍的长江精神,用人工水渠及人工构筑物等手法从宏观上将中轴线延续,形成主脉蜿蜒,气韵生动的灵气校园。

设计理念一:山脉

生态的园地是现代校园的向往,利用建筑规划保留下的山头,设计对未知天地的探求从大自然开始,将北面、南面的山体及西面的农田连成一片,形成心脏中的一抹绿意。

设计中为了保留西南部的跌水景点,设计中将第二食堂向北移动,使其整个交通在人车分流下保持畅通无阻。为方便校园景点的参观,特意打造出3条交通流线,如:半小时内可观赏校园的主题水景——翠湖晨晓;1小时内可了解校园的风气和教学环境;2小时内更是体验了学生的校园生活。

设计感悟

高校是孕育人才的摇篮,是科学、技术、各种知识的荟萃之所。人才的培养,离不开学校自身广博的知识底蕴和种种教学设施。而另一方面,"人是环境的产物",作为影响学生成才的重要外部条件之一的校园景观无疑也发挥着重要的作用,对学生综合素质的提高有着不可低估的作用。优美的校园环境,可以使学生在赏心悦目中得到美的享受,并在美的思想下潜移默化养成美的行为、美的语言、美的性格。此次新校区的设计要充分体现该校以工为主、理工结合、现代化、开放性、综合性学校的特点,突出人文、生态和特色,弘扬该校优良的办学传统和建校60年来形成的办学精神以及文化内涵,合理利用现有自然、生态、资源、建设山水校园,把新校区建成起点高,前瞻性强,富有时代气息,令人耳目一新的职业大学可持续发展基地。

浦西湖乡村大世界景观工程（一期）

Puxi Lake Village World Landscape Engineering (A Phase)

项目名称：浦西湖乡村大世界景观工程（一期）

主创姓名：丁熊秀 林裕钦

成员姓名：万敏 吴健 葛文广 刘凌云

单位名称：宁波市风景园林设计研究院有限公司

项目类别：公共环境设计（实例类）

建成时间：2011 年 10 月

项目规模：115 公顷

所获奖项：IDEA KING 艾景奖银奖

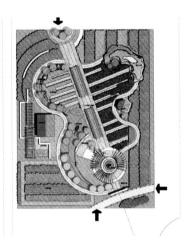

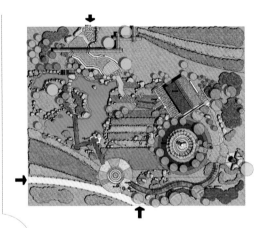

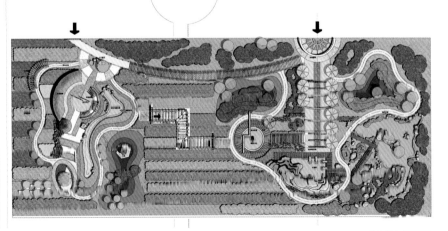

分区彩色平面图

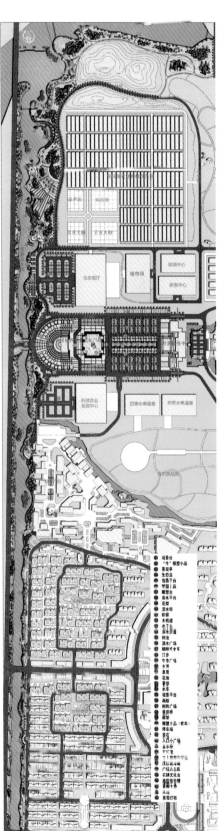

平面图

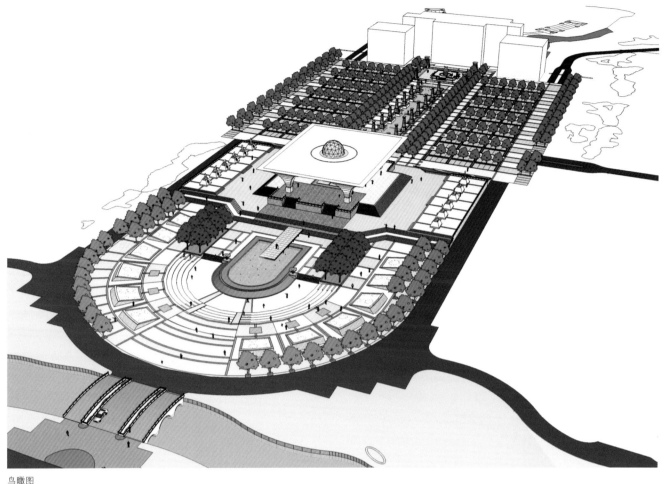

鸟瞰图

设计说明

1. 项目概况

本案位于安徽省芜湖市南陵县，占地面积约940公顷。基地地势平坦，水系纵横交错，自然环境优越。

一期工程占地约115公顷，包括农耕世界农业文化广场、浦西湖农耕文化园、游客接待中心、组培中心、生态餐厅、农业大棚（南瓜园、葫芦园）、植物园、农业自然灾害体验区、避雨葡萄区、动物观赏园、农居安置区等。

建成后的浦西湖乡村大世界将成为以现代农业生产为依托，集科普教育、观光旅游、休闲度假于一体的低碳农业开发项目。

2. 设计概念

尊重场地，因地制宜，设计遵循"绿色环保、低碳生态"的设计理念，充分挖掘地域文化、乡村文化，农耕文化，并与现代旅游相结合。

从城市到村落、从村落到绿野，基地内及周边的土地属性给予了景观特色分区的依据，在遵循设计理念和场地的肌理特征的前提下，采用规则结合自然的布局并融入地域、乡村、农耕等文化元素，打造一处以展现江南水乡民俗风情为主题的现代农业休闲场所。

3. 分区详细设计

（1）浦西湖农耕文化园。浦西湖农耕文化园位于本案西侧，一条蜿蜒曲折、自然多变的河流贯穿全园，将水域及滨

水区划分为"春耕、夏雨、秋收、冬韵"四个特色区块，采用"剧情"的手法分别对应"开始——高潮——起伏——结束"4种方式，表达出"田园乡村"的设计主题，融入了地域、农耕等元素，将各个景观节点串联起来。"钓鱼台""垒石栈道""生态广场"满足了人们休闲集散的需求，而"车水台""风车水韵"则提供了景观互动的可能。另外，整个园区中还穿插放置以"农耕"为主题的雕塑小品，起到了画龙点睛的作用。

（2）农耕世界农业文化广场。农耕世界农业文化广场位于本案中部，也是整个景区的主要入口区域。横跨在河道两侧的是一座气势恢宏的传统风格的拱桥，与之对应的是开放大气的农耕农业文化广场，广场强调中轴对称，沿轴线

布置景观节点，并利用高差变化及景观建筑小品营造视觉焦点。其中布置了大型浮雕群、浮雕柱、青铜雕塑、人型水景等，并结合农业文化和农耕元素着重表达了中国五千年的农业历史和辉煌成就。广场中央的农耕文化高台成为了整个广场的核心区，24 座主题浮雕墙 24 座对应传统 24 节气图，处处散发着农业文化的气息。

（3）农业生产及示范观光区。农业生产范及观光示区分布在农耕世界文化广场的南北两侧，以农业生产和农业生态观光为主。入口广场北侧设立的生态餐厅让人们有拥抱绿色回归自然的感觉，其东侧的生态大棚展示园和热带风情植物园更是起到了科普教育双重功用。再往北走，是中国农科院合作打造的葡萄长廊，多种优质葡萄品种，吸引着前来观赏喝品尝的游人们。基地最东侧是"中国农业自然灾害教育体验基地"，这是国内首个灾难体验式旅游项目，游客将在体验中受到教育，在教育中得到体验。

另外在园区内还分散点缀了各类果蔬雕塑小品，契合和点名了设计主题。

设计感悟

对于住惯了都市的人来说，都渴望在乡间田埂漫步，呼吸沁入心脾的田园空气，品味纯朴的田园风情，体验一下春种秋收的乐趣。

那么，浦西湖乡村大世界是一个很好的去处。

大浦乡村大世界位于芜湖至南陵方向的 205 国道。一年四季，瓜果惹眼，花香四溢，一步一景，是一处以展现江南水乡民俗风情为主题的现代农业休闲场所。整个园区都是被水包围，湖光田园，正是水的灵动赋予大浦的清秀，也正是水乡的风韵营造了这块绿洲的辉煌。游客随时可停车领略世外桃源的乡村景致。

靠近 205 国道，便是一条与国道平行的长长的河道，这就是园区的"护城河"，河道水系蜿蜒曲折，河岸局部水榭亭点缀，似乎与牛俱来就牛长在河边，蜿蜒的滨水步道临水而设，岸边水草郁郁葱葱，争相斗艳，好一派自然、诗意的乡村田园景象。

一到景区入口，映入眼帘是一座气势恢宏的传统风格的拱桥。步入拱桥，与之对应的是开放大气的农耕农业文化广场，广场中轴对称设计，气势恢宏，农耕文化高台将从这里拔地而起。从入口左侧进入，便是大浦绿洲生态餐厅，这是一个热带风格主题餐厅，栖息在生态餐厅用餐，置身于一片郁郁葱葱的绿色环境中，正是享受田园风光和乡村美食的好去处，让人有回归自然、拥抱绿色的感觉。其外围，便是生态大棚展示园和热带风情的植物园，这里展示各种各样的奇花异果、热带植物。其不远处，便是中国首个灾难体验式旅游项目——"中国农业自然灾害教育体验基地"，游客会在体验中受到教育，在教育中得到体验。

邯郸市滏阳河景观及酒吧街规划设计

The Landscape Planning and Design of Fuyang River and Bar Street in Handan

项目名称：邯郸市滏阳河景观及酒吧街规划设计
主创姓名：于荟泽
项目类别：公共环境设计（方案类）
项目规模：11.6公顷
所获奖项：IDEA-KING 艾景奖银奖

设计说明

用地基本情况：规划用地11.6公顷；南北岸线900米，水面面积：2.9公顷，竖向设计：岸线的绝对标高定于56.50米，常水位54.50米；防洪处理：在滏阳河与南湖连接处设大型水闸，常年水位下利于水岸两岸亲水景观营造。

历史遗产——柳林桥：多年历史石桥、保护修复。

工业遗产——酒窖：原酒厂酒窖保留，为工业遗产。

设计定位：

低碳发展，打造城市生态滨河景观

低碳：在滨河景观的打造中，着力通过还原生态湿地系统、健全慢行体系，实现低碳可持续发展。

生态：促进生态修复，形成生态区、廊道、组团有机连接、各具特色的生态系统；运用低碳技术和手段，大力发展绿色经济、循环经济，发挥综合生态效益。

设计说明：

项目设计原则从滏阳河对于邯郸市的重要意义出发，充分发掘滏阳河的城市景观价值。景观规划设计通过一条河流（滏阳河）、四大系统（绿道系统、通航系统、交通停车系统、步行商业系统）、五大功能（城市休闲、活动健身、滨河绿肺、民俗人文、生态湿地）、十六大节点（丛台观景、柳林码头、成语石广场等）来打造具有独特风格与特色的滨水空间，以打造酒吧街的形式为特色，通过对河岸绿化，滨水道路的规划，码头的配置，软硬地面的组织，充分完善和提高滨水空间的整体环境及配套设

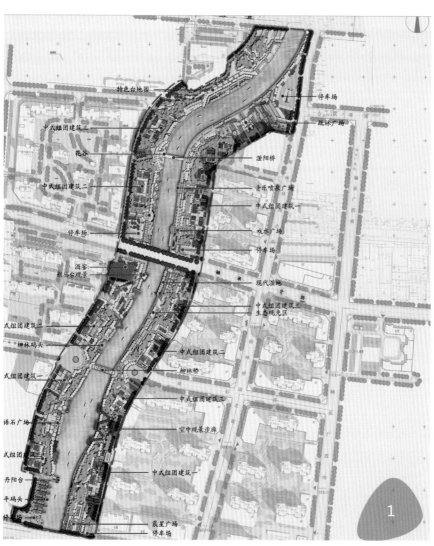

平面图

施，形成优良的城市景观与景观休憩公共绿地。

景观策略：

1. 生态修复

突出生态优先的理念，坚持生态保护与生态修复相结合。建立以本地适生植物为主的植物群落，恢复自然水系、湿地和植被。努力促进自然生态系统和人工生态系统有机结合，使其发挥最大的生态效益。

2. 绿色交通

设置慢行体系，实现人车分离、动静分离。

3. 景观绿化

突出"水、绿、城、文"4 个主题，将水环境和绿化开敞空间有机结合，充分运用乡土植物，打造自然驳岸景观，形成集交通、生态、观光、休闲、防灾等功能于一体地域特色鲜明的滨河生态景观。

鸟瞰图

4. 资源节约

（1）水资源循环利用。通过合理的坡向设计形成良好的排水及雨水收集系统；通过滨河湿地过滤雨水，净化河道，从而实现水资源的循环利用。

（2）绿色建筑。打造绿色酒吧街，使滨河绿地中占地 7000 平方米的酒吧街全部达到节能环保的绿色建筑标准，同时，实现建筑屋顶全绿化覆盖，以保证景观的整体性和连续性。

（3）垃圾分类回收。在环境卫生方面增加垃圾分类箱布置，实施废弃物分类收集、综合处理和回收利用。

愿景：

打造一条可持续发展、低碳化的绿色生态之河，引领互惠共生、健康宜居的城市新生活。

设计感悟

此区段的设计是围绕滨河景观与酒吧建筑共同打造的，其目的是为给人们提供一种新的城市感受。滏阳河的河道宽约 30 米，即使是尺度不是很宽的河流，也依然会留下空间来给城市一个观看的角度。巧妙地将滨河空间创造同人与自然的关系结合起来，形成一整套独特的构筑与观赏体系。建筑与景观本为"硬"

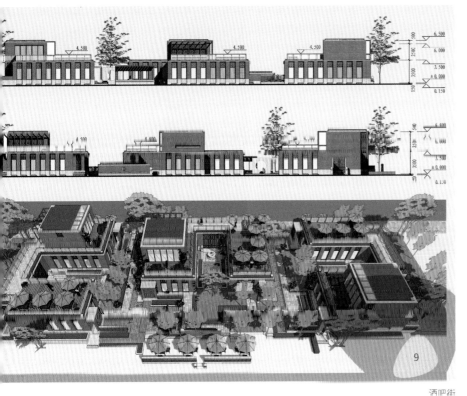

酒吧街

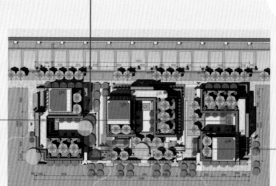

邯郸
滏阳河酒吧街

酒吧街

与"软"、"境"与"意"，因地制宜，结合地形的高低起伏，利用水面坏境以及建筑实体中有特色、有利的因素，通过合理布局对构成滨河区域景观的各种重要因素进行综合的全面安排，按照不同功能用地进行合理的划分与衔接，既考虑漫步区、休憩区、主要的出入口和主干道的区分，又充分考虑平面和里面之间的关系，突出主体，分别主次，有开有合，有聚有散，形成一个能够满足功能和景观的要求的统一体。

佛都印象广场

Buddha Park Impression Square

项目名称： 佛都印象广场

主创姓名： 孙善坤

成员姓名： 杨露露 李茜 刘晓

单位名称： 济宁易之地景观设计有限公司

项目类别： 公共环境设计（方案类）

项目规模： 50 000 平方米

所获奖项： iDEA-KING 艾景奖铜奖

设计说明

佛都入口广场位于中国佛都四川汶上西入口广场，是进入佛都的一个关键入口广场。

本入口广场的设计采用佛文化元素进行表达，整体构图采用盛开的莲花构图，如莲花宝座一般在广场中呈现。因为场地位于入城十字路口，广场自然分隔成 4 个空间。

1. 东北角

佛都印象——菩提心、莲花梦，佛在我心中，以墙的元素设计成文化墙，以莲花佛、培提叶设计成主题景观

平面图

雕塑。

2. 东南角

佛语之韵——佛前三炷香，绵绵福禄长，用连续的莲花设计成艺术墙，把佛字艺术文化形成一个礼佛形象场景。

3. 西北角

佛佑平安——礼佛之于心，佛佑平安行。用宝葫芦瓶，中国吉元素形成平安之意，律动的线条代表了安全之行。

4. 西南角

晨钟暮鼓——钟声扬扬，暮鼓沉沉，采用钟鼓之元素来表现晨钟暮鼓之天籁之音，而让人在悠长的钟鼓声中体验心灵之旅。

中粮万科假日风景紫苑景观设计

The Landscape Design of Aster, Ziyuan Cofco Vanke Holiday Landscape

项目名称： 中粮万科假日风景紫苑景观设计

主创姓名： 李存东 史丽秀 陈英夫 史莹芳

成员姓名： 管捷雅 陆柳 邵涛 秦君

单位名称： 中国建筑设计研究院环境艺术设计研究院

项目类别： 居住区景观设计（方案类）

建成时间： 2009 年 4 月

项目规模： 20 000 平方米

所获奖项： iDEA-KING 艾景奖金奖

平面图

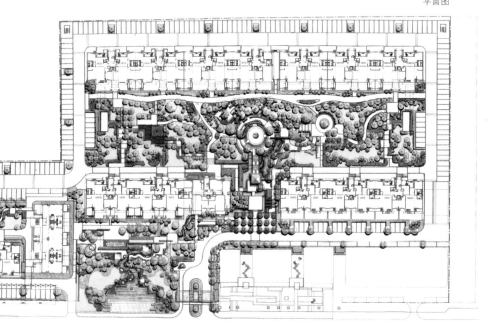

设计说明

项目位于北京市丰台区小屯路，是万科中粮假日风景一期项目。项目的北侧有大型城市公园，毗邻城市绿化带，是城市"绿肺"环抱之地。结合精雕细琢的紫苑园区景观，大大提高了紫苑的整体景观品质，景观总面积约为 20 000 平方米。本项目定名紫苑，是以紫苑之皇家贵气，聚天下贤能之士的富足理想居所。具体表现在代表贤能之士内在品格的"仁义礼智信"与喻指贤能之士居所理想的"玉堂春富贵"。目标客户群定位为事业功成又有儒雅德尚的贤能之士、隐身权贵，他们理应享受成功带来的高品质生活。融合现代设计手法的古

典皇家意境，将为他们带来最大放松和享受，品味云淡风轻的高远恬淡境界。从园区主入口通过各种景观手段的引导，使人们很自然并且便利地到达各个景观空间。

整个园区分为"龙园""武贤园""文贤园""乐贤别院""入口区""入口展示区"一乐寿园 等6个景区，各具特色又紧扣主题，带给人丰富的景观体验。在游览主线上，从引子到序幕，再从开端、启承到高潮，以及高潮的延伸，层层推进，步移景异，尽得中国古典园林景观设计之精义。

设计感悟

设计缘起

人本应该在大地上诗意地栖居，但当代城市中的人却在追求物质利益中，失去了自我，失去了大地，失去了我们本当以之为归属、借以感怀的一片天地。因此，寻回人与土地的关系，以一种仿佛源自于古典的沉淀，又仿佛自然天成的景观，更加成熟地诠释现代中式的韵律，将传统艺术的脉络传承下去，成为假日风景项目景观设计所追求的理想。

北京中粮万科假日风景项目位于北京城西部，四环与五环路之间，比邻万科紫台项目。针对部分青睐传承了皇城贵气的紫台项目却未能如愿购买的客户，同时考虑到更为广泛的年龄层次以及客户群的深层需求，为了更加细致到位的诠释隐身权贵的现代生活，将紫台华丽厚重的历史古韵渗透到简洁流畅的现代风格中，将更为温馨自然的生活氛围融入到新的景观设计中，成为假日风景项目景观设计的缘起。

设计定位

北京中粮万科假日风景项目位于北京丰台区西奥休育中心及丰台现代制造业中心之间，对应客户群的年龄层次较为年轻，且场地的自然状况使其台空间更为开敞，空间更富于变化性。因此，我们将景观设计的风格定位为高品质的现代中式风格的自然风景园。

设计理念

自然风景 + 现代 + 中式

大树，坡地，流水，自然石……

节奏，空间，同建筑联系……

唯美，细节，竹……

假日风景描绘了一幅动人的画面，潺潺流水，静静草坡，一棵姿态优美的大树，人在其中终于可以静静思考和回味那些曾经令自己感动的片断……

假日风景项目的景观设计在尊重山脉的基础上更为崇尚自然，将古典元素更为概念化的在现代设计手法中进行重新演绎，提倡简约明快的设计风格，强调环境的自然优美、整体的大方简洁、局部的精致到位，同时更加关注居民生活的舒适性，从而创造出更为自然、亲近、宜人的景观空间。

山西灵石存山·启明城景观环境设计

The Landscape Design of Cunshan · Qiming City , Lingshi, Shanxi

项目名称：山西灵石存山·启明城景观环境设计

主创姓名：高静

成员姓名：景丽娜 范沛轶 刘美静 高瑾雯 王文娟 裴良果

单位名称：太原理工大学建筑设计研究院·风景园林所

项目类别：居住区景观设计（方案类）

项目规模：141 177.92 平方米

所获奖项：iDEA-KiNG 艾景奖金奖

设计说明

　　本案规划基地位于山西省晋中市，规划总用地 141 177.92 平方米，规划地块近似三角形，内部地势高差非常大：南北高差近 9 米、东西高差近 4.5 米。建筑依据地形变化呈不规则分布状态。

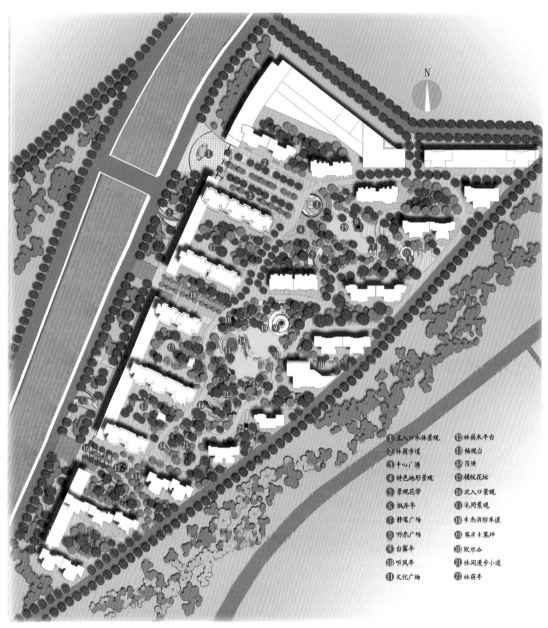

① 主入口水体景观　⑫ 林荫木平台
② 林荫步道　　　　⑬ 畅观台
③ 中心广场　　　　⑭ 花境
④ 特色地形景观　　⑮ 模纹花坛
⑤ 景观花带　　　　⑯ 次入口景观
⑥ 枫情亭　　　　　⑰ 宅间景观
⑦ 静思广场　　　　⑱ 生态消防车道
⑧ 听泉广场　　　　⑲ 艺术卡墓坪
⑨ 白鹭亭　　　　　⑳ 欢乐谷
⑩ 听风亭　　　　　㉑ 休闲漫步小道
⑪ 文化广场　　　　㉒ 林荫亭

总平面图

由于山西地处黄土高原，气候条件恶劣，干旱少雨，一般年降雨量仅500毫米左右，所以在景观环境设计上我们坚持：本土化、生态化、低碳化，结合规划场地内立地条件，利益最大化地解决地库与竖向上的矛盾，巧妙将地库出入口及通风口与景观结合，调整道路以符合消防要求的同时让景观绿地最大化，本土植物的合理配置营造自然式风景园，最经济的方式使用理水，用最合理、经济、美观、适用的手段配合建筑的风格特征，并尽可能采用可渗透性铺装满足使用者的活动需求。

最终我们营造的景观目标：简单但独具个性、经济但不乏美观的自然牧歌式园林。

设计感悟

地处山西，在自然条件上的劣势令很多景观设计师不愿涉足。而我从事这一行业十几年，一直都希望能在黄土高原上实现"小桥流水人家"的恬淡美景，却又苦于干旱地区植物种类与水资源的匮乏。如何实地适景地营造美丽家园是我一直努力的方向。

在景观设计上我希望用最简单的几笔就能勾勒出设计基地上的特征，让她眉眼独特而俊秀。出于对中国古典园林的喜爱，以及对中国写意山水的情有独钟，在本项目建筑已经确立在简欧风格的限定下，我选择了有些中国风韵的英式自然风景园作底，让它能匍匐于变化多端的微地貌上，最好地契合于建筑与其负形空间。特别在植物种植设计与地形的契合上，我采用了写意山水的留白手法：让地库上错落的竖向变化很好地吻合于大片的地被及草坪之下，地库周边则采用茂密的树林围合，疏密有致，虚实对比，一下子空间的性格特征就显现出来……

3-3' 剖面图

我希望在设计中能彰显每一块土地的个性，而非华美图案的拷贝，因为每一块土地都有自己的特点。我希望自己能最敏锐地发现它并能扬长避短地为它装扮，因为，我们都期待着"诗意"地生存。

1-1剖面图

2-2剖面图

豪邦·君悦华庭一期景观设计

Haobang · Grand Vista Landscape Design (A Phase)

项目名称： 豪邦·君悦华庭一期景观设计

主创姓名： 邵哲

成员姓名： 张圣杰 朱晓玲 刘蕾

单位名称： 浙江普天园林建筑发展有限公司

项目类别： 居住区景观设计（方案类）

项目规模： 15 769 平方米

所获奖项： IDEA-KING 艾景奖金奖

设计说明

1. 设计原则

生态性原则——尽可能尊重原地形地貌，使建筑溶于自然环境之中。

风景化原则——运用现代造园手法，因势利导，营造具有当涂地域特色的水体、植物、地形景观，使基地环境品质进一步提高，居住区做到户户有景。

和谐原则——强调人性化尺度和多要素的协调，居住空间注重邻里空间的营造，以形成亲切、宜人、和谐的生活空间。

2. 设计策略

针对地块的不同功能和对项目本身的特点，景观设计采用不同的设计切入点。采用的策略包括：

（1）适当调整道路走向和建筑标高，形成高低错落的景观效果，使建筑与景观融为一体。

（2）引入林荫大道景观，使建筑隐现于绿林之中，提升小区品质。

（3）户外空间以静为主，静中求动，形成公共空间、半公共空间与私密空间体系。

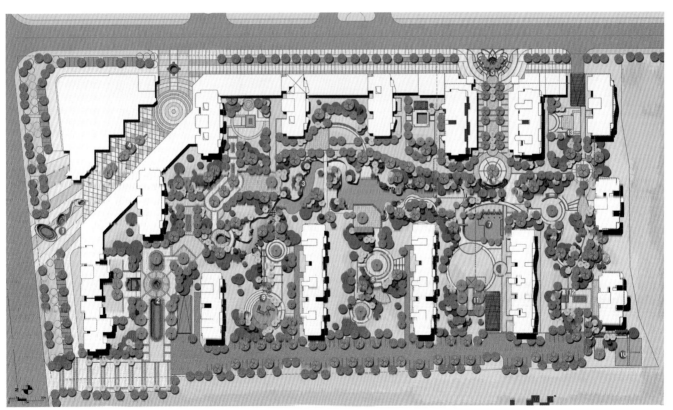

半面图

3. 设计定位

尊重已有规划前提下，充分挖掘场地特征和周边资源，按照景观优先，的原则，打造标杆住区。

4. 设计理念

尊贵的；精致的；舒适的；实用的。

创造一个尊贵的，精致的，舒适的，实用的人居环境，提供交流，聚会，休憩，静思的多样化空间。

5. 设计构思

创意水园：

设计方案的自然要素"水"为主调，以"人"为本，高品质、多景观的建造出一个生态型小区。在现代园林中，水是景观的生命力所在，在本案内用好水、用活水是设计的关键。区内蜿蜒的水系，与外围水景相呼应，同事，内部的自然

水系及人工水体：景观泳池，跌水等多出水景交织在一起，设置于主要通道的视觉节点处，为人们的安静家具生活带来水的活力，也是景观中心。水是场地的灵魂，设计做足水的文章，形成动静结合、刚柔并济的水景体系。

诗意栖居：

诗意栖居是我们追求的目标，设计通过功能明确、层次分明的景观绿化，营造绿意盎然、落英缤纷的诗意环境，园区从总体结构出发，绿化系统分为3级设置，即外围绿化（街道、广场绿化）、滨水绿地、宅间绿化。外围绿化（街道、广场绿化）为园区提供了良好的城市景观界面；溪流绿地让使用者更充分的享受到生态型园区的优越，层次丰富的绿化空间为使用者提供了诗意的栖居环境；宅间绿化主要为居民提供了交流的场所和入户的景观。

① 入口水景
② 铺装广场
③ 香樟环岛
④ 跌水广场
⑤ 林荫街区

主入口分平面

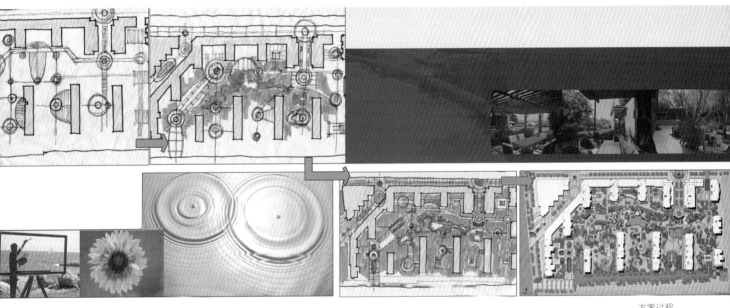

方案过程

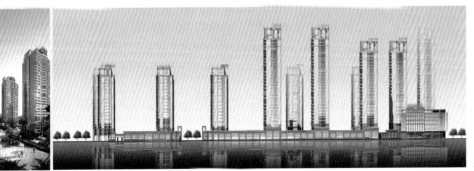

规划解读

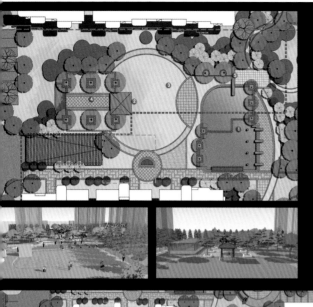

宅间绿地分平面

① 儿童乐园
② 交流广场
③ 羽毛球场
④ 特色树池
⑤ 宅间庭院

植物功能分析

马鞍山秀山湖壹号住宅景观

Maanshan Xiushan Lake No.1 Residential Area Landscape

项目名称：马鞍山秀山湖壹号住宅景观

主创姓名：邓钊 刘庆珏

成员姓名：李燕祥 黄巾

单位名称：福州国伟建设设计有限公司

项目类别：居住区景观设计（方案类）

项目规模：约100 000平方米

所获奖项：**iDEA-KING** 艾景奖金奖

设计说明

我们相信"成功的景观是有内涵且人性化的"，优雅华美的景观元素，良好顺畅的交通系统、安全体贴的活动场地都同样重要且密不可分。

本案"秀山湖壹号"，地处马鞍山市天然氧吧：秀山湖畔，具有得天独厚的自然环境优势。建筑风格为典型的ARTDECO风格，景观设计延续高贵时尚、经典艺术的风格。以 ARTDECO 的发源地：法式风情为主线。结合自然生态的绿植水景，将华美艺术的地拼，尊贵典雅的法式节点，大气挺拔的围墙门禁等元素融为一体。使南园北园、核心主轴一气呵成，书写了一幅融入自然且不失档次的法式大宅风情画卷。

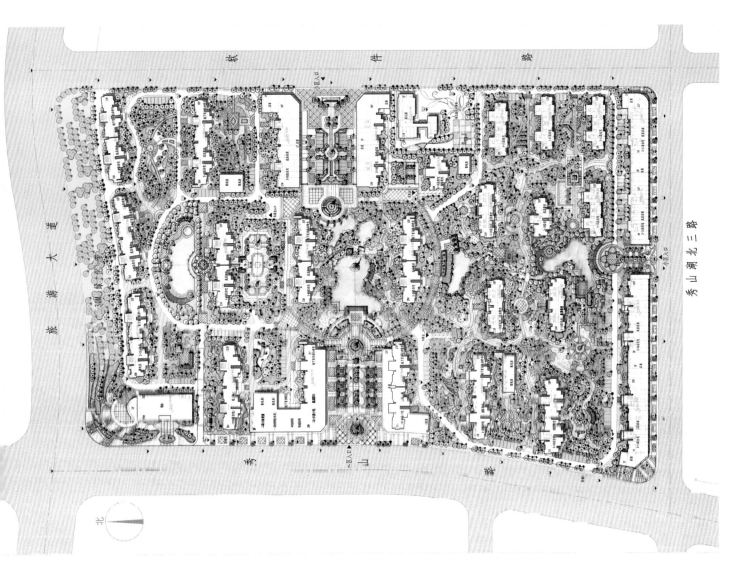

总平面图

效果图

中心景点效果图

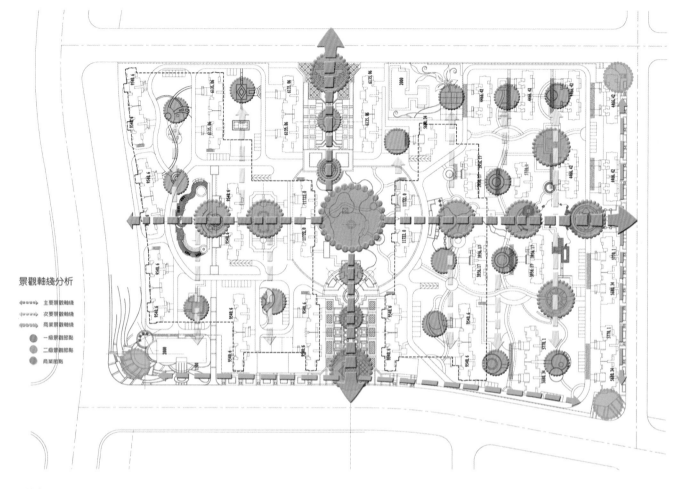

景观轴线分析

景观轴线分析

江西省省级党政机关搬迁园林景观规划设计置换项目片区

The Garden Landscape Planning and Design of Jiangxi Provincial Party and Government Organs Relocating Exchanging Progrom Area

项目名称：江西省省级党政机关搬迁园林景观规划设计置换项目片区
主创姓名：耿可维
成员姓名：干海良 姚莉莉 邢咏 杨文静 孙文广 韩国英
单位名称：山东光合园林设计事务所有限公司
项目类别：居住区景观设计（方案类）
建成时间：2012 年
项目规模：402 公顷
所获奖项：**iDEA-KING** 艾景奖金奖

设计说明

江西省地处中国东南偏中部长江中下游南岸，古称"吴头楚尾，粤户闽庭"，东邻浙江、福建，南连广东，西靠湖南，北毗湖北、安徽而共接长江。江西为长江三角洲、珠江三角洲和闽南三角地区的腹地。

平面图

鸟瞰图

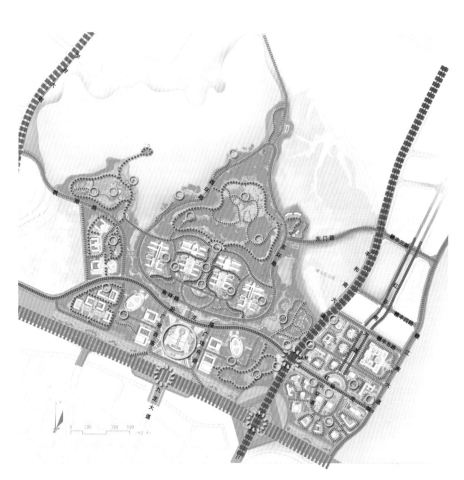

江西红色文化闻名中外。井冈山是中国革命的摇篮，南昌是中国人民解放军的诞生地，瑞金是苏维埃中央政府成立的地方，安源是中国工人运动的策源地。第二次国内革命战争时期，江西籍有名有姓的革命烈士就有 25 万多人，占全国的 1/6，为中国革命胜利作出了重大贡献。

江西省省会南昌位于东经 115° 27' 至 116° 35'，北纬 28° 10' 至 29° 11' 之间。王勃《滕王阁序》概括其地势为"襟三江而带五湖，控蛮荆而引瓯越"。气候湿润温和、雨量充沛、日照充足，无霜期长、冰冻期短。一年中，夏冬季长、春秋季短，冬冷夏热、秋爽春寒，春夏多雨、秋冬干燥。平均气温悬殊，春季平均气温 17.5℃，夏季平均气温 28.2℃，秋季平均气温 20.9℃，冬季平均气温 6.3℃。属中亚热带湿润季风型气候。

江西省省级党政机关搬迁置换项目位于江西省省会南昌市红谷滩新区的红

角洲片区卧龙岗地块，南至祥云大道，北接南昌航空工业大学和岭北五路，东临赣江、傩文化公园，西靠前湖及江西经济管理干部学院。

项目规划占地约402公顷，其中A地块占地面积约322公顷，B地块占地面积约80公顷。地上建筑面积约198公顷，地下建筑面积约110公顷。依据各地块功能不同，绿地率分为30%、35%、60%三种类型。绿地面积约308公顷。

江西省是中国革命的摇篮，南昌更是人民解放军的诞生地，饮水思源中华民族不论从历史的角度还是从未来发展的角度都需要我们红色文化的传承，让人们用心灵去体会"英雄城"的特色，通过景观元素的交融弹奏出新时代和谐社会的优美乐章。

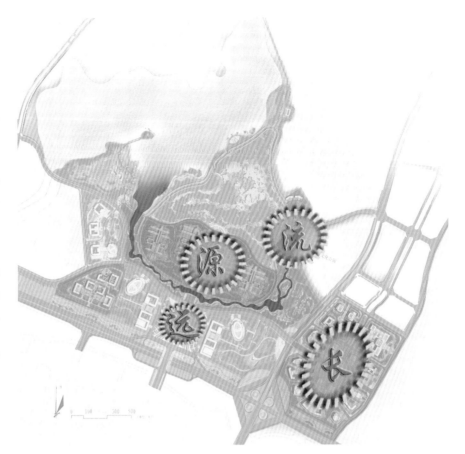

总体设计理念：

和谐乐章 源远流长

　　充分解读上位规划对于项目地块的规划理念，结合宝葫芦和龙舟的平面布局，依据各地块功能将山、水环境资源通过景观手法巧妙地结合到一起，将景观元素进行科学化、艺术化的融合，以文化作为暗线，以景观作为明线，动静结合形成依山傍水、乾坤内聚的意境，打造具有民族风骨和时代韵律的党政机关办公区景观环境。

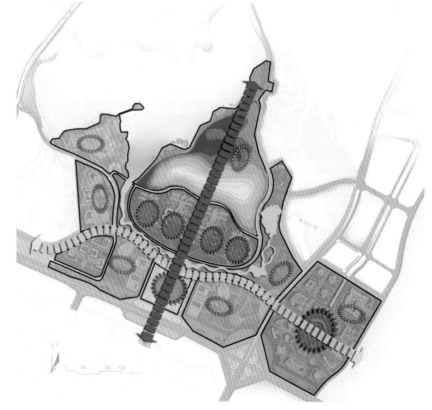

阳光城集团兰州林隐天下

Pear Flower Island Villas Of Sunshine City

项目名称： 阳光城集团兰州林隐天下

主创姓名： 凌敏 杨小牧 黎海梅 刘江河

成员姓名： 付仙 夏濡波 邱时秋 何晓 陈倩

单位名称： 深圳市奥德景观规划设计有限公司

项目类别： 居住区景观设计（方案类）

建成时间： 2012 年 9 月

项目规模： 300 亩

所获奖项： iDEA-KING 艾景奖 艾景奖金奖

设计说明

项目概况分析：

本案为兰州阳光城梨花岛项目的入口景观体验区。位于甘肃省兰州市皋兰县什川镇，距离市区 20 分钟，交通便利。西北有黄河之水从天上来，东南有"千树万树梨花开"的古梨园，景观位置优越。场地形状基本呈长方形，根据规划用途分为入口景园区、会所区与样板间 3 部分。可利用景观资源有西边的规划苗圃和东面的古梨园。

建筑为西班牙风格。

设计依据：

1. 兰州什川梨花岛项目环境景观设计任务书。

2. 甲方提供的规划总平面图。

3. 国家及地方颁布的相关设计规范。

设计理念和方向：

梨花岛，美好 温馨 甜蜜——家在的地方。

理念源自于对场地功能及客户人群双需求的分析，在设计过程中我们对区域环境及地域文化进行了深入的分析与提炼。通过巧于因借、有机整合、生态自然化的设计手法，将已有的建筑肌理融于景观的大自然中，并做至虚实结合，让每一位参观者在步移景异的过程中，体会并享受大自然的美好和家住此处的温馨与甜蜜。

通过对设计理念的把握，我们希望：通过我们的设计能最大限度地提高场所的景观价值，打造一个高景观价值的项目示范区，最大限度地吸引客户的眼球，让每一位使用者收获更多心灵的体会，产生心灵上的震撼与共鸣，从而获得更多的客户资源，更好地为提高小区的商业价值服务。

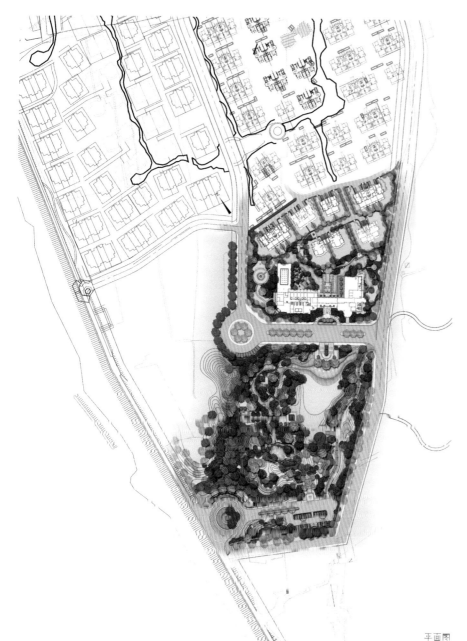

平面图

鸟瞰图

设计原则:

设计过程中除遵循"经济、实用、美观"的原则,还遵循以下原则:

(1)因地制宜,虚实结合,开合有度,高低起伏,有静有动,重视人的体验与感受,塑造宜人空间。以山水为骨架,以道路和水系为主线,加强景点之间的有机联系,形成功能突出、景色优美、步移景异的景观序列。

(2)以植物造景为主,发挥绿地生态效应,使整个场地生态园林化。同时充分利用光影、声音、色彩、质感等景观要素,营造出主题突出、层次丰富的生态园林景观。

(3)力求景观在统一、和谐的基础上有丰富的对比与变化。

景观设计说明:

根据规划用途分为入口景园区、会所区与样板间3部分:设计中以人的体验与感受为本。充分运用了借景、障景、对景、框景、漏景的造园手法,真正做到步移景异,四时有景。

1.入口景园区

以山为骨,以水为魂,热情、奔放、浪漫的西班牙式景观小品统一于建筑,融于山水间,让体验者收获热情的同时感受恬静与舒适,感受温馨与浪漫,感受这山水建筑间和谐、自然的无限美好、无限幸福与无限甜蜜。

经过热情好客的迎宾广场及迎宾大道,喜笑颜开的花径为你花枝招展,停泊在自然和谐的生态停车场。

左边是300米蜿蜒曲折的人行步道:步道贯穿全园景观,时而穿行树林间,感受满目光影斑驳;时而跨过小桥,听流水潺潺声;或停留在充满异域风情的硬质廊亭,享受山丘的静谧和大草坪的开阔;或跨过高低错落的木栈道,感受花的芬芳和溪流的活泼……步移景异,给人带来不同行径空间的不同景观体验与感受。

右侧是电瓶车道：穿过自然起伏的林荫路与人行步道殊途同归交于会所。

2. 会所区

延续入口景园区的布局手法，利用植物与景墙将会所与样板房进行分隔，并保持其渗透关系。配合优雅的会所和样板间建筑，堆山理水，依旧以山水为骨架，缓和起伏的微地形，有开有合、动静相宜的生态小溪与景观跌水、喷泉，园路依山傍水而修，时而因地制宜布置景观小品，时而悠扬徜徉而去。SPA区圆形的温泉池，和谐的相拥着主泳池，在其间沐浴阳光与温泉，享受的是恬静、浪漫与舒适，美好、幸福与甜蜜。

3. 样板间

采用不同的设计风格，通过水景、平台、阳光草坪、户外休闲活动等不同的人居使用空间，以及木材、铁艺、陶艺等材料的应用，来营造精致化的内庭氛围。

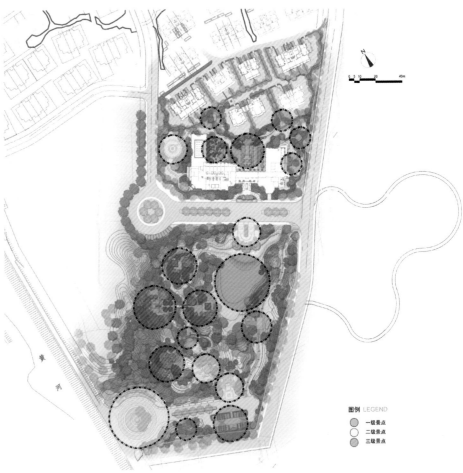

图例 LEGEND
● 一级景点
○ 二级景点
● 三级景点

景点分布分析

设计感悟

回味当时：

从概念设想到方案沟通、扩初深化、到施工，我司与甲方、建筑设计单位通力协作，圆满完成设计工作，得到了业内的好评。

现看如今：

拾阶而至，山坡上，那道优美的景墙——我们，醉在了别有洞天。

停步山腰，木平台上，那自然形成的花池，布满鲜花，小巧可爱，似众星捧月般，感染了那树木，繁花似锦的——我们，醉在了花里。

峰回路转，三山相围处，形成悠长的山坳，可通视线，山坳里的小草星星点点、绿绿葱葱——我们，醉在了生命里。

踏着汀步，河畔溪边，潺潺流水声，

会所区平面图

多么的欢快，油油的水草，抚摸着陌石，在水底招摇——我们，醉在了艺术里。

会所那边，山水间充满了人文的关怀，稍显疲倦的身体，泡在那温泉池，闭上眼睛，脑海中：翻过一座座自然起伏的地形，穿行于树林间，跨过小桥与溪流，在花径山路上徜徉，停留在观景平台，在桥头栈道，在湖心岛，在亭廊内，在大草坪中赏景的我，循环往复，与大自然相融，沐浴花香，沐浴阳光，沐浴春天，沐浴步移景异、四季变换之生命美，一切是那么美好，那么温馨，那么甜蜜——这一刻，我们，醉在了梦里，醉在了梨花岛……

山东聊城经济开发区九州洼开发项目概念性规划设计

The Conceptual Planning and Design of Jiuzhouwa Development Project, Shandong Liaocheng Economic Development Zone

项目名称：山东聊城经济开发区九州洼开发项目概念性规划设计

主创姓名：熊海军

成员姓名：李玲 王媛 陈诚 龙凤华 杨科存 蒋盛 任朝泽

单位名称：云南育林环境工程有限公司

项目类别：居住区景观设计（方案类）

项目规模：2610亩

所获奖项：**iDEA-KING** 艾景奖金奖

设计说明

针对规划设计目标，我们在设计中提出了相应的解决措施。

1.生态：营造可持续发展的城市湿地公园，是首要目标。设计中保留基地良好的植被关系及部分的场地肌理，将场地中水体、堤岸、滩涂、湿地、动植物等作为一个整体的生态系统统一规划，营造多样化的水陆环境。

2.科普：现代人提倡轻松地学习、休闲的学习。我们便创造了一个良好的场所植物群落的多样性、自然地理特征形态的多样性给予人们认识大自然的机会和条件。

3.时尚：公园设计融合时尚元素，使空间更有张力，具有强烈的时代气息。

4.动感：公园位于新发展的区域，充满活力。

5.和谐：公园中动植物的和谐，大自然与人类活动之间的和谐。

和谐主题体现人的生活态度，我们所营造的空间是让人父去感受大自然、去触摸大自然。

设计感悟

森林涵养水，水成就森林

每块土地，由于社会、历史、文化及自然条件等诸多因素而变得各不相同，它是自然环境中的生命实体，是一个完整的生态系统。依据聊城市人民政府的殷切期望，针对山东省聊城市经济开发区九州洼开发项目概念性规划与设计，我们试图用仿生学及生态系统学的方法，让九州洼开发项目具有原始湿地生态一

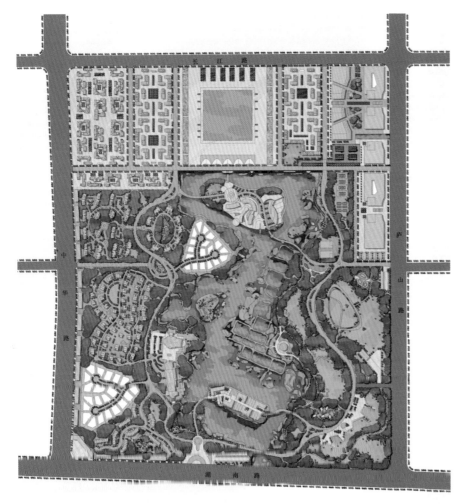

平面图

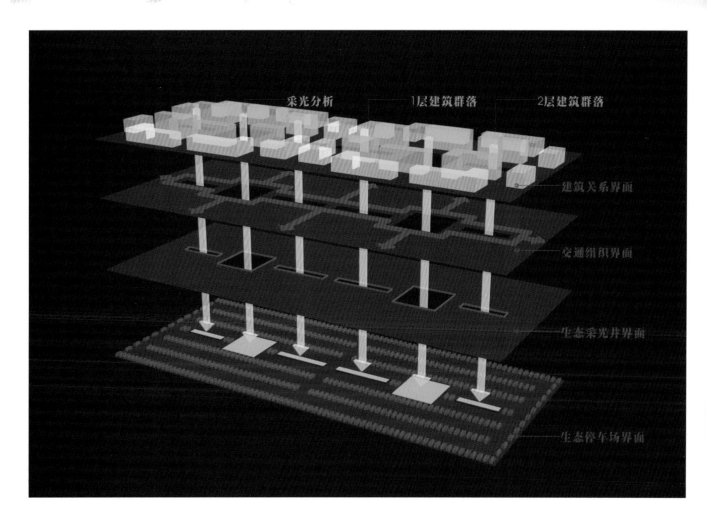

我们所营造的空间是让人们去感受大自然、去触摸大自然。而并非去房夺大自然的资源。设计林问水上木栈道让人们进到公园的天然氧吧当中,架起的栈道在方便人们进入的同时并不破坏道路下面的植物生长,小草与蕨类可以生长于栈道的空隙之间,继续繁衍重版,人与自然相互依存。

样完整的生命条件,且能依靠自身体系完成物质及能量的循环。为此,我们提出"森林涵养水,水成就森林"的森林生态能量交换与循环运动的思想,将九州洼开发项目营造成一个真正有生命意义的土地,实现可持续发展的城市湿地生态公园。

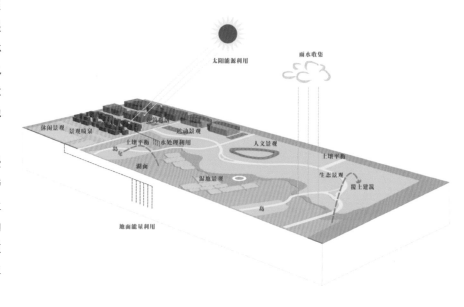

综合生态分析

浙江杭州

West L

项目名称：浙江杭州

主创姓名：徐宽 方圣

成员姓名：王彦

单位名称：杭州午人

项目类别：居住区景

建成时间：2011 年 1

项目规模：30 万平方

所获奖项： iDEA-K

利用基地开挖土壤堆地形

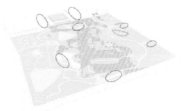

在重要入口处和重要建筑旁设置用车停靠点

基地内环道交通组织

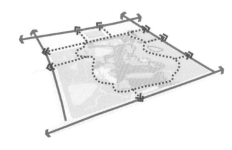

连接城市交通结构

半地下车场

硬质体憩

草坪青

活动

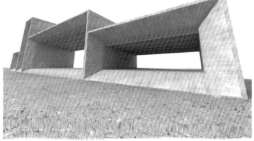

广场演艺舞台方案一

广场演艺舞台方案二

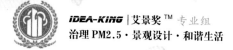

1. 景观定位

远离喧嚣的都市，繁忙的生活，抛开浮华的世界，融入自然山林，隐世独居，用丰富的设计元素和方式，使居住者尽情享受现代生活品质和文化的多元，既满足东方哲学和智慧，又与现代人文精神相互融合，处处彰显低调拙朴、工艺精湛的居住品位，通过这些设计处理，着力营造出一种质朴中不乏精致，乡土中又不乏诗意的居住建筑意境，使整体造型既符合杭州良渚地区独特的区域特质，又符合山地建筑这个特定的场地条件，就像是土地里生长出来的房子。

2. 设计构思

通过对场地周边环境的感性认识及总体规划和建筑设计方案的理解，我们对该基地的构思如下：

寻求人们希望居住与生活的环境，在其中可以找到轻松与惬意，自由与优雅，将这些因素自然而从容地结合，以自然的手法打造充满东方风尚的高品质景观。

强调建筑的质感和把握整体环境的

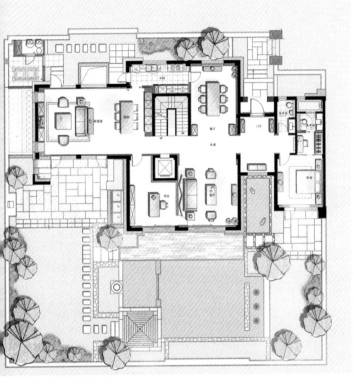

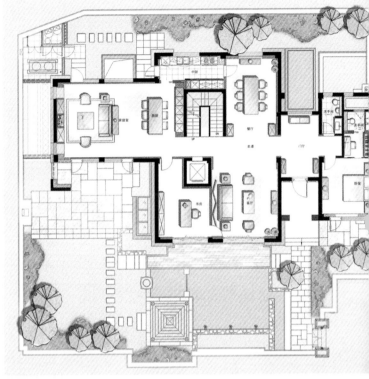

郡西的平面图

大气、尊贵、灵动、质璞的整体气质。

对公共空间执著，追求空间尺度的精细，强调建筑内外空间的相互渗透和过渡，丰富空间层次，加强空间的归属感。

拉近人与自然的关系，建筑与自然的关系，从公共空间到私密空间运用景观元素有序且丰富的表达。

3. 布局

在景观设计中，充分尊重并利用自然条件，在资源丰富的区域放大为景观节点，并赋予健身、休闲等不同的功能。在地形变化较大的地方留出足够的公共绿化空间，结合山地泄洪、排水的功能要求，进行水景设计，形成点、线、面结合的一体化绿化景观体系，共同营造亲切宜人的住宅居住气氛。

小区首期景观设计以东侧 15 米沿路景观带、主入口纵向景观带、次会所（物业用房）景观核心区、两个放大节点景观区、沿路景观带以及组团景观区为主要设计要素，强调山景、水景、林景、院景等的多层次组合，体现原始生态特色。

张家港怡佳苑

Zhangjiagang Yijiayuan

项目名称：张家港怡佳苑
主创姓名：张向明
项目类别：居住区景观设计（实例类）
建成时间：2011 年
所获奖项：iDEA-KiNG 艾景奖金奖

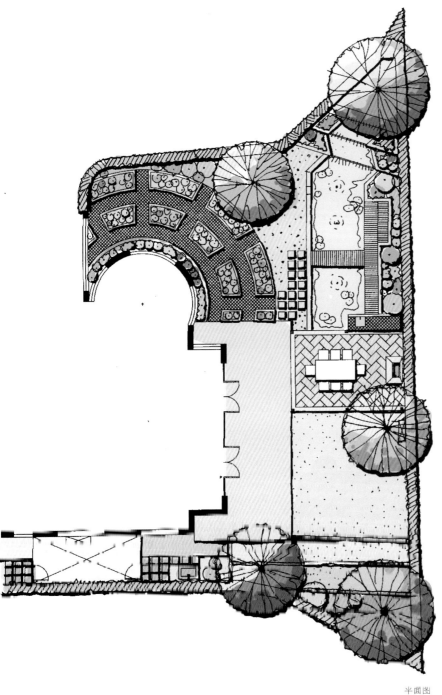

半面图

设计说明

　　这个花园位于江苏省张家港市体育馆东侧，约300平方米，是个改造项目。业主第一次建造花园还是十多年前，那时候还没有"花园"这个概念，仅仅停留在绿化这个层面上，所以花园就简单铺了些草坪，种了些大树，沿着房子铺了一大块地坪作为活动平台，仅此而已。

　　这次改造，业主接受了"花园是家居生活在户外的延伸"这个概念。在我们看来，花园不单单用于观赏，更是有着各种实际生活功能的。我们在有限的300平方米里面构筑了有顶部覆盖的户外客厅，露天餐厅，有水面和大片的蔬菜种植床。户外客厅下方布置了壁炉和料理台，壁炉不单纯是个装饰元素，在深秋和初春季节完全可以利用起来的。户外料理台很实用，装有水斗，可以直接清洗从菜园里采摘的瓜果蔬菜，可以制作一些简单的料理，烧水沏茶更是方便。这里的蔬菜园呈弧形放射状布置，与圆形的室内客厅窗户刚好对应，所以也兼具有观赏性，种花种菜任由主人选择。

首开国风美唐·朗观居住区景观设计

Shoukai Guofeng Meitang · Langguan Residential Area Landscape Design

项目名称： 首开国风美唐·朗观居住区景观设计

主创姓名： 陈丰

成员姓名： 马文华 靳瑞聪 贾宁

单位名称： 北京首都开发股份有限公司首开同信分公司
艾奕康环境规划设计（上海）有限公司北京分公司

项目类别： 居住区景观设计（工程类）

项目规模： 20 万平方米

所获奖项： iDEA-KiNG 艾景奖金奖

设计说明

拼贴生活——生态，科技的生活蒙太奇

依靠八达岭高速和双线地铁交汇处，位于北京北中轴的森林公园以北，该社区虽然地处五环之外，但是也为城北区域的上班一族提供了一个非常便利的处所。借着森林公园北扩之势，我们希望结合生活，生态，科技二大主题，打造符合 IT 精英气质和需求的居家桃源。

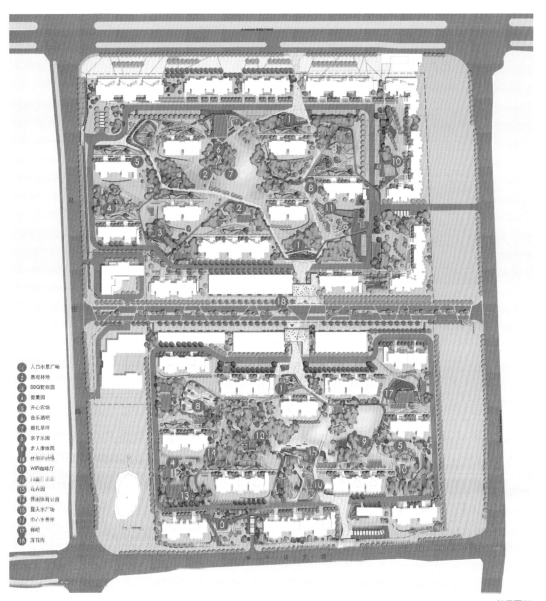

1 入口水景广场
2 景观林地
3 DDQ野炊园
4 薰薰园
5 开心农场
6 音乐酒吧
7 婚礼草坪
8 亲子乐园
9 老人康体园
10 休闲运动场
11 WIFI咖啡厅
12 门前门庭走
13 花卉园
14 休闲体育公园
15 露天水广场
16 中心甬景桥
17 禅吧
18 落花街

总平面图

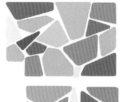
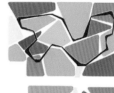
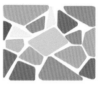
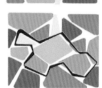

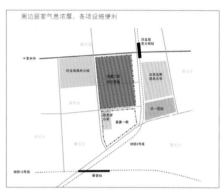

该设计以蒙太奇为主题，结合现代科技和生态艺术空间。将社区景观作为家庭生活的外延进行全新诠释，增加生态体验，年轻人喜闻乐见的休闲主题和功能。打造释放身心，多重体验的北京体验性住宅新地标。

通过蒙太奇式的板块状的空间组合覆盖全区，强调空间的体验性，着力刻画每个板块空间的独特性。北区以休闲静逸为特征，南区以时尚动感为依托。打造同中求异的景观体验效果。

在功能安排上，推陈出新。具有创造性的打造户外WIFI咖啡厅，开心农场，香薰园，BBQ野餐花园等一系列空间产品，从而符合有较高素质，以中青年为主的业主的生活和使用观的需求。

设计感悟

生活在别处

每个人都有自己的生活。但有的时候，生活并不是真正意义上的生活。走在国子监的小路看着优雅古韵的平房，喝着老北京的酸奶，看着电车缓缓而过，丝丝乐音越过雍和宫传到耳中，伴随着缕缕青烟。追求绿色的古城家园，却也无法抗拒中央商务区的便捷奢华。生活在北京，有时觉得生活在别处，灵魂在别处，飘忽不定，悬在半空中停不下脚。

失去了家的回归感，生活也不再可以被称之为真正的生活。这也是我们面对居住区景观设计的困惑与不安。技术的进步解救了我们，同时也成为了跨不过去的牵绊。刷卡打开社区的大门，踏上生硬的石板路，走入一键直达楼层的电梯，回到那个叫做家的地方。我们拒绝这样的生活。

其实我们怀念的，不是老旧和过时的生活方式，而是大宅院里参天的大树，还有那简单浓厚的人情味。我们希望一起在开心农场里劳作，用汗水换来安心的食材和共同合作的欢悦；我们希望在亲子乐园中休憩，注视着孩子点滴的成长，还有那不可避免的磕磕绊绊；我们也希望在户外无线广场的树荫下，和朋友一起聊聊理想，谈谈人生。这才是生活。

希望住在这里的人，在回到家之前，能放慢自己的脚步，看看整个社区绿树成荫，随处可以停留；也看看邻居和他们的生活，怡然自得。生活不在别处，就在这里。暮然回首，原来也是姹紫嫣红开遍。

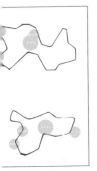

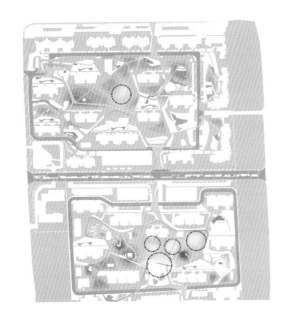

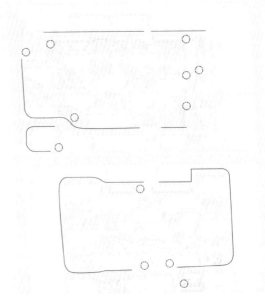

音乐吧

天津贻港城四季风情景观设计

The Four Seasons Gustoms Landscape Design of Tianjin Yigangcheng

项目名称： 天津贻港城四季风情景观设计

主创姓名： 王锋　陈训飞

成员姓名： 姜超　严绿萱　陈超　陈高兴　冷瑜辉

单位名称： 深圳市汉沙杨景观规划设计有限公司

作品类别： 居住区景观设计（方案类）

项目规模： 12.28 万平方米

所获奖项： iDEA-KING 艾景奖银奖

设计说明

项目简介：

项目位于天津市滨海新区塘沽区，项目用地在津塘公路以南，京山铁路以北，车站北路以西，新河庄菜地以东，比邻塘沽区的黄金区域，临近塘沽火车站，有公交路线及轻轨在此设站，地理位置优越，交通便利，基地呈规整矩形，场地所在区域的土壤盐碱化现象较为严重。

设计理念——四季物语

自然之美于富有生命力的变化，

我们将四季的理念延伸到不同风情的景物中。

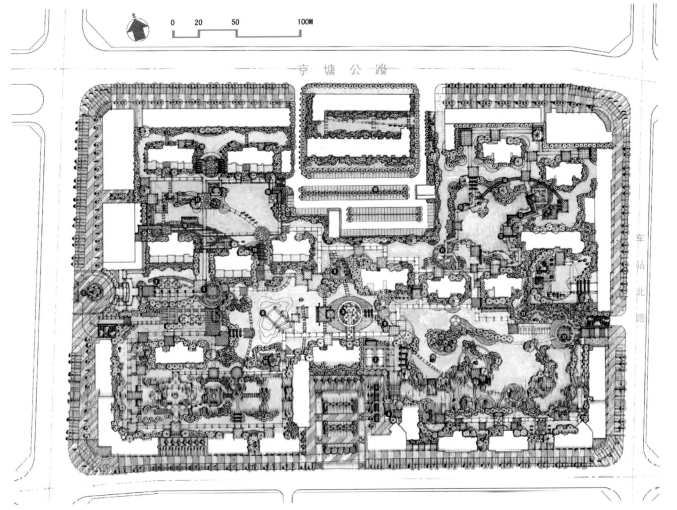

总平面图

鸟瞰图

围，表述方式强调几何化的构图，对植物养护注重修剪，善于用人造水景和雕塑营造空间亮点。

中心景观区的现代风格可以很好将四大风情园串联成一个整体，在差异化的四大庭院注入时代气息的构筑方式，从而达到空间上的统一性。

交通组织上园区景观区域设置隐形消防车道。私家车直接入地下车库，主园区不安排日常车行路线；最大化的减少汽车尾气对居住区的影响；

在生态规划基础上，改良盐碱化土壤，提升园区植被的存活率，促进植被的生长态势；丰富的绿化层次可以起到改善空气质量，美化居住环境的作用。

设计感悟

春之淡冶而如笑，夏之苍翠而如滴，秋之明净而如状，冬之淡翳而如睡。在我们接到设计任务书，要求营造风格多元化的社区景观空间，以满足不同人群的需求之时，这如诗般的幻像在脑海中即已形成。

带着满腔热情与对项目的理解我们的设计团队开赴天津，进行了为期一周的前期设计调研。在此期间我们就对此地块的认识、景观设计思路、风格定位等方面与业主方进行了多次沟通，很快便达成了一致共识。概念方案设计阶段我们一次性顺利通过，原本以为此项目可以就此一步步顺利的落实，然而接下来的整个设计过程却要坎坷得多。一方面受到金融危机与国家房价调控政策的影响开发商的开发节奏一再放缓，另一方面随着方案的深入业主方不断调整自己的思路，我们受到的限制条件也越来越多。

本来设计就不是一种"一厢情愿"的行为，更不是简单地完成业主方交给的某个"命题作文"。作为设计师我们自诩为潮流敏锐的观察者和参与者，有

春雨——意境委婉——东方景观

夏日——热情奔放——热带景观

秋色——明净大气——北美景观

冬雪——童话典雅——欧洲景观

中心景观区的现代风格将四大风情园串联成一个整体。

春——东方风情园

该风情园以中式、日式园林为重要参考，在景观元素选取方面用到大量的儒释道等宗教元素，其特点因地制宜、巧于因借，营造出具有意境的空间，表达方式委婉含蓄。东方园林异于其他的地方是，赋予一草一木以人文。

夏——热带风情园

该风情园以巴厘岛、马尔代夫等热带滨海旅游胜地为重要参考。

其园林特点是低调、奢华、休闲和有机，营造出富有慢节奏、淡雅舒适的空间，善于将宗教题材的雕塑点缀于茂密的植被和精致的空间。

秋——北美风情园

该风情园以加拿大、美国景观为重要参考。其景观特点大气、生态、系统并融入很强的时代感，营造出符合北美地广人稀，并注重人文关怀的疏朗空间。表述方式简洁明快，很吻合快节奏的城市生活。对年轻一代有很大的吸引力。

冬——欧陆风情园

该风情园以法式、德式景观为重要参考，其景观特点工整典雅，富有皇家和童话双重气息。营造出贵族式生活氛

欧陆风情园

独到的见解和敏锐的判断，然而一味坚持自我只会陷入"一厢情愿"的境地，反之，一味的顺从，充其量也就只在完成业主方交给的一篇"命题作文"。记得业主方说过这样一句话："目前大多数好的设计公司拿出的设计都能达到我们要求的90%，剩下的10%才是我们真正想要的，也是最能体现你们竞争力的部分！"诚然如此，在整个项目的操作过程中，作为设计方我们有自己的立场，同时也要有博大的胸襟接纳不同的声音。何况那些不同的声音里面所反映的问题往往有些是从我们的视角所看不到的或者被忽视的问题。在坚定与接纳的基础之上我们才能全力以赴的追逐那剩下的那10%，来超越自我与业主的期待。超越也不仅仅是句口号，而是一段丰在与有坚守与妥协的历程，我们在路上正朝着目标进发！

展示区建成实景

天地源·丹轩坊

The Source of Heaven and Earth · The Lane of Dan and Xuan

项目名称：天地源·丹轩坊

主创姓名：凌敏 邹书庆 黎海梅

成员姓名：邱时秋 胡晶 何晓 谭建山 莫业宏

单位名称：深圳市奥德景观规划设计有限公司

作品类别：居住区景观设计（方案类）

项目规模：78.45 亩

所获奖项：**iDEA-KING** 艾景奖银奖

设计说明

项目地处中国古都"长安"，位于陕西西安市高新技术产业开发区一期 CBD 核心区。项目总占地面积 108.30 亩。

采用充满艺术装饰主义的 ARTDECO 设计风格，将传统中式皇家园林大气、华美的神韵和新古典园林的典雅、精致

融为一体。以浪漫、优雅、充满贵族气质，展示盛唐时期的繁荣景象，演绎大唐朝大气、开放、兼容的气度……

1. 项目概况：西安天地源·丹轩坊位于古称"长安"的陕西省省会城市西安，是举世闻名的世界四大文明古都之一。

地处西安市高新技术产业开发区一期 CBD 核心区域范围内，项目总用地面积 108.30 亩，净用地面积 78.45 亩，代征路面积 29.95 亩。属西安开发热土、周边豪宅林立。

2. 项目定位：整合资源优势，结合地域特色，气候条件。在景观设计上着力打造文化 + 品质的经典豪宅。

3. 设计风格：采用充满艺术装饰主义的 ARTDECO 设计风格，将传统中式皇家园林大气、华美的神韵和新古典园林的典雅、精致融为一体。以浪漫、优雅、充满贵族气质，展示盛唐时期的繁荣景象，演绎大唐朝大气、开放、兼容的气度……

4. 总体设计：唐式爵士乐概述

由晨曲（踏歌起舞）——变奏曲（盛世华章）——布鲁斯舞曲（歌舞升平）三幕组成，采用欧美流行于世界的爵士乐形式，描绘大唐朝太平盛世的繁荣景象……

它是一种符号，声音符号，表达人的所思所想。它有目的的，是有内涵的，其中隐含了人的生活体验，思想情怀。它可以带给人美的享受和表达人的情感。通过它人们可以互相交流情感和生活体验。它可以调节情绪，陶冶情操，达到净化心灵的目的。它就是唐式爵士乐……整个社区由一条向外拓展的环形风情商业街和东西向、南北向两条人文景

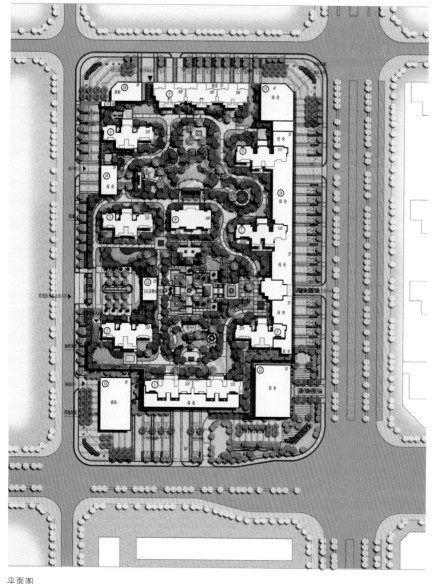

平面图

观轴，将规划所形成的南、北，中心下沉庭院共三个庭院空间串联在一起，形成一环、二轴、三庭院的景观结构。结合设计主题我们将项目分为以下几个景观空间：

第一幕：晨曲（踏歌起舞）——风情商业待区

此区域是社区外围商业街区，同时也是社区的形象展示区域。以简约、大气的长方块拼接而成的钢琴键盘形状的，商业广告灯、铺地、铭牌墙以及阵列式的种植方式形成错落有致又充满韵律感通透大尺度开放商业景观空间。营造出缤纷、绚丽的商业氛围。

节奏——平缓、动感

色彩——富有令人兴奋的节庆色彩，赋予光彩。

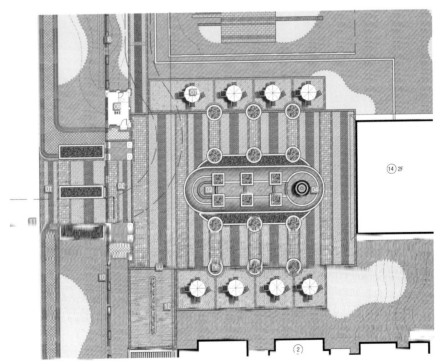

第二幕：变奏曲（盛世华章）——中央景观区

该区域位于项目中心位置，同时也是小区东、西两个方向的主入口形成的中央景观轴，同时作为唐式爵士乐设计主题最高潮部分——第二幕（盛世华章），2000平方米的下沉庭院落空间，3米、5.2米的高差巧妙的利用，原有地形高低错落的高差关系，形成高低错落的台地式景观空间，犹如爵士乐中跳动的音符，把人带进美妙的曲目之中。沿用唐代皇家园林注重轴线设计的特点——对称式布局方式以及唐式皇宫传统的殿顶式的设计理念运用到

构筑物以及园林小品中，围绕着中央下沉庭院，形成不同层次的观景平台达到360度的视觉盛宴，充分把下沉庭院精致的景观空间运用到极致。简洁、大气中具有古典、庄重、雄伟之象，与建筑浊为一体。近看瀑布跌水，远眺对面的叠水景亭，仿若长安皇家大宅，颇具盛唐气韵。诠释了大唐时期国家民安、盛世华章、的繁荣景象，同时也诠释了大唐朝大气磅礴、包罗万象的气度……

节奏——错落有致、高潮迭起。

色彩——素雅、华丽、贵族气质。

第三幕：布鲁斯舞曲（歌舞升平）

——组团一、组团二

组团一：南园紧临中央下沉庭院，四周由超高层建筑围合而成的庭院，利用地形围合，形成开阔的缓坡草坪、健身区等。大树、花溪、绿化丛中的休息节点。植物随风摇曳，七彩鲜花的缕缕清香在鼻尖飘荡，灿烂的鲜花在阳光的照射下愈加娇艳，营造出宁静、私密的林荫休息空间。

组团二：北园四周由超高层建筑围合而成的庭院，采用自然式的造景方式，微地形及弧线的方式对地形进行分割，围合成疏林密地的种植空间、阳光草坪、老年儿童健康体验区等不同功能的景观空间。使小区的每个角落都能感受到阳光和新鲜的空气。精美的水钵、盛开的鲜花、质朴的园路和郁郁葱葱的绿色植物小孩玩耍时传来的笑声，将这一区域打造成幽静、充满和谐氛围的邻里交流空间。营造出温文尔雅、优美而富于热情的爵士曲的情调氛围，给设计主题一个完美的收局。

节奏——温文尔雅、优美而富于热情舞曲。

色彩——素雅、质朴。

颐和御园

Yihe Park Roya

项目名称：颐和御园

主创姓名：孙善坤

成员姓名：杨露露 李茜 刘晓 卞一林 贾书丹

单位名称：济宁易之地景观设计有限公司

作品类别：居住区景观设计（方案类）

项目规模：30 000 平方米

所获奖项：iDEA-KING 艾景奖银奖

设计说明

颐和御园位于山东临沂市临沭县城区，作为一个高端的住宅项目，需要打造一个闲适和谐的高品位颐养天和社区。通过对颐和御园的深层的剖析，植入传统文化，并用现代的手法来进行设计。

用和的文化思想进行整个项目的设计构思，和者也，天下之达道也。致中和，天地位焉，万物育焉。和——和谐——和谐盛世来叙述这个社区的故事。

1. 中和园

进入社区展现在人们面前的是现代艺术景墙，中国红的墙柱配上冰裂纹的装饰，缓缓的门兽喷射着水柱，艺术造型树把人们的感觉拉到了现代时尚的艺术公园。

2. 和谐盛世休闲园

穿过入口迎宾园进入园区之中，沿着水中步道进入和谐盛世雕塑园，雕塑以和氏璧和龙以及云纹来进行表现，感受盛世下的艺术魅力，人和益寿、家和纳祥、民和固本、国和安邦。

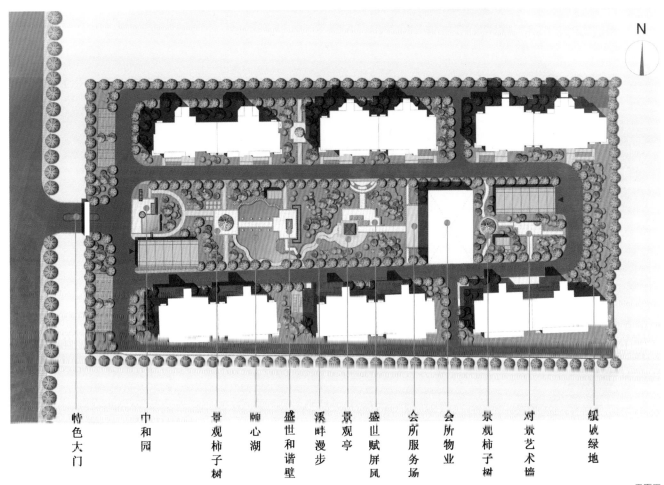

特色大门　中和园　景观柿子树　帅心湖　盛世和谐璧　溪畔漫步　景观亭　盛山赋屏风　会所服务场　会所物业　景观柿子树　对景艺术墙　缓城绿地

平面图

鸟瞰图

入口对景中和园

3.盛世赋屏风文化园

沿着水系步道进入艺术凉亭，展现在人们眼前的是一道曲折的屏风文化墙，

一曲盛世赋唱响古今，洋洋洒洒流淌五千年。

盛世赋——泱泱华夏，江山多娇。人杰地灵，物华天宝。历史长河，源远流长。五千余载，晔晔荣光。伟哉轩辕，睿智神明。毓育俊秀，竭智尽能。吾华肇造，功德无量。炎黄后裔，百世绵延。勃兴伟烈，代有英贤。礼仪之邦，赫赫扬扬。如江河行地，与日月同光。

仰东方之巨龙，亘世界之东方。

喜看今朝华夏，安得广厦千万间。

景星明，庆云现，黎民身翻。甘霖降，膏雨零，尧舜临轩。河出图，洛出书，雄文四卷。凤凰集，麒麟游，国泰民安。

冥荚发，芝草生，五谷丰登。黄河清，海无波，天下太平。巍巍乎中华盛世，赫赫乎百代荣光！

颐心园休闲区

泽亭欢歌

广东惠州翡翠山城别墅住宅项目园林景观设计

The Garden Landscape Design of Guangdong Huizhou Feicui Mountain City Villa Residential Area Project

项目名称： 广东惠州翡翠山城别墅住宅项目园林景观设计

主创姓名： 袁毅华

成员姓名： Garry vico.samiley 谢志刚

单位名称： 深圳市古兰景观设计有限公司

作品类别： 居住区景观设计（实例类）

建成时间： 2012 年

项目规模： 183 000 平方米

所获奖项： **iDEA-KING** 艾景奖铜奖

设计说明

项目园林设计尊崇原生态的自然园林打造手法，充分依托上下并立的秀美双湖，瀑布相连，打造了大型中央主题自然生态湖景。同时使错落的原生坡地，得到了充分的尊重和保护。别墅依附自然山地而建，以庄园的尊贵于精致构思之中，沿湖布局私家亲水平台、雅趣小品、万树千石，丰富别墅的每一个视角。

大亚湾大道作为区域内的核心干道，是衔接惠阳—大亚湾双板块的核心动脉。而与之十字交叉的龙海二路，连通深圳龙岗区与大亚湾纵深的跨界动脉。翡翠山坐落于两条动脉的交接处，堪称双城三区黄金分割点。翡翠山一期以别墅形态为主体，原态英伦建筑深藏于双湖、坡地之中。联排别墅拥有前中后三重庭院，双拼别墅拥有双层大尺度挑空空间、亲湖花园、观湖客厅、阳光地下室和私家泳池。景观设计与建筑天衣无缝的交相辉映，在无边的湖山之间，延伸出起伏有致的视觉观感。

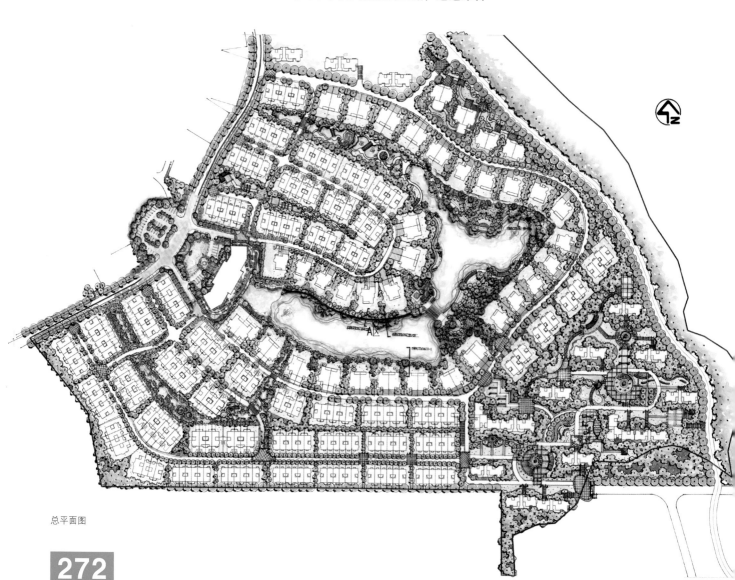

总平面图

鸟瞰图

设计感悟

　　自然是庭院的天性，生活在庭院中的人就是生活在别墅的内心。试想，让沙发跟自己一起晒太阳，抽空在晚风中看着恬心的日高或在清晨间，闻花朵的芬芳……这就是我们创造的别墅高端品质，庭院纯粹生活。

广西来宾市财富华城景观设计

The Landscape Design of Guangxi Laibin City Caifuhuancheng

项目名称: 广西来宾市财富华城景观设计

主创姓名: 萧崇轩

成员姓名: 陈跃卢 刘华月 何兰芬

单位名称: SPC 国际设计有限公司

作品类别: 居住区景观设计

建成时间: 2012 年 5 月

所获奖项: *iDEA-KING* 艾景奖金奖

设计说明

1. 景观设计理念

设计风格:东南亚风格

本案的景观设计力图营造精致细腻、自然和谐、温馨舒适的生活气息。

(1)功能的分区。规划道路把场地划分为两个地块,位于北面的居住建筑地块和位于南面的商业建筑地块。本案的景观设计重点为首期开发的居住建筑部分,我们把居住部分细雨细划成四大重要功能组团区。分别有:主入口水景(迎宾区)、滨水活动区、儿童活动区、恬息休闲区。

(2)景观空间的营造。住宅组团有完整的中心花园,通过地形起伏、植物造景,形成了多个不同的空间,沿途,高矮不一、疏密有致的树木,色彩缤纷的花境,在小区的角落里,人们可以静静地享受小区的舒适和休闲。

(3)提供多层次的交流空间。居住区不再是建筑的摆设,人与人之间不再冷漠,生活不再索然无味,建筑和景观、景观与人之间达到了完美的和谐。景观设计在不同组团之间和人行节点空间上的安排多个的交流空间,便于邻里、亲子之间等各种关系的融洽。

总平面图

出入口水景区效果图

2. 景观工程和材料

本案景观不仅注重设计理念和空间的关系，最重要是"以人为本"尊则的景观生活感受。

（1）"软质"景观。植物总体选择上，注重选用供氧率高的、净化空气能力较强的乔木、灌木、使小区成为"天然大氧吧"，给予"城市森林"的作用。

以"翠绿繁茂"为植物配置基调，本土植物与新生树种的合理搭配组合，给予小区中的住户感受创 种积极向上、健康的生活气自。

（2）"硬质"景观。构筑物上与住宅建筑相同或相近的风格，保持景观与建筑的统一性。硬质铺装上，住宅小区适当选择防腐木等突显亲和性的材质。酒店区和商业区多以耐久实用花岗岩铺装材料为主调。

泳池（滨水活动区）效果图

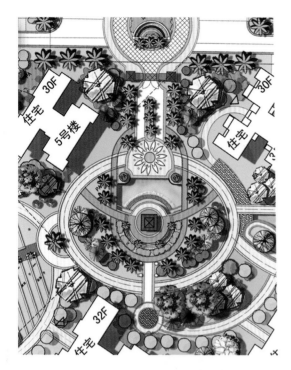

出入口水景区设计意向

出入口水景区效果图

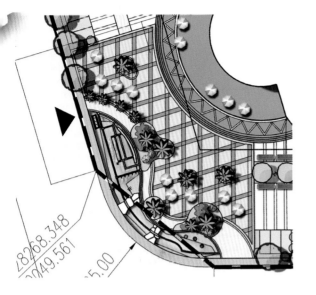

财富华城商业区入口景观设计意向

商业区入口景观效果图

重庆朵力·半岛香颂景观设计

Landscape Design in Chongqing Residential Area Named Duoli−With a Pleasant Smell Island

项目名称：重庆朵力·半岛香颂景观设计
主创姓名：江梦
成员姓名：陈丰 远朝杰 杜婧
单位名称：重庆远辉艺轩园林景观规划设计有限公司
作品类别：居住区景观设计（方案类）
建成时间：2012年6月
项目规模：11.2公顷
所获奖项：**IDEA-KING** 艾景奖铜奖

设计说明

2. 概况分析

朵力·半岛香颂项目位于重庆市长寿区桃花新城，紧邻桃花溪，周边为市政道路，交通便利且拥有得天独厚的滨水景观资源。整个场地宽约330米，长约720米，总规划面积约为112 481平方米，其中景观部分为87 200平方米。建筑总面积为39.4万平方米。建筑密度23.7%，绿化率为35.3%。整个场地分为3块：1号地块为高层建筑用地；2号地块位置邻河；3号地块为商业服务用地。

3. 设计理念

以"生态之岛、时尚之都、生活之城、运动之邦"为设计理念。

生态之岛：充分利用滨江优势，打造生态水景，绿色花园，人工滨水园林景观，将植物、水景、建筑和人居空间互相穿插、有机结合，形成充满阳光、溪流、绿林的活水生态之岛。

时尚之都：主入口的多层次水景将1、2号地块有机地结合，形成浑然一体的现代水景，在3号地块设计了大型生态绿化停车区域，配合建筑风格的简约明快，设计效果堪称时尚之都。

生活之城：此设计充分利用建筑的围合景观空间，在1号地块设置中心滨水广场、树阵广场、纪念喷泉广场等人流集散地，在2号地块宅间错落有致地分布多个树荫广场、亲水平台，两处地块既实现了宽敞、时尚的大型公共空间，又细致地处理了建筑的入户景观。

运动之邦：在社区活动中心旁，本设计一个大型的林荫广场和一个大型的

景点分布总平面

儿童游乐设施，特别是流线形的瀑布游泳池和丰富的儿童戏水喷泉，为小区提供更多的活动形式。

本设计以"一轴、两区、绕一带"的形式完成一部流动的交响乐，用充满韵律感的景观完成整个设计主题，融入雅典、自然、浪漫、和谐等多元化的艺术元素，用不同的造景手法带给人舒缓、紧凑、沉静、热情、欢乐等多层次的主观感觉及想象空间。

设计交通体系为"串珠式"的交通组织。在充分研究小区现有建筑规划和平面分布后，贯彻人性化的设计思想，从交通、消费等多个方面精心考虑，主要道路系统与建筑密切配合，明晰了然，将各大分区通达顺畅地联系在一起，在人流主要交汇处均设有较大面积的活动空间，体现了良好的疏通性和引导性。次要道路风格不拘，形式多样，以流畅的流线形连接各景观节点，主要分车行道与休闲步道采用网状结构，由主入口至次入口通畅，并延伸每个组团在每个组团内部形成一个消防扑救面。

鸟瞰图

设计感悟

设计规划布局及景观设计以"一轴、两区、绕一带"的形成完成一部流动的交响乐，用充满韵律感的景观完成整个设计主题。

主入口景观带：利用简洁大方的两个半圆形在视觉效果上把1、2号地块结合起来，形成圆形的树阵广场，并连接两地入口景观大道，是整个场地的中心轴线。以铺地材质和颜色的使用，丰富了结构，

在树荫背景下鲜明醒目且富有动感，实现整体大气、细节精致的空间感受。

环形水广场：环形通道有效地解决了交通分流问题，同时也具有优美的韵律感，艺术跌水池的设置在空间上打破了平静的感觉，以不同品种和颜色的灌木形成曲线灌木带相互交错，穿插并与水景结合，简洁大方且富有韵律感。

中心水景区：逐渐弱化轴线的感觉，营造更自然、生态的景观效果。泳池、喷泉广场、蜿蜒溪流形成了三个既相互联系又能独自立成的主题景观带。

多层住宅及滨水景观区：中心轴线的延伸，以道路直线与弧线的穿插来体现乐曲的多层次感。重点打造节点小空间，形成相对私密的小型休闲、景观、运动场地，利用乔木的线性空间形成林间有趣的健身步道与场所。

边缘绿化区及商业区：种植大量乔木阻隔噪声并美化小区环境。商业街道空间采用简约变化的直线分割，有动态的涌泉组合水景，并打造夜景观，特别强调光照效果，烘托此路段丰富的夜景观效果。

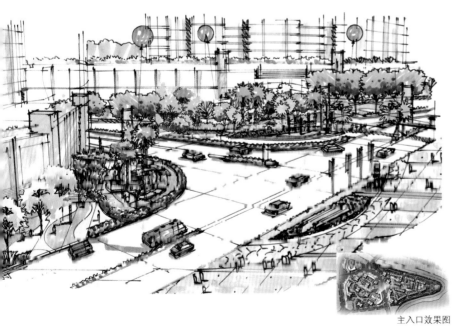

主入口效果图

花都王子山旅游度假项目

Huadu Prince Mountain Traveling Resort Project

项目名称：花都王子山旅游度假项目

主创姓名：胡刚

成员姓名：吴硕 何君善 罗祖文

单位名称：广州森维园林工程设计有限公司

作品类别：旅游度假区规划（方案类）

建成时间：2010 年 6 月

项目规模：7800 余亩

所获奖项：**IDEA-KING** 艾景奖金奖

设计说明

1. 项目概况

花都王子山景观规划梯面镇部分是广东省王子山省级森林公园开发的第一期工程。开发用地地处花都区北部，西接清远，横邻花都梯面、芙蓉两镇，规划总面积约 7800 亩，项目用地约 52.3 万平方米，其中现有水库面积约 5669.7 平方米，距离广州中心城区和新白云机场分别只有 36 千米、15 千米。

2. 规划构思

融入本土地域文脉，营造市民乐于向往登山旅游、休闲健身的旅游胜地，打造出花都王子山"世外桃源"中独有的"原生态氧吧"休闲文化品牌旅游度假区，体现场地标志性，突出王子山的地域特色，也是提升广州形象和广州文化品味的重要品牌。

平面扩图

设计感悟

利用王子山现有的生态资源，将高质量的休闲文化生活、会展、商务融入到大自然的良好生态环境中，并注重生态保护，将人工痕迹降到最低，将度假区规划成为一个具有休闲娱乐、康乐度假等多个主题的风景优美、动静相谷、生态完整的度假村。

花都王子山所处区域保持了丰富的原生态自然地形地貌，山林植被丰富，颇富立体感。而宁静的湖水构成幽静的山林内湖，潺潺不断的泉水从山上蜿蜒流下。整个王子山旅游度假区则交织在这一优美自然山水与人文景观相结合的环境肌理中。

规划区内景观层次较为丰富，连绵起伏的群山围绕海拔 578 米的王子山主峰，林中山地宜于步行，登高远望四周景色尽收眼底；另外，区内有原有的两条车道，适宜于山地观光区间车行驶；沿车道两旁的山地坡度较平缓，且呈狭长状，山间溪线蜿蜒曲折，流水潺潺，终年不断，较利于规划建设的开展。

这种自然与心灵交流的情境将吸引国内外的众多游客，互动的创造力将在这里被激发。相应地，旅游度假区中设计了步行系统，把休闲娱乐设施、浴场、酒店联系起来，从而把即兴、随意的交流活动提高到一个新的层面，使王子山成为远离都市喧嚣怡情养性的清雅之地。

索引图

瀑布观景索桥效果图

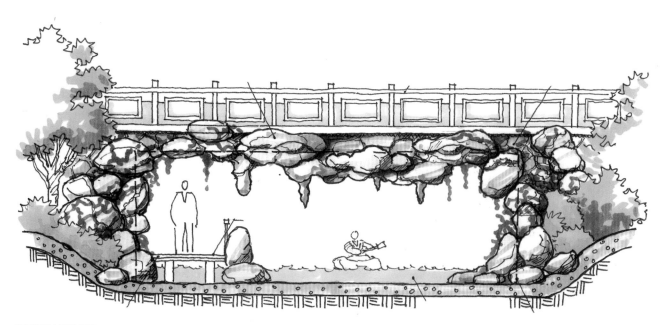

桥洞塑石立面效果图

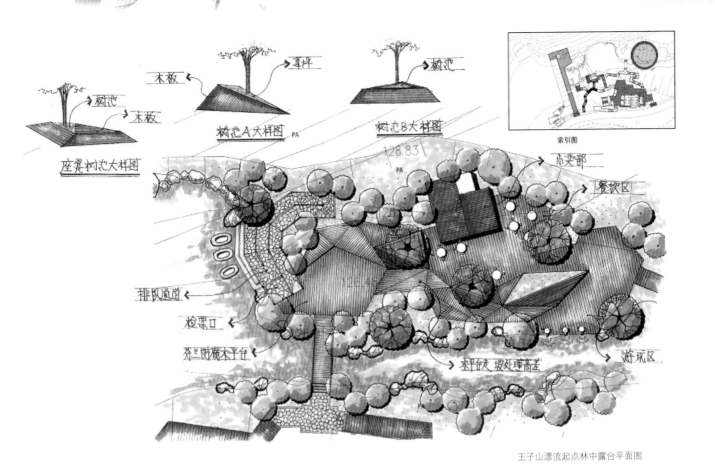

索引图

王子山漂流起点林中露台平面图

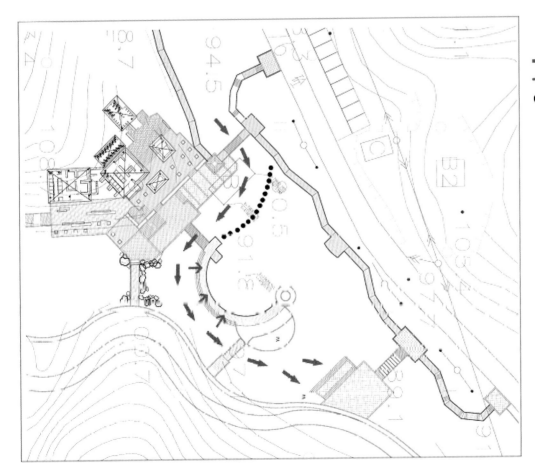

→ 漂流艇回收流向

→ 人流停泊上岸流向

● 湖面控制线

漂流艇停泊流向示意图

北京房山仙栖谷沟域规划设计方案

The Planning and Design of Xianqi Valley in Fangshan, Beijing

项目名称： 北京房山仙栖谷沟域规划设计方案

主创姓名： 葛剑平 徐志华 孙晓鹏

成员姓名： 葛剑平 徐志华 孙晓鹏 刘雪野

单位名称： 生态服务产业规划与设计北京高等学校工程研究中心
深圳市铭聿景观设计有限公司

作品类别： 旅游度假区规划（方案类）

项目规模： 102.8平方千米

所获奖项： IDEA-KING 艾景奖金奖

设计说明

规划区位于北京市房山区张坊镇，距北京市中心约85千米，是连接京冀、外阜进入首都的西南门户，区位优势明显，自然环境质量良好，产业特色突出，是发展沟域经济的理想之地。针对沟域生态资源优势和北京消费群体特点，在生态保护和修复的基础上，发展高端度假休闲产品，构建立体复合式的沟域生态服务型经济体系，打造"一环、两带、三园区"的总体规划格局。规划设计打破了传统的行政边界，以自然流域单元为基本组织形式，在主沟打造风景形象门户和综合配套服务设

注释

01.动物王国主入口	16.养生风情度假庄园
02.动物王国园区	17.北欧风情度假庄园
03.水坝	18.葡萄酒风情商业街
04.停车位	19.直升飞机场
05.表演体验区	20.现代山地别墅庄园
06.火历史小镇	21.阳光果林观光场
07.马场	22.五星峡谷
08.英式山地别墅区	23.仙栖洞
09.自然河流	24.红叶大峡谷
10.高尔夫球场	25.观星屋
11.高尔夫综合服务区	26.山地自行车道
12.高尔夫私家别墅区	27.龙仙宫
13.金鸡岭庄园	28.加州山地风情别墅区
14.摩崖造景景区	29.田园风光牧场
15.单轨小火车道	30.百草涧

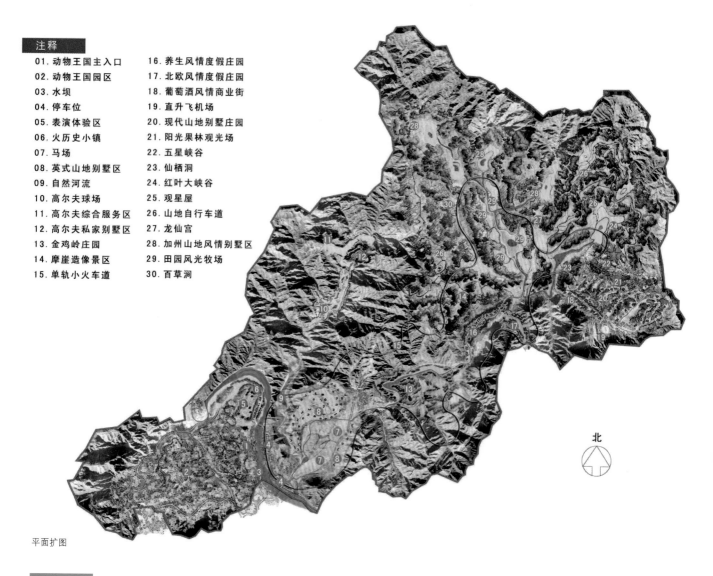

北

平面扩图

动物王国　　穆柯寨"活历史"小镇　　高尔夫庄园区　　加州山地别墅及会所庄园区　　仙栖溶洞及地质博物馆风景功能区

金鸡岭养生庄园

葡萄酒别墅庄园区　　农林庄园功能区　　中医养生风情小镇　　滑雪度假别墅区　　欧式风情小镇及山地度假别墅区

整体鸟瞰图

施，在支沟发展高端度假休闲会所，并配合交通、土地利用、生态、基础设施、数据决策管理平台、农民转型计划等分项规划，依托 18 个节点，在城乡之间进行生态交易，各取所需，实现生态与经济的完美结合，推进城乡一体化。

仙栖洞入口效果图

穆柯寨民俗文化村景观修复效果图

↖ 设计改造后

设计改造前 ↘

穆柯寨民俗文化村景观修复效果图

↖ 设计改造后

设计改造前 ↘

↙ 设计改造后

设计改造前 ↘

水系修复局部放大

顶层平面图　　　　一层平面图

二层平面图

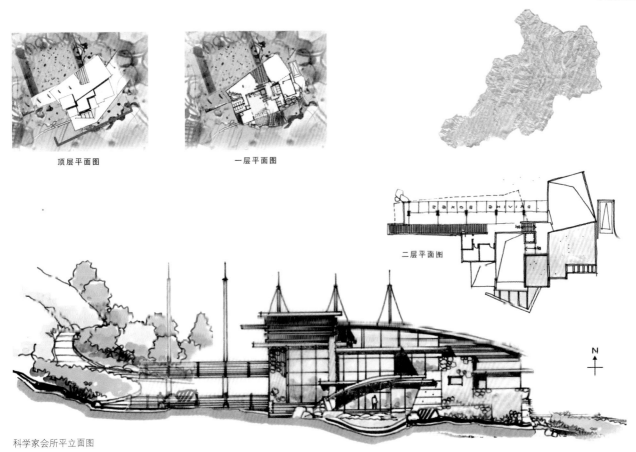

科学家会所平立面图

N

清溪园
Qingxiyuan

项目名称： 清溪园
主创姓名： 林锡葵
成员姓名： 唐凌黎
单位名称： 四川博风园林景观设计有限公司
作品类别： 旅游度假区规划（实例类）
建成时间： 2010 年
项目规模： 10000 平方米
所获奖项： **iDEA-KiNG** 艾景奖金奖

设计说明

清溪园坐落在风景优美的四川省都江堰市离堆公园内，是离堆公园的园中园，该园占地 10000 多平方米，成为川西最大的盆景园。

1.地形位置分析

清溪园位于离堆公园的南部，其北正对荷花池，其东、西、南三面为高大荫浓的楠木林和柏木林，造园条件得天

独厚。此区域原为一座早已不用的电影院和儿童游乐场的一部分，将其拆除后利用建筑垃圾结合填方工程可以形成起伏迭宕的园内空间。

2.设计指导思想

以川西民居风格的各类建筑为组景中心，以叠山理水为造园的主要手法，大量采用自然材料，如青石板、岷江河中卵石，结合周围的良好环境和都江堰厚重的水文化背景，创造出一个具有浓郁的川西风格的古典山水园林。

3.空间布局处理

中国古典园林中小园以静景为主，动景为辅。在清溪园中，作者熟练运用一系列手法，创造出各式动静结合的亲水空间，如叠水瀑布、溪流涌泉、镜泊小潭等，既点明了主题又以水为纽带，联系贯穿园内外。根据其功能和造景情况，大致分为以下几个部分。

（1）正门区域。以清溪园正门外的集散空间和由西向东，由正门走廊、临水凉榭共同组成，形成园区的正面景观。空阔的集散空间全以青石板铺成，古朴、清新；大门上精美的挂落，同门厅内的漏窗、隔断共同形成一幅美妙框景；园中的长廊结合层层叠叠的地形变化，正好形成了重廊景观。其轮廓鲜明，体量适中，颇有诗意；临水凉榭为重廊的一部分，因其翼于水面，四围空阔，成了园内外景观相互呼应、互为借景的重要途径。"常依曲廊贪看水，不安四壁怕遮山"，可谓点明了此景的妙处。

整个大门区域部分，空间相互联系密切、过渡自然，更因大门的框景与水榭的空透使园内外景色浑然一体，恍若

溪别苑总平、效果图及设计说明

天成。

（2）园内集散空间、涌泉小景和照壁。进入园中，首先映入眼帘的是一青石照壁。照壁是我国古典园林尤其是小园入口处常用的手法，以此一则可分隔出一定的过渡空间，二则避免园内景色一览无遗，还可吸引游人注意，增加游玩兴致，形成曲折迂回的游览路线。照壁雕刻精美，做工细致。更为巧妙的是，设计中打破了一般的形式，在其中部留出一漏窗，使园内叠水景致如同镶上了一个素净的画框，可谓"无心画，无字诗"。此一障一漏，独具匠心，取得了很好的景观效果。

照壁前一股清泉由石缝汩汩涌出，激起阵阵涟漪。这一动景的载入使整个画面充满生命力，而水池前的集散空间，则采用青石板结合卵石拼成的梅花图案，使这一空间更加富于变化了。

（3）瀑布假山。照壁后方是清溪园中的叠水假山，设计中充分利用拆除原建筑产生的建筑垃圾，结合填土工程筑成小山。山际安亭，名曰"览秀"，亭下置瀑，飞珠泻玉，此瀑三叠而成，动感强烈。步入览秀亭，顿觉凉风习习，园内园外风景尽收眼底，此登高之妙也。

以上3部分基本处于同一轴线上。形成以"园外集散空间—正门—园内集散空间—涌泉照壁—过渡空间—假山瀑布主景"组成的景观展开序列。每一景观均可驻足细赏，逐步将游兴推至高潮，犹如中国古典乐中的"一唱三叠"，妙不可言。

（4）茶厅。瀑布跌落的水流，顺着卵石为底的蜿蜒小溪，在茶厅一侧缓缓注入池塘。茶厅位于园区的中部临池而建，建筑空透飘逸，古朴清新，夏日于此品茶，凉风习习，暑气全消。

4.建筑及造园材料的运用

清溪园中的建筑以川西民居风格为主，大多为木构筑；池底、驳岸均由岷江河中的大小各色卵石贴面为材料，铺地和道路则由青石结合卵石拼成各种图案。众多自然材料的选择，一则给游人清新自然的感觉，有利于全园风格的统一；二则强调了该园所处的地域优势，突出了都江堰水文化的厚重历史背景。园路布置上，主要园路均尽量靠近园的边缘，以利于形成迂回蜿转的游园路线。

5.植物造景

清溪园中展示的盆景古桩，如"紫薇花瓶"、"乌龙出岫"、"瓶兰古韵"、"雪映木犀"、"紫薇屏风"等，苍古雄伟，扭曲多姿，堪称川派盆景中的杰出代表。因此，在植物材料的选用上以烘托以上精品为主，水边采用大花蕙兰、迎春、苏铁等近水植物，既弥补了山石间空隙，又使园区中少了人为雕琢的痕迹；地被则选用麦冬，既可解决因林下光线不足的缺憾，又可使其在风格上与古典园林一致。

清溪园扩展工程设计总平图

鸟瞰图

入口挂落

设计感悟

设计不仅是一次艺术的自我旅行，也不仅仅是一种销售工具，设计源于自对人类变化着的各种需求作出智慧的、敏感的、富于创造性的有力回应，并与传统文化、经济社会、自然环境达到有机统一。

人的一生，绝大部分时间都在人造环境中度过，因此人们精心设计创造周围的物质环境，追求功能与美感的完美统一。著名设计师理查·沙普曾指出："我们不应该再发明创造那些已经存在没有人真正需要的产品。我们应该只创造那些人类真正需要的，现在还没有的产品。"因此，一件产品的诞生必须满足实用性、安全性、耐用性。在此基础上，产品通过其形态、色彩、材料、表面及构造等语义元素阐释设计师及制造者赋予它的美学价值。

设计对我们的意义是多层面的，对于制造商而言，设计是提升企业品牌形象、提高产品附加值、促进销售的一种策略手段；对设计师而言，设计的表达内化为自身感受的公众需求，对于产品的最终用户——设计是蕴含于产品之中服务于其需求的内在价值。因此，设计是一种使自身有实用意义的艺术行为。

设计其实是可以把它当做一门艺术来看待的，每一个作品都体现了你设计的风格，都凝聚了你对某一事物的感受，一个作品的好坏并不是与你技术高低有着决定性的关系，更多的是联系着你的思想层次。

思想境界在设计上的表现就是你对生活是一个什么样的感悟，好的设计作品在于它读懂了各类层次的人的生活，

清溪园大门

清溪园照壁局部

他懂得适应别人的生活，并且能够在不违背他人想法的同时，将自己的感悟参杂在里面。而这种感悟也是别人还没发现或发现了还处在疑惑中的。总之，它是进步的，它能增加人们对生活的感悟，为生活增彩，所以他能够被人们接受。设计的灵魂在于思想境界，而思想境界的提高又源于生活，这就是我们常说的阅历。见得多了，对生活的感触就多了，懂得生活的酸甜苦辣，并知道怎么让人们去拥有更多的甜美和避免更多的苦辣。那么，怎么样对设计的灵魂加以塑造，或者说，怎么样去提高自己的思想境界呢？我想除了年龄增长这种漫长的方式以外，还有一种更为尚俭的方式，那就是在书海中获得提高，"书中自有颜如玉，书中自有黄金屋"，在书中吸取别人的精华，在书中走别人已经走过的路，并在这条路中获取别人没能获得的东西。

局部手绘效果图

中国南方梅园生态村概念规划

China Southern Plum Garden Village Concept
Planning

项目名称：中国南方梅园生态村概念规划
主创姓名：钟榕林
成员姓名：张鹏 王凯伟 章妙玲 郑惠玲
单位名称：广东南园景观工程有限公司
作品类别：旅游度假区规划（方案类）
项目规模：约5千亩
所获奖项：**iDEA-KING** 艾景奖金奖

设计说明

1. 规划定位

（1）主题定位。此次规划结合我国南方梅园生态村具备的独特的自然环境、优良的地理位置和交通优势，确定生态村的主题定位为水库、绿地、人家。

（2）功能定位。国家AAAA级景区；集生态养生、旅游服务、休闲、度假、健身于一体的旅游居住区。

鸟瞰图

本次规划充分利用水库、山体等的自然景观，高标准规划、高起点建设、将其建设成为生态养生、旅游、休闲、低价、高端小区。

2. 规划原则

（1）可持续发展原则。规划以"严格保护、科学管理、合理开发、持续利用"为指导方针，实施保护性开发，强化生态环境和各类景观资源的保护，从而实现资源的永续利用，实现可持续发展。

（2）独特形象原则。规划结合地块的实际情况，创造出独特特色，主题鲜明的旅游形象，增强旅游的市场竞争力。

（3）和谐原则。规划尽量体现旅游资源的美学特征。建筑物的体量、造型、疯狂、风格、色彩等应与其所处的自然环境、旅游氛围融为一体，体现自然美与人工美的和谐统一，体现旅游资源的自然神韵美。

（4）综合效益原则。规划充分挖掘景区资源的潜在价值，追求经济、社会和生态三方面的最大综合效益。开发建设中要抓住特色，选准突破口，开创景区旅游的新局面，在取得经济利益的同时，还应注意社会效益，注意生态环境的保护与建设。

（5）精品开发原则。规划设计追求高起点的精品化路线，注重产品的特色设计，走差异化的发展道路，使中国南方梅园生态村从广东旅游圈中脱颖而出。

3. 项目发展战略

高起点规划是坚持高标准开发建设和高效能生产管理的基础，通过规划来带动高端市场的消费。

原生态规划以原生态的水体和自然风景成为地区之最，成为周边地区人们养生、休闲的绝佳旅游目的地。

差异化规划以原生态水体在周边类似项目中脱颖而出，同事以养生、休闲

局部效果图

旅游为主，在普宁众多温泉旅游目的地区别开来，成为区域旅游地产中最闪亮、夺目的明珠。

（1）核心战略定位。以和谐山水为依托，以典型地貌和生态风情为主要载体，通过旅游地产开发，完善中国南方梅园生态村的产业功能，建设特色主题景区，创造人居和旅游最佳环境，使之成为潮汕地区的养生、休闲、度假、旅游的优先目的地。

（2）具体战略。

定位上与普宁主城区功能互补，错位协调发展；功能上自身配套完善，相对独立运营；布局上利用资源优势，兼顾主城的服务；深度开发战略。

个规划设计，融合自然山水的总揽及几何构图手法，主要围绕"水文化"、"潮汕文化"、"青梅文化"以及"寒妈宫美丽的传说"四个主题展开。将建筑空间、道路空间、步行空间、绿地空间和

水体空间融合在一起，创造出多样性、连续性的空间体系，形成"环山、流水、绿网、乐园"四个核心要素理念。其中，整个规划区以水库为景观组织的核心元素，其他景观围绕民居展开；应加强原生态重要的景观要素"水库、深林、竹林、溪流、老树"的运用；减少规划式植物栽种，尽量灵活布置植物。沿着交通主干道与重要的地形布置景观走廊及点状、线状的亭、棚，形成规划地块内的景观网络。另外，加强对重要的视觉面（如山体沿线、坡面、沟谷、溪流）的景观设计，形成大面积的景观欣赏区域。

本规划结合各片区的不同项目与分片区栽植，创造多样化的景观。在重要的项目区内，应通过建筑与景观的结合，体现时尚现代的感觉；在休闲片区内，应加强生态景观的建设，提供轻松、愉悦、静谧的环境氛围。强调反映现有地景艺术的合理配置，在人口区、广场、游憩园林地等多个绿化空间内，通过人文艺

局部效果图

局部效果图

术的添置，加强景观审美价值和生态景观的塑造。主要通过景区体现原生态的味道，要有"三大"、"三小"、"三点"的景观设计原则。注"三大"是指大景观、大手笔、大色块；"三小"是指小而美、小而精、小而透（小型GIS识别标识、小游线、小趣味）；"三点"是指兴奋点、形象点、消费点。

设计感悟

在中国古代，人们对自然的模拟像与不像并不重要，更多时候更注重的是能否寄情于景，同时又遵循老子的"人法地，地法天，天法道，道法自然"，将可持续性和生态性作为园林设计的核心思想。但在今天地球上脱离自然属性的土地逐日增加，我们所看到的除了大城接小城，更是城外还是城，人们为了生存而不得不远离自然。生态环境逐日恶化，因此恢复土地的自然属性尤为重要。在自然界中，地形是复杂多变，就

如水有溪、泉、瀑，江、河、湖、海各类地貌，地有高原、山地、峡谷、平原等各种地形，植被各有地域特色，但这并不代表把这些自然景色塞到某个项目中就代表这就是一个成功的景观案例。而是说当我们碰到一个项目时，要充分了解这块土地上所有的自然气质，因地制宜，将能利用的河沟、土丘等自然遗迹保留，同时还要调理出该地理环境本身所特有的自然特点。设计并不是把一切都轴线化、错位化、图案化，当然这些必不可少。但在目前，尊重现状，调理出此自然气质则显得更为重要。

今天，我们最严峻的生存负担正以最脆弱的生态系统维系着，生态问题已经影响到今天我们能不能可持续发展。作为一名优秀的景观设计师就必须考虑到生态环境问题，体现人与自然和谐，低碳节能、可持续发展。这既是我们的追求，这也是我们的责任。

"一柳一桃"

滨水步道

林荫步道

农十师 185 团白沙湖景区控制性详细规划

Ten Agricultural Division 185 Regiment Baisha Lake Scenic Area Detailed Planning Control

项目名称：农十师 185 团白沙湖景区控制性详细规划

主创姓名：张兰桥

成员姓名：崔志刚 吴雪梅

单位名称：新疆荣葳环境规划建设有限公司

作品类别：旅游度假区规划（方案类）

项目规模：700 亩

所获奖项：*IDEA-KING* 艾景奖金奖

设计说明

农十师 185 团地处新疆阿尔泰山西南边的国境线上，团部距哈巴河县 78 千米，是兵团最西北的边境团场。现有 11 个农业连队，呈"一"字型沿阿拉克别克河分布在 86 千米的边境线上，主要景点包括鸣沙山、白沙湖、眼睛山、白桦林、红叶杨、额尔齐斯河口、国境线等。

185 团 3 连距团部 30 千米左右，3 连东面 500 米的沙山丛中有一个神奇的去处——白沙湖。白沙湖面积 250 亩，南北长近 800 米，东西宽约 500 米。白桦林位于 185 团 3 连至 1 连的边境公路以西，面积约 700 多亩，是一片天然白桦林，自然林木、花草融为一体。

总平面图

景区区位图

游客接待中心改造效果图

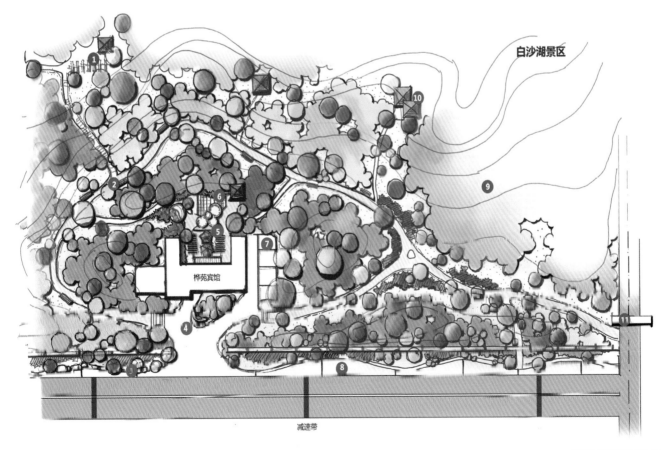

白沙湖景区

桦苑宾馆

减速带

游客接待中西总平面图

游客接待中心改造效果图

湿地休闲区（鱼塘）鸟瞰图

鸣沙山游客接待站示意图

鸣沙山游客接待站示意图

海南陵水都喜天阙度假酒店项目

Dusit Thani Lingshui Resort & Spa Hotel Project, Hainan

项目名称：海南陵水都喜天阙度假酒店项目

主创姓名：孙文亭 姚艳娜

单位名称：广州伟迩国际建筑设计有限公司 WHI international

作品类别：旅游度假区规划

建成时间：2012年10月

项目规模：规划用地：约200 000平方米 建筑面积：约70 000平方米

所获奖项：IDEA-KING 艾景奖金奖

设计说明

南海天阙皇家度假酒店项目位于最富盛名的旅游度假地——海南岛，地处观亚洲最美之一的香水湾，北揽陵水银牛岭半山美景，本项目位于世界旅游线北纬18°，自然资源丰富，海、天、树、山，是海滨度假的天堂。

基地位于海南省陵水县的东北部海岸边，海南岛东线高速公路带万宁县和陵水交界处，是东线高速公路上最佳的观海点。北距海口约160千米，南距三亚约80千米。

南海天阙东南亚泰式皇家设计风格，全景山海大宅点缀于山体环境之中，总体布局延续地块总体特征，自然合而为一的观念，与山地结合，利用高差有悬挑式眺望大海的独特感受，重点突出海滨风格特色。整个区域的规划中，每一幢别墅的选址均有特色，结合传统的建筑理念。景观强调水脉、山脉与原生态居民生活活动的融合，系统地将建筑群与绿色生活活动空间融为一体。

东南亚休闲度假酒店全景观海，温泉、沙滩、潜水，景观多样层次丰富，亚热带植物缤纷多彩，设计灵活运用了当地天然的传统材料，并努力将新技术、新材料与度假生活要求有机结合，塑造人性化的场所。

总平面图

0 10 30 50 100M

总平面图

鸟瞰图

无边泳池 饮料吧　　休闲躺椅　景观水池　亭子　　观景餐台 休闲平台
Brimless Pool Drink Bar　　Deck Chair　Landscape Pond Pavilion　Outdoor Dining Table Outdoor Steps

剖面图

主景效果图

主景效果图

太原西山旅游公路及防火通道工程景观设计

The Lanfscape Design of Taiyuan Xishan Tourist Road and Fire Channel Engineering

项目名称： 太原西山旅游公路及防火通道工程景观设计
主创姓名： 李祝龙 周勇 王斌 梁养辉 周义雄
单位名称： 中交第一公路勘察设计研究院有限公司
作品类别： 旅游度假区规划（方案类）
项目规模： 87 768 千米
所获奖项： **iDEA-KING** 艾景奖金奖

设计说明

太原西山旅游公路北起新兰路土堂漫水桥，南到晋源区牛家口村接小牛线，线路覆盖西山地区，连通太原市内沿线各个景区（点），全长87.768千米。

西山旅游公路景观绿化设计将充分尊重自然、师法自然，恪守自然规律，最终达到天、地、人三者合一的终极设计目标。根据路域外围环境，将全线分为"峻秀大成"、"玄石地生"、"晋源人义"三个主题。将"天、地、人"之概念贯穿在对应的景观区段内。

用"峻秀天成"来总结本段落天然形成的自然生态景观，绿化设计最大限度地恢复原有生态面貌，植物选择以黄栌、五角枫、红叶李等色叶植

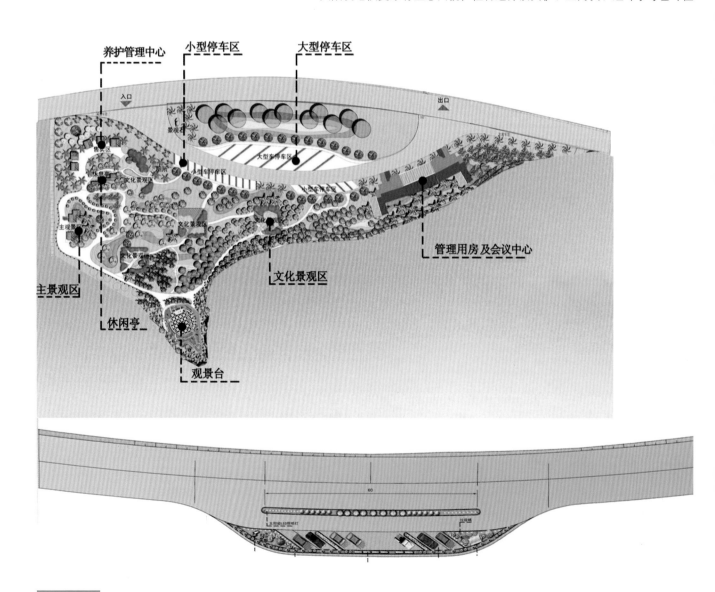

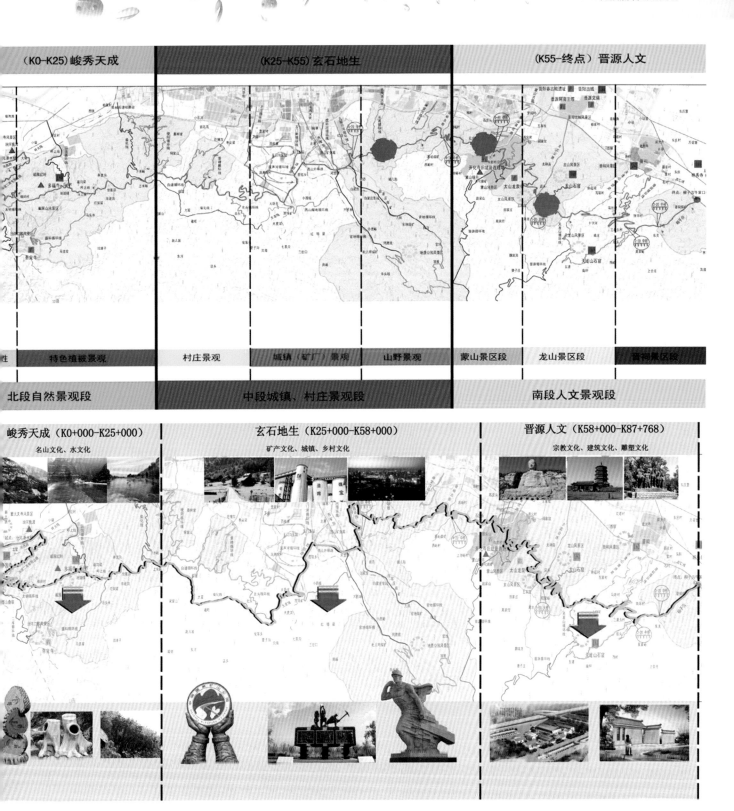

物为主，自然群落式栽植，视线多采用开放式，与崛围山红叶美景相融合；景观小品及配套设施的选材以木、石材等最原始的材料为主，尽量减少人工痕迹，以充分体现自然生态的主题。

"玄石地生"段："玄石"为黑色的石头，用来体现本段的煤炭产业特色。由于本段处于矿产区对周边环境造成一定程度的污染，加之线路有穿越城市的段落居住密集，对环境的质量要求较高，所以本段主要突出环保主题；绿化植物以花卉植物为主表现城市意象，景观及配套设施选用新型环保材料，造型简约式，以符合城市环境，突出环保主题。

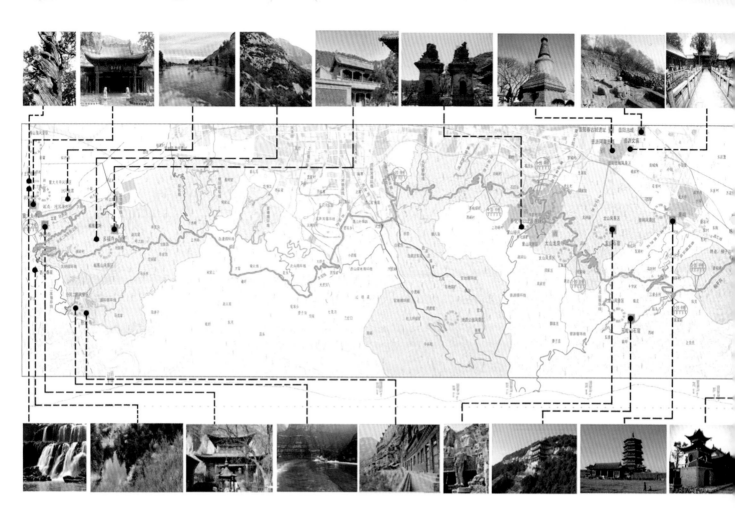

"晋源人文"段：本段人文景观荟萃，植物选择以松树、柏树为主，以体现晋源悠远深厚的人文历史；在景观配套设施及小品的设计上，充分汲取晋源建筑、宗教历史文化，设计本身此时化身为一位长者向过往之人诉说晋源优秀的文化历史。

"峻秀天成""玄石地生""晋源人文"的段落主题分别取自"天、地、人"三才。它具有两层含义：①反映西山美景本身为天然形成、大地孕育、人类智慧共同形成的结果；②本次的景观绿化设计将充分尊重自然、师法自然、恪守自然规律，最终达到天、地、人合一，人与自然共存的终极设计目标。

路侧景观设计采用公路新理念及灵活性设计中的"藏""显""透"的手法，当沿线景观优美时，视野应该是开放的，当沿线景观很差时，视野应该是封闭的，从而提高视域内景观价值。

设计在对全线边坡性质分类的基础上，致力于生态边坡建设，立足于人和自然相和谐，通过"自然恢复"、"人工导入"的方式，最大限度地恢复公路沿线植被，使公路融入自然之中。本次设计提出"融合性"的理念，以实现边坡生态恢复、与周边环境自然过渡的目的，为公路营造一个自然的生态基底。

观景平台、服务设施景观小品标志牌、照明设计则立足"关注地域文化特色"关注人的行为，体现"人本主义"。

本项目主要包括路侧景观设计、边坡景观设计、观景平台景观设计、服务设施景观小品设计、旅游公路标志牌景观设计、景观照明设计。

三泰农业园规划（新天地）

Agricultural Park Planning of Santai (New Field)

项目名称：三泰农业园规划（新天地）
主创姓名：林禄盛
成员姓名：谢祥才　王慧林　鲁璇　巍开云　樊国盛
单位名称：华农环境学院园林系
作品类别：旅游度假区规划（方案类）
所获奖项：**IDEA-KING** 艾景奖银奖

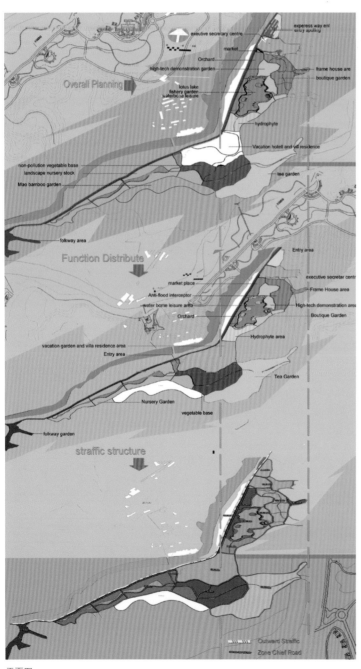

平面图

设计说明

1. 项目定位

本项目为结合该地区生态旅游立县，实现大旅游产业的目标，把 三泰县新城发展与生态农业旅游结合，规划一条集现代农业用地开发、高新农林产品研发展示、珍贵野生动植物培育、生态农业观光、农林牧副渔效益农业综合发展的新城开发新途径，基本不改变土地农田性质建设新城——生态农林城，以现代的农业观念和技术改造传统的农业生产，提升土地使用价值，打造一座集科技示范、科普教育、生态观光、餐饮休闲、居住办公娱乐为一体的生态农林观光新城。

2. 项目背景

三泰县位于福建省西北部武夷山中段东南侧。年降水量1766毫米，年均气温17℃，属于中亚热带、季风型山地性气候。

三泰县周边风景区洞奇溪秀、人杰地灵，文风鼎盛。距县城15公里有国家重点风景区——大金湖，丹霞地貌世界地质公园、国家重点文物古迹——尚书第、福银高速公路直达。京福高速公路、205省道擦边而过。 为发展生态农业旅游、完善旅游设施、突出生态农林区位优势、依托现有旅游优势发展休闲生态农林观光城提供了重要的基础设施。

3. 总体规划

（1）总体布局：① 主体功能区——城区行政管理中心及各级机构、生活休闲、服务设施；② 展示观光区——

林禄盛

展览区、水上娱乐区、高新成果区、反季节温室培育设施；③ 休闲农业和野生动植物区——农耕体验、农业博物馆、采摘园、野生动植物培育养殖及狩猎区、花卉果树、果蔬园、苗圃生产、其他农产品开发；④ 四季专类园——春、夏、秋、冬园设施；⑤ 科教园——科普教育区、世界农业大观园、微缩农业景观园、农业科技博士后科研站、杰出农业人物事件展示墙；⑥ 民俗大观园——民风民俗展示、农业风情创作画廊、农业笔会、未来农业臆想、农业史话、戏曲舞蹈活动、多媒体展示；⑦ 餐饮休闲区：度假酒店、风情别居、水上活动、垂钓野拷；⑧ 生态房屋发展区：低碳清洁住宅开发、农业林业相关小型底碳办公建设。

（2）道路系统，分为 4 个等级，6 米主干道，4 米生产道，2 米生产道，1 米以下的田埂道。形成生产、外运、旅游观园为一体的、四通八达的道路系统。

（3）给排水系统，方案一，给水系统通过山垄聚水，形成多层次的给水池，最后汇聚在养殖池；方案二，通过抽取溪水的形式，饮用水在山顶公园建水塔，从水池或溪里抽水。排水方面，生活污水排入水沟，其他水排入养殖池通过莲花池和涵洞排入左溪。

（4）绿化植物规划，绿化苗木选用：照水梅、垂枝梅、红叶碧桃、红叶李、红花垂枝桃、夹竹桃、棕榈、四季含笑球、八月桂花、丹桂、四季桂花、金桂、月月桂花球、紫荆、紫薇、百日红、枇杷、紫丁香、木槿、日本樱花、日本晚樱、紫叶矮樱、日本矮花石榴、红瑞木、早园竹、刚竹、紫竹、石竹、阔叶箬竹、小叶女贞造型、桧柏造型、罗汉松造型、雪松、湿地松（美国松）、黑松、罗汉松、油松、马尾松、绣球松、洒金松、侧柏、铅笔柏、河南桧柏、塔柏、蜀桧柏、沙地柏、铺地柏、直生龙柏、龙柏球、北海道黄杨、金叶女贞、紫叶女贞、红叶女贞、小叶

鸟瞰图

女贞、高杆女贞球、红叶小蘗、法国冬青、珊瑚、红花檵木、石楠、红叶石楠、海桐球、枸骨球、火棘球、丰花月季、红帽月季、地被月季、南天竹、山茶花、栀子花、连翘、十大功劳、剑麻、蔷薇、金丝桃、金钟花、迎春、云南黄馨、结香、紫穗槐、寿星桃、春杜鹃、毛鹃、夏杜鹃、贴梗海棠、四季海棠、梨花海棠、木瓜海棠、马尼拉草坪、美人蕉、紫藤、凌霄、常青藤、爬山虎、麦冬、地锦、吉祥草、蛇莓、鸡头莲、荷花、菖蒲、灯芯草、刺葵、苏铁、山茶等等及园艺花卉，盆景类，水生植物类，植物造型类，古树名木类，濒危植物类，野生植物开发类。

（5）环卫设施，建立垃圾收集站、垃圾箱、以及粪便循环利用施肥的环卫系统。

（6）防灾设施，建立防灾水涝休系和注重次生灾害的预防，保持水土，预防山体滑坡和山洪。

（7）电气电信：电讯通讯设施和网线网络从附近变电站引入到场部，燃气用沼泽池，其他设施与主城区接轨。

设计感悟

创意主题：新天地

存在问题：在三泰县城东郊，有一片农地，由于城市的发展需要，这片即将发展成新城区的即将荒废的贫瘠农田，产量很低，地块四处暗含沼泽地，由于常年简单耕作，土地面临荒芜沙化，由于主城区的发展受土地制约，城市功能无法进一步优化，城市主题得不到诠释，怎么把农地与新城市发展结合呢？

规划对策：结合区域内的世界地质公园，国家风景名胜区，国家级重点文物尚书第。根据本县城常住人口少，以旅游为经济支柱的现行实际，及该地区构建大旅游经济圈的需要，拟在本区块发展成低人口密度居住，高流量人口循环旅游，超高绿化率——以生态农业经

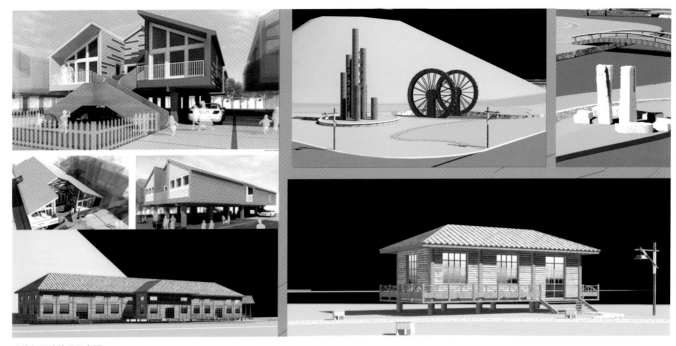

建筑与环境效果示意图

济为产业，融观光度假为功能的休闲娱乐旅游生态城区，使该地块与风景区、地质公园形成一体，围绕核心城区，形成众心拱月的旅游生态城市格局。本区块的建设方向是不改变土地基本用途的前提下发展新城区，构建生态新区——以休闲农业为主导，发展相关产业，形成农林科研开发、度假、观光、旅游、教学、特色高效生态农业为一体的新型城市生态休闲园区。

解决途径：不改变土地基本用途，结合传统农业的基础上，进行集约化、现代化、规模化、产业化、引进先进的

农业技术经营农田地，发展围绕农业的生态科研、度假酒店、休闲旅游接待、农产品加工业、生态田园型住宅房产业，使农户参与到现代化农业中来，扩大效益，使农地与旅游、餐饮、观光、高新额产业相结合逐渐形成田园式新城区，发挥最大的社会经济效益，走可持续发展的路子。

技术措施：经过工程措施和土地改良使该地块焕发出新生机。a.工程措施——疏通水道、挖湖（养殖）业解决沼泽地的问题，从山凹引水渠——集水于饮用水塔和湖——更新水质，发挥生

态养殖的效益；b.土地改良——应用农业技术对高新农产用地进行改造，以适合植物生长需要用地；c.科学规划，在山体道路两旁规划低密度构筑物，经过截污渠把生活管理区与生态产业区分离。交通工具为电瓶车等无碳或低碳工具，本生态区为无烟区，污水处理成中水用于浇灌灌溉，农肥经过处理做植物养料。让明媚阳光、清新空气、繁茂枝叶、瓜果田园环绕全园。

设计目标：经过规划使该农田成为当地的"新天地"——解决了农村、农民、农田、城市发展、城市经济多方效益脱节问题，以及面临荒废的农业危机和城市发展危机。休闲、娱乐度假、现代农业观光。这种集约化、多元化、互补型农业规避了很多农产业风险，城市经济发展瓶颈，使城市经济收入大大增加和可持续性，高收入高回报也必将吸引更多的新市民（原农户）参与其中，二次开发田园，这就是利用先进的城市发展理念改造传统的农业—新的土地革命必将使城郊农业走上新的丰收，也使现代版田园新城市及生态农业科技新城得以实施。

节能示意图

三亚凤凰生态农业观光园景观方案设计

The Landscape Design of Sanya Phoenix Ecological Agricultural Sightseeing Garden

项目名称： 三亚凤凰生态农业观光园景观方案设计

主创姓名： 洪世军 黄东

成员姓名： 易海青 胡浩 王春海 陈积明

单位名称： 海南人宜景观艺术工程有限公司

作品类别： 旅游度假区规划（方案类）

项目规模： 13万平方米

所获奖项： IDEA-KING 艾景奖银奖

设计说明

根据项目定位，项目建设分为农业种植观光园区和老人养生园区。农业种植观光区设有热带名贵植物观赏区、生态体验区、休闲度假区等三大功能区，各个区域有独立的规划，互相联系。在良好的生态环境下，园区配套建设老人养生园区，让他们"老有所养、老有所乐"。

1.现代农业种植园规划

生态农业种植示范区是生态园设计的核心部分。生态农业种植示范区的规划设计以生态学原理为指导，遵循生态系统中物质循环和能量流动规律。依据资源属性、景观特征性及其现存环境，在考虑保持原有的自然地形和原生态园的完整性的基础上，结合未来发展和客观

图例
1.主入口水景LOGO
2.保安亭
3.接待中心
4.生态停车场
5.市政道路
6.小园路
7.眺望塔
8.园路
9.亲水休闲广场
10.木屋别墅
11.溪中绿岛
12.溪流跌水景观
13."玉带桥"
14.林中木栈道
15.石壁跌水景观
16.索桥
17.休闲活动场地
18.休闲木平台
19.山境无边界泳池
20.山顶会所
21.小型服务站
22.入户木栈道
23.电瓶车停车点
24.截水坝
25.露天茶座

主要经济技术指标
1、总用地面积：130000㎡
2、建筑占地面积：17360㎡
3、建地总面积：17960㎡
4、道路广场面积：12370㎡
5、停车场面积：2100㎡
6、溪流面积：5800㎡
7、绿地面积：97370㎡
8、绿地率：75%
9、容积率：0.13
10、栈道长度：1800米

总平面图

311

鸟瞰图

需要，项目因地制宜，在"绿色消费"已成为世界总体消费的大趋势下，生态园的规划应进一步加强有机绿色农产品生产区的规划，以有机栽培模式采用洁净生产方式生产有机农产品，并将有机农产品向有机食品转化形成品牌。项目以生态农业模式作为园区农业生产的整体布局方式，采用有机农业栽培和种植模式进行无公害的生产，营造"绿色、安全、生态"的主题形象。生态种植园主要种植的热带优质水果品种有荔枝、龙眼、莲雾等果树。

2. 园区名贵植物种植规划

本项目维护、发展和合理利用现状绿地资源，以点、线、面相结合完整的热带名贵植物种植绿化体系，前期规划以景观大道功能需求来考虑，结合植物造景、游人活动、全园景观布局等要求进行合理规划。后期规划热带珍稀树种及热带名优水果穿插种植部分替换山体的次生林，树立生态观点、经济观点、全面规划、重点突出、形成一处优美的热带名贵植物观赏风景区。热带名贵植物以乡土树种为主，适当选用归化或驯化的外来珍贵树种，丰富山体、保护生物多样性。现阶段景观大道及后期山体的名贵植物种植以海南特有的珍贵树种为主，如坡垒、母生、海南暗椤、海南黄花梨、沉香、龙脑香科树种、红木等，形成一道独特的海南名贵植物景观风景区域。

3. 老人养生园区规划

生态园区优美的环境、良好的空气为老人养生事业打下坚实的环境基础。老人养生园的建设，在满足使用的功能前提下减少次生林及山体地形地貌的人工景观改变。老人养生园区所有的建筑采用轻型钢结构低层建筑，以海南独特的黎族高脚屋的建设形式使山体的次生林及灌木丛处以建筑底下保持现状生态环境，可进行屋顶立体绿化。主要的建筑有老人公寓、老年服务中心、员工生活中心等及配套设施。

4. 滨水休闲区规划

园区水系规划是水景工程的重要组成部分。项目现状水体为山塘，为自然水体，占地约20亩。在园区建设时，本山塘南面修建水坝围合，山塘蓄水平时主要是为周围种植户服务，为各种种植灌溉用水。为发挥水体的景观和生态功能，利用山塘设计水泵站，在山体上建设形式多样、高低错落的人工湖，建设水陆交融的亲水平台，修建长廊、亭榭供旅人休憩娱乐，形成一种高山流水的休闲水体景观，使水体成为人们接近自然、回归自然的渠道，品味观光园的怡然。

5. 园区道路规划

根据项目地形、地貌、功能区域和风景点的分布，并结合园区管理活动需要，综合考虑，统一规划。园区道路布局既不会影响园区内生态系统的运作环境，也不会影响园区风景的和谐和美观。园路布局主要采用自然式的园林布局，使生态园内景观美化自然而不显庄重，突出生态园农业与自然相结合的特点。为提高观赏价值和体现道路与自然环境的融合、和谐。景观大道在进行水泥硬化后，再进行铺设石条处理；支路和园区游步道连接景点和建筑，以木条或石阶路为主。

会所效果图

设计感悟

我们的历史经历了这样一个过程：一开始，人在大自然中力量是非常渺小的，起初人们只是为了在自然中争取一席之地，但这个漫长的生存过程使得地球上脱离自然属性的土地逐日增加。人有着向往自然的本质属性，但同时，为了生存而不得不远离自然，结果，这一对矛盾的存在才使得园林自始至终伴随着我们。

今天，我们正以最脆弱的生态系统维系着最严峻的生存负担，生态问题已经影响到能不能可持续发展。作为一名景观设计师就必须考虑到生态问题，这是一个责任心的问题。

此次对三亚凤凰农业生态观光园景观设计，我们怀揣着这样一种责任感，设想用海南特有的乡土树种、果树及珍稀植物建立一个近自然"群落建设"农业观光示范区，进行各种树种混合密植，使其进入自然生长过程，最后形成"近自然"群落。设计有别于常规的绿化建设，园建设施全部选择对山体破坏最小的钢架结构，如木屋、木栈道等，最大限度地保护植被及山体。在有限的土地上获取最大的生态效应及经济效益。

克拉玛依市基础设施完善和环境改善项目
——九千米生态湿地设计

9km Ecological Wetland Landscape Design, Karamy

项目名称：克拉玛依市基础设施完善和环境改善项目——九千米生态湿地设计

主创姓名：王冬青

成员姓名：李静 徐宇宾 李明 丛旭

单位名称：中国城市建设研究院

作品类别：城市规划设计（工程类）

项目规模：1320公顷

所获奖项：IDEA-KING 艾景奖 艾景奖金奖

设计说明

　　九千米生态湿地位于新疆克拉玛依市南郊，东至石化大道（201省道新线）、南至呼克公路、西至201省道东侧第二污水处理厂、北至217国道，建设面积1320公顷。设计充分利用已有的取土坑、洼地，以自然的手法进行场地及水系设计，做到最小人工干预。融合用地范围的湿地、溪流、戈壁、植被等景观元素来营造地域特色，创造现代湿地景观。

　　根据湿地区域的自然资源、经济社会条件和现状划定功能分区，主要包括湿地生态核心区、湿地缓冲区、湿地展示区、生态恢复区、石油生产区及管理服务区。

　　九千米生态湿地将城市污水处理、动物栖息地建设和湿地景观艺术结合为一体。通过在城市基础设施中融入具有生命力的自然，设计师创造了一个多用途的公共景观。利用人工湿地和自然湿地营造了13千米的公共步道，用以休闲、自然研究和旅游。这个公园与处理城市污水和雨水径流的第二污水处理厂结为一体，不仅为野生动植物创造了栖息地，也为人们提供了一个将生活废水转化为绿化灌溉用水和景观用水的示范。

总平面图

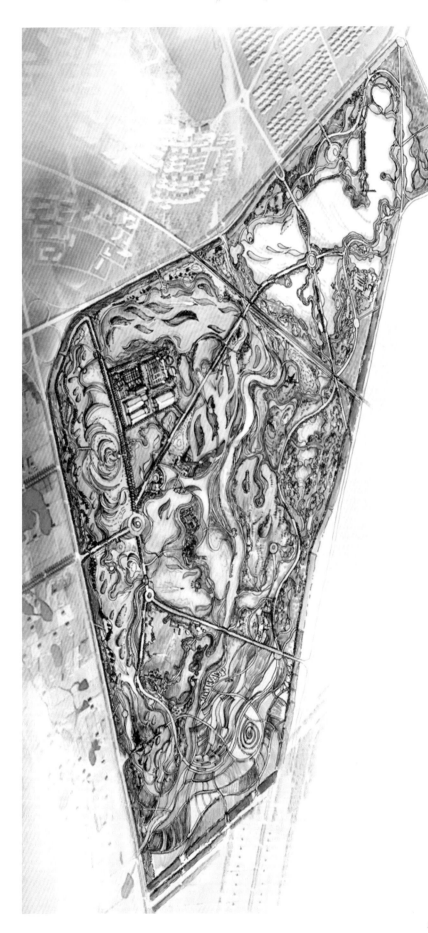

鸟瞰图

设计感悟

克拉玛依位于我国的西北角，是一座因石油而兴起的城市。承接这个项目，对我是一个巨大的挑战，也是一个难得的机遇。

克拉玛依属于水资源匮乏的城市，九千米生态湿地项目旨在建设干旱缺水城市的再生水循环利用的良性通道。将城市排放的一级 A 水，通过人工湿地的自然净化功能进一步改善水质。在湿地和湖泊中储存一定的水量，解决克拉玛依再生水的冬季储存及绿化水回用，实现水生态的良性循环，保障水资源的可持续利用。对于水资源的管理，从控制水、开发水、利用水转变为以水质再生为核心的"水的循环再用"和"水生态的修复和恢复"，从根本上实现水生态的良性循环，保障水资源的可持续利用。

同时，克拉玛依戈壁湿地生态系统有灌丛、地被草甸、沙生植被、荒漠和沼泽植被、水生植被等植被类型。相对于其他湿地，水源的稀少、气候干燥使得戈壁湿地生态系统有特殊性，具有不可替代的科学研究价值。通过对九千米基地及周边环境的综合整治，水源净化；对水系进行疏通和调整，以提高其涵水保水能力，减少水土流失；因地制宜地设计出各种湿地生境，从而引导、培育遭到破坏的乡土动植物资源，促进生物多样性的发展，带动整个城市自然生态的发展；在保护湿地良性发展的同时，给市民提供湿地科普宣传教育和休闲放松的场所，使生态湿地成为克拉玛依市景观湿生环境的典范。

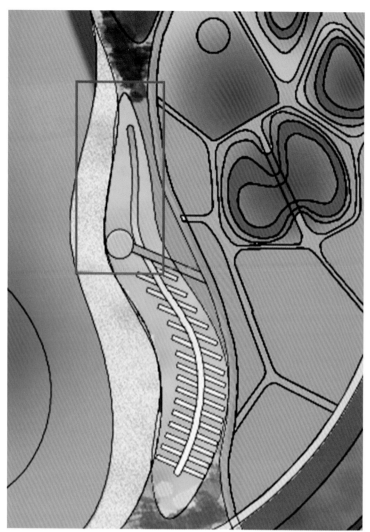

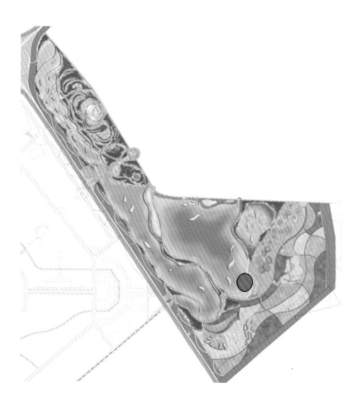

景观接节点——野外露营地

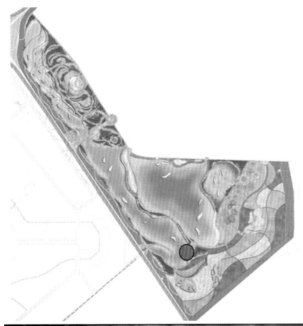

景观接节点——凭风观澜

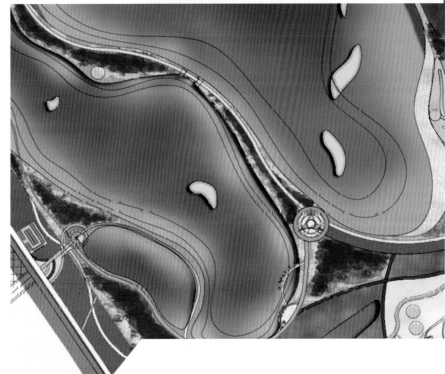

合肥庐阳区三十岗湿地保护工程

Hefei Luyang Sanshigang Wetland Protection Program

项目名称： 合肥庐阳区三十岗湿地保护工程

主创姓名： 胡华国 李峻峰 高炜 沈璐 方萌青 刘瑾瑜 赵彬

成员姓名： 魏晶晶 江琦 丁明静 王献 姚维 王红霞 芮旭婷 杨小庆 孙秀梅

单位名称： 中铁合肥建筑市政工程设计研究院有限公司

作品类别： 城市规划设计（方案类）

项目规模： 一期 68 万平方米，二期 74 万平方米

所获奖项： iDEA-KING 艾景奖金奖

设计说明

1. 湿地项目区概况

本规划区位于安徽省合肥市庐阳区三十岗乡陈龙村境内，位于陈龙村三国遗址公园东南部，占地约 1000 亩。现有景观较好，已具有湿地景观的雏形。水质较好，区域内可利用的元素较多。

2. 湿地规划目标

保护董铺水库水质、蓄水防洪、恢复湿地功能，成为安徽省湿地植物种源库。为市民及青少年提供湿地教育场所，为市民提供天然氧吧，成为生态观光农业产品的窗口。

3. 湿地设计特色

（1）驳岸多样性设计

桩基驳岸。生态有机驳岸，这种原生态的驳坎方式非常有利于泥鳅、黄鳝类生物的生存。

块石、碎石驳岸。中小型石块透水透气，其缝隙对水体具有过滤净化作用并为虾蟹等小型动物提供生存环境。

土坡围埂。主要的自然驳岸形式，较好地保留原有地形地貌，施工简便易行，配合湿地植物巩固土基，达到良好的景观效果。

生态袋驳岸。新型生态有机驳岸，施工方便环保，对原自然环境的影响小，适宜多种动植物繁衍。

耐水湿护岸林。利用耐水湿乔木发达的根系系统防止水土流失，达到固岸、防污的目的，并为水中生物提供栖息环境。

平面图

鸟瞰图

自然草滩。依照原有地形和水位高差形成纯自然式的水陆交汇区。

（2）植物种植设计

由于合肥董铺水库特殊的调蓄功能，保证了较强的净化水源能力，设计将全区分为 3 个种植设计区域，分别为水源涵养林，固岸林及次生湿地种植区。

水源涵养林。水源涵养林作为调节、改善、水源流量和水质的一种具有良好的林分结构和林下地被物量的天然林和人工林，最好为混交复层林结构，以阔针混交林为宜，宜采用深根性树种，增强土壤固持能力。

固岸林。固岸林因具有特殊的立地调节功能，其林间凋落物与植被根系有很强的固土保水作用，所以在选择造林树种时首要考虑的是树种的耐水湿能力，如垂柳、池杉、重阳木、乌桕、白蜡树、榔榆、黄连木等。此类树种能持续 30 天

二期平面图

门户景观区
- 入口景观区
- 科普展示区

游憩休闲区
- 梅林景观区
- 赏鸟体验区
- 茗茶休闲区
- 游径休憩区

湿地科研区
- 科研中心区
- 滨水游憩区
- 人工湿地展示区
- 湿地保护与体验区

二期景观功能分区图

在深水中淹浸，水退后，仍能正常生长。固岸林的营建能有效避免土壤溅蚀、增强土壤抗冲能力从而起到固土护坡等功能。

次生湿地种植区。水岸的区域微环境需要依靠水岸植被来维护。在自然环境中水岸植被是湿地生态系统养分和能量的主要来源。植物的输氧功能为根区微生物的生长提供了必要条件。水岸植物能够有效地减少太阳辐射、调节水面的蒸发量和水体温度，还具有明显的减浪作用。同时许多水生植物具有抑藻作用，可以用来修复、净化富营养水体。

水源地的敏感性与生态性并存，在种植设计时我们需要考虑到可能涉及的方方面面，将人为的干扰降到最低，在基础植被的基础上，尽量采用乡土树种与原生树种，避免引入栽培种发生不可控的过度繁殖，同时严格控制浮水植物。这一片土地需要的是几代人的关注，其实我们可以重现曾经对家乡那一方水的记忆。

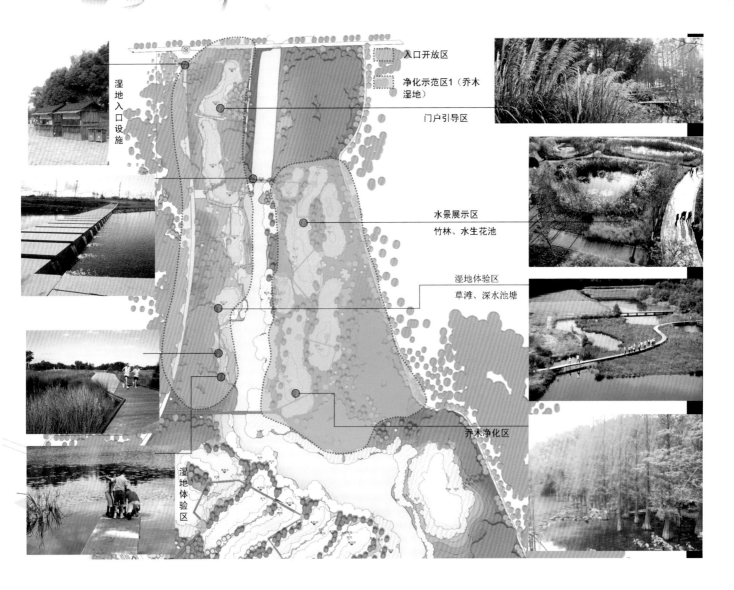

湿地入口设施

湿地体验区

入口开放区

净化示范区1（乔木湿地）

门户引导区

水景展示区
竹林、水生花池

湿地体验区
草滩、深水池塘

乔木净化区

株洲市绿地系统规划

Green Space System Planning of Zhuzhou

项目名称： 株洲市绿地系统规划

主创姓名： 李良

成员姓名： 李良 王海峰 吴玉

单位名称： 株洲市规划设计院

作品类别： 城市规划设计（实例类）

建成时间： 2012年3月

项目规模： 863.1平方千米

所获奖项： IDEA-KING 艾景奖金奖

设计说明

为应对快速城市化推进株洲实现"以工业文明为特征的生态宜居城市"的发展目标，株洲市绿地系统规划针对市区、主城区、城市四区3个层次范围，对株洲市城市绿地系统现状进行调查研究基础上，以生态优先为理念，坚持"以人为本"的原则，运用景观生态规划方法，统筹城乡生态资源、控制保护山水资源、整合利用文化资源，采用刚性控制、搭建理想模型、维护山水本底等策略，构建了生态安全格局，梳理了公园绿地布局，打造了特色人文新城，实现了城乡一体、网络布局、功能多样、特色鲜明、可操作性强的绿地体系。

设计感悟

株洲市绿地系统规划在规划层次、规划理念、规划原则、规划布局方法及规划实施上具有不同于以往规划的特点。其一，从规划层次上扩大了规划范围，对建设用地范围外的生态资源进行了统筹考虑，更有利于实现城市生态环境的可持续发展。其二，规划理念坚持"生态优先"，强调重视绿地空间格局对城市有序发展的提纲挈领作用，在维护生态基底完整的基础上考虑城市的发展，而非被动应对城市发展。其三，规划坚持"以人为本"，以绿地服务半径为依据搭建了绿地布局理想模型，并结合株洲市实际用地现状进行合理布局，满足了市民对绿地的游憩需求。其四，在规划方法上运用景观生态规划方法，强调构建绿地生态网络体系。以往规划方法多利用"点、线、面"规划法，仅注重布局的形态而忽视绿地内在的功能质量。此次规划利用生态景观格局理论，通过整合各类资源，建设大型山体及水系生态廊道，并优化整合破碎化绿地斑块，构建了绿地生态网络，充分实现了生态功能。其五，为保证绿地的实施，进行了绿地控制性详细规划，并将其与城市控规结合作为指导城市建设依据。

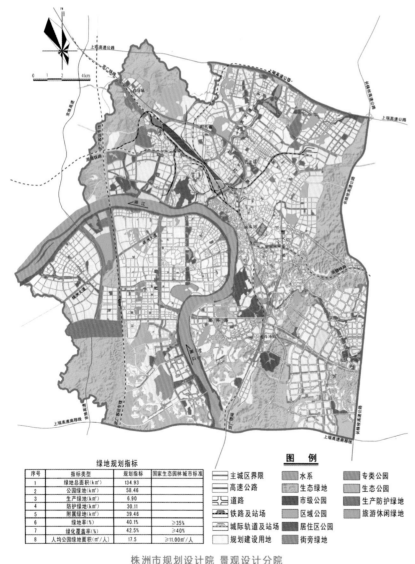

绿地规划指标

序号	指标类型	规划指标	国家生态园林城市标准
1	绿地总面积（km²）	134.93	
2	公园绿地（km²）	58.46	
3	生产绿地（km²）	6.90	
4	防护绿地（km²）	30.11	
5	附属绿地（km²）	39.46	
6	绿地率（%）	40.1%	≥35%
7	绿化覆盖率（%）	42.5%	≥40%
8	人均公园绿地面积（m²/人）	17.5	≥11.00m²/人

图例

主城区界限　水系　专类公园
高速公路　生态绿地　生态公园
道路　市级公园　生产防护绿地
铁路及站场　区域公园　旅游休闲绿地
城际轨道及站场　居住区公园
规划建设用地　街旁绿地

株洲市规划设计院 景观设计分院

主城区绿地系统规划图

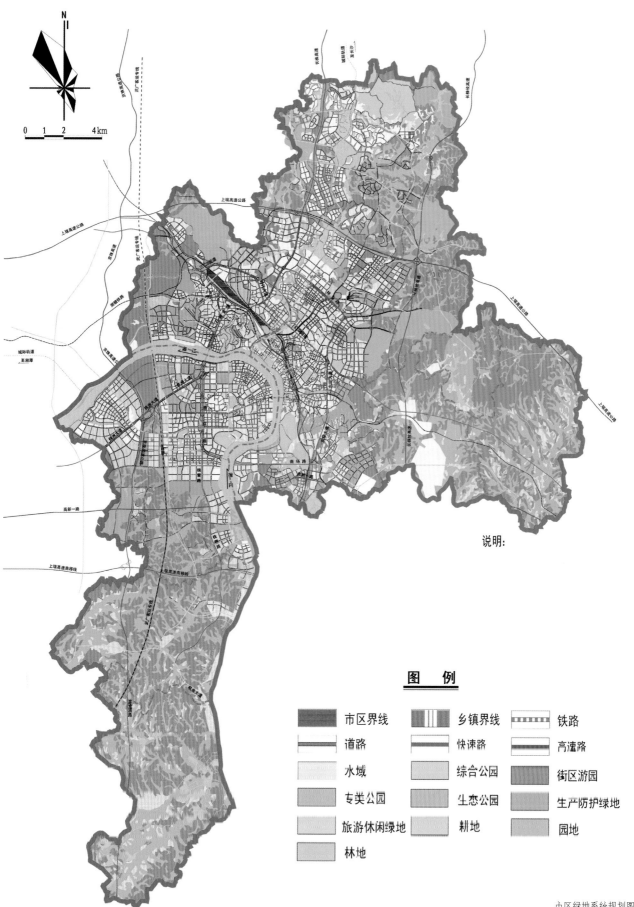

说明：

图 例

▨	市区界线	▨	乡镇界线	▨	铁路
▨	道路	▨	快速路	▨	高速路
▨	水域	▨	综合公园	▨	街区游园
▨	专类公园	▨	生态公园	▨	生产防护绿地
▨	旅游休闲绿地	▨	耕地	▨	园地
▨	林地				

市区绿地系统规划图

株洲市在河南省的位置

株洲规划区在株洲市域的位置

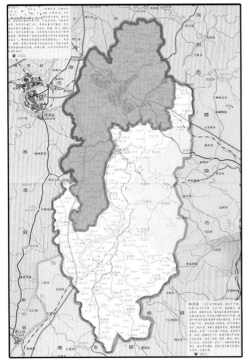

株洲市区在株洲规划区的位置

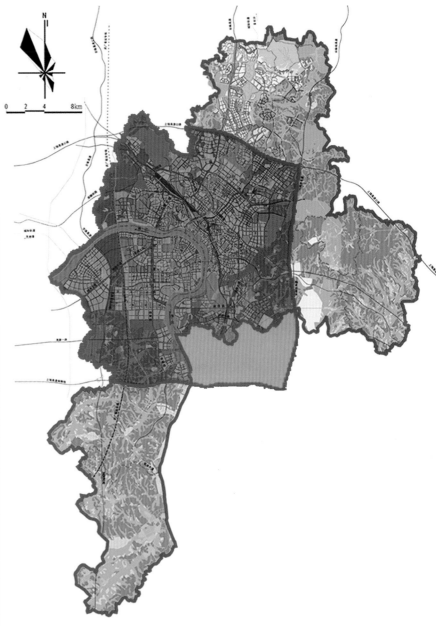

株洲市主城区在株洲市区的位置

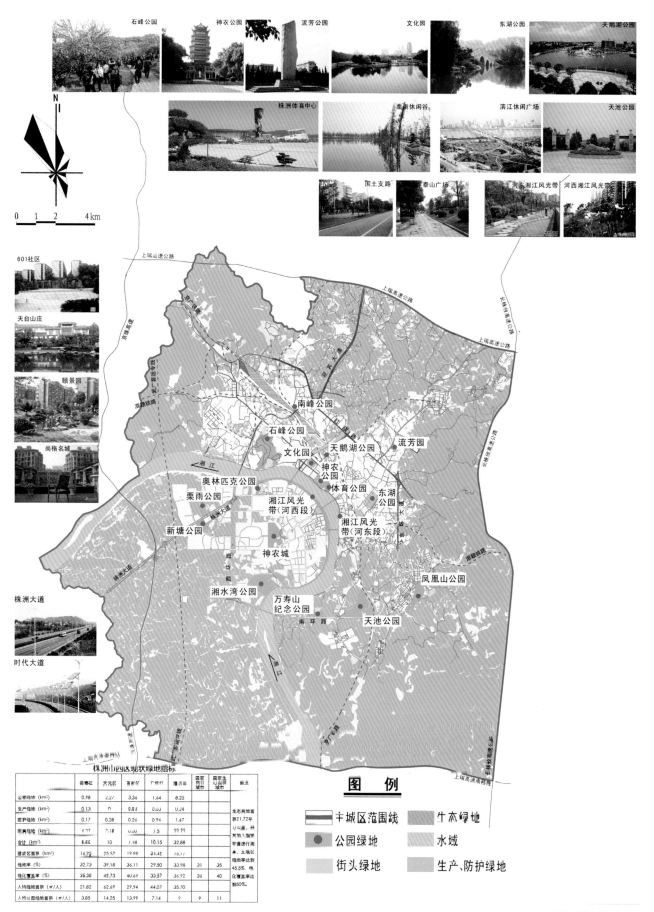

主城区绿地现状分析图

重现宋元古镇·再续千年窑火
——吉州窑遗址及永和古镇保护与展示规划设计

Reproducibility of Song Yuan Ancient Town · Continuing of the Millennium Kiln Fire—Jizhou Kiln Sites and Yonghe Town Protection and Exhibition Planning and Design

项目名称：重现宋元古镇·再续千年窑火
　　　　　——吉州窑遗址及永和古镇保护与展示规划设计

主创姓名：孙旭阳

成员姓名：黄勇 刘琨 Karin 刘蔚 王俊杰 曹蕾蕾 周卫超 刘伟 胡建

单位名称：上海易境景观规划设计有限公司

作品类别：城市规划设计（方案类）

项目规模：1.78 平方千米

所获奖项：iDEA-KING 艾景奖金奖

1·东坡井
2·览秀亭
3·环秀轩
4·千都观
5·舒翁轩
6·陶后台
7·讲经台岭
8·读书台
9·本觉寺龙窑遗址
10·转窑遗址
11·本觉寺塔
12·东入口
13·秋月寒江亭
14·吉州陶院
15·曾家祠堂
16·戏台
17·博物馆
18·古镇中心绿地
19·公园主入口
20·宋街

公园平面图

设计说明

　　吉州窑，兴于唐宋，衰于元代，是江南地区一处举世闻名的综合性瓷窑，它具有浓厚的地方风格与民族艺术特色。作为历史上"中国十大名窑"的吉州窑和凶瓷而兴的号称"宋代天下三镇"的永和镇，拥有丰厚的历史遗迹资源和自然景观条件。然而，永和镇目前在城镇建设方面，形象不佳，风貌缺失，建设失控。文化上，自晚唐到元末的陶瓷文化和富有特色的地方民俗文化，未得到充分的展示和体现，经济产业上，因文物遗址保护上的限制及其他原因，发展相对滞后。

　　我们在充分调研的基础上，试图通过策划和规划、具体的项目设计两个层面解决上述问题。

　　策划、规划层面上 ① 合理定位，确定其发展目标；② 探究吉州窑吉州窑遗址遗迹的保护和展示方法；③ 对永和城镇的风貌和形象控制提出合理的思路和解决方法；④ 确定旅游产业为未来的支柱产业，整体谋划旅游分区、游线、景点、设施等内容。

　　设计层面上，对近期实施的项目（包括改造与新建项目）进行重点设计，以吉州窑国家考古遗址公园、中国吉州窑博物馆、古镇中心文化广场、东昌路街道改造为代表，通过上述项目的实施，寻求较短的时间改变城镇形象风貌问题，拉动旅游产业发展，并在文化上充分展示以陶瓷文化为代表的吉州窑辉煌的历史文化，并寻求复兴和再现吉州窑的地域文化特色。

设计感悟

关于文化再造：地域文化，是一个地区经过历史上的长期发展所沉淀下的宝贵遗产。而地域文化的缺失或断层是多数城市所面临的主要问题。

永和镇吉州窑，是江南地区一处举世闻名的瓷窑。从唐末至元初，窑火持续千年而不衰，有民谣称："先有吉州窑，后有景德镇"，可以想见，古州窑在我国陶瓷历史发展上的重要地位和作用。元代以后，由于特殊的历史原因，吉州窑逐渐衰落、沉寂、消亡。

当前，因为古代陶瓷遗址保护的原因，极大地限制了该镇的发展。而简单的圈地保护，并没带来文化和经济繁荣，永和镇当前不仅经济落后，而且甚至百姓的基本住房土地都难以解决。

永和如何发展？我们认为除了基本的工农业生产以外，地域文化的传承发展，特别是历史上极富盛名的陶瓷文化为龙头的文化、旅游和大产业，应该是永和发展的亮点与契机。

而旅游产业的核心吸引就在于文化的魅力。因而，地域文化的再造与重塑就成为基础性的问题。因而，我们通过两个层面的手段来再造吉州窑文化。表层上，通过城镇的风貌、遗址公园、遗址的展示，旅游景点的打造来重现吉州窑当年的盛景。深层上，通过陶瓷制造的挖掘、研究和创新，艺术瓷人才的培养，逐步恢复永和的艺术制瓷业。

只有通过文化的保护与再现，文化的再现与再造，文化的传承与发展，才能形成永和镇不同于一般城镇的特殊魅力和特色。这样，不久的将来，吉州窑这朵曾经的陶瓷奇葩，必将会在世人面前重新绽放异彩，而永和镇百姓的生活，也必将会越来越美好。

概念一
CONCEPTION
院·巷

建筑如何与古镇的肌理协调？我们打破常规做法，将建筑分解为小尺度的单元，以取得与古镇建筑的尺度协调，并形成有趣的院落空间和巷道感觉

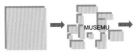

大体块的常规思维
Big Block

空间的分解
Divided

庭院与巷道空间
Court & Lane

与周边体量肌理的融合
Harmony with Texture

概念二
CONCEPTION
千年窑火

吉州窑兴于晚唐、衰于元末，窑火千年不息，而一座座龙窑密布于古镇，令人震撼。本建筑立面上突出陶瓷文化特色，延绵的屋顶暗示了历史上龙窑密布的意向，而墙体上滲透的孔洞寓意的是千年不息熊熊燃燒的炉火。

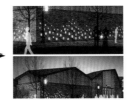

概念三
CONCEPTION
吉

數千個殘破的陶片上留給我們的信息——吉
吉州，吉祥，吉州窑火延續千年而不熄，
吉——千餘瓷器上鐫刻的漢字"吉"，信息經千年傳遞，震撼了我們，吉字是心愿，吉字是歷史的信息，由普通窑工書寫......
吉是對永和未來的祝願、也是對千萬窑工的紀念、是對千年吉州窑火不熄的紀念、是對創造永和文化的每個普通人的贊頌紀念

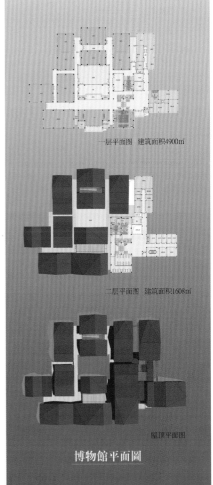

一层平面图 建筑面积4900㎡

二层平面图 建筑面积1608㎡

屋顶平面图

博物館平面圖

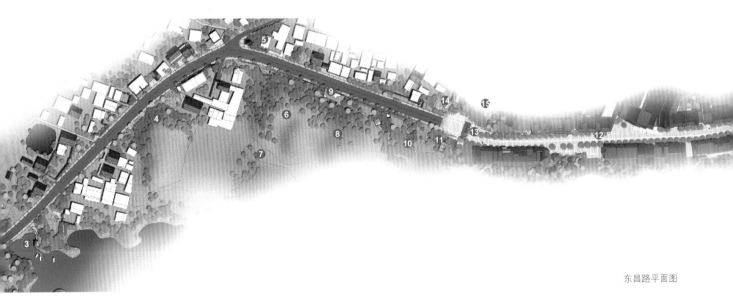

东昌路平面图

东昌路街景改造

连环湖旅游名镇详细规划

Lianhuan Lake Tourist Town Detailed Plan

项目名称： 连环湖旅游名镇详细规划

主创姓名： 傅吉清

成员姓名： 杨尉 邓旭坤 倪金娟

单位名称： 杭州施朗（美国SLA）建筑设计咨询有限公司

作品类别： 城市规划设计（实例类）

项目规模： 95.9公顷

所获奖项： **iDEA-KING** 艾景奖金奖

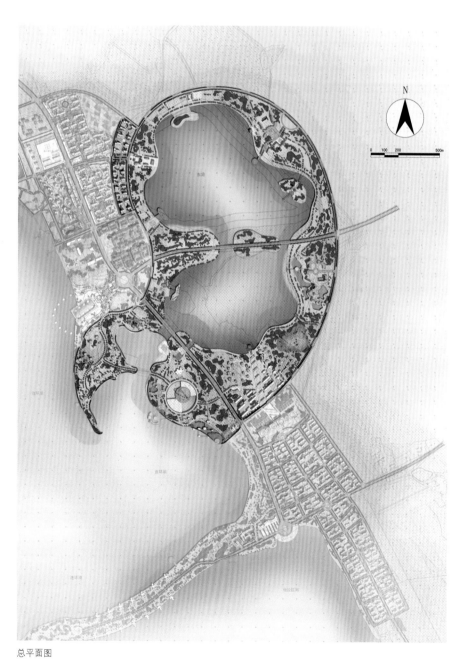

总平面图

设计说明

连环湖旅游名镇详细规划涉及区块概念规划、城市设计、建筑概念设计、景观设计以及城市配套设计等综合设计项目。结合黑龙江省打造12个旅游名镇的振兴计划，结合连环湖整体形态地块规划用地面积约95.9公顷。

连环湖风景名胜区总体规划依据景观资源属性、特征和景观资源地域分布、空间关系，在保持原有的自然地域单元和人文景观单元的完整性，为景区未来发展留有足够的弹性空间的原则指导下，确定"一湖、六片、七区、二环、三专线"的规划布局结构。

一湖：连环湖。

六片：连环湖休闲度假服务区、湿地洲岛观光浏览区、生态恢复区、外围保护区、水域观光运动休闲区、生态草原休闲游览区。

七区：连环湖温泉景区、龙坑驿站风情景区、九河渔猎文化景区、日月岛狩猎景区、鹭岛生态景区、阿木塔蒙古风情区、合发草原观光景区。

三专线：渔猎风情观光浏览线、农业观光浏览线、蒙族风情观光游览线。

连环湖旅游名镇概念规划以"生命连环湖，绿色休闲园"为核心理念、"湖泊温泉为本体资源，水乡风情为特色"为目标，打造连环湖"水—绿—人—文—产"五味（生态观光与科普、滨湖休闲、温泉养生、水上运动、会议度假）一体的最具北国典型湿地田园、温泉疗养特征的湖泊型生态旅游基地，是地域文化与自然生态高度契合的生态型、主题式特色休闲度假目的地。

鸟瞰图

以"游一品连环、享五味名镇"为设计主题，以"一核双轴，两湖五区"为设计结构，以湖滨生态旅游为基础、温泉养生旅游为主导、"印象"活力旅游为亮点、渔乡风情旅游为特色、商务娱乐旅游为契机，重点突出连环湖旅游名镇集生态、养生、活力、风情、娱乐于一体的发展新格局。

设计感悟

"碧水蓝天景，乐活新天地"，以发展商业服务、休闲度假、文化娱乐、生态旅游等四大功能为主，力争建设成为黑龙江省高品质、现代化、充满活力和景观魅力的旅游功能区。在整个设计中秉持着以下3个理念。

区域协调理念：延续一期规划，协调总体格局，提升规划用地空间形象。

文脉传承理念：深度挖掘地域文化，使连环湖成为文化传承的载体，展现连环湖地域特色。

生态名镇理念：利用区域内湖中有岛，湖中有州的环境特征，打造富有吸引力的北国湖滨湿地的特色风貌。

双桥逐月

连环湖之眼

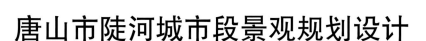
唐山市陡河城市段景观规划设计

The Landscape Planning and Design of Douhe River Section in Tangshan

项目名称：唐山市陡河城市段景观规划设计

主创姓名：邹裕波

成员姓名：邹裕波 蒙小英 马成鹏 谭成光 童景星 吕鑫 刘砾莎 闫博文 尹薇薇 黄月

单位名称：阿普贝思（北京）建筑景观设计咨询有限公司

作品类别：城市规划设计（方案类）

建成时间：2012 年

项目规模：120 公顷

所获奖项：*IDEA-KING* 艾景奖金奖

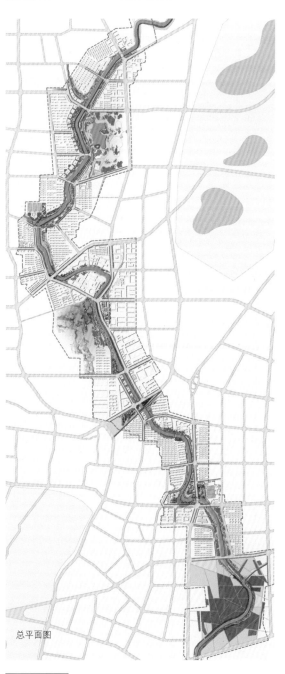

总平面图

设计说明

河北省唐山市陡河城市段景观规划设计用地范围沿陡河划定，从河北桥到南面唐津高速为止。蓝线宽度 100 ~ 200 米，红线内面积为 223.27 公顷。规划设计中坚持以"设计作为研究"的过程，把城市设计与景观规划设计结合起来，突破给定的红线范围，将基地各向东西两侧延伸 300 ~ 500 米作为设计的研究范围，面积增至 1749.62 公顷。规划设计的宗旨是并不局限于滨水景观的创造，而是从城市的层面、城市景观的结构和网络为出发点，从宏观上研究河流与城市的关系，再到中观尺度的滨水景观，最后是对现有硬化驳岸的改造策略。通过不同层面的策略研究，规划设计从创造城市公共开放空间系统出发，有机缝合陡河与城市空间，为唐山城重新缔造一个城市的蓝厅，重构已消逝在岁月中的唐溪风情。

设计感悟

因陡河城市段沿岸从 19 世纪末以来陆续建造了许多工厂，陡河也被称为工业的河流。因此该段景观设计以展现唐山百年历程的"工业文化"为主题，结合沿岸绿地和城市用地现状，将陡河从一条工业的河流转变为富有活力的城市蓝脉和公共开放空间系统，以水的质和量为规划设计首要考虑元素，运用科学的方法和先进的技术为唐山打造一条生命的河流——自由呼吸且健康的母亲河，建立稳定且多样化的河道生态系统，提升土地的价值和开发。同时通过协调水体与腹地的关系，使河道的经济娱乐和环境效益最大化。

河流——景观+生态
文化——工业文明+城市发展记忆
复兴——城市转型+经济发展
自古以来城市多是择水而建，傍水而兴，一个河流的故事或许是一部城市的历史。

唐山陡河二标段鸟瞰图

唐山陡河整体鸟瞰图

河东路桥石涅锈园鸟瞰图

长宁桥南建成实拍

陡河涂鸦墙

文明新辉鸟瞰图

弯道山红玫瑰园鸟瞰图

房县中华诗经文化城修建性详细规划

*C*hinese Poetry Culture Town Planing, Fangxian

项目名称：房县中华诗经文化城修建性详细规划
主创姓名：王爱敏 乔枫叶 黄贵良
成员姓名：姚倩 纪芳华 王祖辉
单位名称：中工武大设计研究有限公司
作品类别：城市规划设计（方案类）
项目规模：450亩
所获奖项：*iDEA-KING* 艾景奖金奖

设计说明

　　诗经文化城位于湖北省房县新区，占地450亩，是一个集文化展示、文化体验、国学教育、风情度假为一体的文化主题园。通观诗经文化的内容，可发现其对应了人类生活基本模式的3个层面，即世俗生活、高雅艺术、信仰。因此，全园围绕诗经中"风、雅、颂"三大主题内容，形成以体现"雅""颂"的礼乐文化与高雅艺术展示，体现"风"的民俗民风体验与休闲养生。整个园区在功能上被划分为礼乐文化展示区、诗经文化演绎区、十五国风体验区、儿童游乐区、周肆五大部分，静态与动态体验的结合力求全景式呈现诗经文化的魅力。景观的营造上则遵循古典园林的理山造园手法和风水观，以水为脉、逶迤贯通，通过水面的开合与丰富的形态变化丰富与分割空间，营造壶中天地之感。建筑风格采用春秋战国时期的高台建筑样式，并运用特色植物的配置营造出不同区域的特色景观。

总平面图

鸟瞰图

设计感悟

我们一直从概念规划做到修建性详细规划，历时一年时间，并在北京召开的专家评审会上获得了一致好评。

不同于以往景观规划项目，此项目的难点在于项目的策划与文化主题的对接。诗经是中华文化之源，容不得对文化挖掘点到即止的敷衍，对此项目组用了3个月时间邀请专家团队对诗经与周代文化做了几十个专题的研究，包括建筑规制、礼仪、日用器皿、服饰、饮食、图案、人物故等，力求设计中对诗经文化的理解不走偏。而诗经是三千年前的文学作品，描摹的是数千年前的社会生活面貌，如何寻找诗经与现代人生活的契合点是我们策划的关键点。通过分析归纳我们提出了设计的三大结合点，即与未来新的生活方式的结合、与创意产业的结合、推动核心价值观的回归，并将其贯彻到主题产品的策划中，形成了我们的设计据点。

在产品的打造上对每个主题区域均充分考虑文化转换成产品的创意性，而不是为文化而呈现文化，如将诗经故事设计成大尺度仿真雕塑，将射、御之术设计成4D游戏，将诗经传达的礼制仪节转化成国学教育的内容等，而在细节的设计上我们亦是力求从本源入手，景点的创意均从诗经300篇中挖掘信息，力求实体的呈现必有所出，处处体现诗经的意境与趣味。

应该说对文化本体的严肃态度加上富有激情的创意策划以及对于细节的琢磨共同保证了项目的品质。

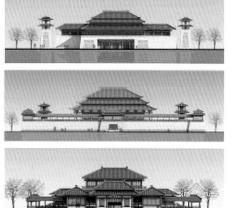

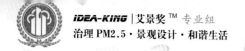
陕西安康市高新区市民广场景观设计

The Landscape Design of Shaanxi Ankang High-tech Zone Civic Square

项目名称：陕西安康市高新区市民广场景观设计
主创姓名：陈曦
成员姓名：张弛 胡骏懿
单位名称：中国海诚国际工程投资总院武汉轻工院西安景观分院
作品类别：城市规划设计
建成时间：2012年11月
项目规模：50 000平方米
所获奖项：IDEA-KING 艾景奖银奖

设计说明

广场作为现代都市人们生活的一个活动空间，有其公共性、开放性和实用性等诸多属性，但它区别于公园设计，所以更多的应是以简练、概括为主，同时体现以人为本的理念。广场设计有三大基本因素，形象（景观）、功能（实用）、环境，这三大要素组成了人们休闲、集会、学习交流和了解社会发展与进步的各层面需求，同时更体现了一个地区的文明与进步发展程度。它必须充满现代气息和时代感，广场体现的是一个时代主题。

总平面图

鸟瞰图

本案集生态休闲、人流集散、交通疏导、生态停车、商业购物、大地景观营造等多功能于一身,将成为安康高新区重要的城市新名片。

1. 区位概况

安康高新区市民广场位于安康高新技术产业开发区长岭片区的门户区域,总用地面积近100亩,地理位置十分重要。

地块南临安康大道,东临花园大道,北接数字化创业中心及安康国际饭店,西接交涌大厦。广场周边还分布有安康学院、高新医院、安康市公安局、国土大厦、市委党校、安康技术学院等。

2. 设计理念

根据本案的地理位置、周边环境特点及建筑功能等因素综合考虑,将安康高新区市民广场定义为一个以生态休闲为主,兼具交通疏导、人流集散、生态停车、商业购物、文化艺术、景观营造

等多功能于一体的城市综合性广场。

设计手法采用大尺度的轴线控制法,结合周边建筑形式,采用几何式较规整的平面构图,展示出大气、简洁的现代广场风貌,既凸显出数字化创业中心与安康国际饭店这两座地标性建筑的气势与恢弘,又符合整个高新区所呈现的现代感十足的氛围与气息。

3. 功能结构

结合现状及功能需求,提出"一带、二轴、六片区、多节点"的整体空间结构,力求打造出一个充满活力的安康城市新名片。

"一带"为沿安康大道以北的市民广场功能景观带,串联起狭长用地范围内的各个功能区域。

"二轴"为本案所紧邻的数字化创业中心、安康国际饭店及其附属的会议中心3个主要建筑所延伸出的中心轴线,

以此构成广场的三条控制轴线,形成广场的主要骨架。

"六片区"是沿功能景观带纵向依次分布的6个功能区域,由东至西分别为:东部市民休闲广场区;"安康文化艺术雕塑长廊"区、东生态停车场区、行政广场区、西生态停车场区及用地最西部的生态休闲广场区。

"多节点"是指分布于各个功能区域内的景观节点,为市民提供丰富多彩的景观空间。

4. 交通组织

设计充分考虑了广场外城市道路与广场内道路的结合,保证了建筑使用以及与城市道路之间的交通顺畅,同时也满足建筑的消防需求。

交通组织实现人车分流,车行主道路南接安康大道,环绕创业中心主楼并西接待建规划路。设置在行政广场东西

两侧的大型生态停车场与主车道相接，提供了约220个室外停车位，服务于整个市民广场及其周边建筑。

人行道路贯穿整个地块，使人们可以便捷地到达广场的各个功能区域及景观节点。同时注重沿路环境景观的营造，使散布在其中的人们步移景异，心情愉悦。

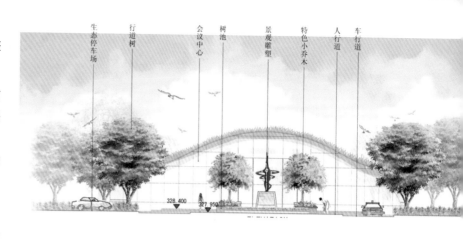

5. 重点区域设计

（1）生态休闲广场区域（"安康花海"标志性大地景观）。本区域主要为市民提供一处休闲游览的绿色生态景观空间，通过大面积种植适宜安康生长的常绿灌木，形成色彩斑斓但又富有一定规律性的现代气息浓郁的特色植物景观区域。大尺度几何式布置的路网将整个区域划分成多个种植池，结合广场竖向设计，营造出一个平面上大小不一，竖向上高低错落的"安康花海"大地景观片区。在安康国际饭店延伸出的中轴线上设置水景，将轴线及通往酒店平台下大型商业的主通道强调出来。

（2）行政广场区域（阶梯式特色跌水景观）。根据数字化创业中心与其南面安康大道之间的高差关系，我们顺应地形设计了层级跌水景观，水从位于广场中心特殊设计的"富硒泉"中涌出，并通过特色景观墙以水幕形式潺潺流下，顺势跌落，水池中央部分的石材上雕刻有关于安康简介与故事；清澈的泉水从其上流过，象征着安康悠久璀璨的历史文化源远流长，并将迎来更美好的每天。

水景两侧设计的文化景观灯柱造型大气并富有内涵，将安康的山、水文化承载与其上，强调了安康作为山水园林城市所具有的独特魅力。

同时，水景的引入也为数字化创业中心营造了一个背山面水的绝佳环境。

设计感悟

平面布局与建筑相呼应，采用中轴线对应的方法，凸显出数字化创业中心与安康国际饭店这两座地标性建筑的气势与恢弘。建筑正面主轴线上的水景设计，使建筑与广场相得益彰、相辅相成，并同时为两座建筑营造了背山面水的绝佳环境。整个平面构图简洁大气，同时考虑地形高差，使得本案凸显出强烈的图形线条感和现代感，既与建筑设计风格相匹配，又符合整个高新区所呈现的现代感十足的氛围与气息。

注重生态性与景观性的结合。"安康花海"是本案的另一个设计亮点，既满足整体设计风格的造型需求，又营造出了一个独特的植物海洋，其间以木栈道为连接，并在木栈道两侧种植乔木，使得人们可以充分享受这美丽的绿色空间。交通采用大尺度的外环设计，保证了建筑的正常使用及交通的流畅，并基本实现了人车分流。同时满足了建筑的消防需求。竖向设计与平面布局相结合，营造出较为平坦开阔的使用空间，在紧邻花园大道一侧，利用各个种植池之间的衔接以及挡土墙与涌泉跌水的组合，营造出一个丰富多彩的市民休闲活动空间。

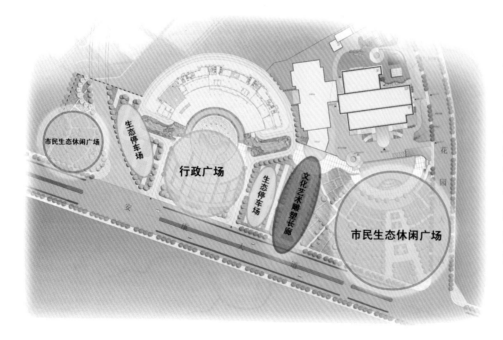

盘龙江修复性设计
——昆明的绿色走廊，市民的精神家园

The Restorative Design of Panlong River
—Green Belts of Kunming, Spiritual Home of Citizen

项目名称： 盘龙江修复性设计
　　　　——昆明的绿色走廊，市民的精神家园

主创姓名： 高飞

作品类别： 城市规划设计（方案类）

所获奖项： iDEA-KING 艾景奖银奖

设计说明

盘龙江修复设计是区域性的修复设计，是以城市的核心人文生态廊道来定位，以自然生态系统相互协调来进行规划的。

基于对盘龙江现状的综合分析，盘龙江廊道空间出现了通达性、进入性很差的情况，而且没有宜憩、生态的沿河廊道空间，只有同时解决以上两个问题，才能实现对盘龙江的可持续性生态修复。

本设计方案全方面融入了低碳、生态可持续的设计理念，致力修复以下内容：

1. 修复河流自净系统。

2. 修复城市地下水的补给通道。

3. 修复属于城市人民的休闲空间。

4. 修复市民对于河流的生活记忆。

5. 修复城市人文绿地生态系统。

6. 修复城市运动、游憩廊道。

7. 修复城市片区性交通系统。

8. 修复城市的雨洪管理系统。

最终，构建真正的沿江生态廊道，创建属于市民的休闲家园，形成穿越昆明主城区的特色景观带，打造最佳的亲水乐园，带动沿河经济发展（发展沿河生态体验式商业步行街，集休闲、购物、娱乐、餐饮于一体），有效改善空气质量，降低了 PM2.5 指标。

设计感悟

我一直未曾放弃反思；我并没有卓越的专业知识以及高水准的专业素养，只是一直在学习，一直在学会（着）尊重。对丁各种资源的大肆破坏和不（无）节制的浪费，我的内心一直隐隐作痛。我想，尊重每一个生命体以及每一个系统（自然、社会），是一种基本的素质。

地球系统正在被破坏，也许源于我

总平面图

鸟瞰图

们身边的一个生命遭受蹂躏，也许源于我们随手而掷的垃圾，也许源于我们的自私与自大。

但大部分人并不知情，这种危机与责任总处于迷茫与重要的状态。我的心真的有些焦虑与慌张。我，一个"景观人"（生活在景中的人），——因为我爱着世界一切，我必须去做些属于我灵魂的东西。

城市的大量扩张建设，不平衡性的空间挤压，

建筑垃圾横行、地下水网被破坏、外来人口急剧增加、汽车猛增、交通拥堵，空气健康指数不断下降、区域性气温呈上升趋势，公共系统负荷不堪重负，区域性连年干旱，水资源严重短缺，这不是我们可以忽略的问题，如果再继续这样走下去，昆明只有一个春天，并没有春城！

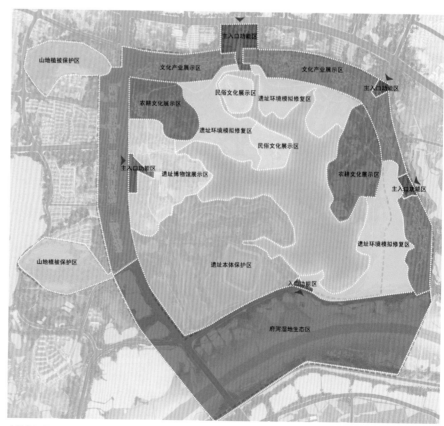

功能分区图

文化产业组团效果图

文化产业组团效果图

吐蕃古都琼结原生态博物馆设计方案

The Ancient Capital of Tibet: Qonggyai—"The Original Way of Life" Museum Development Scheme

项目名称：吐蕃古都琼结原生态博物馆设计方案

主创姓名：高云亮

成员姓名：王心怡 刘婷 雷楠 徐馨叶

单位名称：山南地区行署

作品类别：城市规划设计（方案类）

所获奖项：IDEA-KING 艾景奖金奖

平面图

设计说明

第一部分：新疆山南地区旅游产业现状分析，以及把错那县作为西藏第三个旅游终到站的设计方案。

在实地调研阶段，调研组对山南地区的7个县进行了实地走访，并对西藏地区10家主要的旅行社导游及老司机进行采访，通过分析现状得出以下结论：

（1）西藏地区旅游产业发展整体较为落后，与西藏地区被誉为世界旅游名地的称号不相符合。

（2）山南地区人文景观及自然风光等旅游资源都很丰富，但山南地区的旅游产业整体落后于西藏其他地区。

（3）西藏地区除拉萨市以外，旅游产业开发较好的两个地区——日喀则地区、林芝地区几乎占去西藏80%的游客份额，旅游产业发展水平和旅游创收也领先于西藏其他地区。而通过对数据进一步的分析，发现这两个地区旅游产业发展较好的主要原因是日喀则和林芝各拥有一处世界级的旅游终到站，即世界最高峰珠穆朗玛峰，林芝的高原热带雨林景观；从而带动了沿线地区旅游业的整体繁荣。

（4）由此提出在山南地区寻找到能与珠穆朗玛峰、林芝高原热带雨林风光相媲美的西藏第三个旅游终到站，才是扭转整个山南地区旅游产业落后局面的根本途径。

（5）经过调研与比对，最终制定出将山南地区错那县的勒布沟确定为西藏第三个旅游终到站的方案，并将这一方案作为本次山南地区旅游产业规划的主体思路对山南地区整体的旅游产业进行

交通图规划

原路网图

内外交通混用道路

对外交通示意图

绿色 对外交通
黄色 内部交通快行到
红色 辅路、步行街、广场

路网规划图

鸟瞰图

整合和细化。

第二部分：山南明珠——古都琼结、昌珠景区规划设计方案及微环境学在琼结、昌珠人居环境改善当中的应用。

将琼结镇雪村、昌珠镇昌珠村作为拉萨至错那县旅游线路上的中转站进行设计，是因为这个地区既是藏南地理和物资流通的中心，同时也是沿雅鲁藏布江和雅砻河沿岸景观的中心点；在时间上也是从拉萨出发经过羊卓雍错、桑耶寺、雍布拉康、藏王墓景点到错那勒布沟景区游线第一天旅行的终点。

联合国世界人居奖成立22年以来，获得此项殊荣的16个中国城市中包括大连、烟台、珠海等无一不是旅游产业发达的城市，由此可见人居环境的改善对于推动区域旅游产业发展的重要作用。也由此在琼结镇旅游中转站和琼结镇景区的设计开发上，提出了将"琼结—高原宜居建设试点"和"古都景区景观艺术设计"相结合的理念：以当地人居环境改善推动城市建设和旅游开发的互动发展，并形成了一系列的规划设计图样，一同收入到《彩绘藏域之宗》书稿中。

第三部分：原生态博物馆的设计理念。

把琼结作为山南地区旅游中转站的方案，不仅是因为琼结现有的藏王墓和青瓦达孜宫遗存，也是因为在琼结镇调研过程中发现的一处10万平方米、保存完好的古村落"琼结雪"。尤其珍贵的是，这里保存完好的原生态生活方式和风俗习惯。西藏自治区从2006年安居工程开展以来，区内的原始古村落逐渐减少，而林芝、日喀则、江孜等古镇，由于开发较早，民族及地域特色已不鲜明。琼结作为前吐蕃国的古都，与藏民族历史上许多重大事件紧密相关。今天琼结的原生态古村落所代表的已不只是琼结自己，而是整个藏民族发展史的现实演绎。基于以上资源特点，提出将琼结雪建设成为藏民族演化历史的"原生态博物馆"的理念。实现方法为：以藏王墓、青瓦达孜宫等文物古迹为物质载体，原生态的生产生活方式为形式，重点展示人在其中的行为，使琼结雪村百姓的日常生活成为展现在游客眼中的一幕幕活着的藏民族生活和演化的真实场景。

透视图

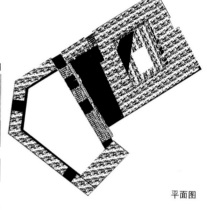

平面图

立面示意图

区位图

商业开发区效果图

设计感悟

《彩绘藏域之宗》原本是一部规划文本，在这里一字未改地把它搬上了书刊。它不仅是一个关于古镇复兴方案的讨论，同时也记录了来自清华大学、北京大学等高校学生参与的一次公益活动。山南地区被称为藏民族文化的发源地，前吐蕃国的故都，是典型的藏南气候区；但丰富的人文资源并没有让这里的人们摆脱贫困的面貌。而西藏各地落后的原因又大致相同。本书以山南地区的琼结镇为试点，力图改变内地惯用的规划文本模式和设计理念，探索出一条与西藏的生态、文化、社会环境等实际情况相切合的新道路，从当地的风俗与传统宜居理念中找到解决当地问题的方案。

我曾在《脚印里的转经人》书中第一次提到，传统藏式规划理念的存在，是

千百年来藏族百姓与这里的自然环境同步演化而成的，对高原地区的现代化开发具有指导意义。并尝试着将它从当地的习俗、谚语、巫术和藏式聚落与建筑的遗存之中挖掘出来，归结成系统化的理论。山南地区旅游产业规划和人居环境调研活动是对这个理论进行的一次尝试。

调研组在山南生活的四个多月的时间里，从对民居古迹的惊叹到着迷于追究吐蕃文明的轨迹，转而开始把注意力关注到每一个与我们每天相随的村里的孩子身上，体会每一次的拜访，同样的食物，同样的劳动、一起转山、过节、度林卡。我们开始获得了一双这里人的眼睛去看待那熟悉的笑容，平常的日子，也一起展望属于这里每一个家庭的未来，我们喜欢坐在藏椅上把一天的时间打发，

文中所提到的雪村有着2000多年的历史，既承载着一个地域的文化的演进过程，更是一个呼吸着的生命体，她的脚步从未停止，始终行进在一条既有历史和现状又对未来充满希望的完整的藏民族发展脉络之上，诉说的是整个藏民族发展的故事。这不是一个冰冷、静态陈列的展厅，而是一种能够行走其中的，进行情感互动的环境。

本书内容涉及了大量的当地人文与地理的内容，其中安放着我和同伴们一份珍贵的记忆和所经历过的感动。她拒绝了以往专业类文章生僻的语言，希望既经得起专业人士推敲又不令非专业读者感觉乏味，希望读过此书的人都能从书中找到自己兴趣点。

拉萨

泽当

琼结

羊卓雍错

哲古湖

珠穆朗玛峰

林芝

错那

● 中转节点

线路一　拉萨—泽当—琼结—泽当—林芝
线路二　拉萨—泽当—琼结—泽当—错那
线路三　拉萨—泽当—琼结—哲古湖—羊卓雍错或洛扎

童話夢境·錯那——第三个旅游终到站设想

三河市东吴各庄村"幸福乡村"景观设计

Sanhe East Village "rural landscape design"

项目名称： 三河市东吴各庄村"幸福乡村"景观设计

主创姓名： 吴青泰

成员姓名： 席栋 赵正祥 张丽华

单位名称： 华北科技学院 建筑工程学院

作品类别： 城市规划设计

建成时间： 2012年10月

项目规模： 500亩

所获奖项： IDEA-KING 艾景奖银奖

设计说明

东吴各庄村位于河北三河市燕郊经济开发区南，共180户，600口人，村庄占地500亩，耕地1430亩。村民生活方式向乡镇化、城市化转型，文体活动和交流较多，有100多人的秧歌队，篮球队在附近区域名列前茅。

（1）村子入口缺乏新农村面貌特征，空间缺乏层次，不耐看。

（2）公共照明没有完全覆盖，路灯样式老化，亟待更新。

（3）垃圾排放缺乏有效管理，垃圾在道路上经常可见。

（4）绿化没有立体化、系统化；主干道两侧没有绿化、杂草丛生，缺乏次级缓冲空间。

（5）村民文化活动具备空间及设施，但是缺乏整体形象设计和空间规划，急需建设村民活动大广场。

设计主题

倡文艺，讲文明，沉淀当下文化；爱生命，惜生活，绽放无限生机。

倡文艺、讲文明：① 建设文化广场，演唱区设大屏幕，可以卡拉OK、放电影和宣传党的富民政策。② 文化广场中心区域为秧歌队提供空间，四角四棵古树增添自然气息和神圣感。③ 文化广场周

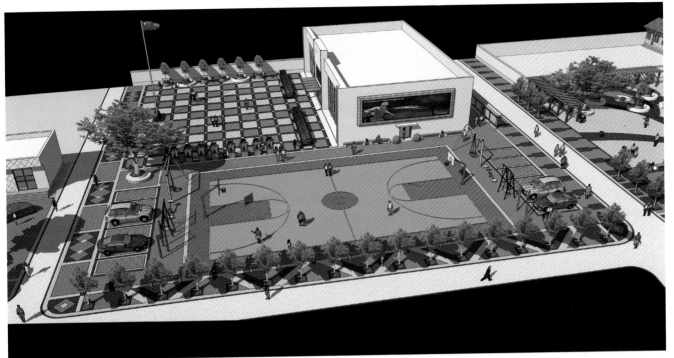

东吴各庄村中心广场效果图

围设休闲座椅、棋牌桌。④ 透水砖和绿化的深入改造，路面的泥泞不再显现，又让雨水渗入地下，滋养大地。

身交往、心交流：① 新建村民活动中心，让人们在相互交往中获得身心和谐的邻里关系。② 新建幼儿园、卫生站和残疾人救助站，传递和谐的精神文明。③ 卫生站东侧设计休闲小花园，中间有水系和绿化，周围休闲座椅。④ 新建设村委会二层办公大楼，建筑面积 1000 平方米，村委会南面设计国旗广场。⑤ 村委会办公楼南面建篮球场和健身广场，为青年、老年人和儿童提供活动的空间。

爱生命、惜生活：① 主入口标志性绿化、主干道两侧绿化和宅前绿化结合，构建多层次的绿地系统。② 选用太阳能热水器和路灯，节能减排，养殖区 Ⅲ 闲地，建造沼气池，能源循环。③ 结合村子现状，完善排水系统，顺畅、健康、生态、环保。④ 建筑外观统一色彩，穿靴带帽，增加环境的整体美感，提高生活质量。⑤ 广场成为村庄的客厅，周围用地灯、广场灯照明，让广场既有文化又彰显艺术的魅力。

东吴各庄村文化广场效果图

东吴各庄村入口效果

东吴各庄村入口景观设计

本案对景观设计系统及其主要元素进行了探讨：从远看景观的气势到近看景观的表情；从满足人的行为规律到提供人精神与情感的需求；从景观功能合理化到景观空间亲身体验；从解决自然生态问题到反思人与自然的关系；从观察日常生活现象到关注生存空间质量等进行了思考。只有运用系统论思想指导景观设计，才能实现景观设计系统的完整，才能构建健康、幸福、和谐的人居环境。

新农村景观建设是和人类生存环境最密切相关的，所以本案设计理念"倡文艺，讲文明，沉淀当下文化；爱生命，惜生活，绽放无限生机"。画龙点睛地说明了本设计的重点是营造人与人在户外相互交往的空间，使之成为村庄的客厅进而创建独特的乡村文化。

任何事物都是不断发展的，景观设计也要紧随时代的前进不断发展，它是开放、不断扩充的体系，必须及时吸收新的理论和实践研究成果，不断深入和完善，保持与时俱进的先进性。

设计感悟

人类择居艺术的最高境界是"天人合一"，就是人与环境融合一体、和谐共生。

本案在设计中深刻感受到景观要达到的和谐状态，就必须以系统科学的思想指导景观设计的内容和过程，对新农村景观系统的必要元素物学、人学、美学进行系统地研究。

弥陀古寺规划景观设计

Mituo Temple planning landscape design

项目名称：弥陀古寺规划景观设计

主创姓名：胡骏懿

成员姓名：郭雷鹏 张弛 陈曦

单位名称：中国海诚国际工程投资总院武汉轻工院西安景观分院

作品类别：城市规划设计（方案类）

项目规模：30 亩

所获奖项：iDEA-KING 艾景奖铜奖

平面图

设计说明

寺院是佛教进行宗教活动的主要场所。我国的佛教寺院，在漫长的历史进程中，逐渐形成了自己独有的结构特色。这里所言的结构，就是指一座寺院中各种建筑的排列次序，即是以何种方式来布局的。历史上佛寺的布局主要有 3 种形式。

廊院式：这是我国佛寺早期的一种布局形式，主要是在塔庙制度的影响下而产生的。就是以一座佛殿或一座佛塔为中心，四周绕以廊屋，形成独立的院落，大的寺院可以由多个院落组成。这种布局是受到当时印度佛寺样式的影响，与中国传统宫署建筑相结合而形成的形式。

纵轴式：是我国佛寺布局的主要形式，现存的佛寺建筑，大多采用此种布局方式。唐中叶至五代时期，禅宗大盛，于是乎更加快了佛教中国化的进程。如果说在唐以前，佛寺的布局尚存在印度遗风，那么唐代以后随着"伽蓝制度"的形成，佛寺的布局就完全被中国纵轴式的殿堂、院落所代替了。可以说，纵轴式的布局，完全是中国伽蓝制度的具体反映。

自由式：此种布局形式，是随着藏传佛教的兴起而发展起来的，多建于西藏、青海、内蒙古等地，只有少量的汉传寺庙具有这种布局。自由式布局的形成，主要是因为元朝的蒙古族统治者崇信藏传佛教，而藏传佛教的寺院建筑往往都采用"都纲制度"。于是，便有了自由式布局的产生。其特点是，没有明显的主轴线，按照地形因地制宜来配置寺院中的各类建筑。

弥陀古寺鸟瞰图

空中菜园

V—ROOF

项目名称： 空中菜园

主创姓名： 付丛伟 赵桂娟

成员姓名： 杨隽伟 黄柯

单位名称： 东方园林产业集团——东联（上海）创意设计发展有限公司

作品类别： 立体绿化设计

建成时间： 2012年7月

所获奖项： *iDEA-KING* 艾景奖金奖

设计说明

空中菜园项目主要是通过利用城市闲置屋顶结合艺术、环保科技、农耕文化打造现代都市的艺术农场，提供新鲜的有机蔬菜及农业休闲环境，比传统的屋顶花园更具实用性。它的推广和实施对于城市及社会具有多方面的积极意义。该项目是东方园林景观设计集团——东联（上海）创意设计发展有限公司的绿色科研项目，也是上海市科学技术委员会科研计划扶持项目——面向城市农业景观休闲服务的模式研究及应用的一期研究成果。

项目组核心人员供职于东方园林，从投标2010上海世博公园设计时开始就重点推行"Green City"，空中菜园是从农业景观切入诠释"Green City, Better Life"的理念。采用设计、施工、运营零衔接的方式整合都市屋顶资源，运用互联网技术统一系统化操作形成以信息技术为引导的农业元素＋景观手法的创新设计模式，从而将农业康体、艺术人文和信息科技很好地结合在一起，保证了项目后期运营的可行性。

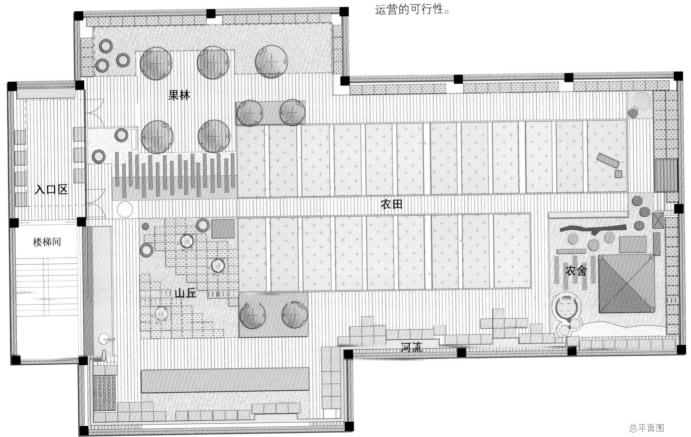

总平面图

鸟瞰图

空中菜园的核心目标：

◆ 节能减排，改善城市生态环境，提升城市景观

◆ 挖掘闲置空间价值，缓解土地紧缺矛盾

◆ 生产放心食品

◆ 倡导绿色健康的低碳休闲方式

随着 V-ROOF 的实践项目的建成与运营，未来将围绕 V-ROOF 发展出一系列生态农业项目 V-Garden（社区菜园）、V-Farm（农场）、V-Deco（绿植艺术）、V-Kitchen（蔬菜厨房），五大板块组成全新的都市健康生活方式即 V-Life（绿生活）。本次大赛我们以建成的两个项目作为案例，详细展示 V-ROOF 的成果。

设计感悟

从投标 2010 上海世博公园我们提出 "Green City" 的理念，到现在一直都在探索、实践绿色城市的项目。近年来，随着社会的发展都市人对健康生态休闲的生活方式的追求及食品安全问题的频出，引发我们对于城市以及城市人的思考，都市生活真的就需要亚健康状况吗？假期及双修日一定要到开车到乡下才能体验与大自然的亲密接触吗？我们越来越清晰地感觉到都市绿生活是

未来城市发展的一个新的需求点。

在我们工作的城市，大量的屋顶处于闲置状态，资源是浪费的。或者稍微好一点的是做了屋顶绿化，但屋顶花园的维护费用高，也没有实际的产出，与人的互动性差。屋顶菜园的发展不但具有屋顶花园的优势而且可以植入中国传统农耕文化带动人的参与性，利用生态环保农业技术可以产出有机蔬菜，是新型的农业休闲服务项目。对于屋顶菜园的实施推广我们非常有信心，无论是对于社会、环境以及生活方式上的影响都是积极向上的，从第一个屋顶菜园筹建之初到现在建成的成果一直都有社会、学校、企业、媒体、的支持与鼓励，2011年底上海上海市科学技术委员会对于我们项目的认可及支持使我们更加坚定地走下去，因为我们相信农业休闲的时代已经来临，它将引领整个城市走向健康、持续的发展方向。

原场地   现状

如影随行
——上海美兰湖 SOHO 屋顶花园景观设计

Like My Shadow Accompany
—The Landscape Design of Meilanhu SOHO Roof-Greening

项目名称：如影随行
　　　　　——上海美兰湖 soho 屋顶花园景观设计

主创姓名：程冀文

成员姓名：黄吉 庞静

单位名称：上海国安园林景观建设有限公司

作品类别：立体绿化设计

建成时间：2012 年

所获奖项：**iDEA-KiNG** 艾景奖金奖

设计说明

　　该项目设计仅仅围绕屋顶花园的两大特点展开：一方面，将有限的空间与绿化进行有机的结合。整体的植栽布局以小巧精美为主，植物设计从整体上营造出一个既符合审美需求，又优化环境治理 PM2.5 的"灵气漂亮的庭院"。另一方面，在整体布局空间的形式上，遵循了家庭室内设计的游览节奏，各景观

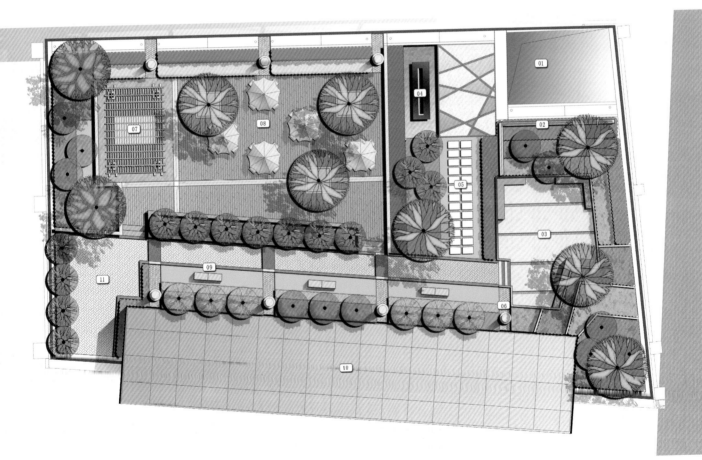

总平面图

鸟瞰图

设计感悟

区域的功能设置与室内使用功能类似，凸显空间的功能性和参与感。为突出夜间现代前卫的景观体验，在设计中使用了特色水火景小品。同时伴有泛光灯的设置。傍晚夕阳下，光影透过树木，斑驳陆离，七彩炫目。夜晚透过木平台折射出若有若现的色彩与光影，让身临其境的人们不由自主地去追随光影的倩影，去寻觅安宁与神秘。

任何一个设计作品，都要有其特色和灵魂所在。在本项目中，我选择了"光影"这一主题概念。"光"象征着正面的能量，绿色阳光带给人无限的激情，"影"是两者的表现形式，给人视觉上的直观享受。在具体的景观设计中，我们也将"光影"这一概念进行延伸和使用。无论是在色彩上（灯带），还是表现形式上（水火景小品），亦或是空间布局上（灯光地带），我们都赋予了"光影"更多的表现形式。也让我认识到光影在景观设计运用过程中的丰富性。

屋顶花园作为人亲近自然的一种新的媒介，在景观设计的过程中要考虑对于人休闲休憩等使用功能的满足，同时如何更好地吸引人们参与其中也是我们考虑的出发点之一。对此，我在景观设计的过程中，通过俯视效果、富有特色的景观小品设置、留有足够的休闲停留区域等3方面加以满足和强化。

由于屋顶花园露天、室外的特殊地理位置性，因此在植物配置的过程中，我们更多地去考虑植物是否容易成活、是否养护便利。与此同时，为了避免炎炎夏日蚊虫过多的问题，在植物选择的过程中，我们也考虑到总体植栽的布局，避免引起人们对过密的植物的压抑。

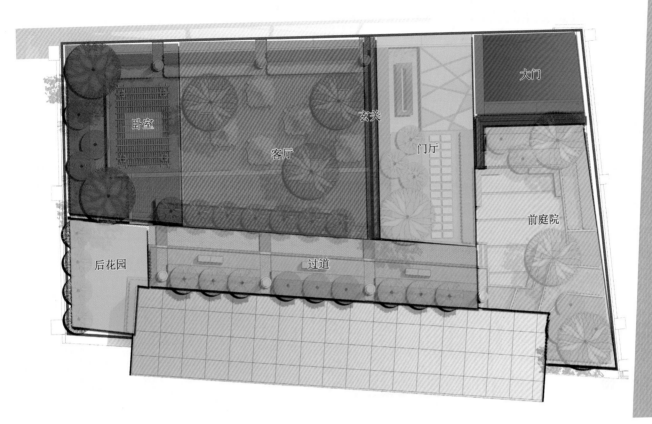

大门

玄关

卧室

客厅

门厅

前庭院

后花园

过道

功能分析图

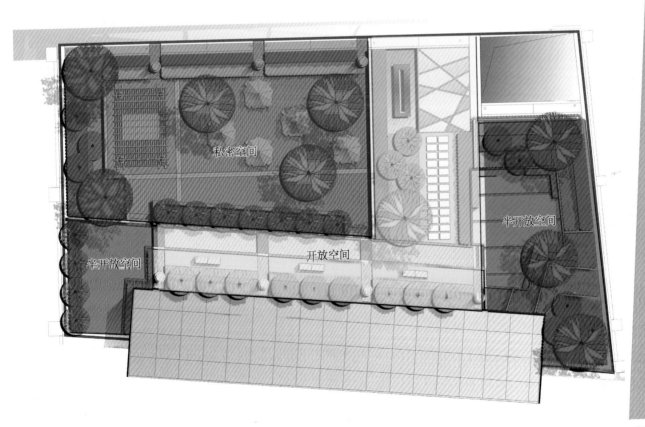

私密空间

半开放空间

半开放空间

开放空间

空间分析图

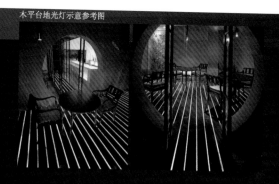

木平台地光灯示意参考图

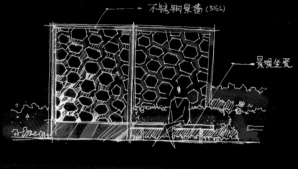

不锈钢景墙(316L)

景观坐凳

镂空景墙立面示意图

在木铺装的缝隙中透出灯光, 营造高贵神秘的氛围, 是一个高档经营场所最为想要的效果。别的楼宇处俯瞰效果也相当突出。

木平台区域夜景效果图

在竖向设计上 通过镂空的景墙以及种植槽增加景观立体感, 起到很好的围合空间, 创造空间的作用。材料多为选用不锈钢 玻璃等较为现代的材料。

如影随行——上海美兰湖 soho 屋顶花园景观设计
Like my shadow accompany——The Landscape Design Of Meilanhu SOHO Roof-Greening

火水景小品效果图

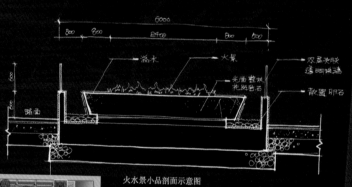

火水景小品剖面示意图

一进入屋顶花园, 首先映入眼帘的是集绚丽与精致于一体的水火交融水景小品。2米*6米的溢水水景于细节处凸显精致。水景中间开口区域用火景加以点缀, 通过极富科技感元素的融入及使用, 使得小品尽显绚丽。

火水景小品平面区域位置

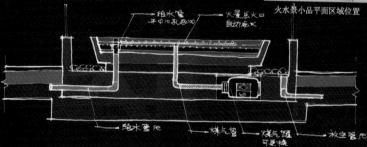

火水景小品系统示意图

火景采用的是可更换式的煤气装置, 方便易换, 节约成本。为人们带来震撼的视觉盛宴。

火水景小品示意图

如影随行——上海美兰湖 soho 屋顶花园景观设计
Like my shadow accompany——The Landscape Design Of Meilanhu SOHO Roof-Greening

济南交通信息中心屋顶绿化方案
Jinan Traffic Information Center Roof Greening Plan

项目名称：济南交通信息中心屋顶绿化方案

主创姓名：赵国怀

成员姓名：岳良冰 杨宁 孙媛 李成凤 李洪亮

单位名称：济南市花卉苗木开发中心（济南百合园林集团有限公司）

作品类别：立体绿化设计（实例类）

建成时间：2010 年 8 月

项目规模：1600 平方米

所获奖项：*iDEA-KING* 艾景奖金奖

设计说明

本屋顶绿化设计依据现状情况和功能要求，总体布局和形式上结合建筑的现代风格，秉承"以人为本"的设计理念，满足景观与功能要求，以现代规则为主，铺装和小品等以现代材料为主，尽可能地展现出现代气息，植物材料为屋顶绿化常用植物，局部满铺地被植物，点缀花灌木和色叶植物丰富景观。

在植物配置上以乡土树种为主，适当引进部分经多年驯化的植物，在配置形式上以乔、灌、草相结合，合理搭配，层次丰富。屋顶花园在植物选则上考虑其不便管理、土层薄、位置高等特性，以地被植物为主，适量点缀花灌木，选则部分小乔木突出层次，在地被选择上用屋顶绿化常用佛甲草、麦冬、扶芳藤、绣线菊等，皆为抗旱耐瘠薄的植物品种，而且能展现很强的生态景观特征。

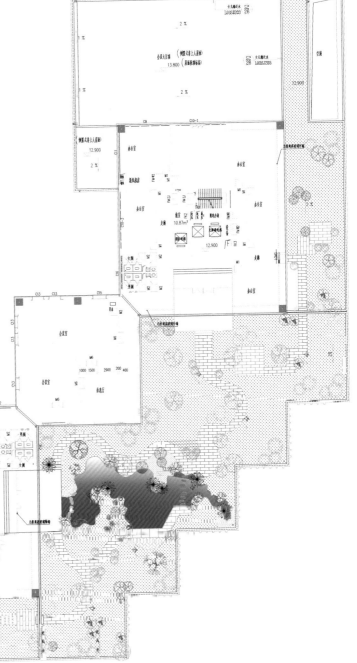

总平面图

鸟瞰图

效果图

项目实景

城市垂直农场

City Vertical Farm

项目名称：城市垂直农场

主创姓名：赵艳丽

成员姓名：庞嘉雯 杨晓 罗益平

单位名称：深圳市同泰盛景生态科技有限公司

作品类别：立体绿化设计（方案类）

所获奖项：*iDEA-KiNG* 艾景奖银奖

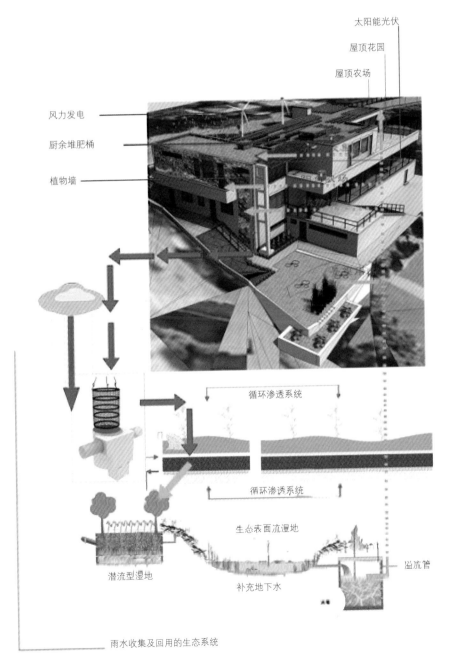

风力发电

厨余堆肥桶

植物墙

太阳能光伏

屋顶花园

屋顶农场

循环渗透系统

循环渗透系统

生态表面流湿地

溢流管

潜流型湿地

补充地下水

雨水收集及回用的生态系统

设计说明

该设计是围绕城市垂直农场这个新兴概念而展开，城市垂直农场是在城市中利用屋顶、垂直墙面、阳台，结合雨水收集及回用、风光互补发电、生活垃圾堆肥的一种循环生态系统，不仅能为城市居民提供一部分新鲜蔬菜，更能带给城市一片久别的田园氛围。

城市垂直农场具有很多优点：它是立体种植，获取最大化的种植空间，缓解城市用地紧张；获得真正新鲜的蔬菜、拒绝保鲜剂；节省从外地或郊区运输蔬菜所需的燃料，减少城市拥堵；解决部分含水生活垃圾，如烂菜叶，剩饭剩菜等；减少垃圾焚烧因燃点不够产生的有害气体——"二恶英"；减少雨水径流，节约用水；达到科普教育效应，从小就给孩子树立一个绿色环保的概念；清新空气，增加生活情趣。

万科总部垂直农场：万科中心地处大梅沙旅游度假区。我们利用公司特有的垂直种植技术，大大提高空间利用率，获取最大化的种植空间的同时，提高土地利用，减少土地负担，在城市里开展垂直农场，让人们获得真正新鲜的蔬菜。

在种植方面首先要对土壤进行分析，由于各种蔬菜对养分的需要量，耐酸、碱的程度，排水通气等要求的不同，所以按不同的营养配制分区种植。例如，沙土肥力低，保水保肥能力差，但透气性好，不易涝，温度变化快。适宜栽培西瓜、冬瓜、南瓜、马铃薯等。沙壤土透气性好，保水保肥能力较差，适宜栽培胡萝卜、萝卜、菜豆、南瓜、马铃薯等。壤土沙粒、黏粒比例适当，保水保肥能力高。几乎对所有蔬菜都适宜，如

模块式蓄水基盘在屋顶农场的运用

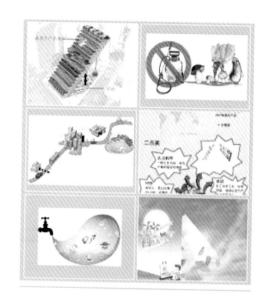

规格：500*500mm

黄瓜、茄子、洋葱、萝卜等。黏壤土保水保肥大能力较强，但透气性稍差，适宜栽培大白菜、甘蓝、菠菜、番茄、辣椒、豌豆等。黏土通气性与透气性差，黏重，适宜栽培韭菜、大蒜、葱、姜等。

蔬菜的选择按照种植区分隔成野菜区、时菜区、香料区等分区，再进行蔬菜的分配。例如，野菜区可以种植马齿苋、迷迭香、车前草、苦菜、薄荷等。时菜区可种植甘蓝＋辣椒、芹菜＋茼蒿＋胡萝卜混种、青菜沟小白菜、菠菜边上种大白菜、玉米＋白菜玉米＋青椒、玉米＋毛豆。香料区可种植葱＋胡萝卜、大蒜＋白菜、韭菜＋白菜、姜、芹菜等。本案建立多层次、多结构科学的农场群落，以科学的方式搭配各种蔬菜，起到增产、防虫、防病害等效果。

在当代人地关系无比紧张的情况下，城市垂直农场把不可能变成可能，满足了许多城市人的需求。

一起来拯救我们可爱的家园吧！每个人从自己做起，让世界多一点绿色，少一点污染，做自己力所能及的事情，在保证经济的发展的同时，提高土地利用率，多多发展垂直绿化、垂直农场，是一个两全其美的好出路，是一件利国利民的大好事。

规划分析

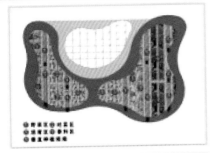

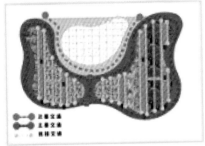

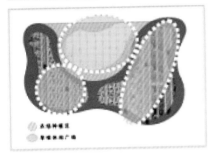

阳台农场

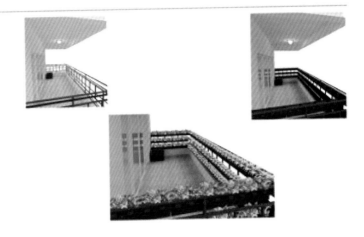

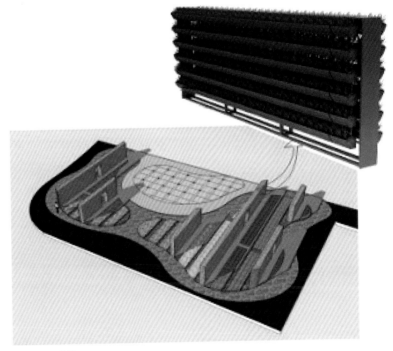

垂直农场示意图

设计感悟

随着城市人口的激增，越来越多的国家开始研究城市农业技术。然而，城市的绿化空间本来就极为有限，不可能再有多余的水平空间用于农业种植。于是，人们要把立体空间利用起来。

当今推行垂直农场这一理念有着积极意义，垂直农场不仅能解决未来的粮食短缺问题，还可以阻止全球变暖，提高生活水平，改变人类获取食物和处理废弃物的方式。这种想法已经从概念转变成现实了。

在设计方案的过程中，我们要考虑多方面的因素，其中比较难以解决的土壤问题随着我司的模块式量小基盘的开发也得以解决，垂直农场已经不再是一小理想化的构思。不久的将来，或许家家户户都将习惯垂直农场给生活带来的便利。

未来城市的发展倡导低碳、节能、便利；倡导人际关系、人与自然关系的和谐，多多发展垂直绿化、垂直农场，就是当下的好出路。

济南旧投屋顶景观绿化项目

Jinan Old Cast Roof Landscape Greening Projects

项目名称：济南旧投屋顶景观绿化项目

主创姓名：杨宁

成员姓名：岳良冰 王一珺 孙媛 夏娜娜 吴楠

单位名称：济南市花卉苗木开发中心（济南百合园林集团有限公司）

作品类别：立体绿化设计

建成时间：2012年7月

项目规模：1100平方米

所获奖项： **IDEA-KING** 艾景奖银奖

设计说明

屋顶景观绿化工程设计，力求突破现存模式，以大容量、多层次、高素质的空间环境，创建园林式、环保型、可持续发展的示范性屋顶花园。

该方案为办公楼屋顶花园设计，突出人性化的设计思想，以人为本，让工作中忙碌的人们在有限的时间和空间内更多地接触自然，亲近自然是人内心本能的渴望，这也正是屋顶花园的设计初衷。本方案利用简单的几何形式，将其分为"动区"和"静区"，考虑到人流集散及实用性，设置了"烧烤区"丰富办公

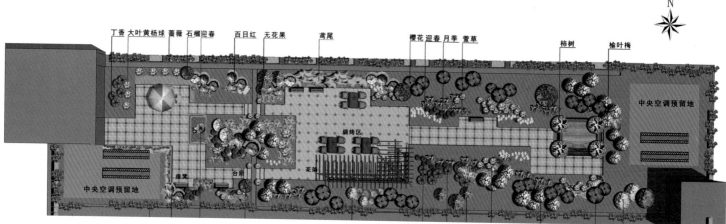

总平面图

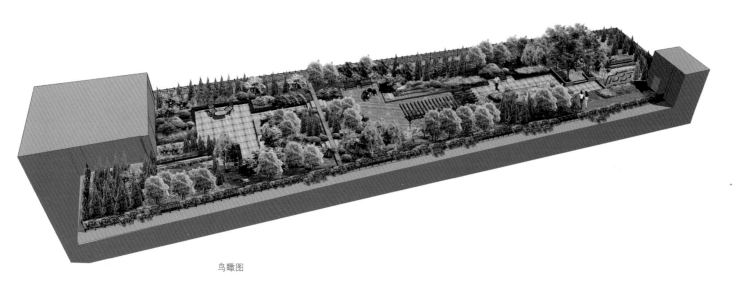

鸟瞰图

楼内人员业余生活，同时设置了"静区"，
方便楼内人员在下班之余有一个安静的
空间放松休息，整个方案充分考虑了人
们的多维感受，给居民最舒适的感受和
最合理的布局。花园中的花池、座凳、
木制凉亭等均可供人们休息。形式上简
洁美观大方，却又不失趣味性。设计立
求突破现存模式，打造综合性功能空间。

设计感悟

如今屋顶绿化已越来越普遍，越来
越流行，注重设计效果的同时更要充分
合理地考虑屋顶负载及植物管理等问题，
屋顶的防水更是不可忽视的一个重要方
面。只有各个方面都充分考虑周到，才
能作出一份成功的屋顶绿化设计。

青岛滨海大道崂山区北段景观绿化项目

Qingdao Binhai Avenue Laoshan North Landscape Greening Projects

项目名称：青岛滨海大道崂山区北段景观绿化项目

主创姓名：岳良冰

成员姓名：张显峰 杨宁 吴楠 段晓旭 颜真

单位名称：济南市花卉苗木开发中心（济南百合园林集团有限公司）

作品类别：立体绿化设计（方案类）

项目规模：84万平方米

所获奖项：iDEA-KiNG 艾景奖金奖

设计说明

方案设计充分地利用原有的自然环境，熔合崂山历史悠久的文化精髓，运用现代园林新观念，聚结成"山海画廊、天人合一"的最佳理念。突出以"传统文化、自然辩证规律"为主题的文化篇、"回归自然、返璞归真、生态可持续发展之路"为主题的未来篇两大篇章。以仰口隧道为界，分为文化篇和未来篇两大篇章。

总平面图

火之魂鸟瞰图

隧道北段定义为体现融入道教文化、历史文化、民俗文化以及对其寻根求源的文化篇。

隧道南段则定义为体现崂山区的自然风光以及立足现在、展望未来，迎接新的发展机遇的未来篇。

在整个路段中，以隧道为分界点，分为南段和北段，设计的总体形势为"近自然式"布局，运用丰富的植物元素与人工造景手法，充分考虑植物的层次、色彩等各项特性，结合植物生长变化创造出线性四维空间；两侧的绿化带，则着重体现物种多样性及植物的层次变化，体现景观多样性，运用各具特色的花灌木与地被组合成为一条绚丽斑斓的景观带，其路边栽植行道树，外围栽植背景林，共同营造出气势磅礴又显生态秀丽的景观大道。

设计感悟

此设计将规划区域内的自然、景观、文化完美地融合在一起，打造了一条生态可持续发展之路。设计中依据植物特点采用了片植、孤植、群植等，同时根据地形条件，因地制宜，根据不同情况进行了规划，以保证设计的质量。

光之源鸟瞰图

水之趣鸟瞰图

隧道北段节点设计

一条贯穿各个区域的游步道系统

绿道设计

村庄路口

RECON is one of the most respected providers of professional technical and management consulting services in the world. Our cross-disciplinary-culture expertise allows us to provide public and private clients value-added service to enhance and sustain the world's built, natural and social environments.

XWHO is a planning and design subsidiary of RECON network.

nearly **50+** years
operating history
近50年运营历史

1500+ employees
work hard together in the world
1500名全球员工共同奋斗

100+ different
countries and districts
where XWHO is actively working
业务遍及100多个国家及地区

provide services
in **18+** fields
向18个领域提供专业服务

participate in the global **1000+**
large and medium-sized projects
参与1000多个全球大中型项目

智
城市之美
创

如需详细了解，请访问
www.xwhodesign.com

400-688-1639

| 波士顿 BOSTON | 西雅图 SEATTLE | 巴吞鲁日 BATON ROUGE | 温哥华 VANCOUVER | 香港 HONGKONG | 悉尼 SYDNEY | 东京 TOKYO | 北京 BEIJING | 上海 SHANGHAI | 杭州 HANGZHOU | 昆明 KUNMING |

賞艾景獎精品力作

見時代風景園林風范

壬辰深秋

孟兆楨

国际园林景观规划设计行业协会
International Landscape Design Industry Association

国际园林景观规划设计行业协会（International Landscape Design Industry Association，ILIA）是由世界各地热爱园林景观设计工作者自愿参与组成，2009 年经国家批准在中国香港依法正式登记注册的非营利性国际性社会团体和自律性行业管理组织，在多国设有办事机构，亚太区联络处设在中国北京，由该协会秘书长龚兵华主持工作。

本会使命是：以社群利益为依归，促进园林景观行业的发展，保护人居环境，寻求提升和确保景观规划设计专业及其从业人员的地位和利益；促进社会对景观规划设计贡献的认知，推广景观规划设计的教育和研究，寻求创造人类需求和户外环境的协调，最终为创造一个节能、低碳、生态及宜居的人居环境贡献力量。

本会专业领域包括：园林景观设计、城市规划设计、公共环境设计、职业技能鉴定、技术交流、咨询服务、国际交流与合作等。主要业务包括：

◆ 举办国际间学术交流活动、促进科技发展与合作

◆ 开展国际景观规划师等园林景观行业的专业认证

◆ 颁发有利于园林景观行业发展的奖项以示鼓励

◆ 从事园林景观规划设计行业研究，景观设计人才培养

◆ 园林景观设计专业设计服务

◆ 定期发布专业杂志

◆ 提供协会专业设计师名录

◆ 行业发展境况咨询服务

◆ 最新的园林景观设计科技信息

◆ 提供协会专业书籍和注册景观设计师考试的复习材料

◆ 提供参与实习项目的机会

◆ 继续教育和培训机会

◆ 享受会员折扣

◆ 享受景观设计大赛参赛资格

◆ 景观设计公司及组织的推荐列表服务

地址：北京市西直门内大街玉桃园 3 区 13 号楼
邮编：100035
电话：86-10-56295611
邮箱：expo@ilia.hk
网址：www.ilia.hk

世界屋顶绿化协会
International Rooftop Landscaping Association

世界屋顶绿化协会（International Rooftop Landscaping Association, IRLA）由屋顶绿化工作者自愿组成，2009 年 8 月 7 日在美国依法正式登记注册的非盈利社会团体。在多国设有办事机构，亚太区联系处设在中国，由该协会秘书长王仙民先生主持工作。

本会宗旨是：组织和团结屋顶绿化工作者，热爱和平、保护地球环境；建设低碳、节能、宜居，景观优美的生态环境；开展屋顶造田、发展屋顶农业、提高土地利用率，促进人类社会可持续发展

本协会专业领域包括：屋顶绿化、墙体绿化、室内绿化等，碳汇建筑、建筑节能、节地、雨水收集利用、屋顶造田、生态修复保护、规划、建设、管理。主要业务包括：

◆ 举办国际间学术交流活动，促进科技发展与合作；

◆ 推广普及新技术，号召人人参与绿化美化自己的居住环境；

◆ 颁发有利于屋顶绿化事业发展的奖项；

◆ 开展专业教育研究、促进专业人才培养

地址：北京市海淀区三里河路建设部 9 号院 4 号楼 105 室
邮编：100037
电话：86-10-67115339
传真：86-10-68312977
E-mail：bj6312@sina.com
世界屋顶绿化网：www.greenrooftops.cn

治理PM2.5·景观设计·和谐生活

唐学山 总主编

学生组

Selected Works in 2012 China Int'l Landscape Planning Awards

— 2011~2012 IDEA-KING Awards Year Book

2012中国国际景观规划设计获奖作品精选

——2011~2012年度艾景奖原创作品年鉴

（下）

国际园林景观规划设计行业协会 编

龚兵华 主编　　王向荣 李存东 副主编

中国林业出版社

图书在版编目（CIP）数据

2012 中国国际景观规划设计获奖作品精选（下）：2011
～ 2012 年度艾景奖原创作品年鉴 ／ 国际园林景观规划设计
行业协会 编 . -- 北京 ：中国林业出版社 ，2012.10
ISBN 978-7-5038-6784-2

Ⅰ . ① 2… Ⅱ . ①国… Ⅲ . ①景观设计－作品集－世
界－现代 Ⅳ . ① TU986.2

中国版本图书馆 CIP 数据核字 (2012) 第 237089 号

策划　刘开运

出版　中国林业出版社（100009　北京市西城区德内大街刘海胡同 7 号）
E-mail：13901070021@163.com
电话　010-83283569
印刷　廊坊市佰利得彩印制版有限公司
发行　新华书店北京发行所
印次　2012 年 12 月第 1 版第 1 次
开本　880mm×1230mm　1/16
印张　17
字数　380 千字
印数　5000
定价　480.00 元（上 下）

（凡购买本社的图书，如有缺页、倒页、脱页者，本社营销中心负责调换 电话：010-83223115）

Selected Works in 2012 China Int'l Landscape Planning Awards
—2011~2012 IDEA-KING Awards Year Book

2012 中国国际景观规划设计获奖作品精选
——2011 ～ 2012 年度艾景奖原创作品年鉴

编委会

总主编
唐学山　国际园林景观规划设计行业协会主席

主　编
龚兵华　国际园林景观规划设计行业协会秘书长

副主编
王向荣　北京林业大学园林学院副院长
李存东　中国建筑设计研究院环境艺术设计研究院院长

编委成员 （排名不分先后）
王小璘　台湾造园景观学会荣誉理事长
吴志强　同济大学教授 上海世博园总规划师
俞孔坚　北京大学建筑与景观设计学院院长
李树华　清华大学建筑学院景观学系博士生导师
王仙民　世界屋顶绿化协会副主席
吕勤智　哈尔滨工业大学建筑学院博士生导师
李建伟　美国 EDSA 景观规划设计公司执行总裁
张佐双　中国植物学会植物园分会理事长
路彬（Alex Camprubi）国景协 ILIA 副主席
罗恩·汉德森（Ron Henderson）美国宾夕法尼亚州立大学景观系系主任
王久青　中国科学院生态环境研究中心城市生态专家
朱　强　国际园林景观规划设计行业协会常务主席
王冬青　中国科学院生态环境研究中心城市生态专家
陈友祥　重庆天开园林景观工程有限公司董事长
李　征　中国农业科学院高级工程师

序 "艾景奖"国际景观规划设计大赛是具有世界影响力的专业赛事,一代宗师,园林教育专家、中国工程院资深院士陈俊愉先生曾对此活动高度关注,并为大赛题词作为支持。这位一生献身于绿化行业的园林泰斗与世长辞,业界为之扼腕叹息……他勉励大家努力学习,将我国的园林景观事业发展壮大,其一生对园林事业的热忱与执着将会激励我们每一个人。

"艾景奖"在总结首届赛事经验的基础上,推陈出新、借鉴经验、集思广益,第二届大赛以"治理PM2.5·景观规划设计·和谐生活"为主题,以"文化融合、时尚创意、生态低碳"为宗旨,倡导和谐节约的景观设计理念,鼓励大家运用新技术、新材料、新能源来设计园林景观作品,并帮助广大景观规划设计师树立这一重要理念,将其付诸实践,打造生态低碳的宜居城市。

活动自2012年3月23日在北京钓鱼台国宾馆启动以来,吸引了众多高校师生、设计工程企业及国内外知名设计机构的广泛关注,充分调动了一线设计人员及高校师生的积极性。作品范围涉及创意方案类、工程类、实例类三大类,具体包括城市规划设计、园林景观设计、居住区环境设计、风景旅游区规划、立体绿化设计、公园设计六大类。

此次参赛作品亮点纷呈,其中不乏精品之作!《2012中国国际景观规划设计精选——2011~2012年度艾景奖获奖作品年鉴》精选了部分获奖作品,与同行及广大读者分享。年鉴作品紧扣主题、设计风格不拘、理念新颖独到、设计思路清晰、文化韵味丰富,体现了世界与民族、传统与现代、艺术与实用的融合,反映出了大家对新兴市场的敏锐度与关注度,展现着设计师独具一格的艺术才华、丰富的想象力、创造性与强烈的时代感!

艾景奖获奖作品年鉴将向国内外市场传播中国设计师的设计智慧与其所创造的巨大市场价值,在对景观设计文化予以保存的同时,打造一个源于东方、面向世界的最佳交流平台。大赛对推动城市生态环境的改善、推进地域间的文化融合、加快整个景观规划行业的发展、扩大中国景观规划设计在国际的影响力具有深远意义!希望通过此类赛事,唤起更多年轻景观规划设计师的热情,积极探索、不断创新,共同推进园林景观事业的发展,为建设低碳宜居城市作出更大的贡献!

国际园林景观规划设计行业协会主席

唐学山

2012年10月

目 录
CONTENTS

艾景奖

陈佩秋书 时年九十有五

学生组

和谐·再生
——山地生态建筑群设计

Harmony and Recycle
—The Ecological Architecture on Mountainside

主创姓名：周青青
所在学校：西南林业大学
学　　历：研究生
指导教师：叶喜
作品类别：城市规划设计
作品名称：和谐·再生
　　　　——山地生态建筑群设计
奖项名称：iDEA-KING 艾景奖金奖

概况

环境分析：本规划区位于福建长乐市三溪历史文化村西南方位；西靠山，东临河，北低南高的地势；农业灌溉水渠从规划区内穿过。经济分析：规划区所在村镇大量人口外出经商，使得当地具有较高的生活水平及消费水平，并对居住环境具有较高的要求。

设计说明

该规划区属于山体地势，并不适宜普通居住区模式建设。该设计尽量减少土方量，使建筑依山势而建，景顺水流而成，整体规划化弊为利，迎天时、顺地利。以自然、生态的设计理念为整个规划的指导思想，以创建和谐、宜居的居住环境为最终目标。

建筑分析

建筑设计主要以被动式的利用风能和太阳能来替代主动式的利用，以自然的通风、植物的遮阳来调节室内小气候，达到降低能耗、优化空气、提高生活质量的目标。

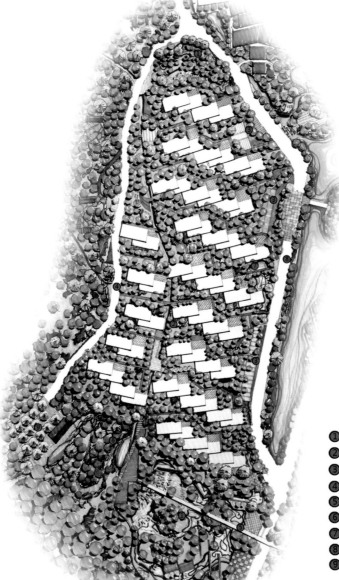

① 人工湿地净化景观
② 明渠景观
③ 半地下式上层覆土绿化停车场
④ 山地人车共存道
⑤ 景观水渠通道
⑥ 天然岩壁
⑦ 景观生态水池
⑧ 住区车道
⑨ 寺庙停车场

平面图

北立面图

南立面图

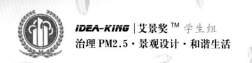
为城市电路板植入芯片
——城市避难防护绿地的景观创新

Implanting Chip into City Circuit Board
—Innovation of City Emergency Shelter

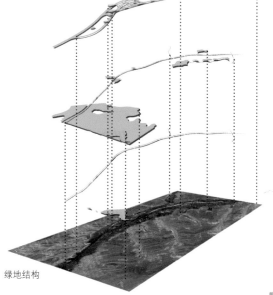

主创姓名：李洁

成员姓名：邓锐 牛苗苗 毛祎月 刘艺青

所在学校：北京林业大学园林学院

学　　历：研究生

指导教师：李雄

作品类别：城市规划设计

作品名称：为城市电路板植入芯片
　　　　　——城市避难防护绿地的景观创新

奖项名称：iDEA-KING艾景奖银奖

绿地结构

设计说明

城市是一个完整的有机体，随着城市化进程的加快，出现了城市几大杀手：人为方面——火灾、爆炸、公共卫生事故（污水等）、工程事故、毁绿、耗能等；自然方面——地震、洪水、沙尘、台风。如此多的城市杀手带来了巨大的城市病，将造成城市系统的瘫痪，由此应通过对城市应急避难地的设置改造与创新，建立一种由网、核、轴、廊、带构成的健全的城市绿地生态结构。通过对某一城市应急避难地的调查，改善其设施不全、标示不明等现状问题，提出相应的创新手法，实现应急避难地的景观革新。

城市好比一块电路板，面对诸多诟病，便会出现系统短路的现象。因此，首先植入一套绿色生态体系，作为供市民有效疏散的基础和平台，即构建完整

鸟瞰图

效果图

的应急避难绿地生态结构，使此电路板完整、健全；然后通过对应急避难地内的标示设置、配套设施、物资储备等方面的景观创新，即为此电路板植入高效的芯片，由此为城市带来活力与生机。

设计感悟

通过为城市建立一套完整的绿色生态结构，把城市中可作为应急避难集中地的"绿核"有机串联起来，构成城市功能齐全、内容完善的应急避难生态结构。并在此类绿地中利用当地生态资源、如风能、水能、太阳能等，进行景观创新，构成诸多新型景观，如利用当地盛行风作为风力发电为城市绿地服务，根据当地光照合理的条件利用太阳能，作为景观绿地中新型能源，为市民带来方便快

捷的生活。同时，对建筑进行复层绿化，构筑生态建筑，这些创新的景观在平时有效地介入人们生活，在灾难来临时又发挥附加作用，成为城市电路板中高效的芯片，为城市应急避难系统植入活力因子，使城市应急避难地发挥最大作用。

利用城市各类绿地构建一套完整的绿色生态结构，作为城市应急避难绿地

来抵抗各类城市灾害，并在平时作为市民利用率较高的绿地景观，即城市绿色基底，进行景观创新，从而介入市民生活，在灾害来临时发挥附加作用，承担疏散、保护市民的有效基础平台，改造整个社会生活，灾害过后恢复原有骨架并完善更新，使这套绿色生态结构在不同时期产生不同影响，有效改善社会生活。

传承与创新
——新安源村庄规划与设计

Inheritance and Creation
—Xin'an Yuan Village Planning and Design

主创姓名： 王国伟

成员姓名： 黄圆圆

所在学校： 安徽农业大学林学与园林学院

学　　历： 研究生

指导教师： 黄成林　张云彬

作品类别： 城市规划设计

作品名称： 传承与创新
　　　　　　——新安源村庄规划与设计

奖项名称： *iDEA-KING* 艾景奖银奖

设计说明

新安源村坐落于安徽省黄山市新安江源头大源河畔。当地水源充足，雨水充沛，古树繁茂，茶、竹经济突出，历史悠久，村庄古朴宁静，群山环抱，地理环境好，植被丰富。

但是当今新安源村面临着几个问题：①部分建筑质量差；②新建建筑与历史风格不符；③随意搭建；④街巷空间感知度不好；⑤环境质量不够好，公共设施不成系统；⑥村里年轻人外出打工，导致人口外流，老街坊逐渐衰败，形成"空心村"。

在方案中我们将物质性（传统元素、符号）、非物质性（精神特征）与现代形式及观念结合起来，形成既有文化底蕴又有现代气息，并能保持文化格局，使传统文脉得以延续的村落设计。

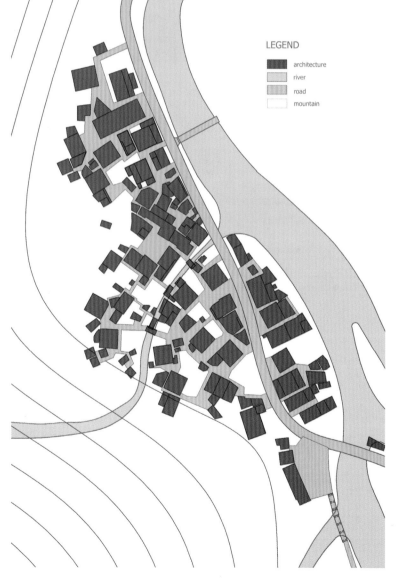

LEGEND

- architecture
- river
- road
- mountain

平面图

鸟瞰图

设计感悟

我们在初期方案设想阶段看了很多古村落改造的案例和文章，看到不少案例的设计出发点是将古村落定位为历史的遗存，并将它作为旅游观赏地，希望对古建筑，或者说是古文化加以保护。我们在讨论设计方案定位时，考虑到新安源村庄的地理区位和经济因素限制，将新安源村做分离式的开发模式是不现实的。从长远发展的角度来看，为了留住居住在其中的村民，通过在古村落环境中营造精致的生活和环境，营造一种适宜现代人生活、社交的新型和睦的古村落人居环境，并采取融合型古村落开发模式结合相关的对外项目，提高村庄的生活质量和社会影响力。

所以，我们力图通过以下几种方式来达到我们的愿景：

（1）仍然保留村落的街巷感觉，创造公共活动空间，丰富村民生活。

（2）通过对徽派建筑设计元素的学习与创新，使得新旧建筑和谐共存，风格统一。

（3）建筑形式丰富，形成多样的空间围合。

（4）在原有的古村落空间肌理的基础上增强古村落公共空间的导向性。

（5）提供对外交流的空间与平台，增进村落的影响与发展。

（6）公共服务设施与医疗卫生的保

障，让村民安居乐业。

（7）村落中古树保留，村落的古朴与葱郁依然存在。设计过程中，我们一方面力求尊重周围环境，对于村中的古树进行了保护，并保留一些重要的村落肌理，延续了徽派村落的典型元素，继承传统文化中的合适因素，也就是提取和保护文化基因，即文化精髓；另一方面以发展的态度创造出新的满足和表现现代社会的物质文明与精神特征的因素。对于古村落我们不是极端保护，而是延续古村落的肌理，做有生命力的可持续设计。保护市民的有效基础平台，改造整个社会生活，火吉过后恢复原有骨架并完善更新，使这套绿色生态结构在不同时期产生不同影响，有效改善社会生活。

漫游城市
Roaming Town

主创姓名： 宁一洁
成员姓名： 刘文博 王钰 王郁溯 杨爽
所在学校： 西安建筑科技大学艺术学院
学　　历： 研究生
指导教师： 杨豪中
作品类别： 城市规划设计
作品名称： 漫游城市
奖项名称： *IDEA-KING* 艾景奖铜奖

设计说明

通过对日本茨城县稻敷郡的调研和了解，此方案对2050稻敷郡的城市规划做了切实而大胆的设想。本方案提出，让城市成为一个大型的自然景观，没有固定的建筑，使建筑在城市内流动，好像一支支列车，"想去哪里就去哪里"。建筑形式的这一变革，增加了农田和森林面积，同时交通形式的转变让出行更加环保。做到用电能这种环保方式。采用的交通方式为公路、水路、自行车和步行。一方面，我们设想没有水泥的无建筑的纯生态景观，另一方面，做了建筑上的微小变革，这是一种新的生态城市计划。

设计感悟

伴随着日本东京作为国际化大都市的飞速发展，其卫星城市稻敷市的发展也极其惹人注目。它明确的城市功能定位，健康有序的城市发展模式不仅为本市居民带来了良好的生态和经济效益，也为周边城市的发展提供了很好的借鉴模式。凭借着良好的生态优势、便捷的交通优势、独特的区位优势和强劲的开发优势，已经很好地融入了东京经济圈，成为东京地区经济发展一方热土和休闲观光的最佳目的地之一。

通过对项目基地的调查研究，进一步对于设计进行深刻的思考，打造一个以自然元素为主题的生态花园城市。

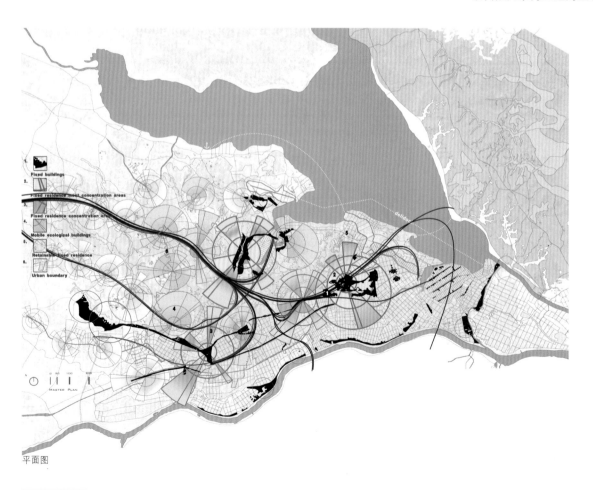

平面图

西溪南旧城活性修复改造规划设计
——基于皖南传统街巷、建筑的文化与生态

Active Repair and Reconstruction Planning Design of Xixi Nan Old City
—Based on the Culture and Ecoloy of the Tranditional Streets and
Building of Wannan

主创姓名：蔡晓晗 姜晓帆
所在学校：山东建筑大学 安徽建筑工业学院
学　　历：研究生
指导教师：吴运法 吕学昌
作品类别：城市规划设计
作品名称：西溪南旧城活性修复改造规划设计
　　　　　　——基于皖南传统街巷、建筑的文
　　　　　　化与生态
奖项名称：iDEA-KING 艾景奖铜奖

设计说明

西溪南位于安徽省黄山市南麓，新安江上游，丰乐河之畔。大地形上四周为盆地，山峦起伏，水源充沛；小地形上基地地势平坦。基地内原为商业和居住混合的建筑，破旧杂乱不能满足现代生活的需要，于是对其进行活性改造。

设计要点

1. 充分利用现状条件。基地北面临丰乐河支流，现状建筑为2层，改造设计保留建筑的层数和原有元素符号，和周围的已有建筑和谐共生，在现状条件基础上对破旧建筑的有机衍生更替，形成改造后的新延续场景。

2. 地貌下的微气候利用。基地的大环境四周为山峦迭起，水源充沛，自然的完整性和淳朴性给基地奠定下一个良好的大环境。规划设计充分利用这种大环境下的微气候，利用自然的原始风流和气候特征，考虑建筑的通风设计，引入微气候元素。

3. 独特的徽派理念——文化与历史。本方案改造修复规划设计充分依托传统徽派文化和悠久的民居历史，塑造传统与文化相巨额和的新街区。徽派元素在新建筑上的应用和体现，以及传统村落应用改造为"村落中的院落"，新院落与绿地空间的结合使得新徽派的村落聚合感，赋予了现代意义，同时还体现着徽派历史文化的传承和继续。

4. 完整的生态理念——自然。设计体现"天人合一"的朴素的自然观，是将原有的自然环境完整地应用到基地微气候上，另外，周围自然水系和绿地在设计中，引入、渗透、延伸，并且在基地内有机生长，和谐衍生，适应和完善着新环境。

5. 可持续发展的理论和现代生态观：采用综合的、完整的生态设计手法，在所

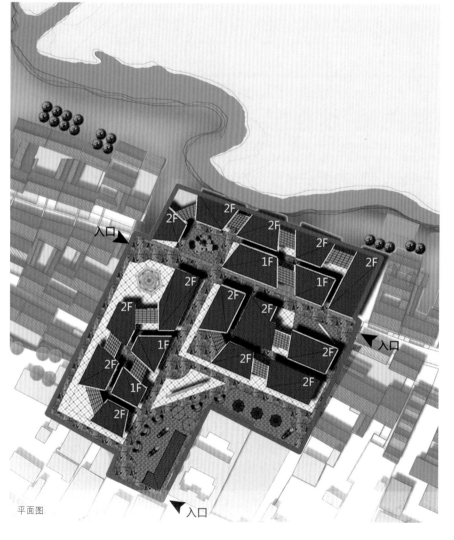

平面图

处的位置的自然地理环境和小气候条件下，改造规划设计均考虑与自然的统一和谐和对生态的最大程度改善，提高建筑的生态性，充分利用自然风和自然气候。

设计感悟

西溪南旧城活性修复改造规划设计是基于皖南传统街巷、建筑的文化和生态基础上进行改造规划设计的。首先，这次规划设计面临较大的挑战，基地的现状较为复杂和混杂，改建对地块周围的整体性破坏很大。带着这个巨大的挑战，我们开始研究规划上、建筑上、景观上的解决办法。这次设计是由建筑学专业的同学和城市规划专业的同学来共同完成的，在景观规划和建筑设计上比较专业，通过这次规划设计，我们也体会到了合作的巨大力量，也就是带着这份巨大力量，我们将巨大挑战成功战胜。设计中，在利用原建筑风貌格局的基础上，进行重新改造设计，修复规划，创新和传统有机结合起来，形成新徽派的生态自然聚落感的改造空间。

还有一点，就是现代生活中，随着

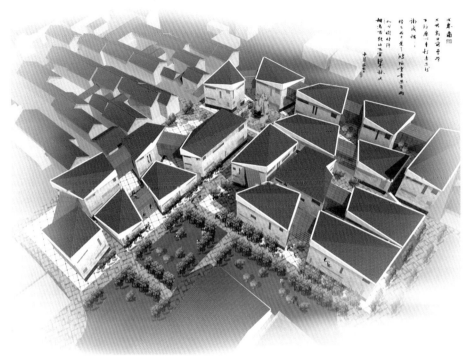

鸟瞰图

城市化进程的加快，城市中的破败建筑不能满足现代人们需求的现象越来越多，如果将这些建筑全部一味地通通推到重建的话，势必给原有环境带来很大的破坏，我们应该思考破旧建筑和场地的修复改造，将这些建筑改造更新中，如何

保留历史，延续记忆，如何同时又能够适应现代节奏新环境，想必是我们每一个人值得思考和研究的问题。希望借本项目，能够引起大家对越来越多的旧建筑改造的重视和关心，为建设和谐家园，建设美丽家园，人人贡献一份力量。

建筑立面图

东南立面

东北立面

成都新农村环境与单体建筑系统循环模式探索

The Research of Chengdu New Rural Environment and Monomer Building System Circulation Mode

主创姓名：程雅妮

成员姓名：徐春英

所在学校：西南交通大学艺术与传播学院

学　　历：研究生

指导教师：徐伯初 李朝晖 祝建华

作品类别：城市规划设计

作品名称：成都新农村环境与单体建筑系统循环模式探索

奖项名称：iDEA-KING 艾景奖铜奖

设计说明

全域成都规划理念，打造田园城市，城乡一体化建设城郊主要以乡村旅游模式发展。环境的好坏是旅游的命脉，也是生态园林城市建设的主要课题。而生态循环的建设又必须落到单体建筑的设计建设上，单体建筑达到零排放，整个循环才能零排放。

成都的秸秆露天焚烧污染大气、影响和干扰了经济秩序。有关部门调用了卫星监测烧秸秆，但这并未从根本上解决问题，农民会在监控较弱的深夜焚烧秸秆，造成低气压的成都盆地被

成都

CHENG DU

全域成都规划理念，打造田园城市，城乡一体化建设城郊主要是乡村旅游模式发展。而环境的好坏是旅游的命脉，也是生态城市的重要课题。生态的循环又必须落到单体建筑的能源的消耗、排污、水资源利用的循环。因此单体细胞生态建设是关乎整个乡村甚至区域城市的生态循环建设。其模型的设计建设具有紧迫性、必要性和可行性。

设计感悟

烟雾笼罩，形成"雾都"。水循环系统的建设是十分必要的，保护和恢复自然径流，通过自然元素净化，建立以基本居住单元为单位综合的中水收集和处理系统进行水资源的利用。

因此，设计单体建筑细胞与周围环境的关系以及整个循环系统以求最终达到"零排放"。单体细胞的生态建设是关乎整个乡村甚至区域城市的生态循环建设。其模型的设计具有紧迫性、必要性和可行性。

密集的大城市形成辐射性污染，新农村有机系统的建设，使大城市环境得到有效改善。人口密集的大城市形成辐射性污染，以新农村为单位建立的处理系统、回收系统形成地域新农村有机循环系统建筑可以并且一定是模数制发展的。

新农村的建设必然要落实在基本的单体建筑上，解决好环境基本单元建设是非常重要的。其建筑的系统性、有机性、循环性决定了城市及周边环境是否是良性的。其建设系统、建设标准、建设原则的确立，是环境建设、改造、恢复、能量守恒良性循环可持续发展的、重要

的、唯一的方法。

引用细胞的概念，提出其循环再生的共性，以单体建筑为载体作为个体细胞也能够达到循环再生的目的。这不仅符合时代要求，也是近郊农村生态维护建设迫不及待需要解决的实际问题。单体建筑细胞与周围环境的关系以及整个循环系统以求最终达到"零排放"。解决好环境基本单元建设是保持区域城市良性生态发展的重要前提，也是十分必要的。单体建筑"能量守恒"的循环系统建设是新农村建设的重要一环，是促进城乡一体化的具体措施。

非瑠（留）不可

Inevitable Canal Restoration

主创姓名：王墨 黄倩竹
所在学校：台湾中国文化大学
学　历：研究生
指导教师：林开泰
作品类别：公共环境设计
作品名称：非瑠（留）不可
奖项名称：IDEA-KING 艾景奖金奖

设计说明

　　都市的扩张，土地高度利用开发，台北早期重要水脉的瑠公圳大部分已被加盖掩埋，现今难觅踪迹。本计划将台湾省台北市大安区新生南路二段的道路底层，瑠公圳水圳原址打开，重现水圳空间并种植水稻，设计出具有历史回忆的开放空间及农业景观。

　　本设计同时利用水稻田舒缓热岛效应的功能，设计并达致因应现代气候变迁、面向未来生活的目标：所以非"瑠"（留）不可。让新生的瑠公圳再次融入现代台北市民的日常生活，将原本车行交通景观改造成为一绿色廊道，并运用景观植栽的配置加上水稻的种植，来对应 PM2.5 可能出现的问题。

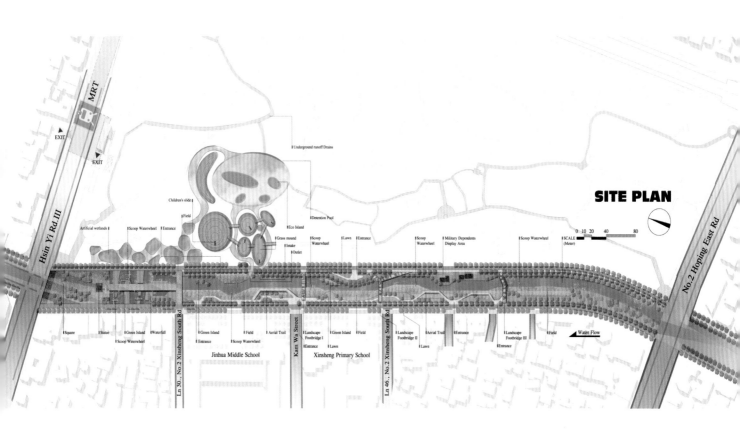

SITE PLAN

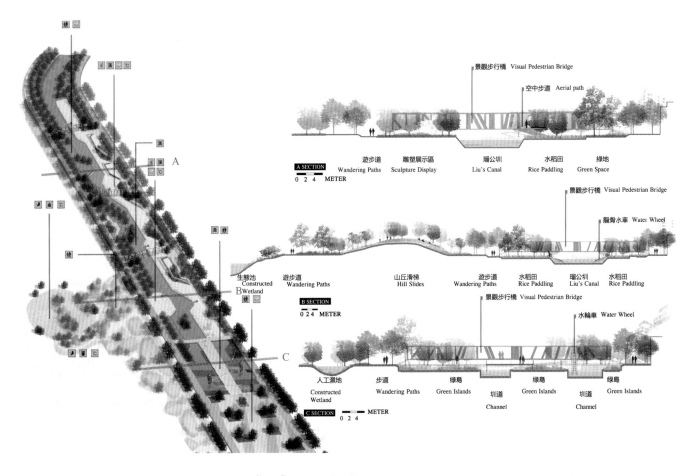

景觀步行橋 Visual Pedestrian Bridge
空中步道 Aerial path

A SECTION
0 2 4 METER

遊步道	雕塑展示區	瑠公圳	水稻田	綠地
Wandering Paths	Sculpture Display	Liu's Canal	Rice Paddling	Green Space

景觀步行橋 Visual Pedestrian Bridge
龍骨水車 Water Wheel

B SECTION
0 2 4 METER

遊步道	山丘滑梯	遊步道	水稻田	瑠公圳	水稻田
Wandering Paths	Hill Slides	Wandering Paths	Rice Paddling	Liu's Canal	Rice Paddling

生態池 Constructed Wetland

景觀步行橋 Visual Pedestrian Bridge
水輪車 Water Wheel

C SECTION
0 2 4 METER

人工濕地	步道	綠島	綠島	綠島
Constructed Wetland	Wandering Paths	Green Islands	Green Islands	Green Islands
		圳道 Channel	圳道 Channel	

设计感悟

本组同学设计以历史弥足珍贵的先民垦殖体验，加入现代都市发展、与工业化发展的环境关怀，将瑠公圳重现再活化议题，试图提出可行而又兼具创意的设计，值得嘉许与分析。其中景观元素的应用与落实当然也各有其优势与限制，但利用初学永续概念、取材"非瑠（留）不可"的都市暴雨水径流管理、和都市热岛效益舒解，其创意自有其承续先民努力的时代性意义和重要性，指导教授亦与有荣焉。

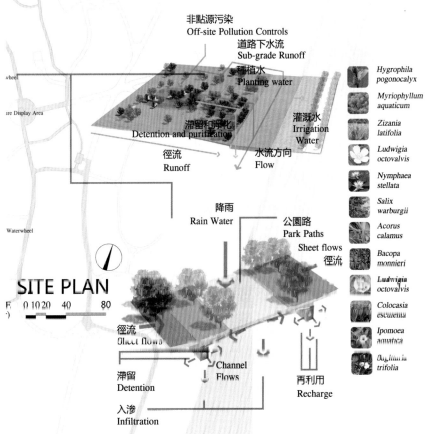

非點源污染
Off-site Pollution Controls
道路下水流
Sub-grade Runoff
種植水
Planting water
灌溉水
Irrigation Water
滯留和淨化
Detention and purification
徑流
Runoff
水流方向
Flow

降雨
Rain Water
公園路
Park Paths
Sheet flows
徑流

徑流
Sheet flows

滯留
Detention
Channel Flows
再利用
Recharge

入滲
Infiltration

SITE PLAN
0 10 20 40 80

Hygrophila pogonocalyx
Myriophyllum aquaticum
Zizania latifolia
Ludwigia octovalvis
Nymphaea stellata
Salix warburgii
Acorus calamus
Bacopa monnieri
Ludwigia octovalvis
Colocasia esculenta
Ipomoea aquatica
Oxalis trifolia

城市之伞
Umbrella of City

主创姓名：孙培博
成员姓名：宋文 李阳 张帅
所在学校：北京林业大学园林学院
学　　历：研究生
指导教师：李雄
作品类别：公共环境设计
作品名称：城市之伞
奖项名称：iDEA-KING 艾景奖金奖

设计说明

背景

北京作为一座急速发展的国际化城市，面临着众多的机遇和挑战。人口膨胀、交通拥挤、空气污染、极度缺水、绿色公共空间的缺少等诸多城市和环境问题亟待解决。2012 年，PM2.5 已经成为家喻户晓的社会环境热点问题，居民渴望高质量、健康的生活环境也越来越强烈。

用地现状

我们将北京中心城区作为研究对象，选取朝阳区太阳宫中心地块为例展开分析。地块河的西南部为居住社区，河的东南部为商业区，河的北侧毗邻工业区，一条护城河横穿地块，城市、环境、社会问题突出。

该地块用地性质复杂多样，毗邻的工业区产生的污染已影响到周边环境质量，绿色公共空间不足且质量较低，居民活动大多在室内进行。

策略

针对以上问题，我们将治理 PM2.5、雨水收集、太阳能利用、景观照明等多功能合一的单体进行排列组合，依附北京道路系统和用地性质，将北京各类绿地串联形成一个完善的可达性高的绿色基础设施。

治理 PM2.5——顶部植物和单体立面绿化（配合植物的选择）将层层吸附滞留 PM2.5，同时，喷水装置定时雾喷，水珠将进一步吸附微小污染颗粒。

雨水收集——雨水一部分经过土壤、砾石、细沙的层层过滤进入集水箱，另一部分经过装置两侧集水管流入集水箱；集水箱中的雨水供自身喷水用，储满之后则经溢流管流入地下管道进入景观过滤池进行进一步过滤；之后进入地下蓄水池储备，供生活用水（洗车、冲厕等）、景观用水（喷泉、水景、灌溉等）、工厂用水（工业冷却用水等）。

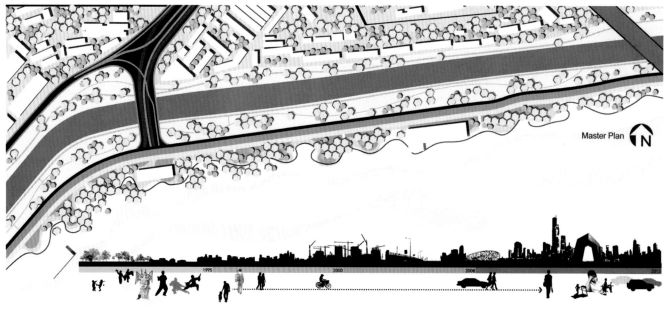

Master Plan

平面图

剖面效果

太阳能利用——太阳能板将太阳能转化为电能，供自身照明和喷水装置使用。

景观照明——供电能源来自于太阳能板，将太阳能转化而成的电能，根据不同场地的需求，产生不同的照明效果。

结语

通过以上景观措施，我们用极少的占地面积，增加了将近45倍占地面积的绿化量，同时增加了户外活动空间，提高了户外活动空间的空气质量，为步行和自行车出行的人们提供了良好地出行环境，为居民提供了高质量的交流空间。

鸟瞰

乡村河流治理"耦合"策略

The "Coupling" Strategy on The Management of Rural River

主创姓名：李奕成

成员姓名：刘娟 彭超

所在学校：中南林业科技大学风景园林学院

学　　历：研究生

指导教师：覃事妮 陈月华

作品类别：公共环境设计

作品名称：乡村河流治理"耦合"策略

奖项名称：**iDEA-KING** 艾景奖金奖

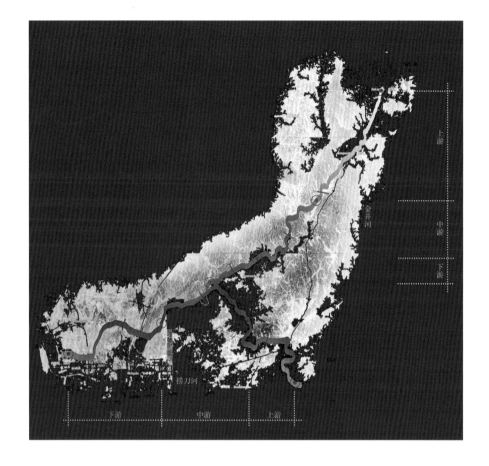

设计说明

　　现代乡村河流治理是个重要课题，存在着诸如洪水泛滥、生态被破坏、PM2.5浓度极高、缺乏其自身特色文化等问题，本竞赛作品从河流自身特点出发，对其进行有效治理，并耦合自然景观，满足防洪、美化环境的需要。我们选择位于湖南省长沙市长沙县的捞刀河和金井河作为研究对象，因为其具有普遍性和典型性。对于乡村河流的治理我们主要有以下几点策略。

　　策略一：将防洪体系与河流景观耦合。首先归纳河流典型断面，移除堤内村落；再确立设计流程，探究河流景观形态；最后生成河流景观与防洪体系耦合断面。

　　策略二：将水利工程设施与河流景观耦合。首先探究水工建筑的现状；再提出耦合策略；最后展示耦合后水工建筑断面形态，并展现实例。

　　策略三：将生态治理与河流景观耦合。结合水务水利部门的治污方法，以及PM2.5的治理方法，提出农田、果蔬基地与河流景观耦合的模式，并展现实例。

　　策略四：将新农村建设与河流景观耦合。选取有代表性的点，结合当地的农耕文化以及乡村文化与河流景观耦合，形成特色的新农村。

设计感悟

　　河流——人们对于河流有着深厚的感情，它养育人们，灌溉农田，孕育文明，对人类的发展有着不可估量的作用。然而，随着有些环境被破坏，河流也给人们带来了灾难。这种情况在乡村尤为明显，主要有这样一些问题：不完善的乡村防洪体系，使得洪水季节乡村洪灾泛滥，许多人流离失所，无家可归；生硬的水利设施，使得景观单一，没有美感；生态破坏严重，河流周围污水横流，空气质量越来越低；农村本土文化被破坏，农耕文化被淡化等，这些问题都深深地困扰着乡村。我们通过对河流的研究、水务水利资料的查阅以及对河流景观特点的总结，并以位于湖南省长沙市长沙县的捞刀河和金井河作为研究对象，对新的治理河流方案进行了探索，得出乡村河流治理"耦合"策略。我们的策略是将防洪体系、水利工程设施、生态治理以及新农村建设与河流景观相耦合，将河流的水务治理与景观相互联系，形成统一的整体。河流防洪体系的完善，让人们的生命得到保障；水利工程设施的整理，方便乡村人们的生活；生态得到了治理，让人们的生活更加美好；新农村的建设更具特色，乡村地域文化凸显，深入人心。耦合后的乡村河流环境美好，人们的生活也更和谐美满。

希望我们的乡村河流治理"耦合"策略能够为同类型乡村河流治理提供一个行之有效的方式。

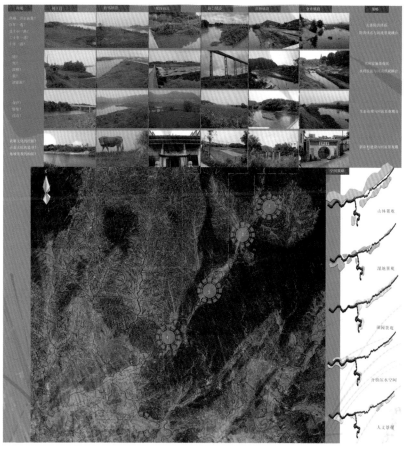

失控的都市流线
——城市道路绿廊设计

The Uncontrolled Urban Streamline
—The Green Corridor Design of City Road

主创姓名: 黄利兵

成员姓名: 王蕾 何家鸿 许丽文

所在学校: 北京林业大学材料学院

学　　历: 研究生

指导教师: 张晓燕

作品类别: 公共环境设计

作品名称: 失控的都市流线
　　　　　　——城市道路绿廊设计

奖项名称: iDEA-KING 艾景奖银奖

设计说明

城市面积增长迅速,人均绿地面积逐年减少,可利用绿化地块急剧减少,人口膨胀导致对城市的需求量增加,建筑用地不断扩大,建筑工地粉尘直接影响城市空气质量;没有足够的绿化带,城市工业的污染也是影响城市环境的直接原因;尾气排放加剧了气候的恶化,不仅造成严重的交通问题,同时也对城市环境造成严重的影响;本设计主要致力于通过利用绿化廊道来连接城市内各绿化带,形成大的绿地循环系统,改善城市整体气候。道路绿廊集广场、公园、道路、植物园为一体,功能丰富,利用空中廊道连接各人流量较多的建筑,可以很好地缓解交通压力,减少汽车出行量,减少了机动车尾气排放,能较好控制粉尘的产生。在可持续方面,绿廊开有斜向天窗,可以提高一层道路的受光,玻璃经过

地块选址分析:

地块1

地块2

各时间段道路最拥堵地段选取
最拥堵地段作为改造区域

注:分别选取北京市一天内各时间段的交通拥堵情况,发现有基础经常性的拥堵,一处是建国门外大街至国贸附近;第二处是海淀区中关村附近;还有每个环路出入口都存在严重交通堵塞。之所以选取交通最拥堵的地段,是因为这些地段车流量最大,停留时间最长,所排放的尾气量最大,同时又是人口很密集的地方,机动车噪声、尾气对周围的环境造成严重的影响。需通过设计来改善这一现状。

植物配置

葱草	佛甲草	宽叶麦冬
马蔺	鸢尾	萱草
鼠尾草	薰衣草	八宝景天
玉簪	沿阶草	薄荷

小叶女贞	大叶黄杨
丰花月季	蔷薇
红瑞木	火棘
红叶小檗	红叶石楠

草本地被 ▲

灌木
▶

金银忍冬	三角梅	铁树	沙地柏
美国红栌	紫藤	冬青	七里香

磨砂处理，可以防止对于一层道路驾驶者的眩光作用。可以安装太阳能路灯，减少用电量；再者，道路坡面向内倾斜，可以用于收集雨水。同时，在绿廊走道两旁喷洒水雾，既可以保证植物所需的水量，也可以为绿廊提供一个很有意境的氛围。

设计感悟

对于现代设计人员，更多的是应该有一种强烈的责任感，不仅仅是简单的一次比赛，而是在于你是否全身心地投入到设计当中去。我们需要摒弃禁锢的思维，凭借开阔的视野和灵敏的思维，运用大胆的设计手法和视觉角度来发现设计且理解设计，很多的设计均以现代文明和生活的故事为设计师的灵感来源，包括中华民族五千年来遗留下来的文化精髓，且被很多的设计师运用殆尽，但是最后带给国人的是什么，留给自己的是什么？

作为设计者应有较高的美学涵养、文化素养、艺术涵养及视觉感受，这是创富所具备的先决条件，其次考虑最多的将是如何做一例客户比较喜欢的经典案件，通过这次比赛就能深刻地体会到，要认真负责地对待每一个设计。设计师服务于大众的，如果设计师本身没有强烈的责任感是不可能为大众设计出好的案例的。在快节奏的现代生活中，很多设计师都是为了创造财富，当然创富是每个人的梦想，设计能力的提升、没日没夜地工作，不停地动脑创意，真正能给自己带来多少财富？所以说设计是无私的，只有这样才能真正地为大众服务。

SCREAM
——主题公园规划设计

S cream
—Theme Park Planning and Design

主创姓名：王玉龙
成员姓名：田林
所在学校：四川美术学院艺术设计学院
学　历：研究生
指导教师：张倩 沈渝德
作品类别：公共环境设计
作品名称：SCREAM
　　　　　　——主题公园规划设计
奖项名称：iDEA-KING 艾景奖银奖

主体价值

伴随着城市化的进程，人与人、人与自然之间的距离越来越疏远，同时，在社会高强度的劳动和工作压力的压迫下，人们的精神压力无从释放，家庭、社会、自然三者各自成为单独的个体，且每个个体之间的相互关系也在日益松散。一种消极、暗淡、毫无活力的关系正在侵蚀着整个人类社会。公共空间的存在就是为了消除这种状况的继续延伸。公园的主题定为"SCREAM"，中文译为"尖叫"，希望人们在感受极具刺激性的活动之后自然而然地流露自己的真实感受，同时增强人们之间的相互信任、依赖，更重要的是交流，以增强家庭、

SCREAM主题公园总平面图▲

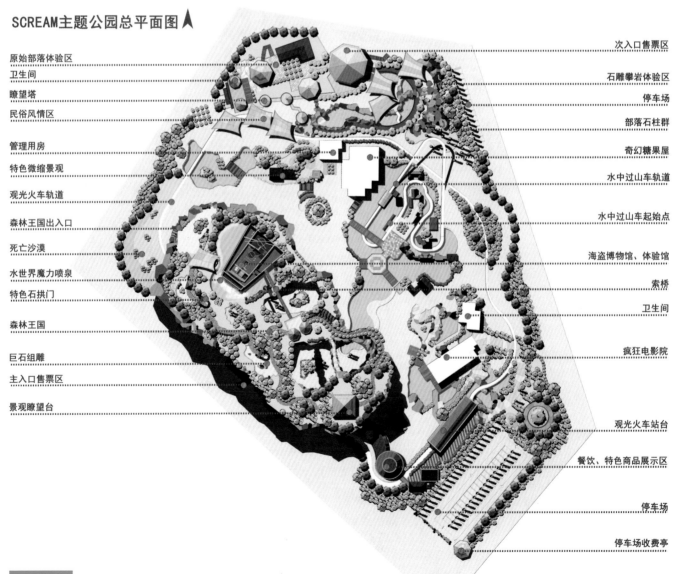

原始部落体验区　卫生间　瞭望塔　民俗风情区　管理用房　特色微缩景观　观光火车轨道　森林王国出入口　死亡沙漠　水世界魔力喷泉　特色石拱门　森林王国　巨石组雕　主入口售票区　景观瞭望台

次入口售票区　石雕攀岩体验区　停车场　部落石柱群　奇幻糖果屋　水中过山车轨道　水中过山车起始点　海盗博物馆、体验馆　索桥　卫生间　疯狂电影院　观光火车站台　餐饮、特色商品展示区　停车场　停车场收费亭

社会、自然三者之间的凝聚力，使它们更加密切地联系在一起。所以，整个园区突出设计了亲自活动区、集体游戏区以及生态环境营造以服务不同职业、年龄、身份的人群。

设计概念

公共空间虽然是一个提供人们交流、活动的场地，但其更深层意义在于它其实是一种可进行交流的精神空间。具象化的场地需要经过特殊的设计才可达到它更深层的意义，这就是环境艺术设计最核心的部分。人们对公共空间的需求随着社会的改变而改变，这种改变渗透到生活、工作、消费娱乐中。城市公共空间要深入到整个城市结构和市民的生活中，代表的实际上是一种城市风格。因此在空间上的营造和划分方面就应格外重视人的主观能动性，更要注重人的精神层面的认知，进而打破原有的单一的空间功能结构，目的就是在现有特色的地形基础上，为民众提供一个真正有益生活的活动场所。重庆作为西南地区的代表性城市，很大程度上反应了区域民众的当下生活状况以及精神需求。因此，正好可以借此设计来进一步挖掘现有松散的人际关系、社会关系和自然关系，为城市公园的改善提供借鉴和参考。

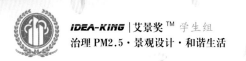

鹭翔莲影
——澳门凼仔城市湿地公园规划设计

Dances With Birds on Lotus. Landscape Design for the First Wetland Park in Macau

主创姓名：马晓斌 金英 魏忆凭
所在学校：华南农业大学林学院
学　　历：研究生
指导教师：李敏
作品类别：公共环境设计
作品名称：鹭翔莲影
　　　　　——澳门凼仔城市湿地公园规划设计
奖项名称：iDEA-KING 艾景奖银奖

设计说明

本项目场地位于澳门凼仔岛，历史上原是一片海滨滩涂。澳门持续不断的大规模填海运动，最终使之成为一个被高楼围绕的水塘。由于城市经济发展的压力，这块土地极有可能被作为商业建筑扩建或交通枢纽等建设用途，而这些都不是澳门人民所希望的。作为尊重土地自然属性的景观设计师，我们和澳门

总平面图

鸟瞰图

民政总署园林绿化部的专业人员达成共识。该场地应该建成澳门第一个城市湿地公园。

澳门古称"莲岛",莲花也是澳门区徽的标志图案。公园场地内有片原生的红树林湿地,是澳门城区仅存的野生鹭鸟栖息地。洁白的鹭鸟每天在湖面上盘旋飞翔,吸引了许多游人驻足观赏。因此,设计中提炼了莲花与鹭鸟形象,构成场地中最突出的空间构图要素。

本设计主题创意为"鹭翔莲影"。因为在我国传统文化里,鹭鸟与莲花经常是成对出现的吉祥物,许多诗词、瓷器中,常有"鹭莲戏水"的画面,表达"鹭莲相亲"的美好意境。公园标志性

景观为湖中一列起伏变化的景观灯柱,白天可供鹭鸟歇脚,夜晚则仿佛光影诗篇。该柱列好似鹭鸟飞翔的空间轨迹,又像鸟儿欢唱跳跃的音谱。柱列的中心,设计了一朵洁白圣洁的莲花,突出"鹭翔莲影"的意境。

天津滨海航空母舰主题公园主入口广场景观设计

The Landscape Design of Tianjing Airvraft Carrier Theme Park Entry Plaza

主创姓名：江昕璇
所在学校：南京艺术学院
学　　历：研究生
指导教师：詹和平
作品类别：公共环境设计
作品名称：天津滨海航空母舰主题公园主入口广场景观设计
奖项名称：iDEA-KING 艾景奖银奖

设计说明

随着旅游休闲成为一种大众的生活方式，促使旅游项目走向多主题、复合型、开放型、趣味性、生态型的旅游休闲社区。天津滨海航空母舰主题公园依托基辅号航空母舰和天津世博馆优越的旅游资源优势，从自然和区位背景条件入手，以生态和功能性为主导，联系基地本身的历史文脉进行整合，试图用多元手法和协调的布局来打造一个更关注人的生活质量、追求人文关怀、生态的可持续和综合性的广场景观。

在整体布局上，呈平面放射状，以点带面，区位之间用线做穿插联系，整个广场成为日后航空母舰主题公园相互联系的纽带。在细节设计上体现感官体验，让人们融入景观，增加驻足浏览的时间，进一步满足功能需要。

设计感悟

在设计过程中，重要的是怎么使得设计保持可持续性。首先，作为一个主题公园的项目，前广场是轴线上的重要纽带，怎么在未来周边设计中做好衔接和带头作用，成为思考的一个重点。其次，天津滨海作为盐碱地严重地区，植被有着特殊性，结合基地本身的湿地特性，怎样让基地和原始地貌以及周围环境衔接是需要考虑的。最后，在这样一个人流密集的广场上，怎样在项目初期满足功能需要，开放空间和私密空间关系的和谐，也是需要我们把握的。

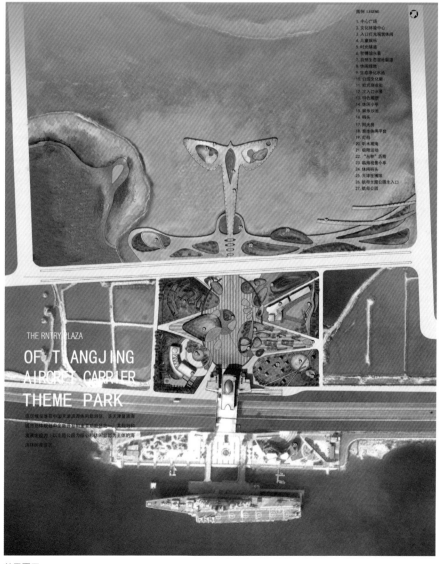

总平面图

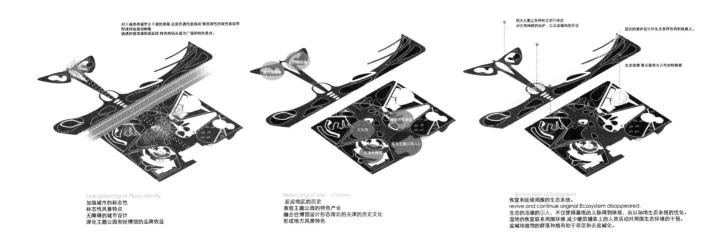

对于基地有城市主干道的穿越 这是机遇性是挑战 做连续性的线性景观带
形成特色意象焦点值
通透的视觉影形成延续特色的码头成为广场的特色景点。

把绿元素以种植式进行布置
对生物种群的保护，以及盐碱地的优化

层次的硬岸设计对生态多样性有积极意义。

生态池塘 展示基地古贝壳的特殊性

Strengthening of Plaza Identity
加强城市的标志性
标志性风景特点
无障碍的城市设计
深化主题公园和世博馆的品牌效益

Reflecting of Site´ s history
反应地区的历史
表现主题公园的特色产业
融合世博馆设计形态背后的天津的历史文化
形成地方风景特色

Restoration of Ecosystem
恢复和延续周围的生态系统。
revive and continue original Ecosystem disappeared.
生态的池塘的引入，不仅使得基地的义脉得到体现，而且场地生态系统的优化。
湿地的恢复联系周围环境 减少硬质铺装上的人类活动对周围生态环境的干预。
盐碱地植物的群落种植有助于存活和去盐碱化。

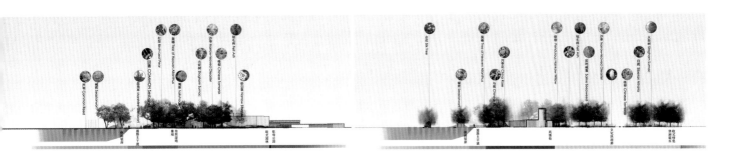

漫步荔枝海

Walking in Litchi Trees

主创姓名：许霖峰

成员姓名：李瑶　陈超

所在学校：哈尔滨工业大学深圳研究生院

学　　历：研究生

指导教师：王耀武

作品类别：公共环境设计

作品名称：漫步荔枝海

奖项名称：**iDEA-KING** 艾景奖银奖

设计说明

　　仅有 10 年历史的哈尔滨工业大学深圳研究生院，目前需要迅速扩大校园规模，升级校园基础设施以实现"打造国际化高等级院校"的目标。在这个快速发展期，大规模的校园扩建工程和来往运输的重型车辆，造成了严重的扬尘和尾气污染等 PM2.5 问题；同时，新教学楼和宿舍楼的建设，破坏了校园内大面积的自然环境，造成了校园公共活动场所的缺失。

总平面图

荔枝林里的新生活（漫画）

设计感悟

因此，治理 PM2.5，提升校园环境和生活质量成为刻不容缓的问题。本次设计在客观分析现状环境的基础上，提出了"先还原生态，后设计生活"的理念：校园景观设计从"广泛种树、种大树"开始（以代表本地特色的荔枝树为主），把重塑自然环境作为设计的基础；接下来在荔枝林中加入连接校园各建筑物的二、三层步行体系，提供便捷的交通；最后，在步道上设置功能多样的盒体空间，提供活动、休闲的场所，丰富校园生活，创造全新的生活模式和空间体验。

最终，我们的校园生活将回归自然、绿色与健康，同学们可以漫步在荔枝林中，享受美好的新生活。

作为在校学生，校园是我们最重要的生活环境，我们在这里学习知识，结交朋友，享受生活，分享快乐。因此，一个校园的环境质量直接影响到我们的生活品质。而这次的校园景观设计，是针对我们校园自身存在的 PM2.5 环境问题和活动场所缺失等问题提出的，目的就是通过提升环境质量，增加活动空间等方式，来营造一个健康、低碳、和谐又充满趣味性的校园环境。使同学们可以在课余时间拥抱自然，走进荔枝林，开展各种活动。引领一种回归自然、融入自然的全新生活模式。

通过这次竞赛，我们感慨良多：首先，我们真正地投入到校园之中寻找"失落"

的空间；通过分析校园情况，更加深刻地认识到公共空间的重要性，并对校园规划有了更深入的了解。其次，认识到在用地紧张的情况下，可以通过立体空间的营造来丰富活动空间，减少对原有绿地空间或者建筑空间的拆迁与破坏。再次，作为建筑和规划专业的学生，我们都学习到如何利用景观设计的思维和手法来处理中观层面的校园设计，拓宽了知识面和视野。最后，我们想通过这次的竞赛倡导一种"先还原生态，后设计生活"的设计理念，并且引领一种全新的、低碳的生活模式，鼓励人们回到自然中去，在自然中展开生活的画卷。

"吸收"与"净化"
——南京农业大学珠江校区学生生活创业园区规划

The Students' Life Zone and Pioneer Park Planning For the Zhujiang Campus of Nanjing Agricultural University

主创姓名： 吴雨浓

成员姓名： 梁少炜

所在学校： 南京农业大学园艺院

学　　历： 研究生

指导教师： 张纵

作品类别： 公共环境设计

作品名称： 南京农业大学珠江校区学生生活创业园区规划

奖项名称： IDEA-KING 艾景奖铜奖

设计说明

设计是珠江校区原始方案的重点及特色，即学生生活区与创意创业产业园区有机结合，并且提炼出来，对其进行侧重的规划。我们将中心花园及实验田比拟为消化系统，吸收了校园景观的精华，并且形成局部生态循环，净化校园，为校园提供永动力。

现今高校普遍存在的问题是在校学生存在死读书，缺少社会经验的现象，因此为了便于学生各个方面的发展和完善，在这次规划设计中，将学生生活和创意创业产业园通过生态廊道有机结合起来，实现学生在校便可随时补充实践经验为以后的社会生活打下良好的基础。生态廊道的设计了3种道路（人行道、专用道、自行车道），便于学生通行，提供了实验设备及实验动物过往的专用道、并且配置植物进行隔断，同时也是整个园区的净化之路。

创意创业产业园区平面图

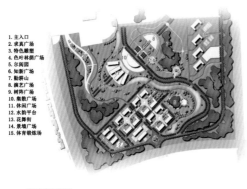

1. 主入口
2. 求真广场
3. 特色雕塑
4. 色叶林荫广场
5. 尔阅园
6. 如新广场
7. 勤耕山
8. 滴艺广场
9. 树阵广场
10. 集散广场
11. 休闲广场
12. 水韵平台
13. 花舞广场
14. 景墙广场
15. 体育锻炼场

学生生活区平面图

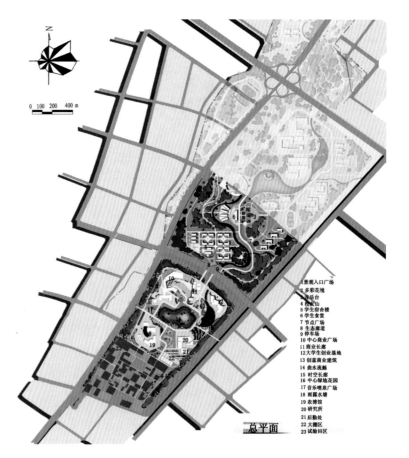

1. 景观入口广场
2. 多彩花境
3. 演乐台
4. 观鱼山
5. 学生宿舍楼
6. 学生食堂
7. 节点广场
8. 生态廊道
9. 停车场
10. 中心商业广场
11. 商业步道
12. 大学生创业基地
13. 创意商业建筑
14. 曲水流觞
15. 时空长廊
16. 中心绿地花园
17. 音乐喷泉广场
18. 雨露水塘
19. 表博馆
20. 研究所
21. 后勤处
22. 大棚区
23. 试验田区

总平面

总平面图

设计感悟

大赛主题：体现"治理PM2.5·景观规划设计·和谐生活"的理念；体现世界与民族、传统与现代、艺术与实用的融合；通过这次设计，这样的主题使我们对于如何规划人与自然和谐的环境有了更为深刻的认识，也有了许多自己从未有过的思想。对于我们生活生长的学校，这种和谐也体现得尤为重要。因此在规划过程中，我们思考如何实现校园规划的和谐性，使得其不但能发挥教育意义还能承担起校园的生态意义，如何将校园规划更加贴近于其使用主题即学生，使得学生在学习中便能同步增加实践经验，这本身也是一种和谐。在规划过程中我们丰富了理论知识，实地勘察，问卷调查，前期工作做得充分，尤其是在一些细节上的把握与处理上更加进一步，但是整个设计还是处于比较概念的阶段。我们相信，一个小主意也能改变世界。

最后，非常感谢"艾景奖"组委会能给我们提供一个完美的平台去发挥、表现自己。

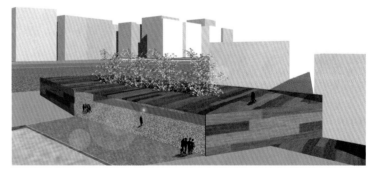

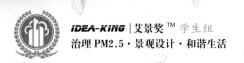

被遗忘的城市区域
The Forgotten City Corner

主创姓名：何欣
成员姓名：卢一青 李柴乐 张艺馨
所在学校：西安建筑科技大学艺术学院
学　　历：研究生
指导教师：杨豪中
作品类别：公共环境设计
作品名称：被遗忘的城市区域
奖项名称：iDEA-KING 艾景奖铜奖

设计说明

　　此次设计的主题是改善城市边缘的景观和人居环境，使得城市到乡村形成一个完美的过渡。通过对城市边缘区乡村聚落的分类调查，我们总结出城市边缘区乡村聚落景观的个性与共性特征。之后我们将前面的理论分析结合实际调研情况，对城市边缘区乡村聚落景观设计作出详细说明，从整体上分析了城市边缘区乡村聚落景观现状。针对各种不同的空间，我们作了因地制宜的设计，然后将这些设计和景观空间相互整合，形成一个完美的过渡。不仅改善了当地居民的居住环境，同时也为城市人民提供了接近大自然的机会，使得城市和乡村真正结合到了一起，促进了整个社会的发展。

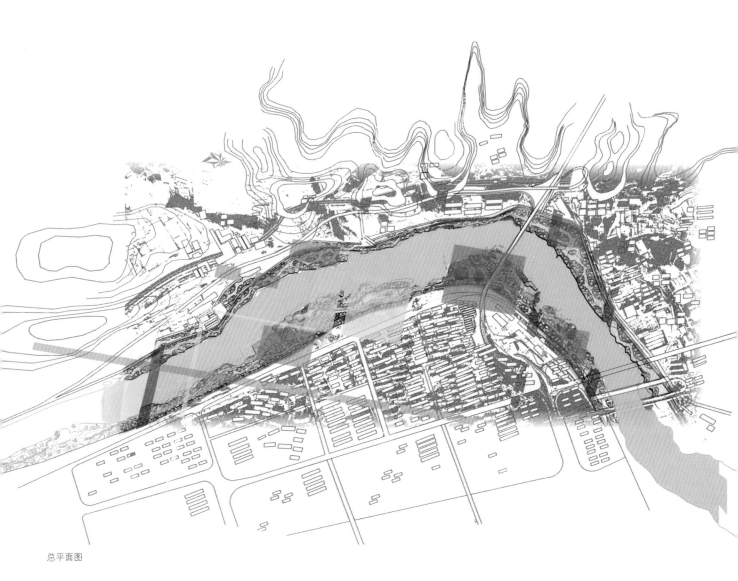

总平面图

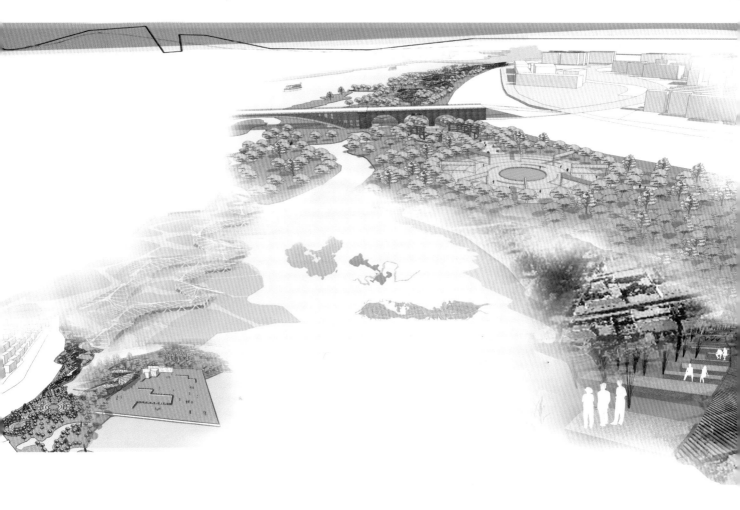

设计感悟

通过设计，我们真正了解到在发达的城市周边还有很多需要改善、有待提高的区域，这些区域都等待着我们的改造。要改善一个地方的景观和人们的生活环境，就要做好充分调查，从实际出发，以人为本才能最合理地设计出人们最需要的建筑。在设计中，无论是哪片土地、哪片领域，都需要因地制宜，结合当地审美特色，周围环境、景观用途，综合考虑。要让城市与周边地带自然地融合到一起，形成完美的过渡。与此同时，这样的设计不仅仅是美化了当地的景观，也改善了当地居民的生活条件，而且在设计中也要注意利用形、色、香、声、动、质感、光、影、隔断等不同的感官刺激，来给人们不同的视觉的感受，从而达到设计的目的。

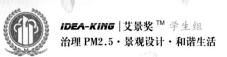

阅于田

Reading Space Design for Farmers

主创姓名：孙博
所在学校：中央美术学院城市设计学院
学　　历：研究生
指导教师：王中
作品类别：公共环境设计
作品名称：阅于田
奖项名称：iDEA-KING 艾景奖铜奖

设计说明

根据该地区的基本情况，对农作物进行竖向整合后，形成以城市新景观设施的概念，贯穿于用地的室外阅读空间，完全从传统的阅读空间中解放出来，在培育物质食粮的同时，补充精神食粮的营养，以达到城市与农村地区的和谐共生。

材料上选取漏孔的金属喷漆镂空材质，主要考虑到不影响阅读广场下面农作物吸收阳光，灌溉以及通风的需要。通过龙骨的支撑配合形成竖向上的二层空间。座位部分配合防腐木。为防止雨水，藏书架部分配合有机玻璃。

通过阅读广场的设计，切实解决农家书屋的现有问题，以此带动其他农家书屋的发展，用艺术的感染力激发人们的学习热情。在物质与精神丰富起来的同时，生活更加美好。

设计感悟

我母亲是市新华书店的老职工，从小耳濡目染，我对书店的感情颇深。新闻出版总署、中央文明办、国家发展和改革委员会、科技部、民政部、财政部、农业部、国家人口和计划生育委员会等八部委于2007年3月13日正式颁发了《农家书屋工程实施意见》。

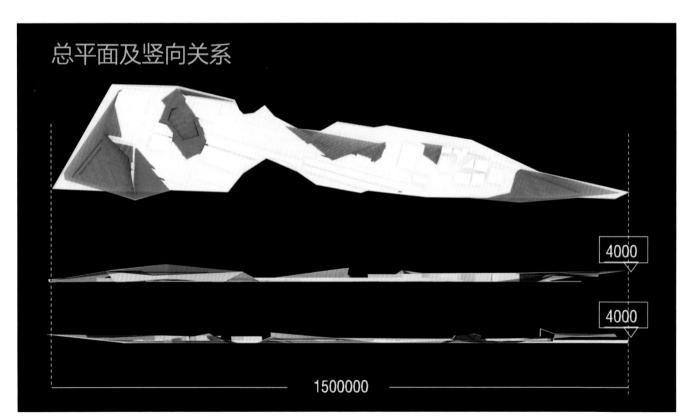

总平面及竖向关系

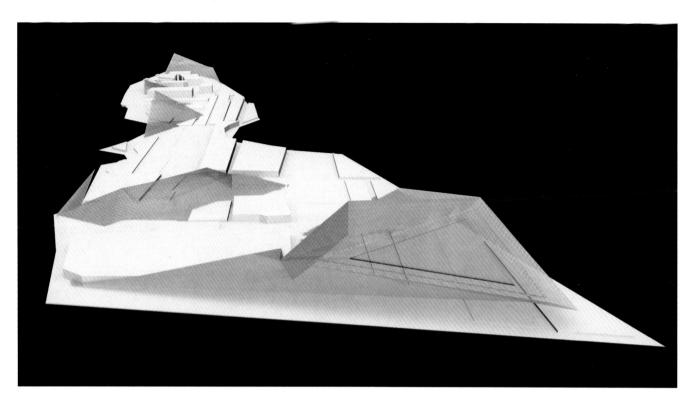

整体鸟瞰图

国家各级政府都很重视农家书屋工程的建设，建立了相应的组织领导机构并有效开展工作。农家书屋工程纳入了政府民生工程项目，落实了相关的配套建设资金，市、县财政为每个农家书屋安排的配套资金不得低于 2000 元，为每个农家书屋均配备了书架、书桌、椅子等必要设施。

我们按时完成了农家书屋工程建设计划的编制工作，严格履行农家书屋工程建设申报程序，申报审批手续完备。设计的农家书屋选点要布局合理。每个书屋面积一般不少于 20 平方米，并具备出版物陈列、借阅、管理的基本条件。

效果展示图

我想通过我的微薄之力可以将设计的作用发挥最大化，不仅是在人群川流不息的城市，并且能够涉及城乡结合部甚至深入到农村地区，让所有人得到被设计的福利。

本次设计可以作为一个示范点，从而达至全国的农家书屋建设。

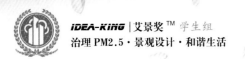
疑无路 又一村
——济南泉城公园翠屏湾改造

A nother Ahead
—The Reconstruction of Jinan Quancheng Park Cuiping Bay

主创姓名：王雯
所在学校：中国美术学院建筑艺术学院
学　历：研究生
指导教师：钱江帆
作品类别：公共环境设计
作品名称：疑无路 又一村
　　　　　——济南泉城公园翠屏湾改造
奖项名称：IDEA-KING 艾景奖铜奖

设计说明

　　南宋诗人陆游的佳作《游山西村》写到："莫笑农家腊酒浑，丰年留客足鸡豚。山重水复疑无路，柳暗花明又一村。萧鼓追随春社近，衣冠简朴古风存。从今若许闲乘月，拄杖无时夜叩门"。诗人描述了山水萦绕的迷路感与移步换影又见新景象的喜悦之情。诗中所表现的是在逆境中往往蕴含着

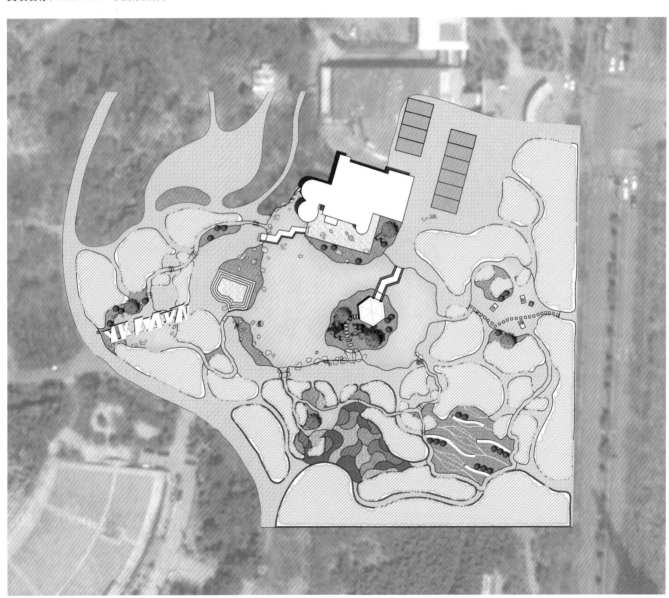

总平面图

无限的希望。

在翠屏湾的实地考察中我发现竹林将翠屏湾完全覆盖，遮挡了翠屏湾的景观。但是，竹林又是宝贵的资源，能够很好地塑造"疑无路，又一村"的效果。因而，在景观设计中，将这一概念贯穿进去，利用道路的蜿蜒来制造"迷宫"式的感受，游者在游览中找不到出路时突然又在眼前出现一片开阔空间，产生豁然开朗之感，在经历几次的狭窄道路与开阔空间的对比感受后，最终将到达翠屏湾主空间，这个大空间将带来游览过程中的"豁然开朗"感受的最大诠释。使游者在空间序列感受的过程中领悟到生活的哲学——不论前路多么难行，只要勇于开拓，人生就能"绝处逢生"，出现一个充满光明与希望的崭新境地。

设计感悟

这次的设计是在原有的一片竹林之上（竹子向来是我国儒雅君子的代表），怎样再现竹子的文化精神是设计中的主要问题。在经过多次的实地考察后，对原有景观进行分析，发现现有的道路在竹林中穿梭的感受是很好的，但是竹林也造成了很多不足，封闭了景观空间。结合现场，扬长避短，发现已有的景观感受很符合"山重水复疑无路，柳暗花明又一村"的诗句意境。因而，在改造设计中决定加强这种感受，在狭窄道路和开阔空间的对比感受中实现"疑无路，又一村"的设计概念。这样，竹子也能很好地符合古诗所带来的意境，再结合水与竹的交融，更显我国诗意的意境。

当然，在设计中，经过多次的改动与调整，寻找如何能够传达我国传统意境，又能不失现代之风。这次的方案设计是设计者的本科毕业设计，研究生阶段又进行再一次的设计调整。感谢本科期间张阳老师的悉心指导，感谢硕士研究生阶段钱江帆老师的再次修改意见与指导。

道路空间分析

空间四剖面

空间四剖面

空间四剖面

心·生
——北京槐房地区城市森林公园规划设计

Heart ·Life
—The Planning and Design of Beijing Huaishu Area City Forest Park

主创姓名：闫晨
成员姓名：薛敏 李旸 胡承江 吴然
所在学校：北京林业大学园林学院
学　　历：研究生
指导教师：李雄
作品类别：公共环境设计
作品名称：心·生
　　　　　——北京槐房地区城市森林公园规划设计
奖项名称：IDEA-KING 艾景奖铜奖

设计说明

　　伴随着城市的快速发展，人们的生活环境受到了严重挑战，PM2.5浓度不断攀升。而作为首都的北京，PM2.5也频频"超标"。为了缓解污染状况，改善居民生活环境，我们计划在北京南四环位置的槐房地区规划一座城市森林公园，建成后可同周边南海子郊野等共同形成北京南部地区的"绿肺"。

平面图

整体鸟瞰图

　　整个园区共分为 10 个景区，从对往日的反思以及未来美好环境的向往几个方面进行阐述，均与整个景区的大主题——纯净相呼应。景区中设置科普展馆，使人们在游玩休憩的同时，丰富其认知，更好地方便低碳绿色生活方式的推行，改善人们的生活环境，提高人们的生活质量。

设计感悟

　　PM2.5 突然间出现在我们的视野之中，在周围的人群里也引起了一定的不安情绪，怎样防护成了众人交谈最多的话题。其实在这个设计竞赛过程中我们了解到，对于 PM2.5 的治理仅通过政府的力量是不够的，它与每个人都是息息相关的。作为个人而言，防护不是最终的解决方法，我们每个人在生活过程中，都在制造着 PM2.5，所以改变自己的生活方式才是重点中的重点。

聆风景区

寸草春晖
——基于老年人人文关怀的景观设计

L andscape Design Based on Humane Care for the Elderly

主创姓名： 程逸楠 王庆轩
成员姓名： 周文
所在学校： 中国林业科学研究院
学　　历： 研究生
指导教师： 朱宇
作品类别： 公共环境设计
作品名称： 寸草春晖
　　　　　　——基于老年人人文关怀的景观设计
奖项名称： iDEA-KiNG 艾景奖铜奖

设计说明

随着我国社会老龄化进程的加快，我国的老年人口正在大幅增加。介于老年人在身体和心理上的变化，他们对室外环境空间的使用要求和相应的尺度要求都不同于一般人群。然而在我国目前的景观设计中，却没有得到设计师们足够的重视。该设计项目希望以位于北京市海淀区的四季青敬老院环境改造为示范，力求针对敬老院内不同老年人群体，

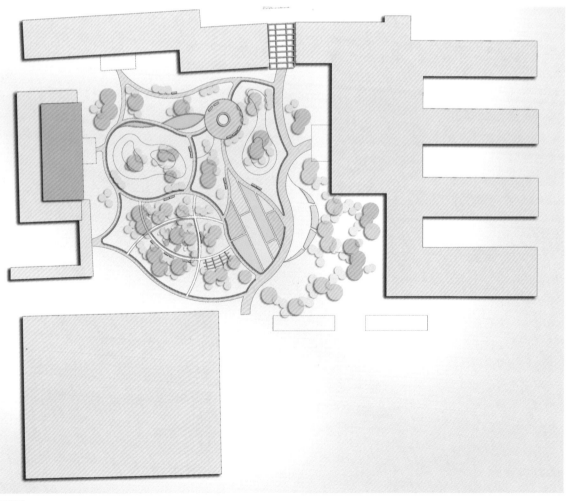

平面图

整体鸟瞰图

为他们建造有利于身心健康、舒适又安全的环境空间。设计时从两方面入手，无障碍设计和人文关怀式景观设计。无障碍设计主要体现在功能使用上的人性化，从每栋居住建筑的出入口开始一直到院内的每条主干道，都设计了符合一般老年人和轮椅使用者以及盲人都能使用的扶手系统。与此同时，在扶手系统旁边还开辟了满足老年人喜爱行走的漫步系统，希望能鼓励老年人走出房间进行安全的健身运动。而人文关怀式景观设计，则更多地表现在精神体验的人性化设计上。针对老年人希望安宁，又害怕孤独渴望交流的心理，设计了满足不同老年群体使用的开敞活动空间，半私密交流空间和私密的静思空间，但所有空间均在建筑物内监护人员的视线之内，便于及时发现帮助有困难的老人。另外，独特的座椅系统设计，为不同老年人提供了人际交往的可能性选择，促进了他们互相交流以及学习特长爱好的机会。平静的镜面水景和可触摸性水景，让老年人能勇敢平静坦然地看待时间变迁和社会角色的转变。感官化园种植的不同种植物分别给老年人带来五官上的欣喜体验，同时也有助于他们的身体健康和

感官能力的恢复。而可参与其中的园艺操作区，不仅让大部分有过种植耕作经历的老年人重新获得了自信，也锻炼了身体寻回了年轻时的快乐。总之，小组成员希望通过此设计，创造老年人能合理地使用人性化活动空间，达到增加老年人选择机会，鼓励他们社交，促进他们身体健康，同时又很安全，具有吸引力的目的。

设计感悟

由于老年人口的增加，我们每天都可以看到许许多多的老年人。可是在环境景观中考虑到适于老年人的景观却少之又少，于是小组成员们也一直想为老年人做属于他们的环境空间。恰逢设计者的亲属入住了北京市四季青敬老院，在参观后觉得这么大的一个敬老院却在环境景观设计上没有过多地考虑老年人的合理性使用，就希望通过此次竞赛能呼吁更多设计师在做设计的时候为老年人多作考虑。

说到设计和创作过程却是曲折与困难重重，由于小组成员并不在同一个地方学习工作，只有空闲时才能通过网络和电话进行创作的沟通和交流。创作过

程也几度中断，但最后小组成员还是克服了重重困难，经过激烈讨论和不断交流，最后定下作品主题与方向，各自分工明确地完成了作品的创作。这期间，笔者也通过大量阅读相关资料和实地考察，对老年人的各个方面有了很大了解，并对老年公寓和敬老院的现状有所感悟。在创作过程中，设计者希望通过自己的设想能让老年人在户外空间有更好的享受，让他们的老年生活能更精彩和谐。竞赛的结果已经不重要了，大家在这个过程对老年人有了更多的了解，也会在今后的设计中尽可能地考虑他们的特殊使用要求。在此，希望更多的设计师也能关注这个正在扩大的特殊群体。

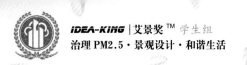

宝塔湾公园景观规划设计
The Landscape Design of Baota Wan Park

主创姓名：周艳丽
所在学校：长江大学园艺园林学院
学　　历：研究生
指导教师：肖国增 安运华
作品类别：公共环境设计
作品名称：宝塔湾公园景观规划设计
奖项名称：iDEA-KING 艾景奖铜奖

设计说明

湖北荆州宝塔湾临江公园景观设计从实际出发因地制宜，力图全面合理地把"一切为人"的人性化宗旨贯彻到公园绿地环境设计中去。本设计的重点在于在创造优美的公园景观的同时，为老龄化人群提供更多的活动空间，为儿童提供丰富的活动类型，并且保证人们的安全，纪念曾经的灾难。本设计以一条景观楼道为主轴线，一条架空栈道为主要观景平台贯穿整个公园，结合地形起伏的景观绿林、丰富的休闲活动场所、集文化于一体的活动广场，曲径通幽的游步道，色彩丰富的植物配置，创造出"自然化"的公园景观。同时充分挖掘利用荆州的历史和文化，为景观景点增添文化色彩。规划设计目的在于为城市增添一片"绿洲"的同时纪念逝去的英雄，并为改善城市环境做贡献，同时实现城市公园由传统的封闭、围合的形式逐渐向简洁、开放、生态化的形式转变，令其与城市其他开放空间相融合。

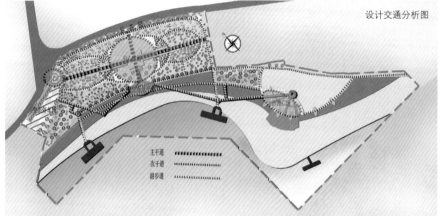

设计交通分析图

主干道
次干道
游步道

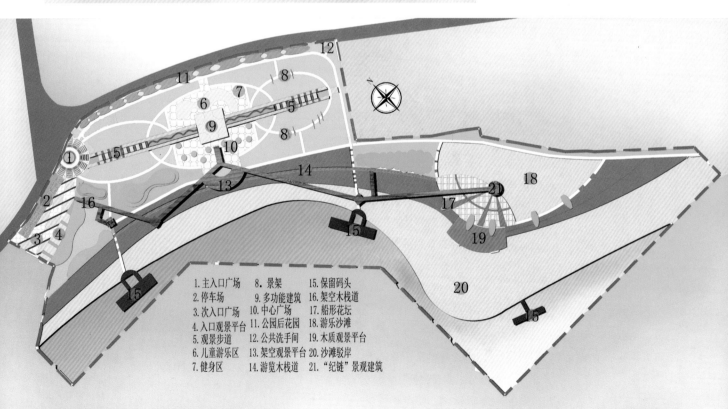

1.主入口广场　8.景架　　　　15.保留码头
2.停车场　　　9.多功能建筑　16.架空木栈道
3.次入口广场　10.中心广场　　17.船形花坛
4.入口观景平台 11.公园后花园　18.游乐沙滩
5.观景步道　　12.公共洗手间　19.木质观景平台
6.儿童游乐区　13.架空观景平台 20.沙滩驳岸
7.健身区　　　14.游览木栈道　21."纪链"景观建筑

平面图

中心广场图

设计感悟

　　做的时候是一种热情，做完了有时候会感觉很多地方不尽如意，技术还有一定差距，当回首的时候，又惊叹自己曾经的想象力、创造力、加油！

观景步道图

多功能建筑图

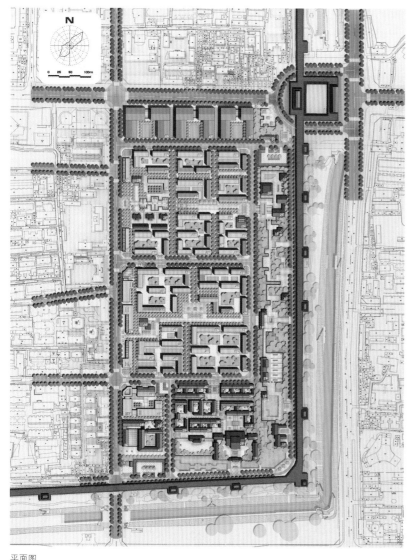
墙·苑
——西安市东门里居住环境设计

Wall · Garden
—The Area of Inside-east-gate Residential Environment Design in Xi'an

主创姓名： 王呈祥

成员姓名： 李洁 刘展 王倩

所在学校： 西安建筑科技大学建筑学院

学　　历： 研究生

指导教师： 惠劼

作品类别： 居住区环境设计

作品名称： 墙·苑
——西安市东门里居住环境设计

奖项名称： iDEA-KING 艾景奖金奖

设计说明

本次设计选取西安老城区东门里片区，充分了解该片区的历史沿革和现状居民的生活需求，并以此为出发点来思考本次设计。从而提出"墙—景观—解决PM2.5"和"里坊—文学产业—解决PM2.5"两条主线。墙作为一种人工构筑物，是重要的景观元素之一，以墙为载体可以营造丰富的景观。利用墙具有的"隔断"作用，从而设计一种方法隔断PM2.5对当地居民的影响。对墙的定义和作用进行引申，丰富墙的内涵，从而用墙将景观和PM2.5联系起来。

在这个过程中我们提出了"容器效益"和"新里坊"概念。"容器效益"就是通过规划手段引导让PM2.5集中起来，在通过一些手法让其消解掉。"新里坊"就是融合古代里坊的形式建成符合现代人生活方式的居住社区。

这些理论的提出，使我们确立了规划的整体架构，从而形成了我们的规划方案。

设计感悟

通过本次竞赛，我们学会了怎样通过规划手段解决一些环境问题。这虽然是一个艰苦的过程，但我们乐在其中。解决PM2.5这是我们拿到这个题目时首先发表的感慨，这个到底和景观规划设计有什么关系？什么是PM2.5？PM2.5和我们的日常生活有什么关系？一步步走来，随着我们对PM2.5的深入了解和在辅导老师的帮助下，我们逐渐开始走入正轨。本次竞赛已经完成，对我们来说，设计水平得到了很大提升。感谢在竞赛过程中一直给予我们耐心教导的惠老师。

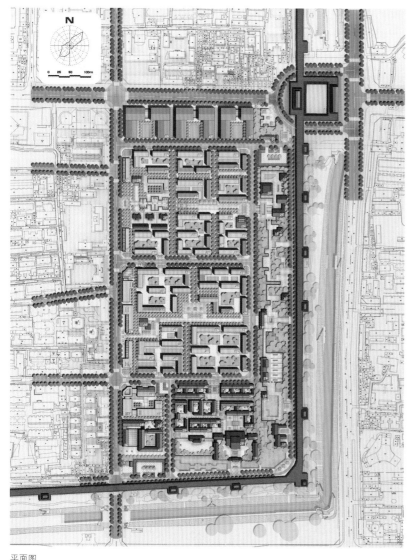

平面图

THE MANSIONS
张学良.高桂子公馆

MULTI-LEVEL GREEN
丰富绿化

THE CITY WALL
西安城墙

THE GREEN
待建绿地

THE WEST GATE
东门

基地元素提取图

中融·中央公馆景观方案设计

Central Mansion Landscape Design

主创姓名： 何艳凤
所在学校： 福建师范大学美术学院
学　历： 研究生
指导教师： 毛文正
作品类别： 居住区环境设计
作品名称： 中融·中央公馆景观方案设计
奖项名称： iDEA-KING 艾景奖银奖

设计说明

本案设计理念强调观赏性、参与性及生态低碳性。

观赏性：以文化小品为点，以绿化植物为面，用丰富的绿化植物及变化的水景衬托起文化小品（如广场、雕塑、景墙、坐椅等）并寓教于乐。

参与性：我们的景观设计还强调与人的互动感，即让人们参与其中，自得其乐，硬质景观同软质景观相结合。人们在参与户外活动的同时感受到社区的人性化品质，充分体会到生活在这片社区的乐趣。

生态低碳性：环保作为21世纪的世界潮流，我们的设计是为引领这一潮流而开发的。在社区中我们将大面积地使用绿化植物及生态水系统，使我们的社区空气负氧离子远高于其他社会公共环境，在不知不觉中将健康带给生活在这里的千家万户。

满足不同年龄层次人群的心理及生理需求：本社区设有专业的儿童游乐场地、中老年人健身器械广场及多种形式的健康缓跑径，阳光草坪区、水景观赏空间、棋牌娱乐区、休闲广场等使各类不同需求的居民自得其乐、各得其所、和谐共有、与时谐行。

注重环境景观的细节处理：从细节见品质。当人们散步于我们社区环境中时，会有各种关于安全、文化、爱心、环保、导引等概念的提示，我们以各种小品等艺术形式来体现，做到安全性与艺术性完美统一，包括交通、水体深度、健身设施、植物形态都十分强调其安全性和使用的合理性，确保不同年龄层次的人们在使用的过程中安心、放心、舒心。夜间我们的照明系统分为3个层次：基础照明、装饰照明及特色照明，同时又要避免光污染，让户内及户外的人们夜间都会感受到舒适与清晰。

景观设计理念风格：现代法式皇家

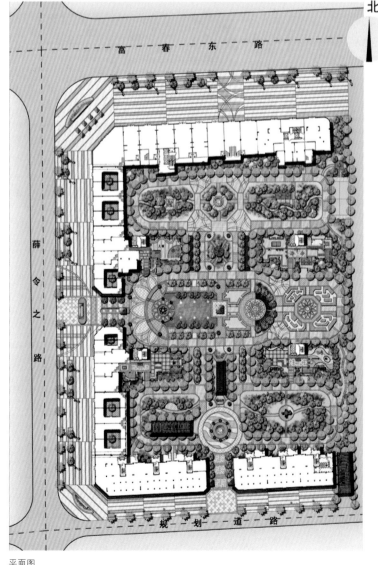

平面图

富春东路

北

薛令之路

规划道路

园林＋意式风情而形成的具有南欧特色的浪漫园林景观。

具体体现：特色景亭、装饰花钵、休闲水景、特色廊架、古典人文主义雕塑、欧式景亭、休闲坐椅、修剪成欧式经典图案的绿化植物等。

设计感悟

本方案以丰富的文化休闲空间及点状水系统为主线来贯穿整个社区环境，水景则分布在东西、南北两个方向的景观主轴线上延伸并形成了不同的形态与特色，它们交相呼应，又形成互补，在向东西、南北延伸的过程中充分结合特色的观景亭、艺术游廊、精品植栽、特色活动空间、雕塑小品等，在绿化空间的处理上我们根据地块的整洁明朗，多种植可修剪的规则式植物，打造浓郁的欧式花园，再结合大乔木、中乔木、花卉、灌木类植物的有机搭配与种植营造出一种"超自然"的绿化空间环境。入口区强调种植高大乔木以加强气势感，在细节上注意植物对儿童的保护，规避有危险的毒性的植物，绿化密度尽量加强，

创造出绿化密实、层次丰富的绿化空间，并结合地形种植高大乔木以提升社区绿化品质，还要通过绿化遮挡使周围的商业空间不干扰社区环境。

水景：在水景与绿化相结合的特点上，我们让水体空间尽量做到与绿化空间相结合，亲水性与观赏性相结合，硬质景观空间穿叉于绿化与水景之间，水边散步道与雕塑小品、特色景亭、休闲广场相融合，营造出露天"沙龙"，使人们在此交际、娱乐、休养、静思。

道路：在交通环节的设计上，采用了大空间人车分流，小区域刚柔并济的规划特色，路网结构曲线（柔）与简洁直线（刚）相结合的形式，并利用微地型与高低错落的植物造景，营造出步步有景、景随步移的特色，给人们以一种轻松休闲，层次丰富空间感受，并充分考虑到了人、车行进的安全性。

夜景：在夜景亮化设计上我们追求一种安静祥和的高雅空间氛围，灯光色调以暖色系为主，并且在重要的景观区域上设计彩色光线照明，在主要功能性空间上（如主入口、亲水平台、交通干道交汇口上）强调清晰照明，在灌木区域及大乔木上加入背景照明，以渲染出神秘、浪漫的景观氛围。

基地元素提取

047

临沂安居小区详细规划设计

Linyi Setting Village Detailed Planning and Design

主创姓名： 常文宝

所在学校： 山东艺术学院设计学院

学　　历： 研究生

指导教师： 李仲信

作品类别： 居住区环境设计

作品名称： 临沂安居小区详细规划设计

奖项名称： iDEA-KING 艾景奖铜奖

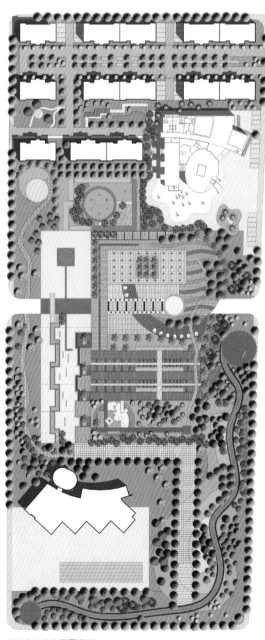

小区中心广场平面彩图

设计说明

以"治理PM2.5·景观规划设计·和谐生活"为主题设计思想，在小区规划设计中提高小区景观环境质量，增加小区的绿化率，从而提高小区的整体品位和品牌。

小区品质的差异：除了建筑、景观等物质环境的差异外，更重要的是社区氛围的差异、社区公共生活品质的差异。高品质住区所具有的活力，以及温馨宁静幽雅的生活氛围是当前小区营建所普遍缺乏的，而这正体现着小区品质营建的内涵，这也正是此次规划设计过程中始终追求的。

基于这样的理解，本次规划设计遵循以下设计理念：

1. 以"人"为本

"以人为本"这就需要关注生活的需求和细节，从使用（功能配置）与空间（视觉感受和体验）两个层面提升社区的整体品质。

2. "环境"先行

"环境"是影响一个小区品质的决定性因素，同时也是一个楼盘开发成功与否的关键所在。因此，在开发与设计之初，就建立"环境"先行的观念是达到开发、销售与居住三赢的关键。

3. 整体性与丰富性

对一个楼盘而言，整体而大气的形象至关重要，它关乎一个品牌形象的建立；而从销售与居住的角度而言，则需要房型的多样化与丰富细腻的建筑与环境细节，从而提高居住的适应性、舒适性，满足个性化的需求。

4. 均好性

通过规划设计，尽可能使社区的每一个住户都能拥有良好的景观，都能较为便利地享受社区的公共设施，从而消除房产开发中的死角，提高社区的整体品质。

小区中心广场效果图

设计感悟

随着我国经济的迅速发展，人们对于居住小区景观环境质量的要求是越来越高。各大、中城市涌现出许多环境优雅的居住小区。优秀的景观设计不仅提升了居住小区的档次，同时也满足了人们对居住区归属感和认同感的要求。

居住小区内景观设计要把握园林景观设计的精髓——尊重环境、崇尚自然、关注人性。人是自然之子，来自大自然的怀抱。古人云"人因宅而立，宅因人得存，人室相通感通天地"。我国民居在大人合一哲理的影响下，无论从选址、布局、室内外环境设计、家具陈设，还是选材、营造技术等方面，均充满了以人为本的人居建筑精神，创造了丰富多彩的生活方式与观念。早在 19 世纪末期，为了城市改革与解决居住问题，国外建筑先驱者们就提出了"城市花园""邻里单位"等重要的理论和设想。对于 21 世纪的新型居住区，在设计过程中更应把以人为本视为主线去营造最理想的居住环境。

在以人为本的主导思想下，以我国园林的造景手法为基础，运用现代造型设计形式进行设计。这不仅满足现代人对园林景观设计的认同，也延续了我国园林造景中的文化。

自然优美的小区景观环境要通过植物、园林小品、道路和园林建筑来进行组合。植物绿化是小区景观环境美化重要的一环。通过植物的自然或规整的搭配，软化了小区建筑僵硬呆板的形象。绿化量的提高对于改善居住区的空气质量有着重要的作用，对减少空气中 PM2.5 的含量有很大的帮助，要提高植物绿化的高效率，如屋顶绿化、立体绿化等。

水幕墙区

和一
——"元邦·明月金岸"居住区景观规划设计

Harmony
—Landscape Design of "Yuanbang · Mingyuejinan" Residential Area

主创姓名：梁艺莎
成员姓名：赵金松
所在学校：华南农业大学林学院
学　　历：研究生
指导教师：杨学成
作品类别：居住区环境设计
作品名称：和一
　　　　——"元邦·明月金岸"居住区景观规划设计
奖项名称：iDEA-KING 艾景奖铜奖

设计说明

　　如今，和谐已经成为我国社会发展和人们生活的主导思想，将其思想运用到本项目实际案例造景中，我们想到：打造一个让人可以捕捉到生活的影子，聆听到生命的碎语，感受着心灵律动的欧式花园，在与自然的互动和对话中，

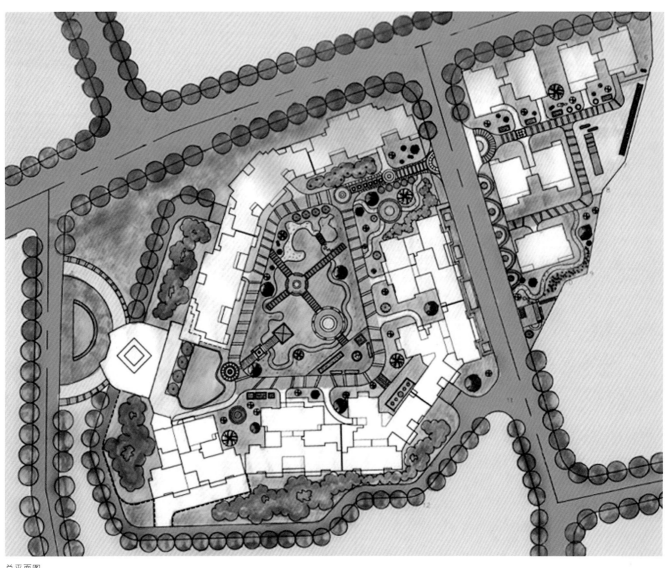

总平面图

与自然和生活达到共处和相融。为了达到想要的效果，就要从造景要素的风格和形态入手，将墙角的小石花草、恬淡的草坪座椅、农家气息的木栅栏、多处面积和形式的水、芬芳灿烂的植物等众因素引入，让这个主导思想指挥着整个造园气息，而且多注意造景要素的功能扩展和现代化，比如，一个垃圾桶，不再是以前人们心中的样子，将其外形美化，而且可以在上部装饰细化，它就成了一个小景；又如，一条坐凳，在中间放入盆花将其隔开，它就不仅有供人休息的功能，而且还可以让人欣赏，也平添了很多景观乐趣，在众多设施的造景中，将这种方法贯穿，就会达到令人意外欣喜的效果。

效果图

设计感悟

面对着日益突出的环境问题，"和"的思想成了我们解决问题的支柱和法宝，内心融入它的精髓，与自然共处，那么人与自然、人与社会、人与心灵之间的各种冲突，都将逐渐化解！

针对治理 PM2.5，缓解环境矛盾问题，我们有以下几个对策和造景方法：首先增大垂直和绿化面积，增加水域的分布和面积，引用现代高科技喷雾系统，去除空气中粉尘和有害颗粒，冬天集中供暖，减少煤炭的燃烧，提倡和引导居民回收可利用废旧物品。此外，多运用舆论和宣传的力量，在造景中添加温馨小提示和标语，让每个人都参与进来，让那些小话语打动说服着人们的心灵……

效果图

绿·滤
Green·Filter

主创姓名：石俊峰
成员姓名：张科 任竹青
所在学校：清华大学美术学院
学　历：研究生
指导教师：苏丹
作品类别：立体绿化设计
作品名称：绿·滤
奖项名称：iDEA-KING 艾景奖金奖

设计说明

PM2.5 的主要来源，是日常发电、工业生产、汽车尾气排放等过程中经过燃烧而排放的残留物，大多含有重金属等有毒物质。这其中与居民城市生活关系最为紧密，对城市生活影响最大的就是汽车尾气排放。北京是一座交通压力极大的城市，在这样一个因急速发展带来的多种问题集中爆发的城市中 PM2.5 与汽车尾气和城市生活同时成为了人们迫切关注的重点话题。

我们希望直击要害，借助立体绿化为整体构想，利用植物和水对 PM2.5 的消解作用，在北京主要交通线路四周设立由植物和水编织而成的"空气滤网"，再利用空气热力学基础知识构建可以收集空气悬浮颗粒的空间形态，从而将 PM2.5 的最大问题根源——汽车尾气排放控制在"滤网"之内，防止其在城市中扩散。

新增加的绿化与屋顶绿化一起为城市带来更多绿色和生态，消解 PM2.5 的同时，实现绿色生活。

设计感悟

PM2.5 是严重的城市污染物，但是我们依然有技术手段去控制或者减弱它的危害，经过本次设计尝试，我们发现，设计师必须建立为城市解决问题的决心和拥有为之努力付出的行动力。

技术手段需要承载在设计语言上，才可以发挥更大的作用。实现技术手段的载入并不一定必须要复杂的手段或者是繁琐的设计，简单的形态和理念一样可以产生理想的结果，这需要设计师充

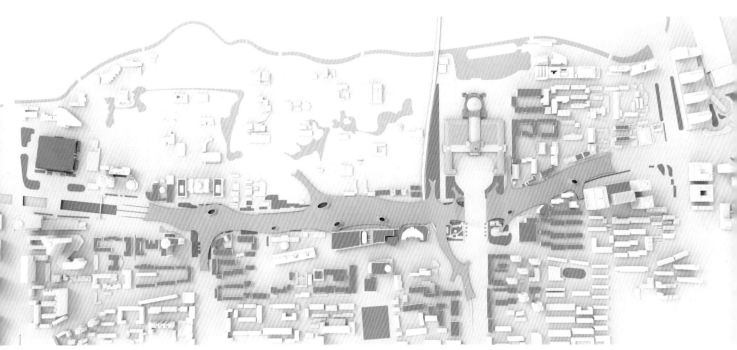

总平面图

分了解技术并有一定的实践经验，才可以游刃有余、准确地将两者进行结合。

　　对于学习设计的学生，需要跨越专业的限制，与相关领域的学科专业学生进行交流与合作，才能拥有更加灵活的，适应快速发展的解决手段和灵敏的反应能力。本次竞赛，我们小组一共3个成员，跨越了两所学校（清华大学与北京林业大学），结合景观设计、园林绿植和工程技术等多方面知识（本组导师苏丹是《绿色人居》杂志的主编，对于生态设计和绿化技术方面给予了很多的指导和帮助，特此感谢），专业的综合既保证了本方案的可实施性又保证了团队的创造力。

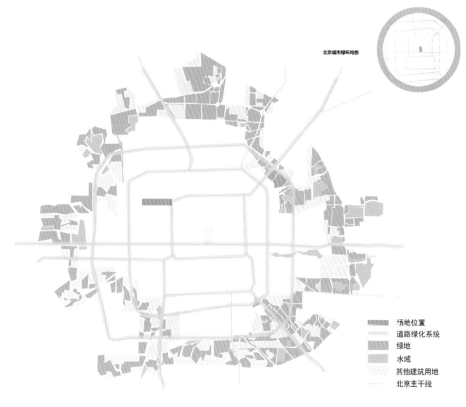

北京城市绿环构想

场地位置
道路绿化系统
绿地
水域
其他建筑用地
北京主干线

北京市城市环构想加道路系统图

绿色阶梯
Green Ladder

主创姓名：戚姣姣
成员姓名：史育玉 刘明娜
所在学校：四川农业大学风景园林学院
学　　历：研究生
指导教师：鲁琳
作品类别：立体绿化设计
作品名称：绿色阶梯
奖项名称：**iDEA-KING** 艾景奖银奖

设计说明

本规划对PM2.5的来源进行分析，提出两种解决途径：一是用太阳能和风能等清洁能源来代替煤炭燃烧；二是用植物、声波和喷雾来降低PM2.5的含量。

规划场地位于成都市成华区，在场地的上风向有一个硫酸厂和场地中存在建筑工地污染源。场地所处区域属亚热带湿润季风气候，适宜做屋顶花园。本规划利用这一优势，充分利用地面和屋顶空间，形成阶梯状绿地系统。

在垂直层面上根据风速和光照强度在垂直维度上的变化来布置风车和太阳能光板，植物配置的种类和比例也随着二氧化碳和NOx浓度随高度的变化而变化。为了更好地降低PM2.5含量，植物配置在水平面上也依据污染源的距离存在差异。此外，将喷雾、声波发生器与城市中广泛分布、数量巨大的路灯合为一体，并利用太阳能提供能量，节能的同时大幅降低PM2.5。

规划充分利用水平和垂直两个层面，形成阶梯状绿地系统，最终达到降低PM2.5的效果。

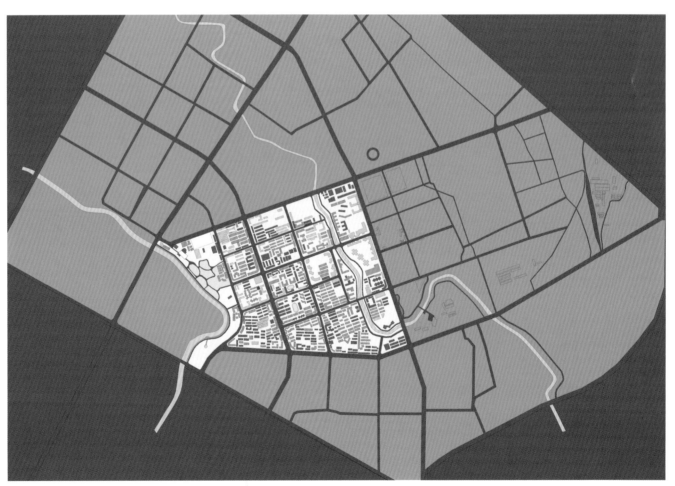

总平面图

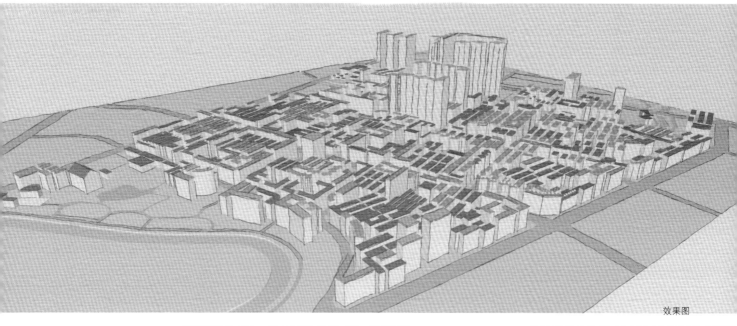

效果图

道路效果图

设计感悟

PM2.5 现如今已成为人们广泛关注的话题。通过本次参赛我们对其形成机制、分布特点都有了深入了解，也对于环境的保护有了更深层次的理解。

设计过程中我们查阅大量文献资料，对于原本并不熟悉的 PM2.5 有了深入的了解，并且发现了一些可以利用的技术方法对其进行分析，创新性地将其应用于我们的规划中。与此同时，我们转换思维，不单从直接去除 PM2.5 的角度出发，而是转为分析 PM2.5 的来源，希望从源头上减少 PM2.5，最终选择大量使用清洁能源以减低煤炭燃烧产生的 PM2.5。这次比赛中我们团队成员间的合作也非常顺利，每个成员充分发挥了自己的优势，使得整个团队的工作效率大幅提高，虽然参赛过程中有过激烈的争论，也遇到过计算机出现故障等问题，但我们共同克服困难，最终的方案基本达到了我们的预期。

通过参加设计大赛，使我们在今后的设计中也会更加注重节能环保。人类生活的环境与每一个地球公民的活动都息息相关，如果每一个人都能在平时生活中注意节约资源，哪怕是随手关灯这一点点小事，我们的环境都会有所改善。通过这次大赛的宣传，相信会有更多的人关注环境问题，并为之付出行动。

从"监牢"的逃离
——校园立体空间规划

Escape From the "Jiainlao"
—The Master Plan of Vertical Space at Campus

主创姓名：董洪兵

成员姓名：李蕊 欧阳琳 王祎临

所在学校：四川农业大学风景园林学院

学　　历：研究生

指导教师：马明东

作品类别：立体绿化设计

作品名称：从"监牢"的逃离
　　　　　——校园立体空间规划

奖项名称：iDEA-KING 艾景奖银奖

设计说明

本方案场地是四川农业大学新校区的学生宿舍区，于2010年建成使用。现状是建筑面积过于密集的、大面积不可渗透的下垫面，局促而无人性的开放空间使宿舍区外部空间环境较为恶劣。

冰冷而局促的户外空间使得多数同学们不得不躲避在噪杂，拥挤的宿舍，依靠网络、游戏、度过每天的闲暇时光。一个个的格子宿舍就像监狱一样囚禁着同学们，人与人、人与自然没有了交流，长此以往，未来在哪里？

我们希望通过重新构造舒适的、有活力的外部空间环境，吸引同学们走出"格子"，重新建立起人与人、人与自然之间的联系，以实现从"监狱"的逃离。

为了实现我们的设想，我们提出了三大策略：绿色屋顶、立体绿化和雨洪管理。

未来，当概念转化为实际，温和的阳光，新鲜的空气不再那么遥远，舒适的户外空间将吸引同学们走出"监牢"，重新构建起人与人、人与自然之间的联系，校园也将重新焕发活力。

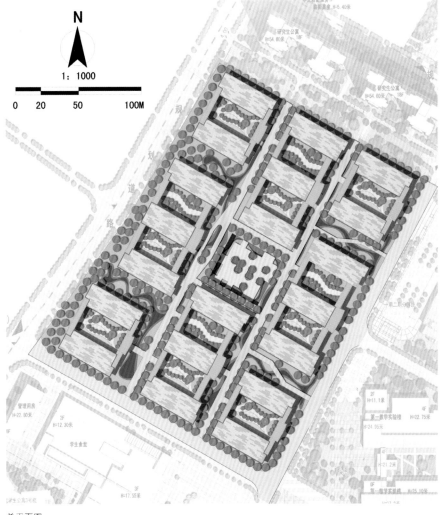

总平面图

设计感悟

人是一种群居的动物，也是自然的一部分，这是人的本性。一旦人与人、人与自然之间的联系被打破，人也将逐渐缺失自己的本性，但是这往往不能引起人们的注意！然而景观设计师有责任和义务在设计中去重新建立这种联系，引导人们转变生活方式，促进更多的户外活动和交流，因为景观改变生活。这也是我们团队关于这个问题的思考。

效果图

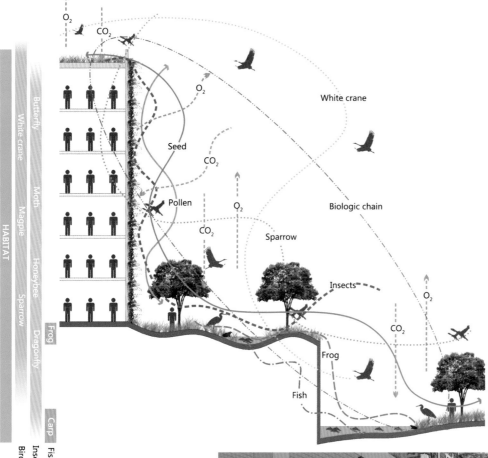

垂直生态系统

下沉空间效果图

对城市不良影响的反作用力
——路顶上的隔离罩

Resist to The Adverse Impact of Urbanization
—Shielded Cover Over The Road

主创姓名：邢思捷

成员姓名：王予非

所在学校：北京林业大学园林学院

学　　历：研究生

指导教师：王朋

作品类别：立体绿化设计

作品名称：对城市不良影响的反作用力
　　　　　——路顶上的隔离罩

奖项名称：iDEA-KING 艾景奖铜奖

设计说明

1. 项目背景

在快速城市化背景下，城市道路——尤其是环路的大量建设带来的交通污染日益凸显。在北京这样快速发展的大都市，此类问题更为严峻。

2. 场地特点

本设计选取了北京中关村四环路上约11公顷（包括中间的道路3.8公顷，两侧小区7.2公顷）的一个典型地段。道路的嘈杂、喧嚣与小区宁静清幽的和谐环境形成强烈对比，道路不仅生硬地打断了两侧小区的有机联系，更严重污染了该地区的生态环境。

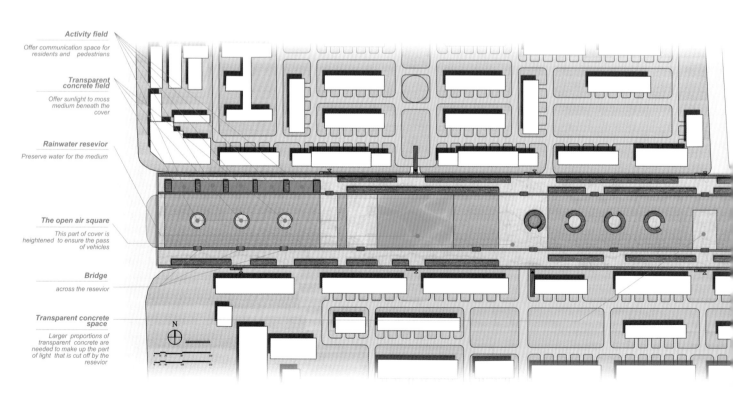

Activity field
Offer communication space for residents and pedestrians

Transparent concrete field
Offer sunlight to moss medium beneath the cover

Rainwater reservior
Preserve water for the medium

The open air square
This part of cover is heightened to ensure the pass of vehicles

Bridge
across the resevior

Transparent concrete space
Larger proportions of transparent concrete are needed to make up the part of light that is cut off by the resevior

总平面图

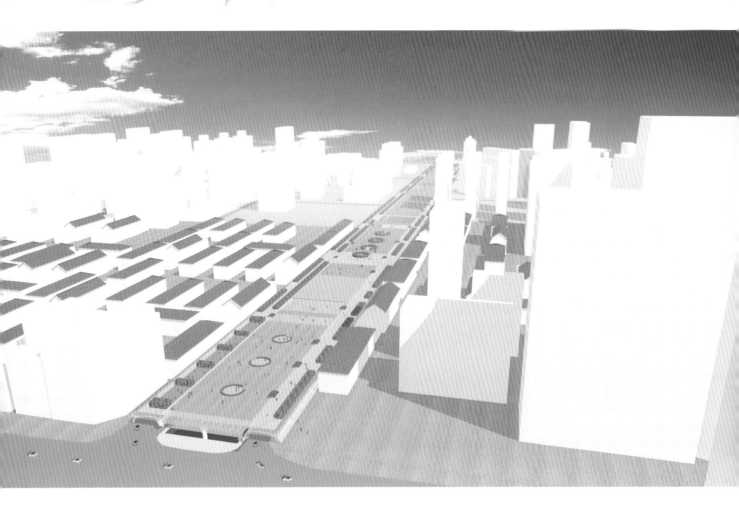

3. 设计理念

将道路两侧的小区作为理想的人居环境代表，力求阻挡交通污染对社区的不良影响，并将小区好的环境与秩序引出，反过来影响道路，从而改善人们生活、塑造城市新景观。以此作为北京城市复兴的开端，向快速发展的城市化进程呼出一声呐喊。

4. 解决方法

在路的上空架设隔离罩，阻隔噪音与空气污染，在其中净化尾气，从而改善环境；在其上设计绿化与活动场地，从而恢复被道路打断了的城市空间结构。

设计感悟

首先是如何解题，这对于一个高品质竞赛作品的生成是至关重要的前提。本次竞赛的主题是"治理PM2.5·景观规划设计·和谐生活"。查阅大量资料后，我们发现PM2.5是一个相对比较学术的概念，涉及多个学科，其产生的主要来源是日常发电、工业生产、汽车尾气排放等过程中经过燃烧而排放的残留物。因此我们开始思考如何用景观的手段去解决这样一个环境问题。在此理解的基础上我们开始寻找设计的着眼点，最终我们将目光锁定在如何降低汽车尾气对周边环境的影响上。

接下来就是选题以及思路的确定。北京是快速发展中的大都市，各种城市问题、各种矛盾激烈对撞，这为我们提供了一个提出问题的良好背景。经过讨论与分析，我们选取了中关村四环路上的一个典型地块进行设计。这里既有快速发展的城市问题，又具有特殊的文化内涵与历史意义。

接下来就是如何解决问题。针对四环路上串流的车辆对周边的不良影响，简单地增加绿化不能起到很好的作用。于是我们想：为什么不能直接把不良的影响遮挡、阻隔住呢？于是就有了在道路顶上加盖一个隔离罩的想法，在其中有净化尾气的设施，这样就大大减小了汽车对道路周边的影响。隔离罩顶部同时也可以作为人的活动区域，如此不仅解决了道路污染问题，又在寸土寸金的城市中创造出了新的活动空间。

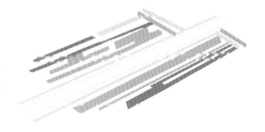

Cronton 煤矿：生态及纪念公园

Cronton Colliery: Ecological & Historical Park

主创姓名：陈子慧
所在学校：爱丁堡设计学院
学　　历：研究生
指导教师：Sally Butler
作品类别：旅游度假区规划
作品名称：Cronton 煤矿：生态及纪念公园
奖项名称：**IDEA-KING** 艾景奖金奖

设计说明

公园的设计有两个主要功能：①像一个室外博物馆，向公众展示 Cronton 煤矿的历史；②保护附近的野生动物，并提倡生态教育。

根据现有特性和 19 世纪木林的空间特性，作为树木发展的概念，运用生态艺术品、小径、通风井和矿山铁路的足迹，转化为多元化的空间，为游客提供探索和多元化的体验。在半灵活的景观特性地区，台阶的水景广场是建立在有历史价值的小溪上。由于小溪的水位变化，水景广场可作为一个充满活力的地方给

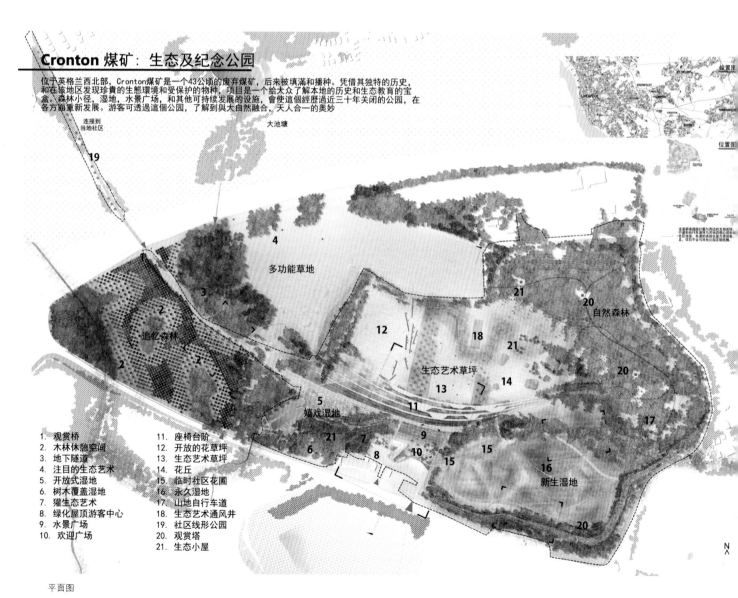

Cronton 煤矿：生态及纪念公园

位于英格兰西北部，Cronton 煤矿是一个 43 公顷的废弃煤矿，后来被填满和播种。凭借其独特的历史，和在该地区发现珍贵的生态环境和受保护的物种，项目是一个给大众了解本地的历史和生态教育的宝盒。森林小径，湿地，水景广场，和其他可持续发展的设施，會使這個經歷過近三十年關閉的公園，在各方面重新发展。游客可透過這個公園，了解到與大自然融合，天人合一的奧妙

1. 观赏桥
2. 木林休憩空间
3. 地下隧道
4. 注目的生态艺术
5. 开放式湿地
6. 树木覆盖湿地
7. 獾生态艺术
8. 绿化屋顶游客中心
9. 水景广场
10. 欢迎广场
11. 座椅台阶
12. 开放的花草坪
13. 生态艺术草坪
14. 花丘
15. 临时社区花圃
16. 永久湿地
17. 山地自行车道
18. 生态艺术通风井
19. 社区线形公园
20. 观赏塔
21. 生态小屋

平面图

060

水景广场

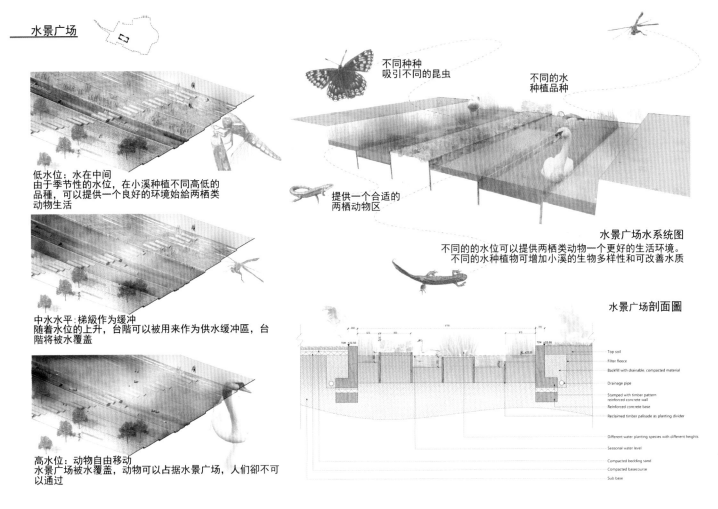

低水位：水在中间
由于季节性的水位，在小溪种植不同高低的品種，可以提供一个良好的环境始给两栖类动物生活

中水水平：梯級作为缓冲
随着水位的上升，台阶可以被用来作为供水缓冲區，台阶将被水覆盖

高水位：动物自由移动
水景广场被水覆盖，动物可以占据水景广场，人们却不可以通过

不同种种吸引不同的昆虫

不同的水种植品种

提供一个合适的两栖动物区

水景广场水系统图
不同的的水位可以提供两栖类动物一个更好的生活环境。不同的水种植物可增加小溪的生物多样性和可改善水质

水景广场剖面圖

Top soil
Filter fleece
Backfill with drainable, compacted material
Drainage pipe
Stamped with timber pattern reinforced concrete wall
Reinforced concrete base
Reclaimed timber palisade as planting divider
Different water planting species with different heights
Seasonal water level
Compacted bedding sand
Compacted basecourse
Sub base

野生动物，也给人一种现在和过去的微妙互动。

在灵活的景观特性地区上，以前被采矿活动弄坏的土壤，以种植不同品种的实验，恢复湿地生态。自然森林有行山径，观赏塔，山地自行车径和其他设施配合不同地形和根据树木的生长的活动设施。

设计感悟

项目位于英格兰西北部，四周开阔平坦的绿地，与旁边的公路连接利物浦和曼彻斯特。Cronton 煤矿是一个 43 公顷的废弃煤矿，后来被填满和播种。凭借其独特的历史，和在该地区发现珍贵的生态环境和受保护的物种，项目会是一个给大众了解本地的历史和生态教育的宝盒。森林小径，湿地，水景广场，和其他可持续发展的设施，会使这个经历近 30 年关闭的公园，在各方面得到重新发展。游客可透过这个公园，了解到与大自然融合，天人合一的奥妙。

由于其邻近利物浦和高生态价值区，可作为一个摆脱繁忙城市理想的休息地，以拥有煤炭开采历史和附近高生态价值区，来强化项目的特色。然而，煤矿近 30 年来是一块封闭的土地，缺乏与当地社区的连接。

恢复生态的建议是维护良好的景观元素（如乔木，灌木，地被和水），和透过种植本地品种来恢复质量差的土地。根据环境，实施不同的可持续管理的方法。种植不同品种，改善环境，为野生动物提供合适住所，如地下隧道和建造蝙蝠箱，以减少游客对野生动物的干扰。

Cronton 煤矿：生态及纪念公园是一个从废弃的土地，变成带有原有历史和高生态价值的独特公园。它可作为休闲，历史保护和环境教育的理想场所。作为一个绿化的心脏，连接各大城市和社区公园，以及扮演一名警卫的角色，去保护野生动物的生活和高生态价值区。

红树林 2046

Mangrove 2046

主创姓名：许霖峰 杨文博 胡海洋
成员姓名：高建 李霄
所在学校：哈尔滨工业大学深圳研究生院
学　历：研究生
指导教师：戴冬晖
作品类别：旅游度假区规划
作品名称：红树林 2046
奖项名称：iDEA-KING 艾景奖银奖

鸟瞰图

设计说明

　　深圳湾位于深圳市西南部，沿海岸线长约 11 千米，东临红树林鸟类自然保护区，北靠滨海大道，隔海遥望香港米埔红树林自然保护区。在这看似得天独厚的自然条件下，却暗藏着严重的 PM2.5 环境危机。滨海大道作为深圳的交通命脉，给城市带了大量的汽车尾气和道路扬尘，这些都是 PM2.5 的主要来源。

　　红树林具有净化水质、改善空气质量以及为动物提供良好栖息地的作用。它的生态作用为治理 PM2.5 提供了有利条件。本次设计以深圳湾独特的地理条件（香港米埔红树林自然保护区的种源和深圳湾洋流的输送）为基础，创造性地提出了：建立一个海上的红树林湿地公园来治理城市 PM2.5 的构想。

　　深圳湾红树林正面临着严峻的灭绝危机，为了在治理 PM2.5 的同时拯救濒危的红树林，我们设计了帮助红树林生长的培养基。在未来的 2046 年，我们畅想这片濒危的红树林将变成红树林生态群岛，起初作为红树林生长依托的培养基也随之转化成红树林湿地公园的露天广场，市民将在这里享受到回归自然的和谐新生活。同时，这片红树林湿地也将为深圳湾区域 PM2.5 的治理起到至关重要的作用。

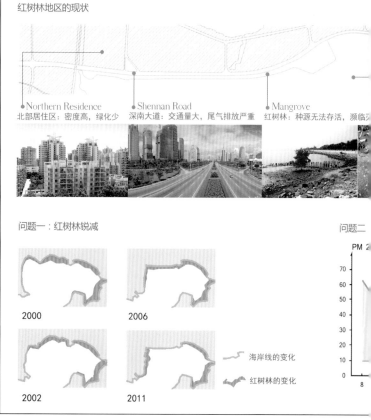

红树林地区的现状

Northern Residence　　　Shennan Road　　　Mangrove
北部居住区：密度高，绿化少　深南大道：交通量大，尾气排放严重　红树林：种源无法存活，濒临

问题一：红树林锐减　　　　　　　　　　　　　　问题二

2000　　　　2006

2002　　　　2011

海岸线的变化
红树林的变化

基地现状及问题分析图

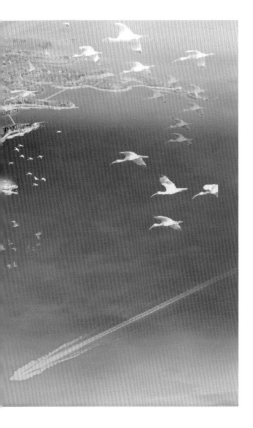

设计感悟

在全球经济现代化高速发展的今天，社会中普遍存在着忽视，甚至是以牺牲现有生态环境和全球生态平衡为代价来换取经济增长的倾向。在治理环境的对策上，往往采用先主动污染后被动治理的方式，而不是追求经济、社会、环境的协调发展。但作为有社会责任感的城市规划师和建筑师，我们的使命是规划设计一个好的城市：一个"健康、生态、绿色、宜居、可持续"的城市。

这次关于 PM2.5 的设计竞赛为我们提供了一次很好的机会，让我们思考如何以"生态""健康"和"可持续"为首要目的来规划和设计城市。我们选择了深圳湾红树林区域作为改造的对象。在这里，不光 PM2.5 严重超标，还存在严峻的红树林灭绝危机。如何在治理 PM2.5 的同时拯救这片岌岌可危的红树林，做一个生态的、可持续的设计，成为我们深思的问题。

通过这次竞赛，我们有诸多感悟和收获：①了解到团队合作的重要性，一个好的城市设计一定是团队成员之间相互激发，认真讨论，互相取长补短而得到的；②认识到应该在对现有环境破坏最小的情况下，利用可持续的理念和方法来进行设计；③对"补偿性"的生态设计有了一定的认识，尤其在自然生态景区的设计中，"恢复弥补"的意义大于"再造"；④充分了解和认识了 PM2.5，并以此次竞赛为契机，更好地宣传和普及了治理 PM2.5 的重要性；⑤深刻了解到城市规划师和建筑师的职责与内涵：以人为本，建造一个更"绿色"更"宜居"的和谐城市。

红树林湿地公园内景图——游玩湿地

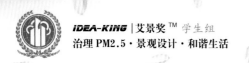
建筑规划-STRUCTURE

重塑的河道
——安徽省当涂县襄城河河滨公园概念性规划设计

The Remodeling River
—The Conceptual Planning and Design of Anhui Dantu County Xiangcheng Riuer Riverside Park

主创姓名：刘如意

成员姓名：李肖琼 董瑜 李凤

所在学校：北京工业大学建筑与城市规划学院

学　　历：研究生

指导教师：王淑芬

作品类别：旅游度假区规划

作品名称：重塑的河道
　　　　　——安徽省当涂县襄城河河滨公园概念性规划设计

奖项名称：*IDEA-KING* 艾景奖银奖

设计说明

该项目基地位于安徽省马鞍山市，介于南京与芜湖之间，地处长江三角城市群顶端，与江苏江宁、高淳、溧水3县（区）接壤。襄城河生态环境敏感度高，整体被主要的交通干道割裂，生态环境容易遭到破坏。现有堤坝防洪能力无法满足城市发展的需求，更多的人民受到洪水的威胁。战略重点北移，北部新城成为新的行政文化中心，襄城河的重要战略地位得到重视。

通过对现状条件的分析、城市发展的解读和市民的需求提出以下的规划思路：解决城市防洪安全问题、对现有水塘的利用、打造城市标志性景观、满足市民的游憩需求、文化的传承发展。综合考虑用地现状、用地性质和城市景观需求，内部用地环境特征，结合景观构思创意，规划形成"一塔聚气，双坝索洪，两带蕴水，边环通城"的景观格局。

在重塑河道景观的同时注重诗意的空间意境的创造和钢铁文化的传播，增加了城市滨河景观的景观多样性能力。

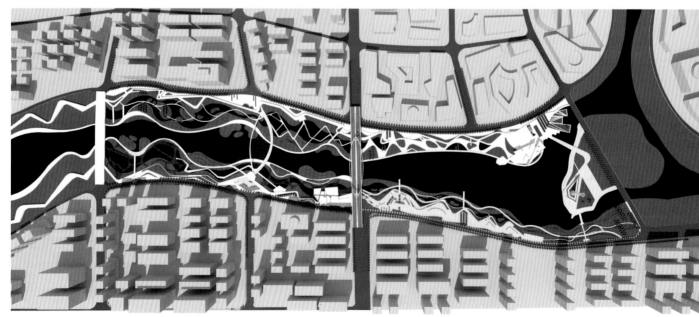

总平面图

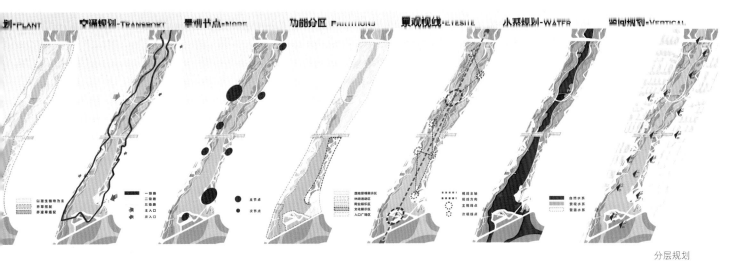

划-PLANT　交通规划-TRANSPORT　景观节点-NODE　功能分区-PARTITIONS　景观视线-EYESITE　水系规划-WATER　竖向规划-VERTICAL

分层规划

设计感悟

在我国当前普遍重视城市生态、整治河流水体、建设滨河地区的情况下，通过对安徽省马鞍山市当涂县襄城河河滨公园的概念性规划设计，我们发现部分城市跨河形态存在着城河关系脱节、两岸缺乏关联、河流特色减弱、生态建设薄弱等诸多问题。在＜重塑的河道 - 安徽省当涂县襄城河河滨公园概念性规划设计＞的方案中，我们提炼出城市以河取向、两岸联合设计、提升河道特色、要素综合组织、建立生态与行为复合中心等设计的综合策略。

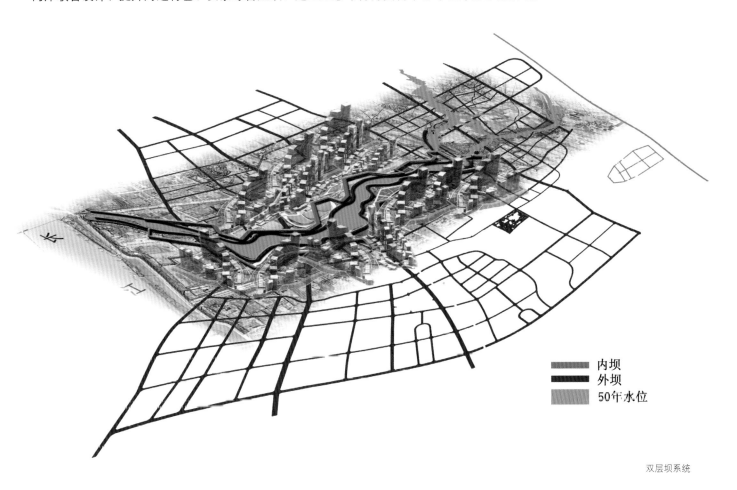

内坝
外坝
50年水位

双层坝系统

城市闲野生活
——锦州笔架山滨海城市农渔生态体验园景观设计

L eisure Life in City
—The Landscape Design of Jinzhou Beacon Hill Binhai Agriculture
Ecological Experience Garden

主创姓名：熊磊

成员姓名：齐博宁

所在学校：东北师范大学美术学院

学　　历：研究生

指导教师：王铁军　刘学文

作品类别：旅游度假区规划

作品名称：城市闲野生活
　　　　　——锦州笔架山滨海城市农渔生态体验园景观设计

奖项名称：**iDEA-KING** 艾景奖铜奖

设计说明

本设计选址在辽宁省锦州市锦州新港区，这一地区现有的原住民的生活方式已经在这短短的几年内发生了天翻地覆的变化，当地的农民已经不再耕作，渔民已经不再出海打捞，取而代之的是一个个海鲜饭店，和运输游客的游艇。在笔架山旅游区周边还出现了多个废弃的农田和湿地，破烂不堪，多年来堆放着周边百姓的生活垃圾，原住民的生活方式已经彻底被景观旅游度假打乱。本次设计的出发点便是留住"源"住民原汁原味的生活，调理笔架山周边的生态环境，整改废弃的荒田，从新激活农民和渔民的生活方式，通过对地势的改造，水体的从新分布，种植园和果园的规划以及渔场的建设来将场地演变成体验式的种植园，这样既保留了农民和渔民生息地的特色，又添加了度假区的元素。

设计感悟

随着我国经济的迅速发展和城市用地的结构调整，许多用地性质和结构发生着巨大的变化，往日的耕作区已经变成居住区，往日的学校已变成城市综合体等等，在这些貌似发展的变化中，有些景象貌似繁荣却隐藏着巨大的环境问题，它包括经济和文化等多个方面。

本次研究的课题便结合了地方文化，区域经济走向等多个方面去研究如何改造设计锦州滨海旅游观光区的荒废农田的景观设计。这课题面对着许多很现实的问题，例如锦州滨海笔架山旅游观光区的历史和旅游是什么特色？滨海区田

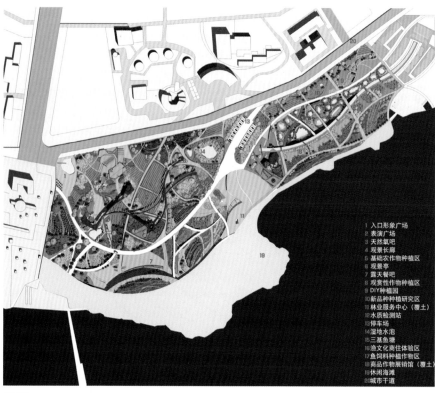

平面图

1 入口形象广场
2 表演广场
3 天然氧吧
4 观景长廊
5 基础农作物种植区
6 观景亭
7 露天餐吧
8 观赏性作物种植区
9 DIY种植园
10 新品种种植研究区
11 林业服务中心（覆土）
12 水质检测站
13 停车场
14 湿地水泡
15 三基鱼塘
16 渔文化商住体验区
17 鱼饲料种植作物区
18 商品作物展销馆（覆土）
19 休闲海滩
20 城市干道

桥节点效果图

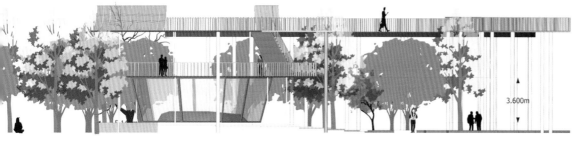

3.600m

6.467m

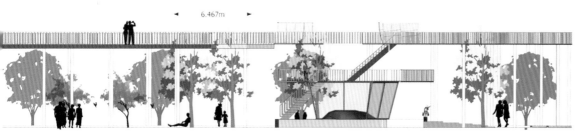

景观桥节点：

　　景观桥分层设计达到立体滨灌的目的，首先将旅客和农民的活动流线相区分，这样达到于互不影响的结果，在基础农作区，农民保留原有的生活作息习性，在景观节点上设置构置物形成景观廊道。

地是如何废置的？周边的农民又用什么手段谋生等等疑问。我们以锦州笔架山滨海荒废农田这一地块为例进行了概念式的景观设计研究，从土地的填挖改造，水体整改，交通流线的设计，景观轴线的分布，功能分区的规划，植物的分布等方面进行全方面的设计改造。通过整个设计过程清晰地意识到在旅游观光区

这一特殊属性的区域做一个传统性质的农村用地是面对很多问题的，在坚持保护周边环境的宗旨下，我们还应考虑到如何利用临近笔架山旅游区这一天然条件带动周边经济。让农民体验新型的农园生活。虽然问题矛盾多多但其意义是很重大的，我国的旅游景点众多，周边生活的百姓往往是在旅游风景区贩卖纪

念品，拉车，开饭店这些利用观光区特点挣取暴利这些行为似乎已经司空见惯，这些现象如果不能及时整改，后果是很严重的，这威胁着旅游风景区的旅游文化和环境，希望本次设计课题能够为这一现象提供一个良好的解决方案。

湖北广水三潭风景旅游区概念规划设计

The Conceptual Planning and Design of Hubei Guangshui Three Pool Scenery Tourist Area

主创姓名：杨发

成员姓名：宋文 林礼聪

所在学校：华南理工大学设计学院

学　历：研究生

指导教师：梁明捷

作品类别：旅游度假区规划

作品名称：湖北广水三潭风景旅游区概念规划设计

奖项名称：iDEA-KING 艾景奖铜奖

设计说明

本次规划设计在保护原有自然景观的基础之上，根据点线面、大中小、黑白灰"九字"设计理念进行总体规划；在突出地方自然生态特色的同时因地制宜，与周围的环境相互协调。同时本规划还针对不同的游客提供多样化、多层次的游览与体验，在景区的纵深方面拓宽了景区覆盖面，适应现代休闲度假旅游的发展趋势。

设计感悟

设计不仅仅是艺术的升华，更是生活的高等艺术。设计是源于自然，同时又高于自然。它要求人们对各种事物做出富有创造性的改革，并且与传统文化、社会经济、自然环境达到有机统一。

设计不是简单的一句话就能表达的，也不是简单的一幅图就是实现的，设计不是纸上谈兵，而是要求设计师在事物改造前进行实地考察调研，这样方能得到结论，从而做到因地制宜，与周围的环境相协调，发挥设计的最佳优势。

本次设计方案在实地进行考察调研，重点挖掘富有地方特色的景观，在以人为本的前提下进行旧事物的改造和规划，不仅保留了原汁原味的景区特色资源和元素，同时拓展了景区的覆盖面，进而提高了景区休闲度假对游客的吸引力，同时带动当地旅游产业的发展，使景区与社会经济达到了有机统一。

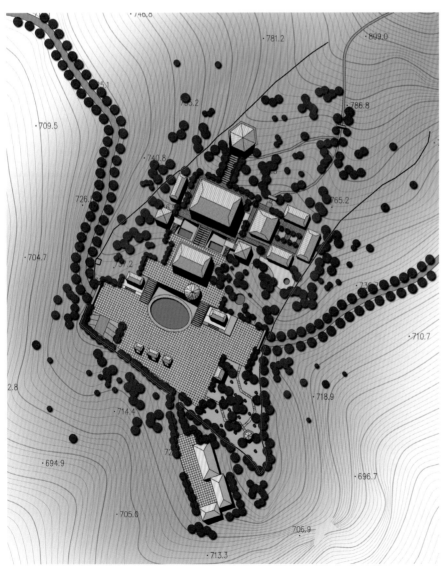

平面图

四季
——金湖药博园景观规划设计

Season Hot
—Jinhu Medicine Garden Landscape Design

主创姓名：相凌燕

所在学校：福建师范大学

学　　历：研究生

指导教师：毛文正

作品类别：旅游度假区规划

作品名称：四季
　　　　　——金湖药博园景观规划设计

奖项名称：iDEA-KING 艾景奖铜奖

设计说明

1. 金湖药博园概况

泰宁县位于福建省西北部，地理坐标为东经116°45'00"至117°18'11"，北纬26°37'26"至27°05'35"，面积492.5平方公里，由石网、大金湖、八仙崖、金铙山四个园区和泰宁古城游览区组成，是一个自然生态良好，人文景观丰富的综合性地质公园。

本设计方案位于泰宁风景名胜区的大金湖景区，规划在原旅游系统的基础上加入本案，将具有传统文化的中医药疗养生作为本案的设计亮点，将东方中医与西方疗养相结合，以引领国际旅游文化为主要议题，提升现如今全民素质及生活品味。

2. 设计理念

规划设计目标，主要有以下几点：成为大金湖乃至福建省的一个地标性的药疗养生景点；展示泰宁县旅游特色，利用当地天然地貌地质的生态性，发展旅游多样性；通过四季人本养生设计理念，不同季节，不同养生方式，以及不同草本植物种植，体现和谐共生的休闲养生理念，着重从文化及医药层次入手，与福建医科大学建立药博园作为园区之核心，建立国内首个养生科研基地，以此带动旅游及相关产业发展。

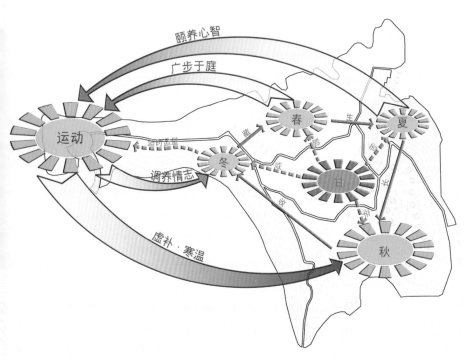

平面图

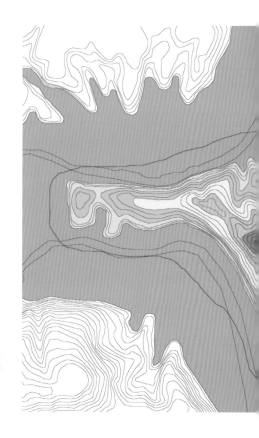

设计感悟

随着生活水平的不断提高，养生成为当今社会人们最为关注的健康话题。21世纪以来，人类设计、会进入了一个高科技，高效率，高收益主宰世界的年代。生活的富庶，节奏的加快，交通的机动化，作业的自动化和体力劳动的高科技解放，城市生活模式的不合理，饮食结构的失衡，营养热量过剩，体育运动的匮乏，导致众多疾病的飞速增长。保健养生成为人们最为关注的问题。结合东方中药养生文化，将阴阳消长运行的规律，气机升降的规律，天气地气开合的规律，结合现场进行需求分配。将四季养生概念纳入景观规划设计中将成为一个新的旅游度假模式。

金湖药博园设计规划兼有养生和旅游度假的双重作用，作为国家级旅游景点，将游客休闲活动作为主导因素，设计划分为五大板块，其中游客养生活动就占有四大板块，在游客旅行活动中延续中药材文化，划分出春、夏、秋、冬四季的采播板块，设计中更多的将人本和谐作为基本原则，其中合理的功能布局和环境的创造将会实现人与自然和谐共生的设计理念。

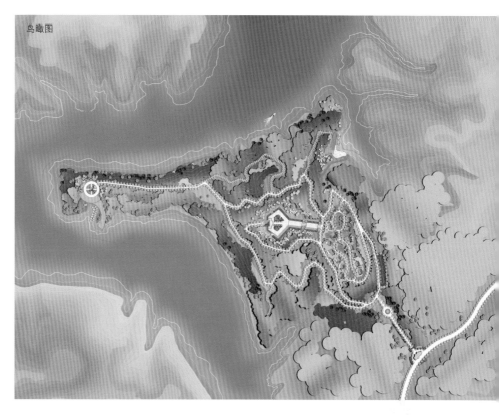

鸟瞰图

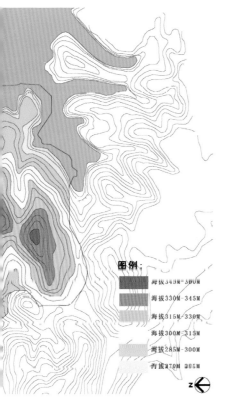

图例：
海拔345M-360M
海拔330M-345M
海拔315M-330M
海拔300M-315M
海拔285M-300M
海拔270M-285M

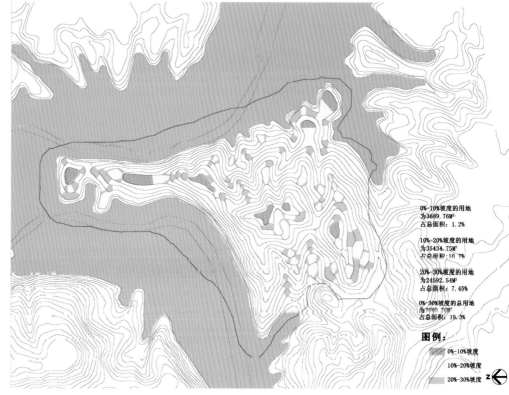

0%-10%坡度的用地
为3689.76㎡
占总面积：1.2%

10%-20%坡度的用地
为35434.75㎡
占总面积：10.7%

20%-30%坡度的用地
为24692.54㎡
占总面积：7.45%

0%-30%坡度的总用地
为1900.7㎡
占总面积：19.3%

图例：
0%-10%坡度
10%-20%坡度
20%-30%坡度

生态·同构
——九城宫生态园区景观规划设计

Ecological Isomorphism
—Landscape Planning and Design of Jiuchenggong Ecology Park

主创姓名: 闫静宜
所在学校: 中国农业大学农学与生物技术学院
学　历: 研究生
指导教师: 崔山
作品类别: 旅游度假区规划
作品名称: 生态·同构
　　　　　——九城宫生态园区景观规划设计
奖项名称: **iDEA-KiNG** 艾景奖铜奖

设计说明

该项目选址位于鄂尔多斯市西部,规划面积约45万平方米,分为9区:生态恢复区、别墅住宅区、养殖供给区、民族特色区、文化博物馆、水系修复区、马场运动区、公共休闲区和入口滨水区。本规划设计涉及农业设施、园林、景观环境设计等,对区域环境质量的提升以及鄂尔多斯地区整体景观和产业结构调整的建设起着至关重要的作用。

本案引入"生态同构"的设计方法,从概念思路到实际方案都渗入"生态同构"设计思想。同构方面——从人体与景观的对应性分析,得出人体与景观可以产生"同构"关系。进而分别从阴阳太极图、经络气血、脏腑器官3个方面分别与设计理念、交通流线、构成要素进行同构对应。生态方面——从消耗与循环利用角度出发,规划设计了风力发电、沼气发电、水循环系统及植被恢复区等,在维护当地生态环境的条件下,最大限度地减少污染与破坏,营造良好而和谐的景区环境。

① 生态林恢复园　　　⑪ 喷泉广场
② 牲畜养殖所　　　　⑫ 亲水观景台
③ 有机绿色蔬果所　　⑬ 停车场
④ 净水源　　　　　　⑭ 游船码头
⑤ 风情蒙古包　　　　⑮ 滨水休闲区
⑥ 独栋景观别墅　　　⑯ 太极入口广场
⑦ 九城宫博物馆　　　⑰ 景区入口
⑧ 赛马竞技场
⑨ 活动健身区
⑩ 采摘园

总平面图

平面图

设计感悟

通过本次设计，让我在设计方案上有更多学习的同时，也让我对"同构"的认识进一步深化，进而使"同构"设计理念与设计实践有了更为紧密的结合。将生命本源融入生态园区中，给九城宫生态园区注入生命力，打破僵化的分割设计方法，把整个设计注入生命，从本源设计出发的同时，开拓了看待规划设计的新角度，深刻挖掘本源的创新设计思路。另外，这次设计本身也提供十我一个锻炼成长的好机会。让我在过程中得以收获宝贵的经验教训，更加完善自己，希望以此次艾景奖竞赛为契机，争取更大空间的进步和提高！

风情蒙古包

构想生态城市湿地综合化设计

Visualizing Comprehensive Design of Ecological City Wetland

主创姓名：姜娜
所在学校：西安建筑科技大学
学　　历：本科
指导教师：陈晓育
作品类别：城市规划设计
作品名称：构想生态城市湿地综合化设计
奖项名称：iDEA-KiNG 艾景奖金奖

设计说明

我们不能忘记旧文化思想，更不能忘记在生态课上学到的知识。景观设计不仅仅是为了装饰城市，还要带给城市安全，健康，舒适的环境。

——W.F 盖格

城市公共空间从功能意义上划分为商业空间和非商业空间，不仅具有自然生态意义，同时反映着人与自然的相处境况，更具有社会文化功能，体现着人与人，人与社会的关系。因为营造良好的城市公共空间，不仅是城市规划设计的追求目标之一，同时也是创建文明和和谐城市的一种手段。我们旨在通过规划延续地面景观的序列，打破常规地上地下空间封闭而沉闷的空间感觉，将光线，空气，植物，风源引入城市能源高消耗地带。形成一个个仿生态的屏障，构成360°的保护生态圈。用以遏制当今由于城市化高度发展而带来的一系列环境污染问题，例如：绿化率减少，PM2.5大气污染，水源污染。以利用多样的设计手法，运用环保生态材料，装置，能源，技术为基石，做出一些景观规划措施，期待一个更加适合生物共生且持续发展的宜居环境展现在世人的眼前。

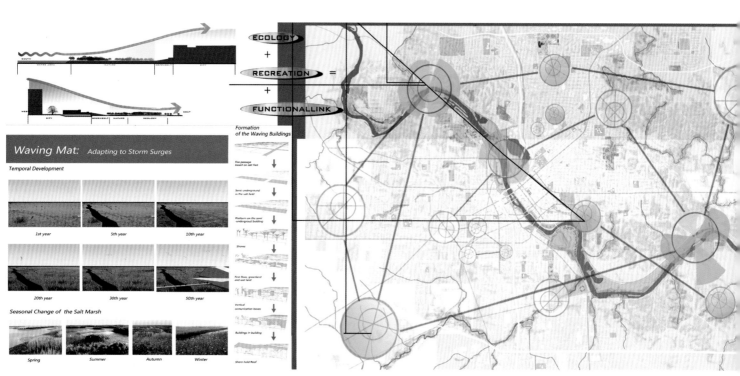

平面图

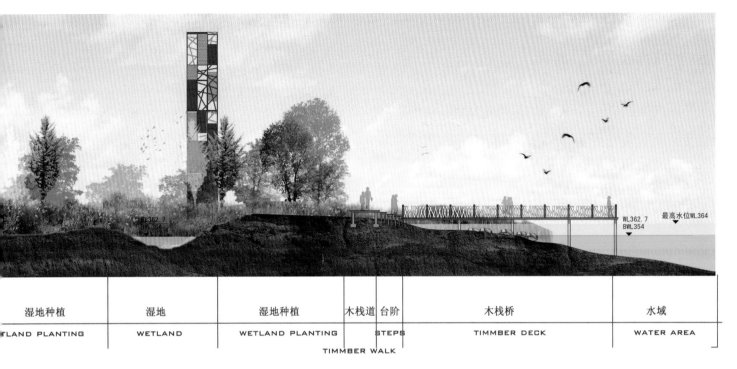

湿地种植	湿地	湿地种植	木栈道 台阶	木栈桥	水域
TLAND PLANTING	WETLAND	WETLAND PLANTING	STEPS	TIMMBER DECK	WATER AREA

TIMMBER WALK

湿地木栈道剖面

设计感悟

本次盛会以"治理 PM2.5·景观规划设计·和谐生活"为主题，意在推动景观规划在生态设计中的进步，以及刺激景观规划设计中关于资源循环、再利用、新创意的应用。在这次设计中，首先，未来的城市应该是在构建舒适而健康的生活工作环境之中，需创造出与周围环境匹配地绿色空间相联系之生态型综合区。其次，为解决城市人口的食物消耗可圈划出片状线性田园蔬菜水果植物绿化区，具体体现形式可为绿地田园，屋顶蔬果园。另外，要强调生态系统的多元化，人类虽位于食物链顶端但不等同于可以无视其他物种的生存，随着城市全球化的进程，我们构想为鸟类，昆虫小动物相联系的生态系统构建生物小区，雨水花园，野性地带。这样对于前面的系统区域的维持也是相得益彰的。同时，生态型建筑墙体绿化，渗水型道路铺设，低碳型再造城市气候循环系统等景观手段的运用，能最大程度地将 PM2.5 等污染问题净化加以解决。期待在不久的将来，这些污染会随之烟消云散。

在本次设计中，我们着眼于最实际且创新的景观手法立足于我国城市的现状，期冀改变我们的居住环境，改变城市的发展环境。充分体现了大赛主题"治理 PM2.5·景观规划设计·和谐生活"。

效果图

城市共生
Urban Symbiosis

主创姓名：李建闯
所在学校：深圳大学艺术设计学院
学　　历：本科
指导教师：许慧
作品类别：城市规划设计
作品名称：城市共生
奖项名称：iDEA-KING 艾景奖金奖

设计说明

本设计通过研究深圳经济特区近百年来海岸带湿地景观的生态价值，从景观生态学的角度对基地进行湿地生态系统的恢复，通过对场地的合理规划与设计使其形成具有自我调节功能的生态栖息地。为了让城市达成和谐共生的目的，用源与汇、随机网络以及渗透的设计手法将交通系统与部分功能设施相连，将大部分空间还回给自然，创建一个以湿地景观为主体，集生态、科普、休闲等功能于一体的人工湿地公园。

设计感悟

人工生态系统——所有的污染源以及降水径流都将得到收集，并希望通过景观水体生态修复技术将所收集到的水分级过虑治理，在水汇入湖泊之前利用阶梯湿地功能对水进行净化；在适当的区域给鸟类、鱼类、昆虫等动物营造一种舒适的栖息地，使得城市成为有自然生命机能的城市。

自然生态系统——营造一种能够自给自足的生态系统/低维护湿地景观，主要是依靠自然做功，尽可能地减少人为的因素，倡导低碳和零碳的生活方式，使我们的生活环境避免异常气候带来自然灾害的侵扰。

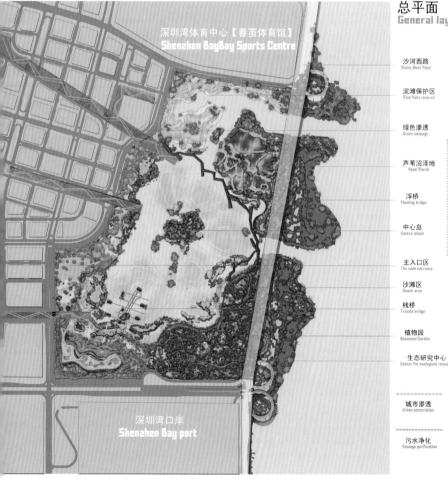

总平面
General layout

沙河西路 Shahe West Road
泥滩保护区 Mud flats reserve
绿色渗透 Green seepage
芦苇沼泽地 Reed Marsh
浮桥 Floating bridge
中心岛 Centre Island
主入口区 The main entrance
沙滩区 Beach area
栈桥 Trestle bridge
植物园 Botanical Garden
生态研究中心 Center for ecological research
城市渗透 Urban penetration
污水净化 Sewage purification

深圳湾体育中心【春茧体育馆】Shenzhen BayBay Sports Centre
深圳湾口岸 Shenzhen Bay port

空间结构
Spatial structure

密林层 Tree layer
灌木层 Shrub layer
人行栈桥（立体交通）Pedestrian bridge (Scene traffic)
地面交通 Ground traffic
中心湿地 Wetland
地形 Land
后海（深圳湾）Deep Bay (Shenzhen bay)

立体交通 The three-dimensional path

在不同的高度都能感受到湿地空间的原始美。尊重自然是本设计的目标，保证植物优先的后海内湖新湿地体验原则，使人然与自然保持一定的距离。空间内部的道路只要用由本地的木材搭建。

总平图与空间结构图

鸟瞰图

湿地（Wetland）

湿地具有重要的生态与环境功能，可以改善气候、抵御洪水、调节径流、控制污染、为珍稀与濒危动植物提供栖息地、为人类提供多种资源与美化环境等，被誉为"地球之肾"、"生命的摇篮"、"物种的基因库"、"天然水库"和"鸟类的乐园"。

治疗（Teatmen）

长期以来，后海内湖——半人工湿地生态系统给植物的修复和野生物的生存都提供了机会，变化和成长着的植物群落被分级，净化过程的每个一级都可以转化成为一种特殊的景观地貌，为城市形式和绿色、低碳城市基础设施发展出一个框架，而绿色、低碳城市基础设施同时又可以成为一种体验式景观，让生活在都市的人们在精神上得以满足，并被人们赋予情感上的意义，同时并给野生物营造了一个好的生存空间，从而让城市达成和谐共生的目的。

水上乐园（The water park）

水作为景观重要的自然元素，与人们的生活息息相关，本设计针对各个年龄层次的人，探寻水可以提供的各种娱乐方式，开发山水的各种不同的用途，希望它能激发人们的灵感和热情，丰富现代人们的精神生活，并为人们提供一个记忆的栽体。内在的情趣是靠自由、随意的网格形式和城市渗透双重性来营造的一种消解了都市固有几何关系的自然观感，但仍具有严格的逻辑性。

植物园

从废弃铁路到绿脉公园
——广州天文台旧铁路支线的景观再生

From The Disused Railway to The Greenway Park
—Guangzhou Observatory Old by-line the Landscape Regeneration of

主创姓名：陈慧燕
所在学校：广东技术师范学院美术学院
学　　历：本科
指导教师：陈国兴
作品类别：城市规划设计
作品名称：从废弃铁路到绿脉公园
　　　　　——广州天文台旧铁路支线的景观再生
奖项名称：**IDEA-KING** 艾景奖银奖

设计说明

　　场地位于广州华景新城废弃铁路天文台支线沿线段，设计在于结合慢行系统与绿色节能概念为这个拥挤的城市提供更多的绿色公共空间，改变市民们对于这一黑暗的、蔓草丛生的、杂乱无章的铁路印象，还原其历史价值，为居民创造一个可产生集体回忆的场所，并以此设计方案作为复原那些在城市建设中遗留下来的"灰空间"的蓝本。通过疏解、链接、复合、溶绿以及复兴的设计策略，使其成为一条安全的，健康的，具有活力且可持续发展的城市绿脉。

项目定位
The project location

1. 蕴含于与唤醒历史记忆的场所
Implicit in the places of and wake historical memory

2. 安全且富有活力的街区
Safe and vibrant neighborhoods

3. 艺术展示、交流的平台
Art exhibition and communication platform

4. 生态、连贯的了绿色廊道
Ecology, coherent green corridor

愿景
Vision

联动社区
汇聚文化、生活、教育的生态绿色廊道
一个充满
活力的、安全的、可持续且健康的
城市开放空间

1. 城市花园(商业、餐饮、历史及运动)
City garden (business, catering, history and movemt)

2. 中心广场
Center square

3. 绿道系统(自行车道及漫步道)
Green way system (bicycle lanes and walking way)

4. 中心商业街(居住、餐饮及娱乐)
Commercial center (live, catering and entertainmen)

5. 工业博物馆(艺术及餐饮)
Industrial museum (arts and food)

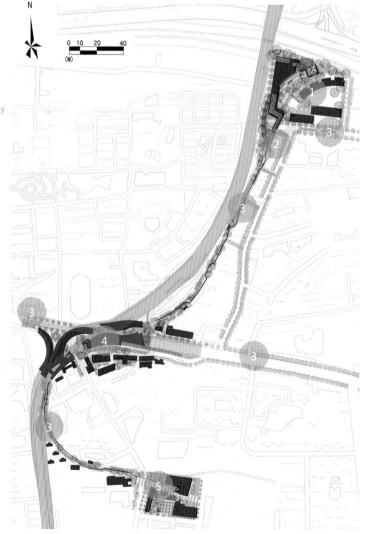

GREEN VEINS PARK
绿脉公园 13

工业博物馆
Industrial museum

1　展示广场
　　Show square

2　净化湿地
　　Purification wetland

3　铁路博物馆
　　Railway museum

4　交流绿地
　　Exchange green space

5　军事工业展览馆
　　The military industrial exhibition hall

6　露天剧院
　　Open-air theatre

7　商业街
　　Commercial street

8　室外咖啡角
　　Outdoor coffee corner

交通分析

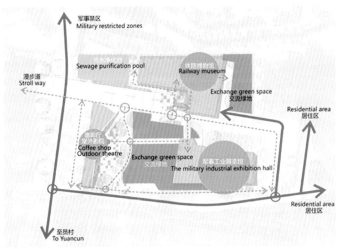

机动车交通路线
Motor vehicle traffic routes

步行交通路线
Walking traffic routes

机动车交通分叉指示
Motor vehicle traffic bifurcate instructions

步行交通分叉指示
Walking traffic bifurcate instructions

建筑空间分析

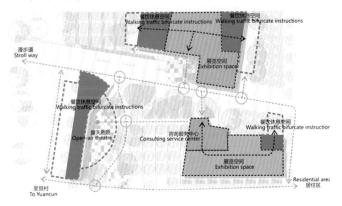

步行路线
Walking routes

室内步行路线
Indoor walking routes

步行路线交叉指示
Walking routes cross the instructions

公共延伸空间
Public extension of space

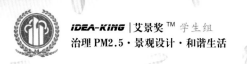
和实生物
——哈尔滨市工业废弃地城市生态公园景观设计

Harmony Generates Vitality
—Eco-Park Design on Industrial Wasteland of Harbin

主创姓名：朱琦静 那慕晗

成员姓名：李庆植 万立营

所在学校：哈尔滨工业大学建筑学院

学　　历：本科

指导教师：冯瑶

作品类别：城市规划设计

作品名称：和实生物
　　　　　——哈尔滨市工业废弃地城市生态公园景观设计

奖项名称：IDEA-KING 艾景奖银奖

设计说明

本设计选取的地块较为特殊，曾为一片煤炭工场所在地，现已废弃。场地内部残留了大量废弃工业设备与煤炭颗粒污染物，PM2.5数值严重超标，土壤和水受到严重污染，空气环境质量差。

依据"治理PM2.5·景观设计·和谐生活"的原则，本设计围绕"和实生物"这一主题展开。"和实生物"引自《国

总平面图

经济技术指标

基地面积：25.16公顷	100%
核心区面积：12.07公顷	48%
缓冲区面积：7.29公顷	29%
活动区面积：5.74公顷	23%
容纳人数：2097人	
人均绿地面积：60m²/人	
绿化率：73%	
停车位数：80个	
活动场地数：5个	

总平面图　　1:1500

基地调研　　概念设计　　总平面　　行为系统　　生态系统　　生态结构　　艺术系统　　鸟瞰图

生态公园设计
ECO-PARK DESIGN

基地内现有大量棚户区，棚户区居民的生活污水随地倾倒，有些甚至直接排放到马家沟河中，导致水呈碱性，土壤盐碱化，其中还有大量N、P元素。

基地内局部有绿化，主要是野生草本植物，局部有乔木，从整体来看植物单调，并且生态系统呈衰退趋势。然而现存的野草也预示着基地生态系统的生长潜力。

基地内的储煤场使得土壤深受污染，储放未燃烧的煤土壤呈酸性，含有 S 元素，储放燃烧后的煤土壤里有重金属离子。

■ 工业废弃地的启示

基地有许多工业废弃地遗留的废旧设施，被人类破坏后遗弃的土地，显现出文明离去后的孤寂与荒凉。

然而它本该是历史遗留的文化风景，是工业文明的见证，场地斑驳的肌理打动人心，显现它的文化艺术和环境价值。

工业废弃地对城市环境的消极影响已经浮出水面。城市的扩张，使以前人们很少到达的工业废弃地得到了注意。生态理念不断更新。绿地资源紧缺，土地不容浪费。工业之后的景观兼具历史与艺术价值。

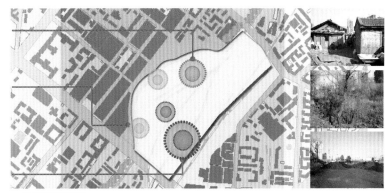

■ 现有植物品种

	名称科属	产地分布	生态习性		名称科属	产地分布	生态习性
	连翘 木犀科 连翘属	分布于河北、陕西、山东、河南及云南等省区	喜光,耐寒;耐干旱极薄;怕涝;不择土壤;抗病虫害能力强		玉米 禾本科 玉米属	玉米的原产地是墨西哥或中美洲	喜温短日照作物在砂壤、壤土、粘土上均可生长
	红瑞木 山茱萸科 梾木属	中国东北、华北、北京温暖针阔叶混交林区	耐寒、耐旱、耐修剪,喜温润肥沃疏松的土壤		榆树 榆科 榆属	分布于东北、华北、西北及西南各省区	阳性树种,喜光,耐旱,耐寒,不择土壤,适应性很强
	扁豆 蝶形花科 扁豆属	分布广泛,大部分地区均可种植	根系发达强大、耐旱力强,对土适应性广		白桦 桦木科 桦木属	产我国东北大、小兴安岭、华北、西南、西北部	喜光不耐荫。耐严寒。适应性强、喜酸性土
	苦瓜 葫芦科 苦瓜属	广泛分布于热带、亚热带和温带地区	喜温暖、耐热、不耐寒,对土壤适应性广		狗尾草 禾本科 狗尾草属	生长于荒野、道旁。中国大部分地区均有分布	适性强,耐寒耐贫瘠,酸性或碱性土壤均可生长

■ 设计模式

修复模式	记忆模式	复合模式	生长模式	还原模式
修复被污染的水和土壤	记忆工业遗迹和文化	将工业与自然复合统一	复合体能自主生长	将基地还原回归大自然

基地调研	概念设计	总平面	行为系统	生态系统	生态结构	艺术系统	鸟瞰图

基地调研图

语》，意为"以一种元素同另一种元素相配合求得矛盾的均衡和统一。"，在城市生态公园的设计中则引申为"工业与自然的和谐统一"。在原有的工业废弃地中引入自然因子，采用适宜的生态技术和手段，保留废弃地中的工业设备打造为工业景观，与自然景观相映成趣，既改善了地块的空气环境质量，又为市民展示了一种新型的"后工业景观公园"。

随着全民环保意识的增强，全球化"后工业时代"已经来临。大量废弃的工业用地已成为城市中一块块触目的伤痕。本设计为转变工业废弃地提出了一种可能——只要设计得当，工业与自然也可以和谐共处。

设计感悟

本次设计令组内4位成员都受益匪浅。因为所选取地块的特殊性，我们提出了"后工业景观公园"这一概念，这是我们第一次接触这一概念，在传统的思维观念中，工业一直站在自然地对立面，工业时代的繁盛是以葬送了无数的农田森林，污染了无数江河湖泊为代价的，两者似乎不可并存。

然而，此次设计却给了我们不同的观点。废弃的铁轨可以改造成滋长花草的温床，高耸的烟囱可以改造成植物攀爬的支架，土壤中的煤炭残留物可以为某些植物提供养分……工业与自然以一种我们从未想到的方式完美地融合在一起。其实，只要方法得当，只要我们有一颗尊重万物的包容之心，没有什么是不可以的。

"和实生物"的本质在于"不同"。工业的冰冷可以衬托自然的温暖；工业的理智可以衬托自然的情感；工业的斑斑锈迹可以衬托自然的生机盎然。有一种美是在对比之中产生的，没有孰是孰非，存在即是真理。工业时代的产生与消亡都是历史发展的必然，人们从田园时代走向工业时代并最终回到后工业时代，这也是社会发展的体现。所幸，现在越来越多的人已经意识到保护自然的重要，工业废弃地改造成为生态公园，这是对工业时代的一种祭奠，更是对后工业时代来临的一种期待。善待自然，从现在做起，还不算太晚。

"穿针引线"
——里弄中的绿色廊道设计

"Go-Between"
—The Design of Green Corridors in Neighborhood

主创姓名： 宋科贤 代景阳
所在学校： 江汉大学现代艺术学院
学　　历： 本科
指导教师： 易俊
作品类别： 城市规划设计
作品名称： "穿针引线"——里弄中的绿色廊道设计
奖项名称： iDEA-KING 艾景奖银奖

设计说明

本案的选址从城市规划出发，在寻找了武汉地区城市问题后，我们选取了武汉老城区里弄作为研究以及改造的目标。

我们从《武汉总体规划（2010～2020）》中，得到正规化的政策导向。规划目标将武汉市建成为历史文化名城，展现城市文化内涵，将城市性质定义为国家历史文化名城。从这个方面来看，里弄文化正是首当其冲的重点内容。

在确定命题之后，我们对武汉里弄的分布进行了整体调研，我们提出"穿针引线"这个概念，将完整保留和风貌改造的建筑，设置一条景观廊道来进行串联。在具体改造上，突出原有材料和现代材料的碰撞，体现新旧的融合，在新景观中依然能看到原来城市的痕迹，也就保留了对于城市的记忆。

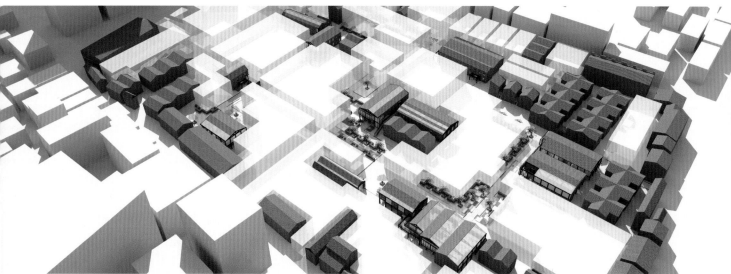

鸟瞰图

对外商业区效果图

对外商业区效果图

对内服务区 1

对内服务区 2

对内服务区 3

马鞍山市当涂县城规划设计
——绿色呼吸系统

The Planning and Design of Dang tu Ma an Shan
—Green Breathing System

主创姓名：张文君

所在学校：陕西科技大学设计与艺术学院

学　　历：本科

指导教师：周浩

作品类别：城市规划设计

作品名称：马鞍山市当涂县城规划设计
　　　　　——绿色呼吸系统

奖项名称：IDEA-KING 艾景奖银奖

设计说明

　　本次做的是一项城区规划设计。居住空间建设是一个复杂而持久的"社会系统工程"，所以本项设计主要是针对县城城区内所存在的有违自然生态系统的问题进行合理规划解决，主要是对河道的恢复与保护。区域内的三大水系的

平面图

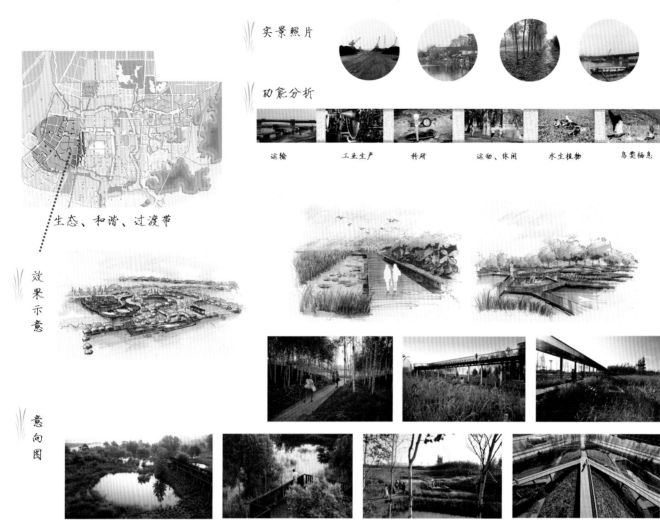

实景照片

功能分析

运输　　工业生产　　科研　　运动、休闲　　水生植物　　鸟类栖息

生态、和谐、过渡带

效果示意

意向图

湿地系统景观分析

设计感悟

生态问题的解决以及对于盲目占用农田追求现代化进程带来的问题，各类用地间的矛盾问题进行解决。参考"反规划"理论的研究方法，以改善生态环境为重点，维护和强化当涂县城的整体山水格局的连续性，保护建设多样乡土生态系统，维护和恢复河道及滨水地带自然形态，建设绿色廊道。溶解公园，使其成为城镇绿色基质；溶解城市，保护和利用高产农田作为城镇有机组成部分。将其建设成为生态城市，恢复当涂县姑孰镇原本的"鱼米之乡"特色风貌。

整个规划，把自然作为重点，以"水"为主体元素，紧紧围绕对环境生态系统的保护，以水系营造和连接各绿色系统，创造生态宜居城市。

（1）尊重历史，确保地域特色，优化区域内能源效用。

（2）注重生态系统保护，尽可能保留区内自生植物，创造地域的特色。

（3）合理分配协调各功能用地，阻止城区向周边城郊盲目扩张蔓延，确保农用用地和水产养殖用地，形成良性循环，实行可持续发展策略。

由于课题较大，所以把改善生态环境作为重点，维护和强化当涂县姑孰镇的整体山水格局的连续性，保护建设多样乡土生态系统，维护、恢复河道及滨水地带自然形态，建设绿色廊道。以人为主体，充分考点人在环境中的心理感受因素，营造一个生态宜居城市，让城市的人们在现代化的生活中同样可以感受田园的生活。

明珠湖滨水景观规划与设计

The Bright Pearl Lake Water Landscape Planning and Design

主创姓名： 贾海鹏

成员姓名： 王俊文　王丹一

所在学校： 大连工业大学艺术设计学院

学　　历： 本科

指导教师： 李睿煊

作品类别： 城市规划设计

作品名称： 明珠湖滨水景观规划与设计

奖项名称： IDEA-KING 艾景奖银奖

设计说明

环境受到严重破坏主要是人为原因，所以以展示科普教育意义为主导进行构思设计。

措施：提取仅存的自然资源通过人工化展示的处理手法创造具有科普、教育意义的景观空间环境。以冰块为模板进行展示——生态破坏气候变暖冰山融化，大洋上飘来的冰块，来增强展示湿地生境的强烈意义，增强人们的忧患意识。

概念引入——湿地（特点）

（1）人工湿地：软化建筑与景观的关系、创造不同的景观空间体验。

（2）自然湿地：感受不同绿色空间、给微生物创造生境，有利于形成生态体系网络。

设计感悟

总结：通过本次设计，在原有基质破坏殆尽的基础上进行探讨与学习，发现场所精神与场地文化的重要关联性，提取仅存的自然资源，通过人工化展示的处理手法创造具有科普、教育意义的景观空间环境，来增强展示湿地生境的强烈意义，增强人们的忧患意识，因此在滨水区域创造自然空间，来反衬人工化的生境展示，创造不同空间感受。

实际在设计过程中前期分析遇到很大的阻碍。所以在以后学习过程中还希望能够和大家共同探讨这样的问题。虽然设计中没有多少亮点，但是大家也在尝试通过这样的方法解决场地文脉丧失背景下的景观空间构想与设计，创建和谐生活。

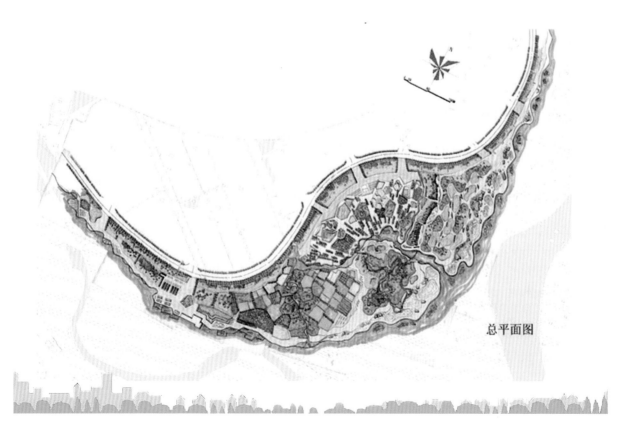

总平面图

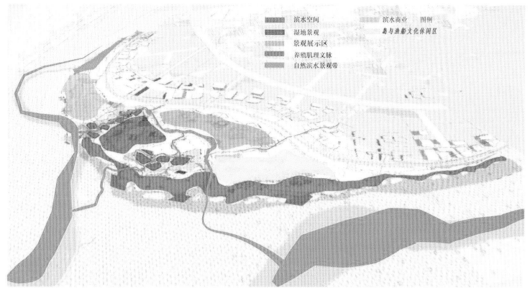

图例
滨水空间　　　滨水商业
湿地景观
景观展示区　　岛屿渔船文化保护区
养殖肌理文脉
自然滨水景观带

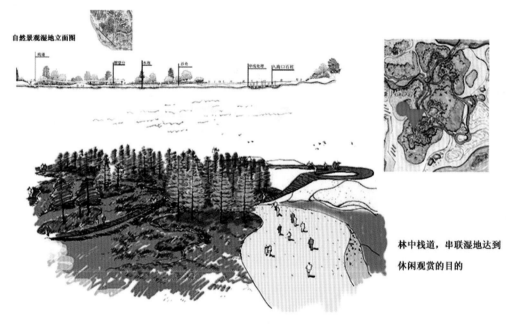

自然景观湿地立面图

林中栈道，串联湿地达到
休闲观赏的目的

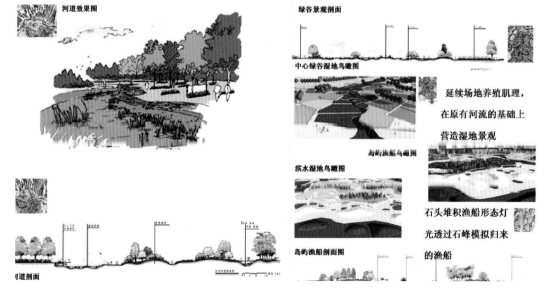

河道效果图

绿谷景观剖面

中心绿谷湿地鸟瞰图

延续场地养殖肌理，
在原有河流的基础上
营造湿地景观

岛屿渔船鸟瞰图

滨水湿地鸟瞰图

石头堆积渔船形态灯
光透过石峰模拟归来
的渔船

岛屿渔船剖面图

河道剖面

重回历史的记忆：滕王阁序
——滕王阁街区规划与景观设计

The District back to the Memory History
—Planning and Landscape Design of Pavilion of Prince Teng

主创姓名：黄鹏

成员姓名：刘培林

所在学校：江西财经大学旅游与城市管理学院

学　　历：本科

指导教师：汤移平

作品类别：城市规划设计

作品名称：重回历史的记忆：滕王阁序

　　　　　——滕王阁街区规划与景观设计

奖项名称：**IDEA-KING** 艾景奖铜奖

设计说明

历史背景：滕王阁作为江南三大名楼之首，南方唯一一座皇家建筑，位于江西省南昌市西北部沿江路赣江东岸，它与湖北黄鹤楼、湖南岳阳楼并称为"江南三大名楼"，因初唐才子王勃作《滕王阁序》让其在三楼中最早天下扬名，故又被誉为"江南三大名楼"之首。历史上的滕王阁先后共重建达29次之多，屡毁屡建，今日之滕王阁为1989年重建。

规划区域概况：规划总面积达24.6公顷，规划区域为滕王阁历史街区，位于南昌市城区的西中部，北以叠山路为界与八一桥为邻，东以胜利路为界与百花洲相邻，南以中山路为界与西湖区先去广外街办相邻，西南面临抚河、与朝阳洲隔河相望、西北面临赣江和红谷滩新区隔河相望。规划区南面为南昌市最繁华的商业区中山路地段，规划区内历史建筑丰富、文化深厚。

鸟瞰图

规划理念

（1）年轮分级式保护——历史遗产建筑保护模式通过圈层分级对历史遗产建筑给予不同程度的保护，保护外圈20世纪初的历史遗产建筑保护内圈部分五六十年代有一定保留价值的建筑构筑新的核心。

（2）极核扩散——城市复兴模式探索通过核心的辐射文化的衔接、历史的再生达到城市复兴的目的。

（3）人文景观——以人文为主生活方式，通过更人性化的人文景观的设计，从而追求更舒适的生活方式。

（4）以保护街区特有的历史遗存和脉络为基础对部分商业空间、居住空间进行有机梳理和更新保护外圈的壁——文化古建筑。在中部改造部分，通过保留、修缮、新建三种方式，在滕王阁自身肌理基础上，逐步形成地方文化轴线、特色商业轴线核心、滨水商业轴线、休闲餐饮轴线，并形成多核心，"核"为中心层向外辐射推动对历史文化和社会生活的保护在历史共存的前提。

（5）注重街区环境的构建——古建筑与现代绿化景观有机结合，在南昌市大力发展低碳经济，提倡绿色建筑这一背景下，居住区改造过程仍保留传统江南名居的特色，同时运用新材料、新技术改善居住环境，注重绿化，屋顶绿化，中心区景观的营造，有效降低 PM2.5。注重滨水景观的塑造，将水引入人的生活视线。

设计感悟

随着社会的发展，人们越来越注重城市的绿化环境和景观的设计，在生活中更能感受城市景观的重要性，城市绿化的目的是为了改善生态环境、美化生活环境，增进人民身心健康。要真正提高一个城市的绿化水平，营造出一个宜人的居住环境，在绿化建设过程中，必

须要坚持生态、景观、经济3个原则。

设计的灵感来自于生活，我们或者在生活中或者在景观设计的过程中我们经常会有这样的疑惑：什么样的环境景观是理想的，什么样的生活空间是我们向往的，什么样的景观才是优秀的？很多个为什么一下子排列开来。我无法完全回答这一个又一个的为什么，但是有两个字让我从这些迷惑的问号中站了起来——合适。

景观的设计完全是为了让人们有更舒适的环境。对景观设计而言，合适是一种比较有价值的美，而美属于形而上学的范畴，因为任何美学的判断最终是人的主观判断，所以为什么艺术品不存在真正的价格，景观也是如此，用好坏或是具体价值评价景观的确也是不妥的。对景观设计而言，感性的艺术糅杂在其中让我们很多时候无法评判优良中美，但是它包含的理性因素又能让我们寻找到依据，"合适"实际上就是对这种理性的完美阐述。"合适"实际上是从人本、社会、经济等因素的综合考虑，在最大

限度满足感性的设计追求同时满足人性行为与生活的舒适性的一种设计原则。

随着人们理念的变化，人们越来越注重于景观的设计；在现在的理念中，景观设计不单纯是艺术设计，它也并不是单纯用来欣赏的，我们的设计很大一部分实际上代表的是一种责任。记得吴家骅先生在谈审美时说过，我们不会喜欢徒有虚表而没有任何用途、形象也不太吸引人的事物；样子好看即使有一定功能属性，但是使用起来不方便的事物也是没有价值的；而既无明确属性又不便于使用，仅仅是样子好看的事物也近乎废品。回过来想想我们的景观设计何其不是如此。大众永远是清醒的，他们知道而且有权拥有自己想要的。

在这次景观设计过程中，我越来越注重人们在其中生活的场景，想象人们在其中生活的场景。景观的设计越来越注重人们的感受；在设计过程中，我越来越能清晰地感受到，能让人感受到舒适的景观才是最好的。

蓝色脉络
——极限运动公园

Blue Veins
—Extreme Sports Park

主创姓名： 陈芃宇

成员姓名： 林思辰 朱政源 杨超诣 景涛

所在学校： 大连工业大学艺术设计学院

学　历： 本科

指导教师： 李睿煊

作品类别： 城市规划设计

作品名称： 蓝色脉络
　　　　　　——极限运动公园

奖项名称： iDEA-KING 艾景奖铜奖

设计说明

本设计以"恢复——规划——改造"为概念，一方面从自然角度，对采石场进行生态恢复与保护，进行地形、径流系统的整改，合理配置植物，实现场地分段逐层恢复的概念；另一方面，从生态"极限运动公园"角度考虑，丰富其生态服务功能，解决人与自然的矛盾，使之成为拥有活力的脉络。本设计通过引入时尚潮流的极限运动与生态可循环体系相结合的方式，在解决局部生态问题的同时，将时尚潮流与人们的生活融为一体，改善生活环境，提高人们的生活质量，将该区域设计成为相互连通的生态循环空间。

设计感悟

设计应融于自然，以生态保护为根，这已经不仅仅是一种理念，而是一种趋势，而人与自然的融合更是当今的一种潮流。

人类在与自然的融合过程中，借助于现代高科技手段，最大限度地发挥自我身心潜能，向自身挑战。而人们除了追求竞技体育超越自我生理极限"更高、更快、更强"的精神外，更强调参与、娱乐和勇敢精神，追求在跨越心理障碍时所获得的愉悦感和成就感。同时，它还体现了人类返璞归真、回归自然、保护环境的美好愿望。

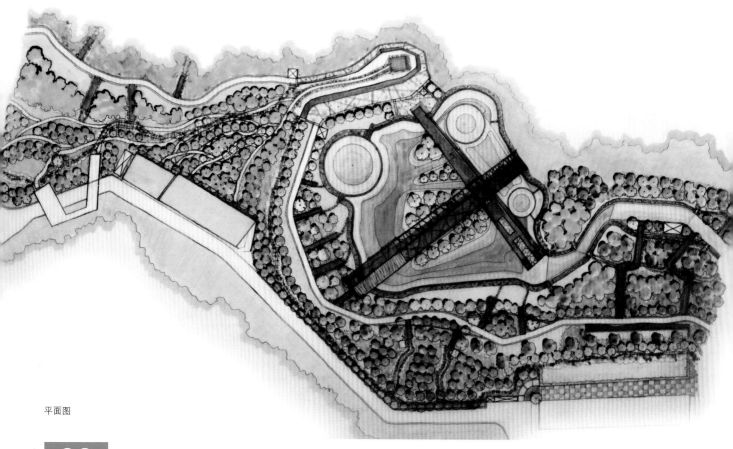

平面图

效果图

效果图

田园"石"歌
——深圳大鹏水贝古村落景观设计

Rural Stone Song
—Shenzhen Dapeng Shuibei the Ancient Village Landscape Design

主创姓名：阙逸滨

所在学校：深圳大学艺术设计学院

学　　历：本科

指导教师：宋鸣笛

作品类别：城市规划设计

作品名称：田园"石"歌
　　　　　——深圳大鹏水贝古村落景观设计

奖项名称：iDEA-KING 艾景奖铜奖

设计说明

在社会发展的同时人们逐渐地开始关注自己生活的环境，环境的污染时一个世界性的问题，整治 PM2.5，也就是治理环境。环境的治理是个大问题，具体的治理还需要各个行业、个人等的共同维护和治理才能使整个城市和国家的环境变得更好。

本案以深圳东部的一个古村落作为基地，设计目的围绕着古村落的延续、保护和环境的治理。

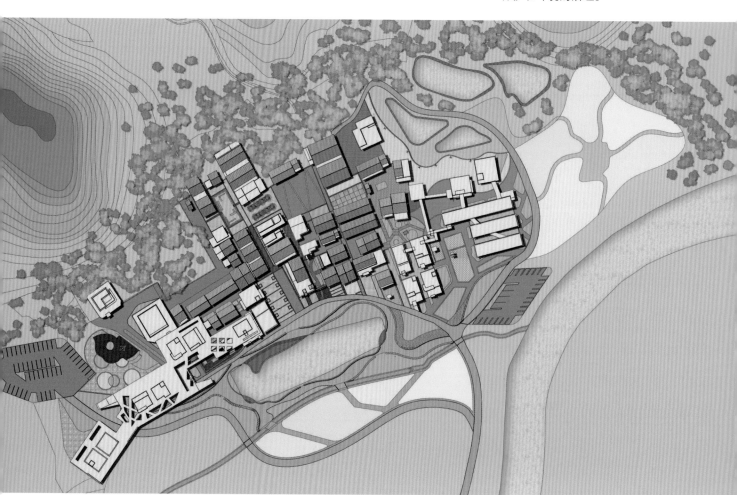

平面图

鸟瞰图

水贝村是深圳东部滨海区域颇具岭南特征的古村落之一，由于大鹏新区的设立导致该村落面临被吞并的命运。本案认为，一味地推倒重建弊大于利，将之保留改造并纳入新区整体景观结构中，不但可以为日益拥挤的城市留下珍贵的人文、历史资源，并且也为城市景观的塑造带来一抹难得的"田园"气息。在具体设计中，保留村落中整体现状较好的房子以展现其历史人文的一面，同时在景观上将村落周边错落有致的田野之绚烂的色彩和优美的肌理以该村落历史上曾经存在的"石"之"寨"的形式引入到村落的内部景观塑造中来。

通过分析水贝村的既有条件和适应性，将水贝村定位为：深圳市城市绿色景观节点，成为深圳市小众型旅游景观。

规划把山、海、林、田、河、村等在空间上组织起来，将水贝村作为登山、下海、观光、采摘、体验、饮食等多种活动的控制中枢，最终集成住宿、餐饮、休闲、体验、观光等为一体的深圳城市绿色景观。

效果图

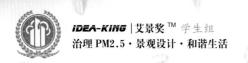
建宁火车站片区城市设计

Urban Design of the Train Station in Jiangning

主创姓名： 邱晓艳

所在学校： 厦门大学嘉庚学院

学　　历： 本科

指导教师： 柳燕 谭跃

作品类别： 城市规划设计

作品名称： 建宁火车站片区城市设计

奖项名称： iDEA-KING 艾景奖铜奖

设计说明

建宁火车站是向莆高速铁路进入福建省的第一站，是福建省的西大门，地理位置十分优越。

向莆高速铁路是以客运为主兼顾货运的高速铁路干线，位于赣东南、闽西北和闽中地区，西起江西省南昌市向塘镇，经抚州市、福建三明市，东至福建中部沿海地区的福州市和莆田市。线路西接杭长和京九通道，中连鹰厦铁路，东接沿海通道，是两省联系的重要通道，也是中国中西部地区通往福建省的快速铁路通道。全线按双线电气化I级干线标准建设，设计时速为200千米/小时。

建宁火车站的修建结束了建宁县没有火车的历史。对于建宁县的交通运输条件、经济发展状况、人民的生产生活都有着十分深远的影响。

定位为成规模、环境优美、配套完备既满足火车站集散功能，又满足周围居民日常生活的"大社区"。整个片区用地面积213 220.7平方米，建筑面积约70 000平方米。

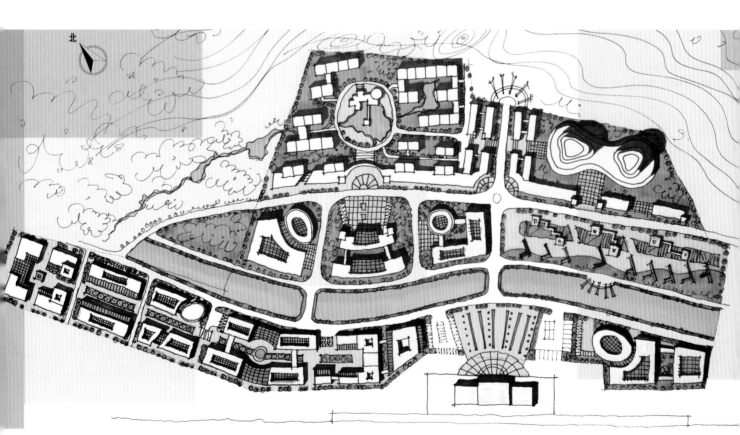

平面图

鸟瞰图

A点意向图

B点意向图

开发定位

建宁火车站的修建结束了建宁县没有火车的历史。对于建宁县的交通运输条件、经济发展状况、人民的生产生活都有着十分深远的影响。

历史意义

定位为成规模、环境优美、配套完备既满足火车站集散功能，又满足周围居民日常生活的"大社区"。整个片区用地面积两万平方米。建筑面积约7万平方米。

住宅组团区
行政医疗区
公建配套区
外部联系方向

建筑文化

建宁古为绥安县，内涵深厚的古建筑，有上坪和岩上古牌坊，大夫第、朱嘉学堂、溪水园等，有佛教建筑千年古刹报国寺，上坪古庙，王安石习学旧址白云寺等以及大量保存较好的古代宗祠。

革命文化

第二次国内革命战争时期，先后有7000多建宁儿女为中国革命的胜利血洒战场有一辈无产阶级革命家曾在这里度过了艰苦卓绝的峥嵘岁月。八位大元帅均在建宁指挥过中央红军作战。

灯舞文化

建宁俗语云：正月闹得红，四季都太平。而闹红正月的民间艺术主要有龙灯舞、马灯舞、傩舞、花灯舞、蚌壳舞、伞灯舞、桥灯舞等，过去还兼之以古装戏，风格独特，地方色彩浓，为民众喜闻乐见。

民俗文化

建宁虽然是一个山区小县，然而数千年来，勤劳的建宁人民留下了丰富的文化遗产，建宁县民俗，世代相传。无论大小节日，建宁县各个乡镇就有许许多多大同小异的风俗活动。

佛教文化

在太康年间之前佛教已传入福建。南朝福建佛教进一步发展，两宋达到极盛，宋后走向衰微，民国时期进行变革与复兴。佛教在福建的发展是与中原汉族移民入闽对福建的开发联系在一起的。

设计感悟

设计对我来说，是一个艰难而快乐的过程。艰难在每走一步都要经历一系列的大脑风暴，要经历任别人的批评和自己的批评。可是又特别快乐，因为每看到自己走的每一步路，不管是否顺畅，都向成功前进了一点点，哪怕走了弯路。

每一次做设计都有着与众不同的感受。这次的设计我把手绘融入计算机制图中，希望可以在高年级制图时没把手绘"丢掉"，希望可以用于绘比较生动

的表现来赢得一定的筹码。虽然计算机制图在现在做得越来越有设计的"范围"，但是还是希望可以唤起大家最原始的设计冲动。

也许有的时候要放弃一些东西，但是，小舍小得，大舍大得，不舍不得。重要的是在自己的内心深处不放弃对设计的梦想。那时激情澎湃的想法，也已经被深深藏在了灵魂深处，很多时候，我们真的很想把设计做好，能够有自己

的很好的想法能够实现，这是无比愉悦的一件事情，可是我们生活的环境很多时候都没有这个机会能够让我们发挥，参与这个比赛最开心的是，我可以做自己喜欢的事。

对于这次的设计，我特别感谢我的老师们和一路走过来的伙伴们。

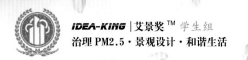

慢·生活
——荆州古城保护利用概念性规划设计

Slow Lives
— The Protection and Use of Conceptual Planning and Design of Jingzhou, The Ancient City

主创姓名： 张杰

成员姓名： 张舒

所在学校： 江汉大学现代艺术学院

学　　历： 本科

指导教师： 易俊

作品类别： 城市规划设计

作品名称： 慢·生活
　　　　　　——荆州古城保护利用概念性规划设计

奖项名称： iDEA-KING 艾景奖铜奖

设计说明

改造区位于湖北省荆州市的荆州古城区，是围绕荆州古城墙，护城河的环状区域。

根据对荆州现状的调研分析，人群需求的分析，方案主要针对荆州古城墙、护城河环区的保护利用问题作出概念性规划，打造有荆州特色的以慢交通为基础的环城旅游。以"五环四片两点三连线"作为主要改造点，提升城墙周边景观的参与性体验活动。建立荆州环城旅游系统，体验慢交通，乐享荆州游。

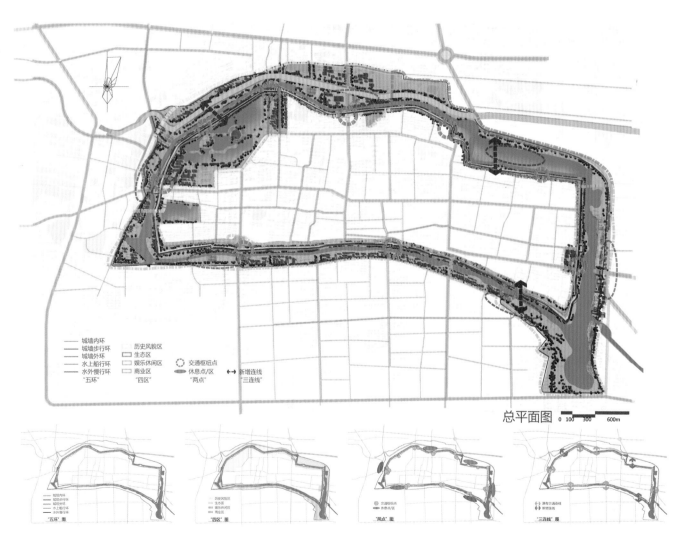

总平面图

平面图

鸟瞰图

设计感悟

设计追求对古城保护的同时做好对城墙的开发利用：

要保护——慢交通。

要发展——慢行系统的环城旅游。

重点设计"五环四区两点三连线"。

保护：疏通交通状况，打造慢交通，设置休闲广场，减少人们游玩聚集给古城墙带来的压力。

发展：打造特色有慢性系统的旅游城市推动经济发展。在各个区域相应的五环当中选择节点——枢纽节点，经济发展节点——商业广场。

下沉广场效果图

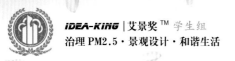
聆听城市
——武汉西北湖景观规划设计

Listen to the City
—Wuhan City Northwest Lake Landscape Plannig and Design

主创姓名：张杰

成员姓名：杨淑华

所在学校：江汉大学现代艺术学院

学　　历：本科

指导教师：易俊

作品类别：城市规划设计

作品名称：聆听城市
　　　　　　——武汉西北湖景观规划设计

奖项名称：**iDEA-KING** 艾景奖铜奖

设计说明

武汉北湖结合蓄水湖的调蓄作用设计，加强地势和植物之间的层次，通过植被的布置形式产生丰富的色彩，增强视觉冲击力。运用自然的力量，提取雨水冲刷大地肌理的自然形态。将原有湿地进行改善，加入人的参与活动，并设计生态走廊，将生态恢复尺度与人类参与深度相结合，用景观提升城市的生命力与活力。

西湖结合周边商业环境和居住环境设计，以人的需求为主要出发点，如沿交通干道的南边设计防护林，北部设计亲水平台，东边设立码头，满足亲水需求。考虑绿地带给人的轻松享受，结合人文、环境等因素，将其打造为城市与自然的过渡景观带。

整体方案以尊重自然为前提，尽量减少人为因素对环境的破坏，运用生态恢复的手法打造自然景观。寻求人与自然的平衡，达到生物学上的平衡。从而为人类在城市快节奏的生活下打造慢下来的景观，听着城市静静的诉说，宁静而美好。

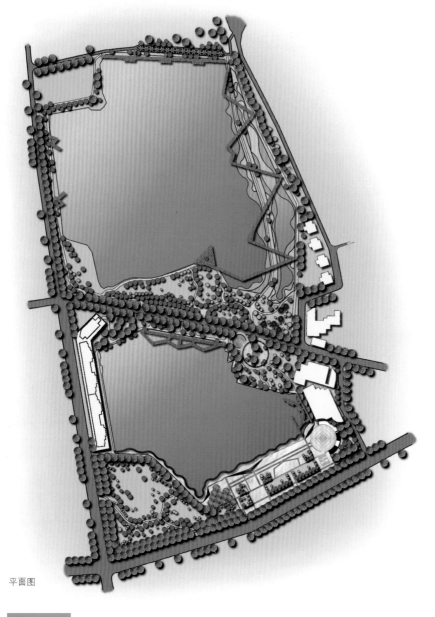

平面图

鸟瞰图

西湖广场效果图

北湖景观平台效果图

北湖湿地景观效果图

西湖小广场效果图

绥阳农产品商贸城规划设计

Suiyang Agricultural Products Trade City Planning and Design

主创姓名：吴汀

成员姓名：李兆第 彭炳坤 林咏彬

所在学校：广州大学华软软件学院

学　　历：本科

指导教师：向霖生

作品类别：城市规划设计

作品名称：绥阳农产品商贸城规划设计

奖项名称：iDEA-KING 艾景奖铜奖

设计说明

1. 规划目标

在充分考虑现状的基础上，将项目规划成集文化、休闲、娱乐、商业于一体，景观优美，使用方便，生态环境良好、可持续发展的城市绿地。

2. 规划原则

根据项目的现状条件及规划目标，确定如下规划原则。

（1）生态性原则：在商贸城总体的规划中应充分体现生态保护第一的原则，以丰富多彩的植物群落，山水交融的绿地构架，创建舒适的生态环境。

（2）文化原则：结合本土文化，在项目的规划中，建筑的形式采用黔北的建筑风格，使整个商贸城始终围绕着本土文化之根而生，因造出一个具有当地特色的文化环境。

（3）先进性原则：商贸城的总体规划的内容与项目设置应与时代相衔接，体现出现代城市园林绿地的风格和特点。

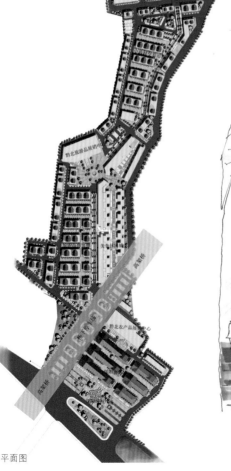

平面图

水渠入口

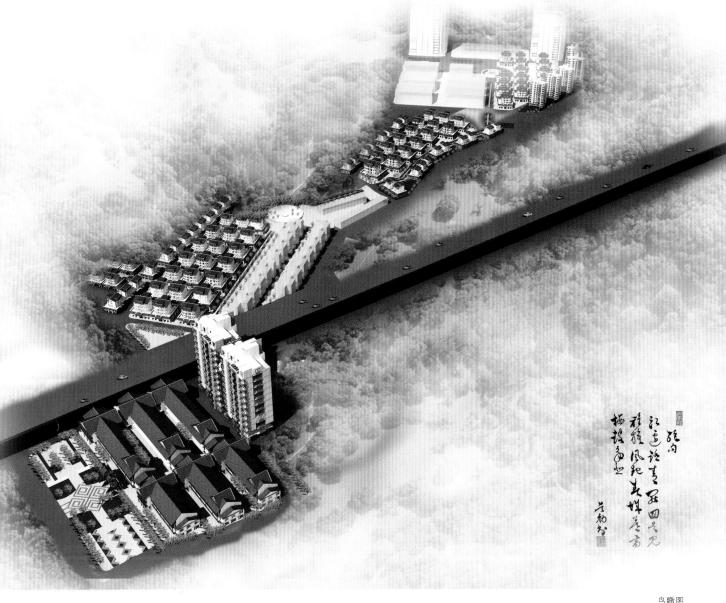

鸟瞰图

（4）利用原则：对于规划区域内现有的自然资源，尤其是原有的天然水渠，应加以利用，以不破坏原生态为前提，使之成为该项目的一大特色景观。

（5）发展性原则：规划应为商贸城的可持续发展提供基础。

（6）经济性原则：在整个项目内各类设施的规划应体现经济性，为其今后良性发展打下基础。

设计感悟

我们的作品是规划概念设计，那么我们完全可以尽可能地大胆设想可能的方案，而不必囿于原有的规划思路中。

该项目地是要建设一个具有区域特色的农产品批发市场，成为绥阳县主城区农产品批发市场，为主城区的市民生活提供新鲜的农贸产品，未来的发展是主城区向郊区发展，以缓解主城区城市发展的压力。基地目标是建设一个具有区域特色的集生产、集散和配送以及休闲、生活于一体的新区。从该区的规划来说，重点要考虑的就是空间布局。首先最起码的要求就是方向感，其次就是集中性和包被性。一个场所只有具备这3方面的基本特质，才能给人安全感。从原地形图中可以看出，原有居民的房子都是依山而建的，这都是人类的定居需要安全感、庇护所的典型体现。

从原有居民的住宅依山而建来看，或许目前图上所布置的建筑朝向不一定正确。本地居民的智慧是不可忽视的。他们如此安排、建筑他们的居所必定有其合理性。因此，对原有场地体验、考察和分析是走在规划与设计之前的。

干旱地区城镇生态恢复概念设计

Conceptual Planning on Town Ecological Restoration of Arid Region

主创姓名：郭思捷
成员姓名：夏丝丝
所在学校：华中科技大学文华学院
学　　历：本科
指导教师：李芳莉
作品类别：城市规划设计
作品名称：干旱地区城镇生态恢复概念设计
奖项名称：iDEA-KING 艾景奖铜奖

设计说明

由霍华德的"田园城市"，水结晶和蜂巢中得到启发，六边形的结构是稳定的结构，密合度最高、所需材料最简、可使用空间最大，其致密的结构，各方受力大小均等，且容易将受力分散，所能承受的冲击也比其他结构大的优点。自然界很多现象，如蜂巢和玄武岩的节理呈现出规则的六边形。如国家游泳中心水立方，其外墙通体被六边形、五边形为主的蓝色"肥皂泡"所覆盖。肥皂泡总是会以最小的表面积包围出最大的体积，以节省表面能量。技术方面围绕沙尘、光照、水源、土壤四大问题来解决，分别设计六大技术来支持本设计，分别为：热岛的改善，表皮与墙面，尘土吸附与二氧化硅，大型辐射能建筑，土壤的改善，水循环与建筑绿化。

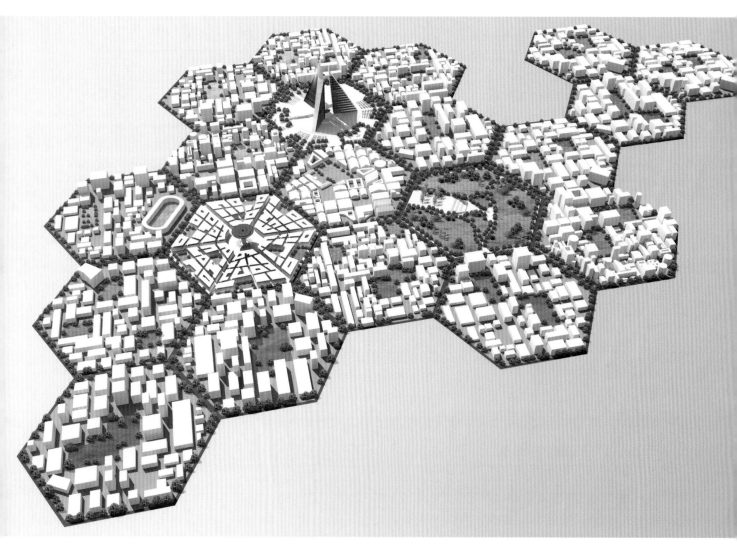

鸟瞰图

设计感悟

　　我的设计主旨是生态、节能、宜居、新生态城镇。百年前，霍华德提出"田园城市"理论——为了解决不断畸形发展的大城市带来的种种问题，阻止大城市无节制地发展。百年后的今天，城市环境越来越不堪重负，回想霍华德的理想世界，超越了很多现代城市设计思想，以"城乡一体化"建设为核心的今天，或许就是一个契机，让我有机会为自己理想中的"田园城市"来一个新的诠释。可到底"田园城市"将何去何从？

　　大多的设计人员都有较高的美学涵养、文化素养、艺术涵养及视觉感受，这也是这门专业的基本要求。随着对这个行业的深入了解，我觉得设计不应只限于外表和视觉享受。

汇水·重生
——重庆九龙坡发电厂湿地景观改造

Water Catchment · Renascence
—The Landscape Renouation of Chongqing Jiulongpo Power Plant Wetland

主创姓名：路李霞
所在学校：四川美术学院艺术设计学院
学　　历：本科
指导教师：谭晖
作品类别：城市规划设计
作品名称：汇水·重生
　　　　　——重庆九龙坡发电厂湿地景观改造
奖项名称：*iDEA-KING* 艾景奖铜奖

设计说明

项目为九龙坡发电厂，现今已经有 58 年的历史，标志位为重庆地区最高两根烟囱。规划面积为 50 万平方米，重庆发电厂也是重庆七大污染区中的最后一个工业污染区。项目预计 2012 年搬迁，搬迁后这个存在 58 年的发电厂该如何重生，是我们所要思考的问题。

项目重生的设计亮点在于收集 3 种水源：自然降雨收集、生活污水处理以及临江引入江水营造生态湿地。湿地具有降解有毒和污染物质，净化水体的功能。使项目周围形成良性生态系统，为生物的繁衍、栖息提供一个很好的环境，实现生物多样化。分解、融化、消除污染物，恢复场地生态环境。

设计目标

（1）保留工业产业文化痕迹，使其在新的时代背景下，赋予新的功能，

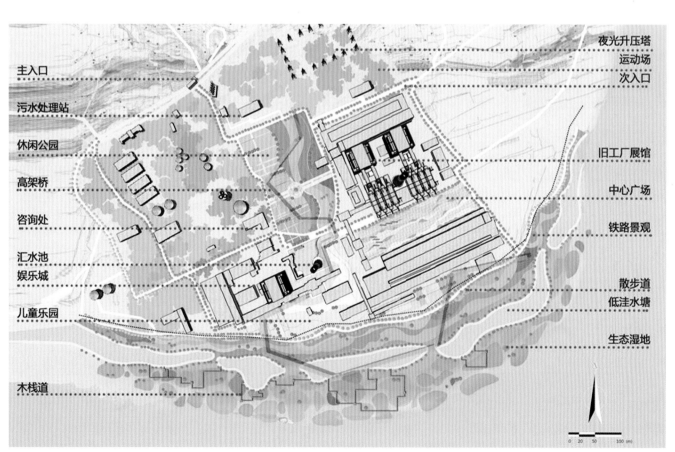

总平面图

鸟瞰图

继续发挥他新的价值。

（2）改善周围环境，提高周围居民生活质量。基础设施完备、湿地景观独特、科普教育与休闲娱乐兼备的重庆湿地公园。

（3）充分利用山地地形及重庆气候特点，收集水源，汇集形成人工湿地，提高生态环境质量。湿地资源"利用——建设——保护——提高"的示范点。

（4）随着时间推移发挥更大的恢复自然生态作用。

设计感悟

工业废弃地的再生问题是我国大量资源型城市、老工业基地必须面对并急待解决的问题。

综上所述，本案讨论的是城市旧工厂如何利用现代设计手法，将水景观系统的生态作用与景观作用相结合。使自然生态系统与人工景观系统相互协调与利用的中和系统，起核心理念是强调绿色可持续水资源的整合、自然生态基底的保护。与其他湿地公园不同在于，它

不仅仅是延续旧工厂的文化景观特征，还结合了地形及气候特点；不仅仅是城市汇水和生态修复为目的的人工净化类型，而是一种功能更为复合、应用前景更为广泛的城市化大型综合工厂改造结合湿地的类型。

虽然人们对自然湿地的认识有所提高，并在湿地保护方面开展了许多工作，取得了很大成绩。但是，我们必须清醒地看到，天然湿地数量减少、质量恶化的趋势还没有得到有效遏制。该项目希

望能通过水源汇集形成的湿地对环境的改善来提高人们对生态环境的高度重视，从而达到提高环境保护意识的目的。

重构生命体
——重庆钢铁厂规划改造及景观设计

Reconstruction Organism
—The Planning Renovation and Landscape Design of Chongqing Steel Plant

主创姓名：杜欣波

成员姓名：莎日娜　黄婷玉

所在学校：四川美术学院艺术设计学院

学　历：本科

指导教师：张新友

作品类别：城市规划设计

作品名称：重构生命体
　　　　　——重庆钢铁厂规划改造及景观设计

奖项名称：iDEA-KiNG 艾景奖铜奖

设计说明

定义方案的基础时，我们已经将基地的演变纳入了整体的设计概念中，建立一个具有结构性的方案，将来能够随着时间和需要而修改和添补。而这正是生命生长的过程。我们要做的就是重构这一区域，让重钢像一个生命体一样随着时间推移不断演化，从废墟变为一个影响周边甚至整个重庆的生态绿地，同时也是人们追忆过去重庆钢铁厂记忆的场所。

通过现场勘测与实地调研，我们将这一生命体抽象划分为3个部分，分别为行走的脉络、延续的生命、曾经的完美。

总平与理念概述

① 入口广场
② 焦化艺术工作室
③ 观光观景平台
④ 焦化厂保留体验区
⑤ 露油展览馆
⑥ 中心广场
⑦ 珠坝新整生态区
⑧ 渔业休闲区
⑨ 守望者生态休闲区
⑩ 停车场
⑪ 增村煤坑保留区
⑫ 铁路生态景观长廊
⑬ 交通大枢纽
⑭ 滨江生态休闲观景区
⑮ 滨江消落带休闲步道

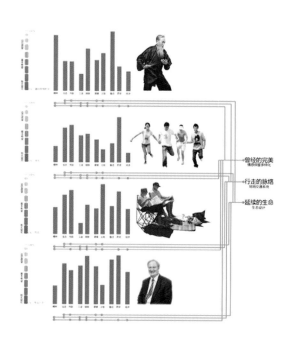

曾经的完美
场地保留多样化

行走的脉络
场地交通系统

延续的生命
生态设计

理念阐述：

定义方案的基础时，我们已经将基地的演变纳入了整体的设计概念中，建立一个具有结构性的方案，将来能够随着时间和需要而修改和添补。而这正是生命生长的过程。我们要做的就是重构这一区域，让重钢像一个生命体一样随着时间推移不断演化，从废墟变为一个影响周边甚至整个重庆的生态绿地，同时也是人们追忆过去重庆钢铁记忆的场所。

这个方案能够接纳功能计划上不可避免的改变，却不丧失它最初的意图。这个演化的观点非常重要，它让这个方案能够和所处的土地相连接，并且让不同的场所与活动共同组成一个网路，有利于人们去认识和再认识重钢这个持续历史的一部分。

通过现场勘测与实地调研，我们将这一生命体抽象划分为三个部分，分别为行走的脉络、延续的生命、曾经的完美、凝固的记忆。

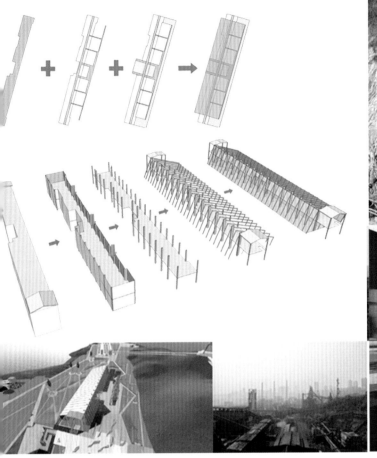

残垣断壁温室区

"行走的脉络"主要解决场地交通运输方式的错综复杂，无序感、杂乱感的问题，以及场地内部与外部空间的联系。

"延续的生命"主要解决重钢停产后，棕地被污染环境的生态系统重构问题。

"曾经的完美"则是探讨城市工业遗迹的多元化保留方式，从而解决开发用地与保护用地直接才盾的问题。

设计感悟

本方案为我小组毕业设计作品，可以说是我们大学4年所学设计的总结。方案的选题我们斟酌了很久，最后选定了重庆很有代表意义的一块土地，同

时也是这一时期正要解决的一个重要问题——重庆钢铁厂的搬迁与改造。我们作为本科学生的社会调研及严谨态度还很欠缺，所以决定在前期调研上边下了很大工夫，我们共十次到现场考察，进行了感受、拍照、采样、测量、问卷调查、拍摄采访视频等多项工作。虽然是虚拟项目，但是我们选择站在重庆市民、钢铁厂周边居民以及退休工人的立场上思考问题，真正做到为人的需求而设计。

在设计的过程中，我们仔细推敲，全万位考虑，最终确定了重构生命体的大主题。这一主题的确立完全是站在前期考察及认真思考的基础之上的。重钢厂就像是一个母体一样，而我们选定的场地就是她孕育的婴儿，我们设计构思

和实施过程就像一个婴儿的孕育过程，并且是绝对发展的生命体。

重构是我们的设计手法，而生命体则体现了我们的设计理念。我们所设计的场地是一个不断发展的生命体。这个演化的观点非常重要，它让这个方案能够和所处的土地相连接，并且让不同的场所与活动共同组成一个网路，有利于人们去认识和再认识重钢这个持续历史的一部分。

通过这种系统的思考，我们得到了相对完整的规划改造方案，并且尽最大的努力呈现了出来。这中间的收获是非常大的，这种设计方法会深深地影响我们未来的设计之路。

深圳湾滨海区景观设计
——共生廊

The Landscape Design of Shenzhen Bay
—Symbiosis Gallery

主创姓名：黄海
所在学校：深圳大学艺术设计学院
学　历：本科
指导教师：许慧
作品类别：公共环境设计
作品名称：深圳湾滨海区景观设计
　　　　　——共生廊
奖项名称：**iDEA-KiNG** 艾景奖金奖

设计说明

　　方案主要以"廊"为主题，滨海景观以人工廊道、自然廊道为主要景观元素。分为绿道、戏水廊道、都市廊道、滨海廊道、溪流及深圳湾6种景观带互相连通、交织、缓冲等类型。本设计强调对原有火炬塔的遗迹尊重，作为基地的重点，给以认真地研究和对待，用它来丰富基地的内容；在这基础上，叠加新的设计。在城市和自然之间，在人和生物之间，在历史与现代之间，建立一种联系通道，这种联系通道便体现为一种廊道设计的景观。

总平面图

鸟瞰图

效果图

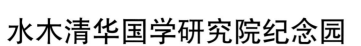
水木清华国学研究院纪念园
Memorial Park of Sinology Institute of Tsinghua University

主创姓名： 张琲 廖凌云
成员姓名： 陈曦 陈龙 黄满
所在学校： 清华大学建筑学院
学　　历： 本科
指导教师： 朱育帆 邬东璠
作品类别： 公共环境设计
作品名称： 水木清华国学研究院纪念园
奖项名称： iDEA-KING 艾景奖金奖

设计说明

近春园荒岛区以"水木清华"之名，成为清华教学区之外的代表性景观，其本身即为传达清华人文精神的场所之一。而其本身的兴衰史又与清华人文国学发展史相似，以此景点之复兴传达清华人文之复兴。值此百年清华之际，借西湖地段造景以纪念"国学研究院"。

从国学研究院发展的历史出发，我们规划了纪念游线并结合荒岛的场地文脉设计纪念园，让人在游览过程中"体验与感受"国学以及清华国学研究院的历史。以墨象征国学，以水象征历史、文化载体——国学精神（传承）——国学内涵（独立自由）——国学文化（交

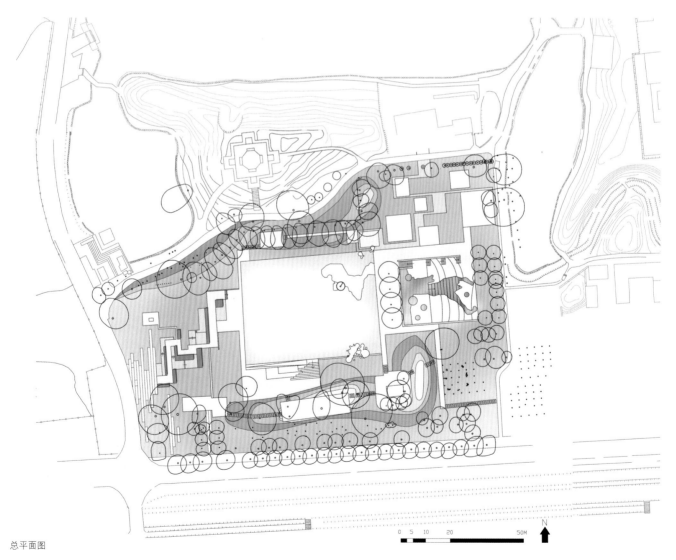

总平面图

鸟瞰图

融贯通）——（滴）墨；铺地、构筑形成路径，象征国学继承、发扬之路（进程）。同时，在设计中我们采用了喷雾系统、路面材料优化、道路雨水及中水回用系统；增加分散水域、增加区内绿化等手段来改善环境治理 PM2.5 。

设计感悟

这次设计是本科阶段第一个也是唯一一次景观设计，出于做建筑设计的惯性思维，一开始对于场地的关注不多，而是希望能做出一些实体性的设计，创造出有意思的空间，而实际上景观设计更多的足要对场地的规划设计，用植物等元素营造意境。景观设计需要从整体、系统考虑，设计手法不宜过多，动作少、自然而又恰到好处地表达你的想法更重要。

在老师的指导下，我们选择了场地，对场地的现状（植物、地形、交通、小品建筑等）进行了维持一周的调研和总结分析。最后依据场所文脉，我们定下来我们纪念的主题——清华国学研究院。选定了场地，选定了主题，"如何纪念"成为接下来我们讨论、思考的问题。借鉴罗斯福公园、911纪念公园案例，以及我们对于场地历史、现状的发掘，我们设计了国学研究院纪念园。

利用了场地的地形、水，我们布置路线，营造空间。用什么来表达对国学研究院历史的追思，用什么来展望其美好的未来，我们在中心空间最后选择了墨。墨代表了中国古典文化，其滴入水中溶解的过程很美，象征着文化的融合。

人们还可以走进墨池内部，滴墨的过程的展示即在人周围。除了对国学的体验式的展示，我们还希望人们能感受到清华国学研究院的辉煌历史和国学之路，铺地、构筑形成路径，象征国学继承、发扬之路（进程），故入口奠定纪念氛围，层层铺垫，中间墨池作为高潮空间，枯树广场作为高潮空间的叙事性补充，出口宁静的沉思。

虽然这只是一个虚拟的课题，但我们对于纪念性景观的营造有了进一步的了解，对于清华国学研究院的那段历史有了更深的理解。

景观不仅仅是改善我们的生活品质，更能提高我们的精神素养。

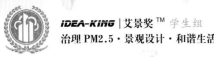
檐
Roof

主创姓名： 陈理扬

成员姓名： 黄麓苍 戴舒尧 王祎玮

所在学校： 中国人民大学艺术学院

学　　历： 本科

指导教师： 王英健

作品类别： 公共环境设计

作品名称： 檐

奖项名称： iDEA-KING 艾景奖金奖

设计说明

北京具有众多的历史记忆，在时代的变迁中，这些记忆有的早已荡然无存；有的因缺少维护而日渐凋零；还有一些经历了历史的洗礼，保存完好。却逐渐远离了公众的视线。坐落于铁狮子胡同3号的以前的段祺瑞执政政府就是这样一段具有众多历史价值的记忆。从原来的和亲王府到清军的陆海军部，再到段祺瑞执政政府，它承载着我们对晚晴及民国的珍贵回忆，其中西合璧的建筑风格也在建筑领域有着重要的地位，由于地权及其他历史遗留问题，人们很难对其有所了解。

本方案对段祺瑞执政政府所处地段进行改造设计，通过景观空间处理的手法处理开放人群与古建筑的关系，拉近历史与公众的距离，保护日渐凋零的文物古迹。方案设计中，采用置换的空间设计方法，提取文物建筑中具备历史及观赏价值的成分，通过对周边空间的重组，将其呈现在公众面前，从空间上处理居民、文物建筑以及游客的相互关系。方案落成后将规整执政政府内部文物的使用状况，更有效地保护文物，同时将地块的使用分区，在不干扰内部办公使用状况的同时将文物向公众开放，为周边的居民提供一个集休憩、娱乐、社交、文化生活为一体的综合服务景观区域。以段祺瑞执政政府为案例，借机为东城区文物建筑自我封闭的现状提供解决思路。

鸟瞰图

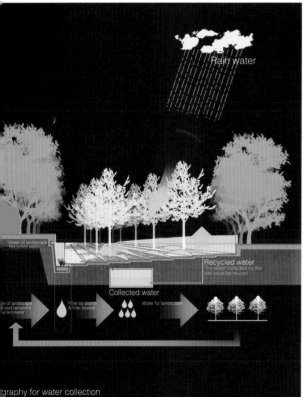

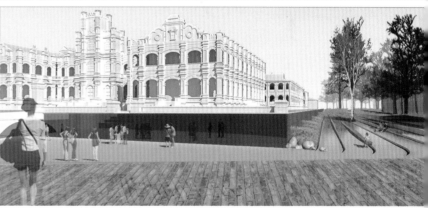

设计感悟

由于地块是中国人民大学老校区，我们小组怀着强烈的热情与好奇来开始工作，对遇到的资料收集等困难，都一一克服，在这次团队合作中，需要每一位成员的配合与努力，从过程中得到的经验和经历将使我们终身受益。

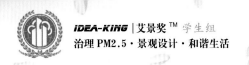
"隐形的翅膀"
——上海辰山植物园盲人花园设计

Invisible Wings
—Invisible Garden Design, Chenshan Botanical Garden, Shanghai

主创姓名：赵欣

所在学校：同济大学设计创意学院

学　　历：本科

指导教师：杨浩

作品类别：公共环境设计

作品名称："隐形的翅膀"
　　　　　——上海辰山植物园盲人花园设计

奖项名称：iDEA-KING 艾景奖金奖

设计说明

　　盲人缺失了人类感官中利用率极高的视觉感官，对他们来说，外界的体验不能像常人一样丰富。面对大自然，盲人往往因为视觉的缺失而阻碍了其与自然植物的交流体验。本设计中，更多地侧重了植物在视觉以外的"美"与感知，让盲人能够更多地感受植物，更多地参与到大自然以及人类的交往中去，不仅丰富了区域的绿化，还使更多的盲人找到属于他们休闲体验的花园，让不同的人群能与自然之间更为密切的沟通交流，促进和谐发展。

　　本设计花园赋予了盲人充分地体验植物的"能力"，犹如赋予盲人一双"隐形的翅膀"，故本设计取名为"隐形的翅膀"。

　　总设计主题衍生到三层空间分别为：一层"根源"；二层"枝干＆树叶"；三层"植物细部"。通过不同的主题想法以及展示形式更好地为盲人营造植物体验空间，赋予盲人真正的一双对大自然植物体验的"隐形的翅膀"。

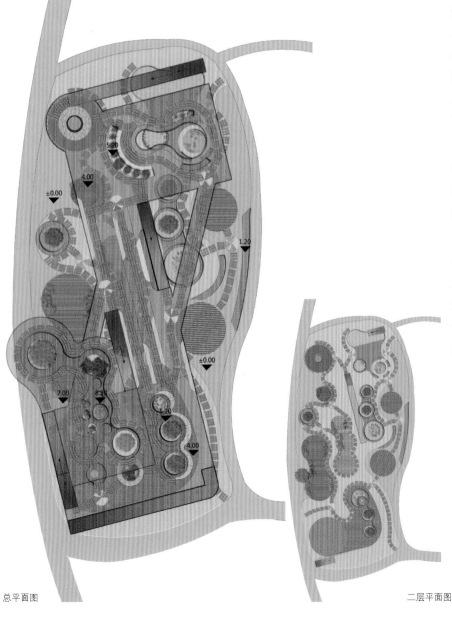

总平面图　　　　　　　　　　　　　　　　二层平面图

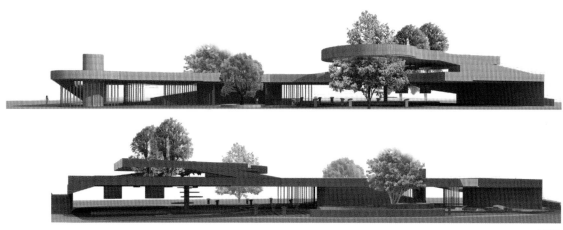

立面图

设计感悟

对于植物的体验与感受，如今所营造出来的公共空间多为正常游客服务，我们往往忽略了其他需要我们帮助的残障人群的存在。对于往往以视觉而感受的植物，盲人常常无法感受它们的美丽。通过盲人花园的设计，我们学会了换一个角度思考问题，多为身边各种群体的人着想，设计不是为普通游客的，它们更应该服务于社会所有群体，这样才能够营造和谐社会。经过调查统计表明，视觉在人接受信息比例中高达 87%。通过此次设计，我开始更加关注视觉以外对植物的理解。我发现植物的美可以融入各个感官体验。正如我思考出的此次设计主题一样，我试图充分营造一个让游客能够多角度体验植物的空间，从而避免了以往植物高过于游客而无法全方位了解的现象。

通过此次设计，我慢慢领悟到设计造福于全人类的说法。设计不仅要适应基地，更要适应体验者，同时也要思考设计对自然界带来的益处如何达到最多。在此次设计中，我关注了 PM2.5 问题。根据调查统计说明，PM2.5在一年四季中，冬季的值最高。于是在植物配备方面，在符合设计功能主题以及上海地区适应性的情况下，我选用了长青型的植被，能够在冬天依然枝叶茂密。希望通过植物的配备从而降低 PM2.5，让我们生活的世界更加环保更加美好。

一层水云涧效果图

顶部观光区效果图

云生态
——城市生态公园设计

Cloud Ecology
—Urban Ecological Park Design

主创姓名： 卢新潮

成员姓名： 顾裕周 戴增磊 施雨萌 庞铭劼

所在学校： 哈尔滨工业大学建筑学院

学　历： 本科

指导教师： 刘晓光

作品类别： 公共环境设计

作品名称： 云生态
　　　　　　——城市生态公园设计

奖项名称： IDEA-KING 艾景奖金奖

总平面图

设计说明

我们设想在一个生产性城市公园里，初期，社区居民通过生态输入支持城市公园的运转，而城市公园通过生态输出回馈社区居民，鼓励民众参与。我们通过生态管道运输新鲜的空气、净化的雨水、有机肥料、大自然的声音以及提供生物迁徙的必要通道。中期，城市生态公园在城市范围内有秩序地增加，连接相互间的生态管道。末期，减少人类活动干预，强化城市公园网络，形成城市范围内稳定的生态输入与生态输出机制，即云生态。

PM2.5超标严重威胁人类健康，其直接原因是汽车尾气和燃煤等，从根本上讲，这是人类现代生活与大自然的分离。高速发展的社会生产力使人类具备脱离大自然生态循环的条件，而人类生活生产所产生的污染已经超过了大自然的净化能力。为此，我们希望通过稳健的生态输入与生态输出机制将人类活动纳入大自然的生态循环中。节点设计上，通过立体绿化与水循环降低PM2.5，并通过植物吸收二氧化碳，协调治理PM2.5与二氧化碳的关系。

综上，PM2.5超标是人类面临的诸多环境问题之一，我们从整体宏观格局出发，探讨以"云生态"的方法综合治理PM2.5超标问题，最终形成人类与大自然之间的一种新型的互动模式——生态输入与生态输出模式。

整体格局

设计感悟

这个设计使我们加深了对人类居住环境问题的关注与思考，同时也加强了我们对问题的判断与分析能力以及团队合作与交流表达能力。在这个设计中，刘晓光老师给了我们耐心的指导与教导，使我们学会从专业的角度审视问题、分析问题和解决问题。在此，我们向老师表示真挚的感谢。

PM2.5 超标的直接原因是汽车尾气与燃煤等，由此可知道，PM2.5 超标的发生并非偶然，实际上它是人类现代生活方式与大自然循环机制的分离。PM2.5 超标是人类面临的众多环境问题中的一个。我们希望追根溯源，从根本上挖掘这一现象的原因，并且尝试使用一种具有整体格局观念的方法来解决问题。经过小组间激烈的争论和磨合，我们寻找到一条独特的道路。我们从计算机的云计算中得到启发。"云"是一股强大的力量，人们通过最大化的资源共享实现稳健的输入、输出机制。从虚拟到现实，我们尝试通过人对大自然的生态输入以及人自然对人生态输山达到一种平衡机制，并将其推广至城市范围，形成云生态。

我们热爱设计，在设计的反复思考

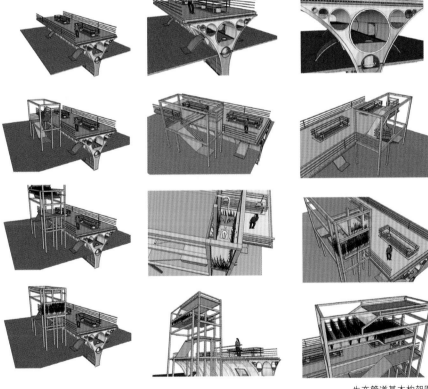

生态管道基本构架图

与改进中，我们寻找到人生独特的乐趣。在这次设计中我们都获益匪浅，我们不仅加深了对人类居住环境的认识，加强了当前问题的判断与分析能力，还提升了团队合作与交流表达能力。总体上，我们在设计中得到了很大的进步。

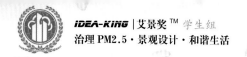
千年黄葛韵
——重庆市黄葛古道景观修复设计

L asting Appeal of Millennium Huangge
— the Repair and Design of Ancient Road Landscape of Chongqing Huangge

主创姓名：安晓华

成员姓名：王丽

所在学校：重庆工商大学建筑装饰艺术学院

学　历：本科

指导教师：张婷

作品类别：公共环境设计

作品名称：千年黄葛韵
　　　　——重庆市黄葛古道景观修复设计

奖项名称：iDEA-KING 艾景奖银奖

设计说明

设计主题

一曲黄葛情，再续千年韵，

横卧黄葛醉茶香，

抗战印迹话沧桑。

龙洞塔影意未央，健步古道美名扬。

总体构思

三区十二景

综合考虑古道现状、性质和城市景观需求，形成"一轴三区十二景"的立体景观空间格局。

"一轴"即贯穿整个古道的健身之轴——健步古道美名扬。

"三区"即横卧黄葛醉茶香——川黔商旅。

抗战印迹话沧桑——抗战之路。

龙洞塔影意未央——文峰真谛。

"十二景"即黄葛流芳、书古问津、函谷寻梦、古道烟云、古驿斜阳、案香扶翠、茶园春色、幽径畅晚、舍生取义、独钓学海、龙洞塔影12个重要景观节点。

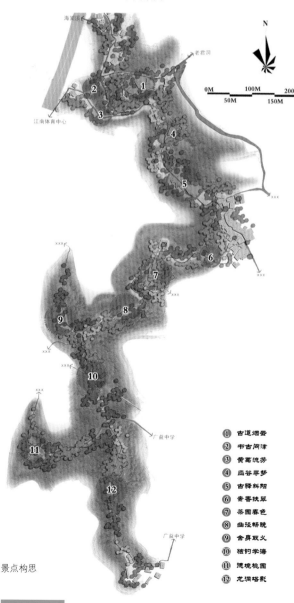

景点构思

① 古道烟云
② 书古问津
③ 黄葛流芳
④ 函谷寻梦
⑤ 古驿斜阳
⑥ 案香扶翠
⑦ 茶园春色
⑧ 幽径畅晚
⑨ 舍身取义
⑩ 独钓学海
⑪ 德境桃园
⑫ 龙洞塔影

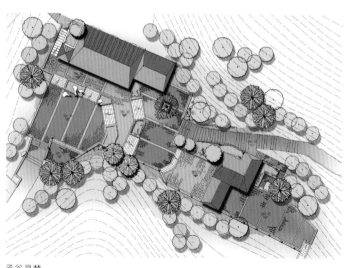

函谷寻梦

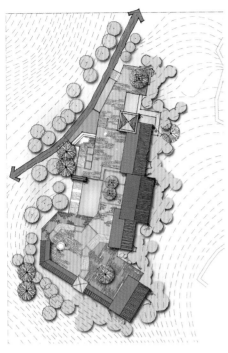

茶园春色

设计感悟

800 多年前，马帮盐贩的脚步与铃声开启了古道的历史，最终演变为重要的经商之路。

70 多年前，英德使馆人员的匆匆脚步声，入缅远征军的整齐步伐使古道留下了抗战的烙印。

而如今时代又赋予了黄阁古道新的文化内涵——追忆历史的健康之路——黄葛古道是重庆市知名度最高的一条古道，有着 800 年历史，曾是历代川黔商贾的必经之地，被称为重庆的"丝绸之道"，属巴渝十二景之一。本次设计遵循古道的质朴，挖掘其文化底蕴，一条以良好的生态环境为基础，浓郁的商旅文化底蕴为特色，集康体健身、文化体验、观光旅游为一体的综合性文化步道。

抱着对历史文化的敬仰之心设计黄葛古道，抱着对大自然的敬畏之心和感激之情设计黄葛古道。将把黄葛古道打造成 一条充满浓郁的历史文化底蕴、具有葱绿的自然风光、健康的登山步道为一体的悠悠历史古道。

涵谷寻梦

舍身崖

湜水流涟
——深圳李朗 182 设计产业园景观设计

Raindrops Impact
—Landscape Design of the Shenzhen 182 Design Industry Park

主创姓名： 郭国文
所在学校： 中央美术大学建筑学院
学　　历： 本科
指导教师： 王铁　吴祥艳　侯晓蕾
作品类别： 公共环境设计
作品名称： 湜水流涟
　　　　　　——深圳李朗 182 设计产业园景观设计
奖项名称： *iDEA-KING* 艾景奖银奖

设计说明

　　深圳李朗 182 设计产业园景观设计这个课题是一个旧工业园改造，目的是把原来旧工业园改造成文化产业园。作者试图通过整体设计，把孤立的、单调的功能性板楼建筑通过丰富等水景设计焕发新的生机，同时改变周围环境的温度、湿度等达到 PM2.5 的治理目的。而这个设计的实施是通过借鉴中国皇家古典园林一池三山，阴阳相抱的理念进行

周边环境

铺装材质　　　　　　　　　　　　总平面图　　　　　　　　　　　　　　　　分析图

水系流动分析

人车动线分析

景观节点分析

景观小品分析

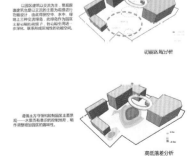

功能区域分析

高低落差分析

设计的，以期能做到阴中有阳、阳中有阴、环环相扣、和谐共生的生存状态，即能让工作在这里的设计师们享受到舒适的生活，也试图营造一种静怡的田园式的美，让参观产业园的人留下美好的印记。

设计感悟

PM2.5 是粒径小于 2.5 微米的空气中的悬浮物。微小的可溶性固体、可溶性气体是形成 PM2.5 的首要因素。设计场地在深圳的最南端，因为场地的特殊性而需要充分利用雨水设计景观，我的设计是希望打开思路，用水景来引起人们对 PM2.5 治理的关注。例如，无法达到一定面积流动水域的时间、地域，可以改变水的形式（如雾喷）来创造可能。同时用园区的设计理念来强调人与生活环境之间的关系以达到平衡和谐共生的状态。

艺迹·绿动校园
——南京艺术学院北校区景观改造设计方案

Art Trail · Green Campus
—Nanjing Arts Institute North Campus Landscape Design Project

主创姓名：冒雪飞
成员姓名：王佳
所在学校：南京艺术学院高等职业教育学院
学　　历：本科
指导教师：刘一凡
作品类别：公共环境设计
作品名称：艺迹·绿动校园
　　　　　——南京艺术学院北校区景观改造设计方案
奖项名称：**iDEA-KING** 艾景奖银奖

设计说明

为统一南京艺术学院艺术校园景观，提升校园的独特艺术气息，特对北校区旧景观进行改造。该区设计中融入"艺迹·绿动校园"理念，有利地推出艺术氛围和校园的沧桑痕迹。针对原设计中形式单调陈旧、土壤干燥等特点，改造中用"绿动"来治理绿化、渲染出校园的清新绿脉、迸发向上。构思上用"一轴"东西贯穿整个设计区域，将两边景观引入人群视线范围之内，同时变化中有统一，统一中见变化；"多线"即次干道和人行道贯穿联系；"三点"分3个重点区域改造。

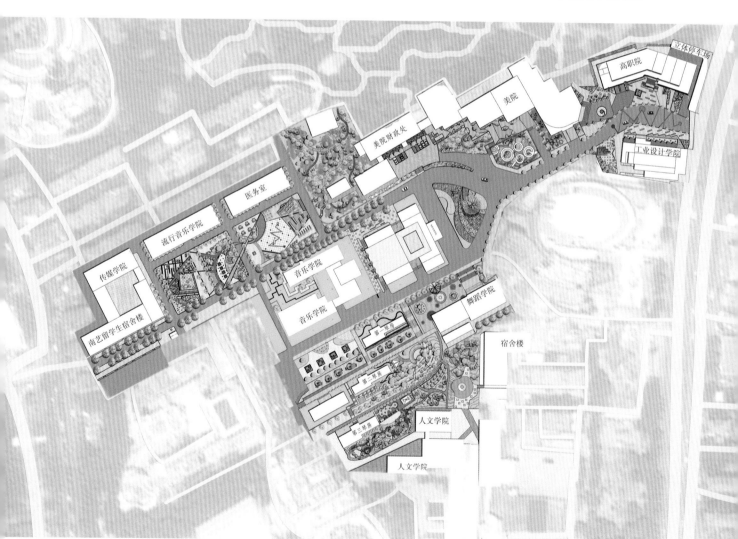

总平面图

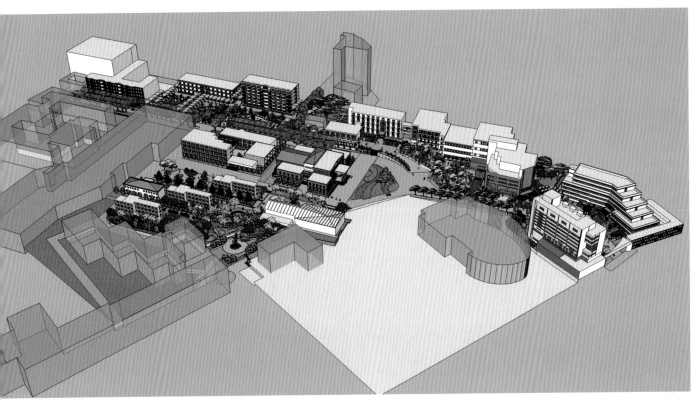

鸟瞰图

由不同元素衍生出各院功能特点：高职院采用梯形元素，代表海纳百川、豪迈的特点，在院东侧设立了立体停车场，将原先高职学院前面的停车场做了景观改造，大量运用几何元素切割形式。工业设计学院用直线、三角形及灰色元素代表严谨，设立了非机动车停车场，改变了原先杂乱无章的自行车摆放。美术学院用圆和直线元素刚柔结合彰显出其写意、奔放，保留并修整了原先杂乱无章的树木，通过运用大小不同的造型将其整合并设计出独特的魅力。用音乐符号突出流行音乐学院的律动、活力四射，将原先的老旧篮球场拆除，在设计中更多地运用点线面相结合的形式表达，用曲线围和的方式体现了音乐的柔美，将非机动车停车位与花坛相结合，既满足功能需求，又增加观赏性。同时该区空间上利用小乔木营造半封闭空间，为学生提供一个幽静的学习氛围。用直线、圆代表舞蹈学院的委婉、柔美、气质，该区地形主要以坡地景观为主，运用硬质铺装与软质铺装相结合的方式，创造出坡地特有的景观样貌。

舞蹈学院后山坡景观改造鸟瞰图

设计感悟

艺术校园景观改造与艺术氛围和人文息息相关。通过解决艺术校园景观设计中的一系列问题，如基础功能作出相应改造，营造出多样性的校园景观空间，布局形式及铺装将各个学院既有衔接又不失各自的独特韵味。校园植物配置不仅提高了绿化面积，在设计中还起到过渡呼应的作用，且四季颜色分明。希望能够为迎接南京艺术学院景观改造提供有益的参考元素。

体育复兴
——寒地社区体育公园设计

Sports Rehobiliation
—— The Design of Cold Community Sports Park

主创姓名： 王婷

所在学校： 哈尔滨工业大学建筑学院

学　　历： 本科

指导教师： 刘晓光

作品类别： 公共环境设计

作品名称： 体育复兴
　　　　　　——寒地社区体育公园设计

奖项名称： IDEA-KING 艾景奖银奖

设计说明

随着文化教育水平的不断提高，人们更加认识到运动锻炼的重要性。如何在城市化过程中为居民提供更多的城市运动空间，在相对有限的城市用地中，使绿地观赏性和实用性结合，整体优化景观系统功能，营造运动休闲与景观综合效益最佳的绿色空间是个新课题。从全国已建成的绿地来看，其功能基本上是生态景观型。

对于城市绿化建设的可持续发展而

总平面图

0　10m 20m 30m

1) 树林
2) 林下空间
3) 中老年舞台
4) 交际舞舞台
5) 青年舞台
6) 入口广场
7) 羽毛球场地
8) 台球·乒乓球活动场地
9) 街头篮球场地
10) 正式篮球场地
11) 青少年游戏场地
12) 轮滑与涂鸦

13) 儿童乐园
14) 建筑·餐饮·洗浴
15) 休憩餐饮台
16) 湿地
17) 太极·武术
18) 野花境
19) 花园
20) 水溪
21) 垂钓
22) 亲水广场
23) 花径

经济技术指标
规划总面积　2.98ha
绿地总面积　1.14ha
水体总面积　0.97ha
广场等铺面积　1.84ha

总平面图

其他活动空间

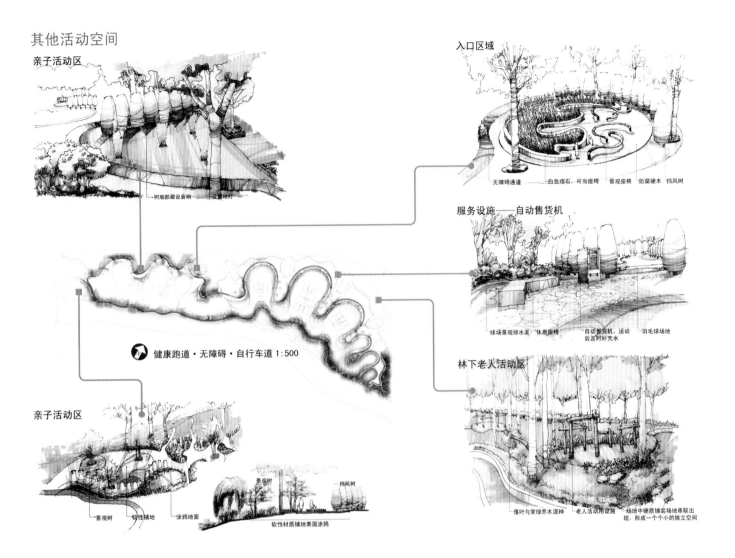

亲子活动区

入口区域

├ 树底部藏设音响
└ 设置地灯

┌ 无障碍通道 ┌ 白色理石,可当座椅 ┌ 景观座椅 ┌ 防腐硬木 ┌ 挡风树

服务设施——自动售货机

┌ 球场景观排水渠 ┌ 休息座椅 ┌ 自动售货机,运动 ┌ 运动 ┌ 羽毛球场地
后及时补充水

🏃 健康跑道·无障碍·自行车道 1:500

亲子活动区

林下老人活动区

┌ 景观树 ┌ 软性铺地 ┌ 涂鸦地面

软性材质铺地表面涂鸦

┌ 景观树 ┌ 挡风树

┌ 落叶与常绿乔木混种 ┌ 老人活动用设施 ┌ 场地中硬质铺装场地率联出
现,形成一个个小的独立空间

言,应该把观赏性与实用性结合起来,并更侧重于实用性,最大限度地满足人们多层次、多方面的需求。

据调查显示,人们室外活动大多是在居住地附近。因此,做好全民健身运动社区级活动空间是能够达到全民健身的关键。该设计选择在哈尔滨富华社区,针对场地环境环境,分别从运动的类项目选择植物、色彩、空间形态、雨洪管理、气候营造以及仕季相演变等方面对社区级小面积公园进行体育型景观的探究。针对寒地景观特性,进行场地季相设计,让人们在冬季参与到冰雪活动中来,从而避免寒地人们一进入冬季便出现"猫冬"的现象。

篮球场地

沙漠·城市·绿洲
——克拉玛依一号井景观设计

City Oasis in Desert
—Karamay WellNo.1 Landscape Design

主创姓名：张渊

所在学校：新疆师范大学美术学院

学　　历：本科

指导教师：姜丹

作品类别：公共环境设计

作品名称：沙漠·城市·绿洲
　　　　　——克拉玛依一号井景观设计

奖项名称：iDEA-KING 艾景奖银奖

设计说明

　　本案针对新疆克拉玛依石油工业遗留遗址进行改造，针对因石油生产过程中对土地的腐蚀以及石油工业产生的辐射和污染进行生态恢复和文化保护，目的在于对城市发展过程中已经形成的一

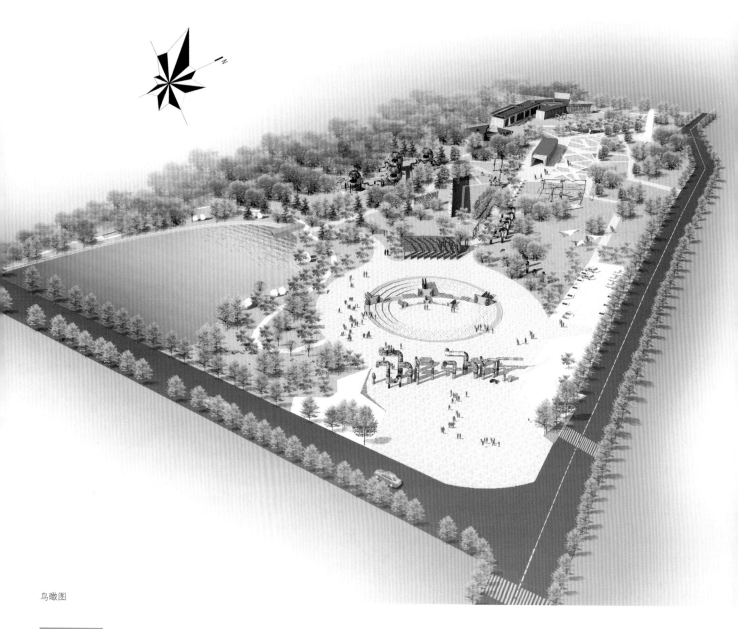

鸟瞰图

些固定形态进行改造，使之更有利于城市的发展和居民生产生活的环境改善。设计本着以人为本，人与自然协调发展的目的，对克一号井区域进行景观规划设计，使其逐渐恢复生态平衡，利用植被分解化学污染，有效调节区域空气质量，治理 PM2.5。充分尊重自然的地形地貌，所有娱乐休闲设施与地形结合，采用"一轴，二心，三点"的规划设计，保护克拉玛依这座城市的文化，因油而来，纪念这一地区作为这座城市的开端和石油开采的开始。建筑保留场地基本建筑风格，加以艺术化手法处理，创造丰富的空间感和视觉效果。对区域景观以生态恢复为主，局部利用工业设施人工造景，更好地凸显区域文化和景观。

设计感悟

当城市前进的脚部不断加快的时候，也因前进的诸多因素给城市带来了很多次生危害和安全隐患，城市空气的污染，次生疾病的增加，一些高辐射高危害的疾病不断增加，进入工业文明以后城市的发展迅速，同时文明也看到了因工业而带来的土地和环境的破坏空气质量的不断下降、疾病的高发等。进入 21 世纪以来我国居民疾病的高发和居民生活环境的变化息息相关。随着经济的不断发展、科技的不断进步，因高科技高能源消耗的生活生产模式产生了许多疾病的发生。当前改善生活生产环境提高居民生活环境已是经济和社会发展的一项重要科研项目，生产生活环境的改善对有效防治次生疾病的发病率有明显的改善。

克拉玛依一号井景观设计是基于区位和历史条件下，对生态保护和文化保护，以及工业在废弃物在利用等合理的改造，使其合理利用和生态恢复良好。设计立足区域文化，保护区域文化和环境的协调发展，通过设计、改善、修复、重新整合，创造更好的生产生活环境。

一号井纪念碑

广场花架

主入口

红树林复兴
——海口湾公园景观规划设计

R eviving Mangrove
—The Landscape Planning and Design of Haikou Bay Park

主创姓名： 刘志远

所在学校： 四川农业大学风景园林学院

学　　历： 本科

指导教师： 鲁琳

作品类别： 公共环境设计

作品名称： 红树林复兴
　　　　　　——海口湾公园景观规划设计

奖项名称： *IDEA-KING* 艾景奖银奖

设计说明

　　台风海啸等各种自然灾害、海平面上升、海洋污染是目前世界滨海城市面临的主要问题。该项目通过对城市公园的周边分析，对当前的人工填海所致的海洋污染及主要台风天气提出对策，分析城市空气中的PM2.5的主要来源，通过红树林的引入与复育工程，在人口稠密的城市环境中，建设一个符合当地特色和文化氛围的城市生态公园。以生态功能带和主要城市

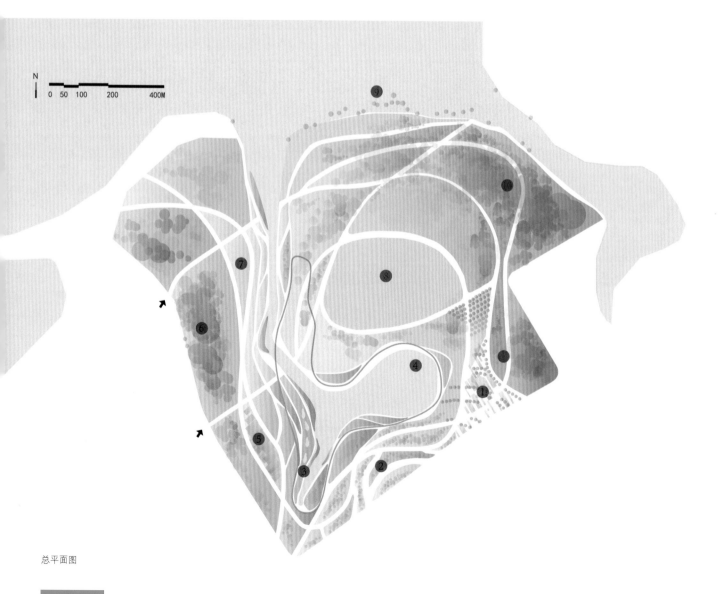

总平面图

功能区域交互穿插的方式，运用景观生态学、景观设计原则和生态设计等原理让自然做功，营造一个触动感官的自然生态环境，以富含绿色元素的景观和滨海氛围重建艺术性和高品质的开放空间。通过红树林湿地景观、湖畔湿地景观、滨河景观、陆地景观构成的活用五感的规划改造公园现今所存在的生态问题，使公园划分为由陆地向海洋滩涂湿地过度的拥有不同生态功能的景观丰富且富有特色的城市生态公园。该公园建成后应成为一个对改善城市景观和保护生态环境起着重要作用，为市民提供休闲、游览、眺望和文化娱乐场所的开放式城市生态海滨公园。

鸟瞰图

RESIDENTIAL
CITY PARK
OTHER
TURISM
CULTURE
ADMINISTRATE
OTHER USE
BUSINESS
CITY HABOUR

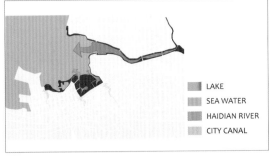

LAKE
SEA WATER
HAIDIAN RIVER
CITY CANAL

区位图

设计感悟

　　通过对海南海口城市的各项分析后，我们从人们忽视的生态问题上出发，引入原本自然热带海岸所应有的红树林，结合生态设计的手法，解决海口城市目前所面临的主要问题。

理想工业区
——通往纯净空间的革新之路

Industrial-Wonderland
—The Revolution Way to Pure Area

主创姓名：张从如 陆璇

成员姓名：赵铖 夏旸怡 滕嘉琪

所在学校：南京林业大学艺术设计学院

学　　历：本科

指导教师：张旸

作品类别：公共环境设计

作品名称：理想工业区
　　　　　——通往纯净空间的革新之路

奖项名称：iDEA-KING 艾景奖银奖

设计说明

随着城市的高速发展，汽车产业和工业区的新兴，PM2.5已成为弥漫在空气中对人体健康危害最大的物质。工业园区的规划向生态模式发展已刻不容缓。

针对这一现状，本设计提出用绿色设计原理协调工业园区与城市及居民的关系，整合工业园区的人工建筑系统与自然生态系统，为工业园区的规划提供一条可持续发展的新思路。运用自然元素和人造材料，结合物理及化学的方法在工业园区建立一个"保护膜"，隔绝有害物质对城市空气的侵蚀，减小PM2.5的危害，在工业区和城市环境之间找到一个良好的契合点。

总平面图

以"气泡的形成"为设计概念，建立最为内部的一片环境良好的区域，反推将有害物质影响缩减，尽最大化阻隔其危害范围。

设计感悟

当今世界，人口剧增，资源锐减，生态失衡，人类生存和发展与全球的环境问题愈演愈烈，生态危机几乎到了一触即发的程度。

自从"以人为本"的思想被提出之后，这个理念受到许多设计师的追捧，然而在实践过程中却往往被误解成完全遵循人类的需求，目光短浅而自私的行为。以牺牲环境为代价获取短期利益，已经给未来的发展埋下祸根。在我们庆祝所谓的发展的同时，大自然的报复正悄悄展开，严重影响空气质量的 PM2.5 就是其中之一。我国能源生产与消耗长时期内是以煤炭为主，以煤炭为主的能源消耗以及能源利用率低等因素使我国的区域性大气环境受到了严重的污染，生态遭到严重的破坏。

在严峻的现实面前，人们不得不重新审视和评判我们现时正奉为信条的城市发展观和价值系统，而作为设计师，我们应该更全面理解"以人为本"的概念。

"以人为本"的前提是"以自然为本"，充分理解人的生物学特性即人类的自然属性以及人类行为趋势对自然的影响，在不破坏这样的自然属性基础上再去讨论人的意愿、人的活动行为需求才是合理的。

同时，我们应该秉持着科学严谨的态度去进行设计，设计本身是理性的思维过程。用科学的手段去解决问题可以达到事半功倍的效果，使作品更具有存在的价值。

移动森林
——校园可移动生态景观设计

Movable Forest
—Movable Ecological Campus Landscape Design

主创姓名： 王凤晨芝
所在学校： 上海理工大学出版印刷与艺术设计学院
学　　历： 本科
指导教师： 杨潇雨
作品类别： 公共环境设计
作品名称： 移动森林
　　　　　　——校园可移动生态景观设计
奖项名称： iDEA-KING 艾景奖银奖

设计说明

　　大学校园不仅是传授知识的教育场所，更是陶冶性情、促使学生全面发展的生活环境。本设计以"移动森林"为出发点，创新设计为途径，针对道路交通带来的噪声和污染，以及硬质广场和空间不能灵活利用的问题，提供了一种简易的生态解决方案。方便运输、低成本、可回收、可循环环保材料和立体绿化技术的运用，使生态的、易实现的"移动森林"成为可能；灵活的组装方式，鼓励学生参与营造个性化的场所，通过搭建过程获得对环境的直观体验，达到启迪思想、传达信息的作用。为校园生活提供具有艺术气息、健康可持续发展的休憩、交流空间。低成本、绿色模块化设计，具有较强的场地适应性，可快速实现有效增加场地内的绿化空间，达到净化空气、吸尘降噪，增加空气湿度，改善生态环境的目的，适用于从校园到城市生活中的各种空间环境。

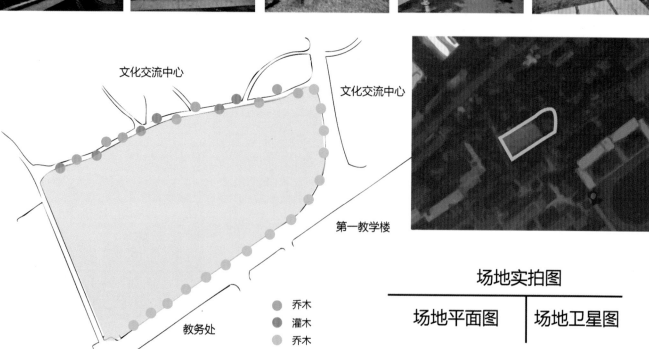

场地实拍图

场地平面图 | 场地卫星图

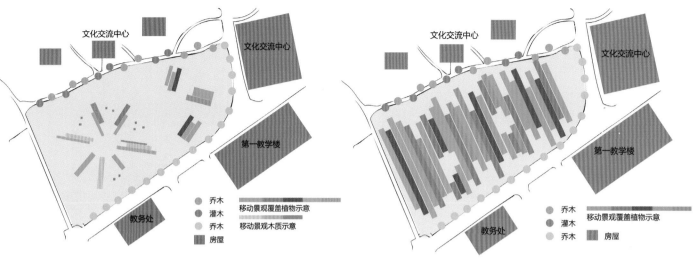

文化交流中心

文化交流中心

第一教学楼

教务处

● 乔木　移动景观覆盖植物示意
● 灌木
● 乔木　移动景观木质示意
■ 房屋

文化交流中心

文化交流中心

第一教学楼

教务处

● 乔木　移动景观覆盖植物示意
● 灌木
● 乔木
■ 房屋

平面图

设计感悟

当今社会，生态问题成为威胁人类生存环境和生存质量的重要因素。作为与人类生活品质密切相关的景观设计对生态设计的思考和探索体现了设计师的社会责任感。大学校园不仅是传授知识的教育场所，更是陶冶性情、促使学生全面发展的生活环境。校园景观为师生们提供知识传递、信息交流、娱乐休闲的场所，也是寓教于乐、塑造健康身心的生活场所。校园景观的形象和内涵是校园文化以及校园文化潜力的重要组成部分，起到潜移默化的文化熏陶作用。本设计以"移动森林"为出发点，通过低成本、环保、方便组装和维护的模块化设计和立体绿化技术的运用，塑造形态简洁、变化丰富，功能灵活的可移动、生态型"森林"景观，满足校园环境对创意、健康和多彩文化生活的需求。把创新、生态、环保的健康生活理念，通过景观艺术融入大学校园生活。通过移动校园景观营造形象清新、健康时尚的校园绿色文化形象，既满足了校园景观的观赏性，更好比"无声的课堂"达到景观营造的教育和共享功能。关注生态环境问题，改善提升生活品质从生活中的小设计做起，通过艺术创意、技术与当代美学的结合，充分展现了设计的智慧，表达了"治理PM2.5·景观规划设计·和谐生活"设计主题。

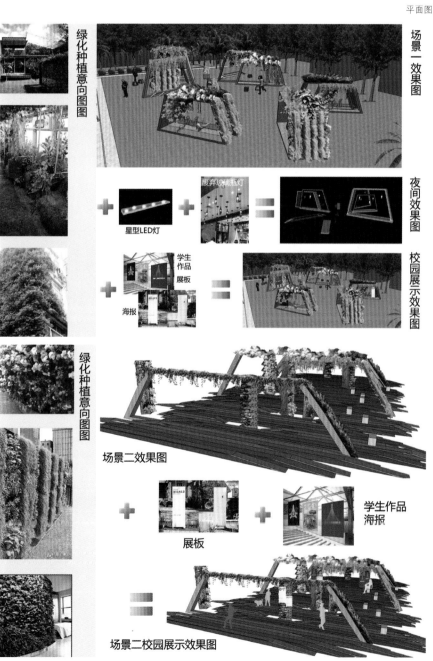

绿化种植意向图图

场景一效果图

星型LED灯　废弃玻璃瓶灯　夜间效果图

学生作品展板　海报　校园展示效果图

绿化种植意向图图

场景二效果图

展板　学生作品海报

场景二校园展示效果图

哈尔滨"红房子"工业遗产景观改造设计

Reconstruction Design of Harbin "Red House" Industrial Heritage Landscape

主创姓名： 李晨
所在学校： 哈尔滨工业大学建筑学院
学 历： 本科
指导教师： 王未
作品类别： 公共环境设计
作品名称： 哈尔滨"红房子"工业遗产景观改造设计
奖项名称： iDEA-KING 艾景奖银奖

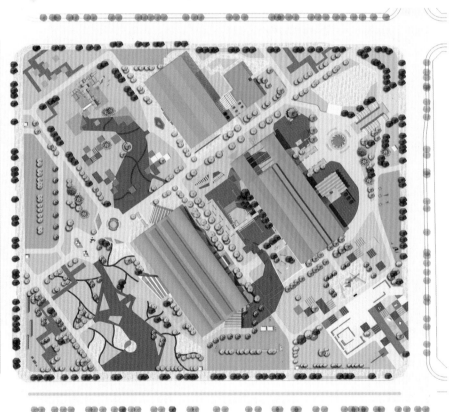

总平面图

设计说明

哈尔滨"红房子"工业遗产景观设计项目原为哈尔滨机联机械厂所在地。基地内保留了数座具有一定历史、人文价值构筑物，有着重要的保护和开发价值。本设计旨在要求结合哈尔滨西新区规划和发展目标，结合基地环境和周边环境的历史和现状，对"红房子"区域进行景观改造设计，尤其注重拟保留的厂房、构筑物、设施等工业遗产资源的保护性开发利用，营造一个可以承载商业、博览、休闲、娱乐、表演等功能的场所，满足当代城市多样化生活的需求。

现保留下来的哈尔滨"红房子"工业遗产景观改造设计项目，位于1958年由道外区迁到哈西大街、中兴大街、和谐大道、北兴街围合区域内，为哈尔滨机联机械厂原址，保留了数座具有历史、人文价值的车间、厂房，以及水塔、烟囱、塔吊等大型构筑物，有着重要保护和开发价值。3座红色大型工业旧厂房占地22 000平方米，原为制氢车间、冶金车间和除尘车间，建筑面积分别为7000、

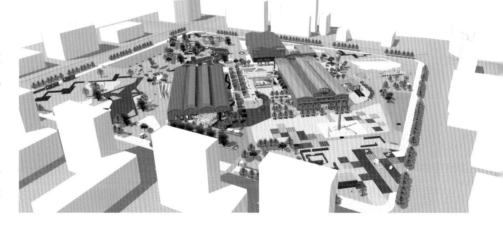

8000、4000 平方米，层高约 20 米，在 20 世纪 50 年代由前苏联援建，外墙由红砖砌成。再加上水塔、天吊等工业遗址，"红房子"总面积达到 12.5 公顷。

根据设计题目"哈尔滨'红房子'工业遗产景观改造设计"的要求及自身工业遗产景观改造的特点，结合哈尔滨城市特色和城市发展要求，采用了"场""生长""力"的概念将场地分为三大功能区域，分别是艺术园区、音乐演出厅及博物馆，用红色折线铺装将三块场地连接成一个整体，同时也构成了园区的景观游览路线，核心景观区由冶金厂改造成的音乐厅及龙门塔吊、水塔围合而成。通过不同的设计手法意在将"'红房子'工业遗产区"打造成集艺术创作、展览、演出、城市居民休闲娱乐的综合性创意场地，成为哈尔滨城市发展的"新地标"。而对于 3 座保护厂房仍实行"保护修缮为主，改造为辅"的设计理念，只对其进行小规模的改造，加建玻璃钢小景观等以和红砖形成对比。

PM2.5 城市绿肺
——南京市天井洼垃圾填埋场生态公园改造设计

PM2.5 City Green Lung
—— The Renovation Design of Nanjing Tianjingwa Garbage
Landfill site Ecological Park

主创姓名：徐红霞

成员姓名：曹玲玉 朱惠杰

所在学校：南京艺术学院高等职业教育学院

学　　历：本科

指导教师：刘一凡

作品类别：公共环境设计

作品名称：PM2.5 城市绿肺
　　　　　——南京市天井洼垃圾填埋场生态公园改造设计

奖项名称：iDEA-KING 艾景奖银奖

设计说明

突出生态环境保护，旅游休闲，展示城市风貌，体现城市生态理念。本次规划以"城市绿肺"为主题，体现"4S+4R"这种新型理念展开设计思路。"4S"即节约（Save）、景观（Scenery）、森林（Silva）、溪流（Stream）。"4R"为减量（Reduce）、复用（Reuse）、再生（Recycle）、能源回收利用（Recovery）。

同时，引进自然生态系统处理法，利用土地、池塘、湿地自然存在的厌氧好氧等微生物降解、作物吸收、土壤截留、吸附等作用达到净化处理目的，加上雨水等收集系统，使整个区域呈现循环状态。以下为3大特色景观。

1. 大地景观为本

垃圾填埋场属于大自然的文化遗产，它所孕育的农田、水塘、林带、峭壁等大自然景观是场地的根本，这里的景观反映着地方独特的乡土文化。

总平面图

瞭望台

2. 石刻为魂

石块作为山边可利用资源，经过开采、人工雕琢来展示艺术本身来源于自然界，减少能源浪费。

3. 废物改造艺术品

把可循环再生的能源融入到景观，如太阳能、风能，雨水收集等系统大量并有效的使用，形成与众不同、独一无二的展示空间。

通过将景观区与常用的房顶、长亭、长椅、亲水平台等设施的设计，将太阳能转化为电能的双重功能的设施，而转化得到的电能则用于附近区域的照明、喷泉的供电，进而达到提高资源效用、

景观景墙

节能、环保、降低成本、节约资金等目标，符合设计主题。

植物布局从"水——岸——坡——山顶"规划设计植物，根据植物习性、功能和分布规律，不同地带选择不同的植物和配置量，体现植物习性和带来的效果。

设计感悟

以"收放自如"的平面形态配合线条、物体穿插，多层次的景观元素（包括绿化、雕塑、水体等）塑造环境。总体上简洁明

快，局部设计在遵循整体风格统一的基础上求变化。充分利用景观的各类元素，在构图、材料、质感、植物的色彩、平面等各方面互相配合，强化车行和步行设计的美感。

通过高台林丘、下沉湖岸、亲水景观和高架廊桥这些景观元素，创造低维护成本，繁殖力旺盛的绿色空间，所谓"芦苇丛生，绿树成荫"。建立一条与大自然之间的纽带，为城市提供生态保护、游憩和文化交流一体化的城市风景。

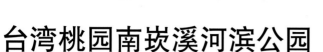
台湾桃园南崁溪河滨公园

The Taiwan Nankan Creek Waterfront Ecological Park

主创姓名： 刘又维
所在学校： 吉林建筑工程学院艺术设计院
学　　历： 本科
指导教师： 林开泰
作品类别： 公共环境设计
作品名称： 台湾桃园南崁溪河滨公园
奖项名称： IDEA-KING 艾景奖银奖

设计说明

　　本设计为台湾桃园南崁溪生态河滨公园设计，旨在服务大桃园地区，公园内生态环境优美，生物多种多样，有大片绿地供人们玩耍与放松。内设有植物园，希望游客了解更多本地植物，起到了教育儿童们对环境与植物的认识。不仅如此，公园内还设有花木迷宫，让人们在自然中体验乐趣。设计后扩大了原有的儿童游乐场面积，希望小孩子能在里面尽情玩耍。旱地喷泉也是一大亮点。

　　河水净化系统占了本设计一块很大的比重，希望能通过河水净化系统让人们了解永续发展的重要性，提高环保意识，了解河水进化的过程。

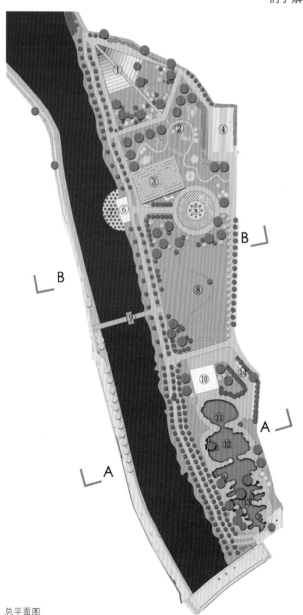

总平面图

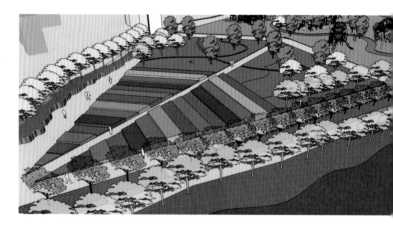

生态示意图

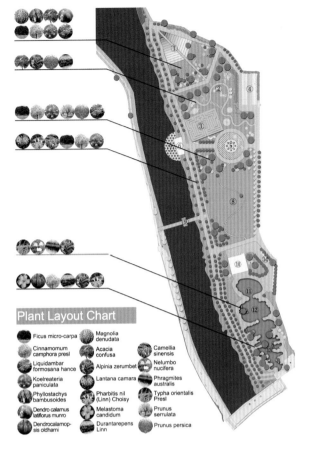

Plant Layout Chart

- Ficus micro-carpa
- Cinnamomum camphora presl
- Liquidambar formosana hance
- Koelreateria paniculata
- Phyllostachys bambusoides
- Dendro calamus latiflorus munro
- Dendrocalamopsis oldhami
- Magnolia denudata
- Acacia confusa
- Alpinia zerumbet
- Lantana camara
- Pharbitis nil (Linn) Choisy
- Melastoma candidum
- Durantarepens Linn
- Camellia sinensis
- Nelumbo nucifera
- Phragmites australis
- Typha orientalis Presl
- Prunus serrulata
- Prunus persica

Function Division

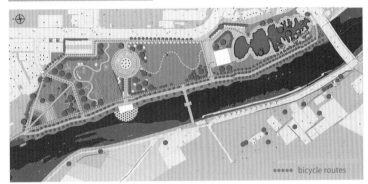

Pedestrian Flow Analysis

····· bicycle routes

设计感悟

本作品活用景观设计的基本要素，特别是利用河滨畔有限空间资源创造出正负空间交错的游戏天地，值得分享。作品兼顾区域性都市化与工业化的可能环境恶化，预为创作生态过滤水池，并以和前述之儿童游戏空间互为教育的功能。

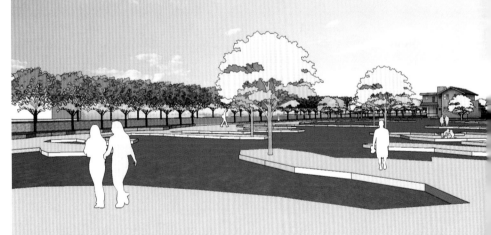

生态池

儿童乐园

筑园法式
——基于中国古典筑园技法的某大学景观规划

L andscape Architecture Pattern
—A University Landscape Planning Based on Chinese Traditional
Garden Methods

主创姓名：吴洵

成员姓名：陈雯佳

所在学校：南京工业大学建筑学院

学　　历：本科

指导教师：刘晓惠

作品类别：公共环境设计

作品名称：筑园法式
　　　　　——基于中国古典筑园技法的某大学景观规划

奖项名称：**iDEA-KING** 艾景奖铜奖

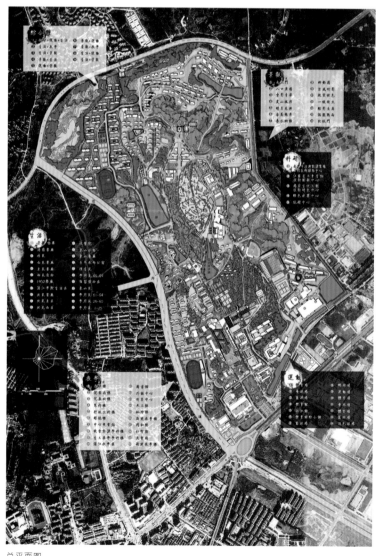

总平面图

设计说明

　　本设计将古典筑园技法注入到当代景观规划设计，从城市区位、气候、交通、环境等方面深入分析，提出生态校园和有机生长、持续发展的校园景观更新的理念。整个校园规划功能布局以山水为主体，分别布置了教学中心区、学生宿舍区、校前区、体育运动区、实习基地与产业孵化区、教工住宅区及中央山顶生态林区等7个部分，营造了个性化的校园空间。规划方案注重山地校园地形起伏变化的景观特征，以现状水系为基础，通过整治形成以湖面为核心的水网体系；道路系统规划将路网与地形结合，充分体现道路滨水沿山特色；在绿化景观组织上，构建以开放空间和生态主题公园为脉络的生态网络。借鉴了江南园林设计手法，创造了多层次的园林空间，创造了因地制宜、山水相拥的山地校园景观意象。

设计感悟

　　中国古典园林同时兼具居住、游赏，在其中从事各种文化活动等综合性的功能，崇尚将丰富和谐之自然景观加以充分再现升华并融入深厚人文内涵的艺术境界，这些特点都对现代校园规划有极其深刻的启发意义。中国古典园林内容十分丰富的艺术境界，是在一系列基本景观要素的基础上构建而成的。归纳起来，可以分为七大类："地""山""水""桥""石""屋""木"。每一个要素都有自己的位置和作用，另一方面又都是构成整个园设计林的具体环节。

　　城市中的造园追求自然。本设计参考文震亨的《长物志》、计成的《园冶》等中国古典造园著作，将古典造园技法运用到现代校园景观规划中，从"相地""掇山""理水""廊桥""叠石""屋宇""蒔木"七大主线进行设计，有利于在城市中营造出"市城"中的"山林"，在用地紧张的城市中，通过流线组织创造出复杂的空间效果。通过本次设计，对中国古典造园学有了更深层次的理解，对现代校园规划设计有了更多的启发。

鸟瞰图

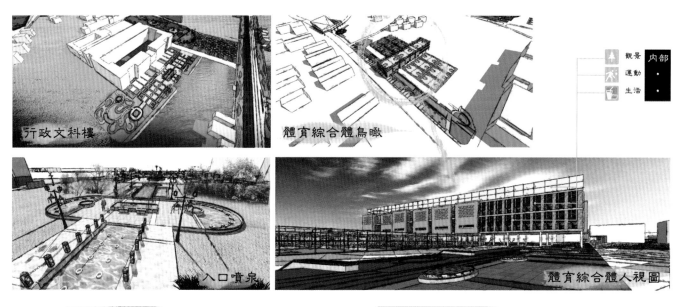

行政文科樓

體育綜合體鳥瞰

觀景　內部

運動

生活

入口噴泉

體育綜合體人視圖

建筑景观透视图

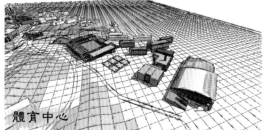

體育中心

厚學樓

生态共鸣
Ecological Resonance

主创姓名：张一帆 马丹霓
所在学校：深圳大学艺术设计学院
学　　历：本科
指导教师：许慧
作品类别：公共环境设计
作品名称：生态共鸣
奖项名称：iDEA-KING 艾景奖铜奖

设计说明

本项目设计范围约72 000万平方米，位于广东省深圳市南山区深圳湾海滨休闲区，即沙河西路与滨海大道的交界处。深圳湾体育中心以东周边地带，南面是大运会火炬塔，地形有一定的起伏。深圳湾水质污染严重，恶臭难闻，岸线形式单一。自然海面辽阔，远望香港与东角头港。

基于对深圳湾的调查，作者提出了"生态共鸣"的概念。希望将现代化的都市与青山，绿水相融合。在整个基地上面做半架空的廊道，形成立体空间。廊道随着基地的高低而形成一定的起伏，廊道以下是还原给大自然的绿色树林、滩涂和水域。而水域是通过深圳湾的水进入到基地，让海水面积增加。每个"活力源"是各种不同的活动区域。整个方案的立面形成的天际线与基地的外轮廓线一致，成曲线形式布置，具有中国山水画的意境。

总平面图

鸟瞰图

设计感悟

虽然是由于地球上森林的逐渐消亡才唤醒了人们对大自然的关注，但是我们必须记住的是，作为文明的创造者，我们目前更多的不是生活在树木组成的森林中，而是生活在钢筋混凝土组成的森林中。

通过模仿自然环境和借用自然元素来构建人工化、生态化的深圳湾，从而创造近乎自然条件、混合人类使用与自然特性的人工环境。这将为从纯自然、纯人工到人工自然过渡的行为和过程提供互动与交流、镶嵌于混入，直至形成相互融合的界面。

触须
——梅溪湖滨水综合景观带设计

Tentacle
—The Water Front Landscape Design of Meixi Lake

主创姓名：黄迪

所在学校：湖南师范大学美术学院

学　历：本科

指导教师：周叔昭

作品类别：公共环境设计

作品名称：触须
　　　　　——梅溪湖滨水综合景观带设计

奖项名称：*iDEA-KING* 艾景奖铜奖

设计说明

　　该设计位于规划发展中的湖南长沙大河西先导区梅溪湖片区。针对高速发展的态势以及城市化进程即将对湿地环境造成的破坏，预先采取以景观形态设置为手段的预防措施。

　　设计以白色基调及舒缓的弧线造型元素为基础，犹如柔软的触须介入城市与自然之中，形成二者间的平缓过渡。轻盈纯净的造景风格以示其处于环境中之谦卑。

　　整个滨湖景观带总体分为：码头——休闲区——标识广场——休闲广场——湿地示范区，五个功能上差异且联系的区域。完成景观空间序列自开端至结尾的感受变化，以满足人们在线性景观中需求的随着参与者前进或后退而形成的身边同类型景色变化的统一且具有差异性的丰富感受。

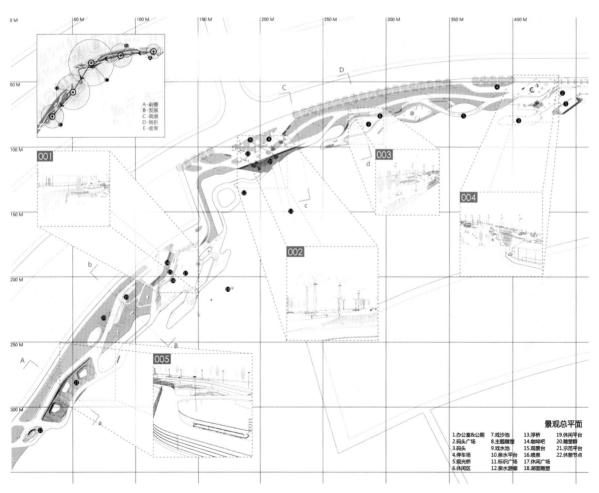

景观总平面及序列分析

景观总平面

1.办公室&公厕　7.戏沙池　13.浮桥　19.休闲平台
2.码头广场　8.主题雕塑　14.咖啡吧　20.雕塑群
3.码头　9.戏水池　15.观景台　21.示范平台
4.停车场　10.亲水平台　16.喷泉　22.休憩节点
5.观光桥　11.标识广场　17.休闲广场
6.休闲区　12.亲水游廊　18.湖面雕塑

设计感悟

　　整个设计过程充满曲折。首先是在作品立意方面,环境保护是一个老生常谈的话题。我们的设计也同样希望以此为出发点。但在途径方面却纠结了很久。湿地环境保护的途径有许多种,但在大河西先导区这样一个特殊的环境下,多数"科学"的途径也许还未产生保护效应环境就已遭到了破坏。我考虑的是如何与时间赛跑,以最便捷可行的方式实现目的。作为艺术设计类专业的学生,我要做的是运用我们的专长,通过对形态及空间感受的营造,在高速发展的城市化环境与自然湿地之间架起一座桥梁,从而弱化两者的冲突。因此,景观最终以一种谦卑而干净的形态介入差异化的环境之中。这可能是一次挑战,究竟是简单有效还是鸡肋,自始至终都是我在寻求的一个答案。希望能在此次大赛中得到一个检验。

码头效果图

示范区效果图

标识广场效果图

附属的花生
——滨江路盐和第八建筑景观概念设计

Scene in Peanut
—The Conceptual Landscape Design of Binhe Road Yanhe No. 8 Building

主创姓名： 吴林燠

所在学校： 重庆师范大学美术学院

学　　历： 本科

指导教师： 曾卫东

作品类别： 公共环境设计

作品名称： 附属的花生
　　　　　　——滨江路盐和第八建筑景观概念设计

奖项名称： IDEA-KING 艾景奖铜奖

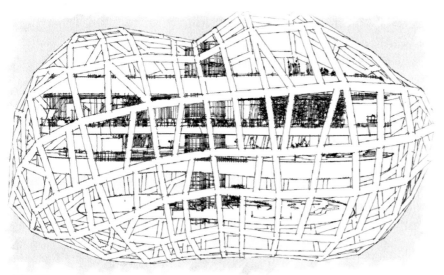

总平面图

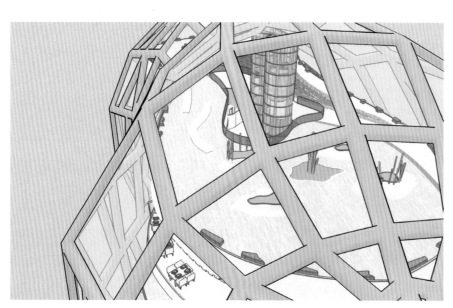

设计说明

"花生"本是草本植物，结果于土壤之中。原本表面有绒毛用于吸收土壤中的水分和营养，后萎缩变成我们见到的日常生活中的模样。我对这个过程很感兴趣，希望通过一样的理念来做一个由"花生"外观改造后的观景建筑景观。一方面本案设想位于重庆市北滨一路健身步道中尾端，护坡堤坝落差约30多米，护坡坡度约75°，地势条件特殊，另一方面重庆因为是两江流域城市。所以我希望通过一点改善或是添加，将本案打造为既是一个内部空间又是一个外部空间的滨水建筑景观。内部空间在于有人进入其中后能够感到强大的包围感以及内部环境的感染，外部空间则在于本案其实也是一个人与自然交流的平台。最后就将"花生"外观的建筑景观附着于希望改善的堤坝之上。

设计感悟

提高和改善城市公共空间环境并不代表盲目的进行，如现在的重庆解放碑商圈其实已经达到一个饱和状态，就是因为盲目的提倡改善环境，导致那些并不存在问题的建筑或是景观在不停地拆建。而真正去要改善和提高的地方却被忽视掉。通过不断拉大的城乡差异哄抬城市土地价值，生产"无用的消费品"以提升人类个体内心的欲望，以信贷机制促进流通的再生产，达到刺激消费的目的；在消费的刺激下，鼓励消费，生产更多的"无用的消费品"，再通过广告、促销等手段刺激更多购买欲。如此循环往复，直到将有限的资源消耗殆尽。

我们应该正确面对一个城市公共空间的问题，需要改善的，需要提高的和完全重新拆建的意义不一样。具有针对性的进行规划、设计才是一个城市环境发展和提升的重要思想。

该观景建筑景观的设计出发点是在希望能改善重庆滨江路沿河堤坝部分绿化设施不完善的地方同时还能将其作为观景建筑的功能得到最大限度的发挥。具体来说：①是为原本绿化条件薄弱的堤坝进行美化；②是希望通过本案这个平台将人与整个滨水环境的自然状况能够相互交流；③是本建筑景观能够作为融入滨水景观环境的重要景点起到人文提升的作用。

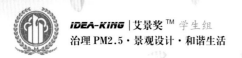

净化
Purify

主创姓名：王瑜
成员姓名：赵世俊 郭德荣
所在学校：江南大学设计学院
学　　历：本科
指导教师：朱蓉
作品类别：公共环境设计
作品名称：净化
奖项名称：**IDEA-KING** 艾景奖铜奖

设计说明

城市化的进程高速发展，人们的生活也在日新月异的改变。工业化的进程改变了我们的生活方式、提高了生活质量，同时也造成了一定的困扰。地球空气污染日益严重，人们感染呼吸道疾病的案例岑出不穷。为此针对PM2.5可吸入颗粒物的改善计划，我们设计了一套喷雾系统，这套系统覆盖于整个城市中心街区，同时赋予系统张力，向城市其他街区衍生发展。首先喷雾的主要作用是使可吸入颗粒物沉降，同时改善空气湿度及调节周边气温。其次与上层植被的种植结合给予城市一个新的活力，吸收城市中的有害气体的同时美化了环境。我们还将屋顶绿化与雨水收集系统融入其中，使整个城市的供水系统的功能更加多样化。为了实现实时监控设计，我们将与互联网系统结合，使整个喷雾系统更加智能化，增加了其可控性，这也为监测整个城市的空气质量作出了参照性措施。

水遍布了人体全身的血管，形成一个健康的水环境，造就了一个健康的人，城市亦是如此。

总平面图

设计感悟

　　有机体的产生、成长、发展、变异、衰亡均有其客观的规律，城市亦然。城市可以看做是一个有机整体的生命体，除了要有从事物质生产的基础，如资源、能源、水源，土地外，还要有适宜的生存环境（清洁卫生的空气、水体，足够的绿化、宜人的气候等）。现代城市，特别是大城市，功能复杂，是一个巨大的系统。物质和能量的交换、输入和产出更是巨量，要求的条件更多、更大，对环境的要求也更高。所以城市内部的

各个系统也应该是一个个相互联系的存在。比如，城市某处出现了问题，通过联系性便可触动其他的地方。这样可以使城市进行整体良性的发展。

　　而当代很多城市在内部景观的设计上都是单独的，不整体的，与城市的发展缺少着联系。

　　在针对 PM2.5 设计的一个覆盖整条路段的由绿植与喷雾共同组成的立体景观带上，我们首先把城市定义为某种生

命系统的单体，在这种单体结构下，城市的每一个细小的结构都牵动着城市发展的命脉。接着我们设计了一种网状结构，一个城市的发展必须有良好的内部系统，在此我们将这个比作神经元单体，于是我们接着设计了一种网状结构，使城市间通过这种网状结构相互传递着信息。喷雾系统的设定与网状结构的结合通过中山路可以蔓延到城市的每个角落。

精确扰动
——河南省郑州市综合治理 PM2.5 概念设计

Precise Disturbance
—PM2.5 Concept Design on Comprehensive Treatment of Zhengzhou, Henan Province

主创姓名： 张龙潇

成员姓名： 赵鹏宇

所在学校： 商丘学院风景园林学院

学　　历： 本科

指导教师： 时钟瑜

作品类别： 公共环境设计

作品名称： 精确扰动
　　　　　　 ——河南省郑州市综合治理 PM2.5 概念设计

奖项名称： *iDEA-KING* 艾景奖铜奖

设计说明

　　"南美洲亚马逊河流域热带雨林中的一只蝴蝶，偶尔扇动几下翅膀，可以在两周以后引起美国德克萨斯州的一场龙卷风。"有关蝴蝶效应这样著名的表述，传达了一个信息：对系统关键点的微小扰动，将会造成整个系统的巨大改变。所以我们作出这样一种设想，用一种技术手段，将每辆车都变成一部移动的 PM2.5 收集装置，根据统计学所揭示的运动轨迹，它们带着 PM2.5 颗粒由一个收集点，奔向另一个收集点。复杂高密度的车流使得这种收集形成一种巨大高效的网络。通过复杂的计算与模拟，寻找出系统敏感点，只需要在这些实施这种技术手段，只要低廉的投入，蝴蝶的翅膀便覆盖整个城市。对于这种技术手段，我们并没有清晰的理解，它也许是静电，也许是磁场，也许是未来某种我们未知的技术，我们不知道，我们只是在探索。同时敏感节点上的天桥不应该仅仅是净化器，同时解决更多的问题，是设计师的理想，也是责任。"二七"作为城市的标志，越来越深地陷入到困境之中。随着地铁的建成，"二七"将面临新的挑战。纪念性与商业性共存，恢复街道活力，为城市提供一个新的地标，唤醒人们对"二七"的记忆，加深对"二七"的了解，这些就是我们的设计所做的一切。

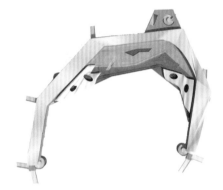

天桥平面图

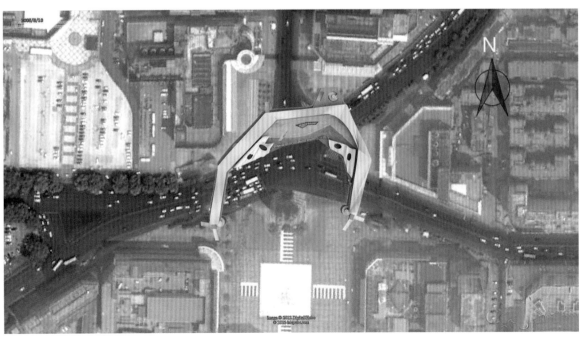

总平面图

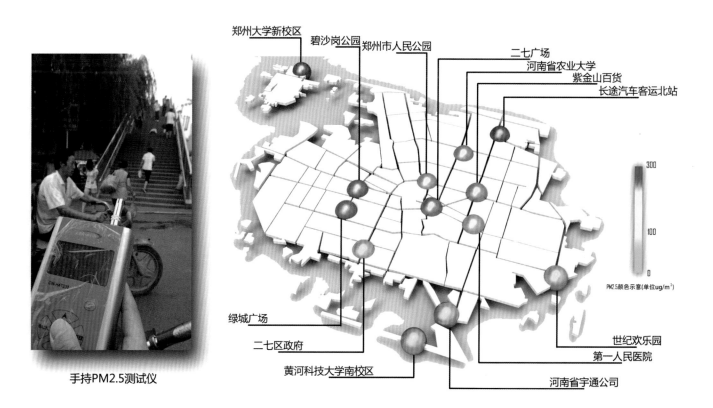

郑州大学新校区
碧沙岗公园 郑州市人民公园
二七广场
河南省农业大学
紫金山百货
长途汽车客运北站

300

100

0

PM2.5颜色示意(单位ug/m³)

手持PM2.5测试仪

绿城广场
二七区政府
黄河科技大学南校区

世纪欢乐园
第一人民医院
河南省宇通公司

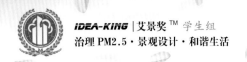
生态·文化·健康·和谐
——广州大学华软软件学院教学楼区域景观优化设计

Ecology · Culture · Health · Harmony
—Landscaping Optimization Design in Building Area, South China Institute of Software Engineering.GU

主创姓名：程冠骅

成员姓名：程思霞

所在学校：广州大学华软软件学院

学　　历：本科

指导教师：向霖生

作品类别：公共环境设计

作品名称：生态·文化·健康·和谐
　　　　　——广州大学华软软件学院教学楼
　　　　　区域景观优化设计

奖项名称：iDEA-KING 艾景奖铜奖

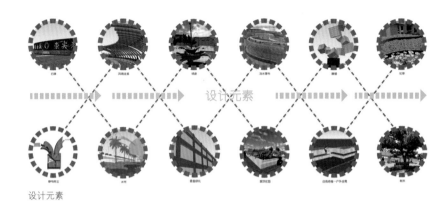

设计元素

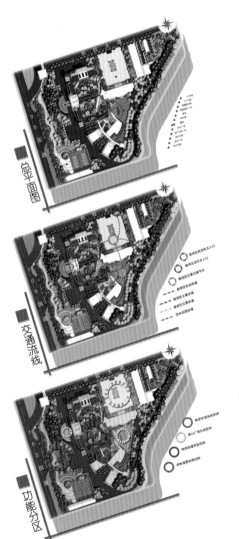

总平面图

交通流线

功能分区

平面图

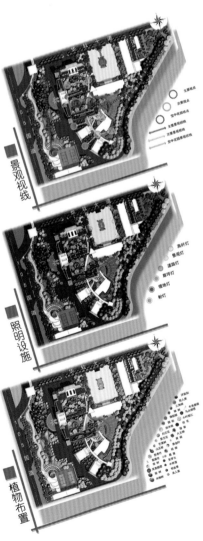

景观视线

照明设施

植物布置

设计说明

在美化改造校园的同时，要满足教学的紧张严肃的氛围，又要遵循自然的发展规律，使之创造悦目、悦心而又健康的环境。

本次改造在原生态自然植被分布特点结合校园文化并针对如何治理PM2.5，对教学楼环境进行优化设计。

改造中加入了水景要素，给空间赋予灵气。在原欧式建筑设计风格的前提下，运用生态流线型景观小品结合景观水体，以校园历史文化概念，打造宜人、舒适的教学环境。运用水汽与水帘对PM2.5进行净化，并设置太阳能静电吸尘装置，利用静电吸附并处理PM2.5，结合原生态大面积的植被，通过校园周边的草木、灌木、乔木和水等防尘带，形成防噪防污染及治理PM2.5的防护林，并运用空间结构上的绿化方式，对建筑墙面、屋顶进行绿化和美化，形成立体景观，营造和改善校园生态环境。

实现以人为本与可持续发展原则，创造和谐的教学生活环境。

效果图

设计感悟

设计过程中，我们考虑到如何解决各种生态问题从而达到可持续发展，令脆弱的生态系统减少负担。通过查阅了大量前人对治理PM2.5的研究成果，运用科学的治污良策，结合各种景观要素，经过分析、综合提出了校园文化景观的概念，总结了校园文化景观的类型，阐述了校园文化景观的功能和影响校园文化景观设计的各种不利因素。

我们绝大部分时间生活在人造的环境中，但人类也是来源于自然，所以我们运用大自然原生态景观去改造我们的生活环境，充分发挥我国园林自然式的特点，形成人与自然的和谐统一。而校园景观环境应是恬静和充满文化气息的空间，它的设计应创造一个户外学习、休息、思考、交流和集会的室外空间。而且此设计重点在于将"治理PM2.5"、"和谐生活"作为设计基础和理念，结合大的自然环境、人工小品、水体景观，制造"动"与"静"的结合，利用节能减排净化空气等措施，降低PM2.5的污染，从而形成绿色清新的环境气氛，并且以"以人为本"的原则，为师生营造一个优美舒适的学习生活环境。

在本次景观改造设计中，我意识到，人们在发展的同时不能光顾着自身利益而忽略了景观设计的基本原理，PM2.5的危害并不是一两天的事，我们应该在治理中发展，在发展中治理，我还深深体会到作为一名景观设计师所要具备的创新能力、想象力、审美力和协调沟通能力。设计时要考虑到生态实际问题，最终能够及时地制定出景观改造的目标和规划，创造出人与自然和谐统一的生活环境。

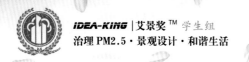
城市空气减震器
——天津港生态空间规划与设计

Urban Air Shock Absorber
—Tianjin Port Ecology Space Planning and Design

主创姓名： 马晨亮

所在学校： 南京林业大学艺术设计学院

学　　历： 本科

指导教师： 庄佳

作品类别： 公共环境设计

作品名称： 城市空气减震器
　　　　　　——天津港生态空间规划与设计

奖项名称： IDEA-KING 艾景奖铜奖

设计说明

我们不可能完全消除城市空气污染，PM2.5 指的是大气中直径小于或等于 2.5 微米的颗粒物，又称入肺颗粒物。从某种角度，我们是可以通过合理的城市空间分布以及生态空间的连接形成空气净化的物理降解。在这次的天津港的规划与设计中来表达一种生态空间的改造，从而达到空气净化的作用，这就好像是我们在汽车中所用的减震器的原理一样，设计的生态构筑物形成不同的净化层，用来一层层地净化城市空气污染。同时运用城市效应本身的特质来解决污染问题。主旨体现了一种循环与降解的过程，进一步解决城市与自然的不平等所造成的环境问题。

设计感悟

我一直在想，我们当下的景观教育是什么，是一味地告诉学生艺术美感与工程画图吗？我不反对艺术性的景观设计，但我一直认为艺术只是设计师的一种素质，如果只追求艺术，可能设计出来的是社会问题的累赘。我们景观设计师更多的应该拥有敏锐的社会意识和独特的社会问题看法。其实景观也是社会问题的一个表现层面，我们应该带着一个解决问题的思路来做景观。这也许就是一个景观设计师所应该有的社会责任感。不想说很多这次设计的东西，因为它只是一个作品，而我希望通过作品所表现的是对社会问题的高度重视。

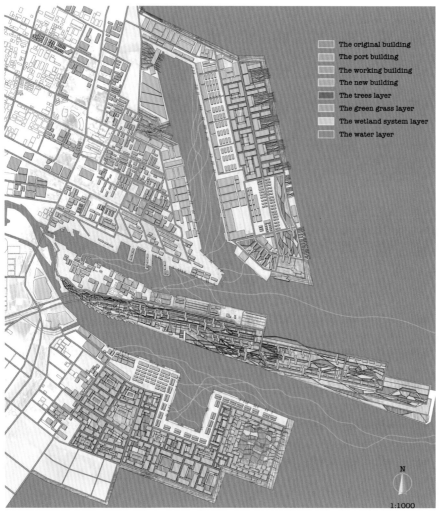

The original building
The port building
The working building
The new building
The trees layer
The green grass layer
The wetland system layer
The water layer

1:1000

总平面图

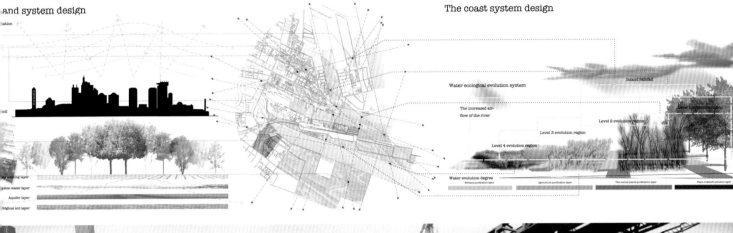

and system design

The coast system design

Water ecological evolution system

Inland rainfall

The increased air-flow of the river

Level 1 evolution region

Level 2 evolution region

Level 3 evolution region

Level 4 evolution region

Water evolution degree

生态空间补偿

Ecological Space Compensation

主创姓名: 张殷婧 尚德重

所在学校: 哈尔滨工业大学

学　　历: 本科

指导教师: 张一飞 董禹

作品类别: 公共环境设计

作品名称: 生态空间补偿

奖项名称: iDEA-KING 艾景奖铜奖

设计说明

　　设计位于哈尔滨市中央路段的秋林商业区,主要为对环境立体空间的生态补偿,通过多层的角度和步行道改变视角,改善人们的居住环境,提高生活质量和丰富生活层次,建立一个立体的生态的系统。回避单一的方式,而力图将不同功能类型纳入到这个区域使其在多元中创造更多的机遇。针对基地现状交通和停车方式混乱及公共空间生态绿化开发不足,而进行整理和优化。在这里提供的不仅仅是一个满足人们日常活动的场所。而是提供给这片区域一个能容纳各种城市活动开发的空间,一个城市广场。

　　我们采取不同的视角和方法进行商业区的空间改造,利用多层次的空间视角。形成高架步行道,减轻商业圈地面的承重的人流负担。高处与地面的不同绿化系统更好的净化商业区的环境美化。如此,高处与低处的不同视觉效果带给人舒适的感觉。

　　同时,地下循环水系和覆土建筑的设计能够完美地契合治理PM2.5的主题。

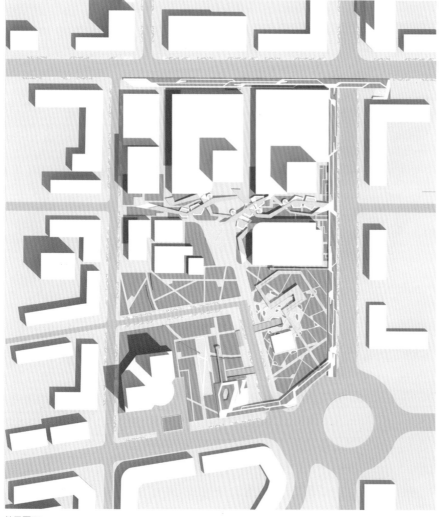

总平面图

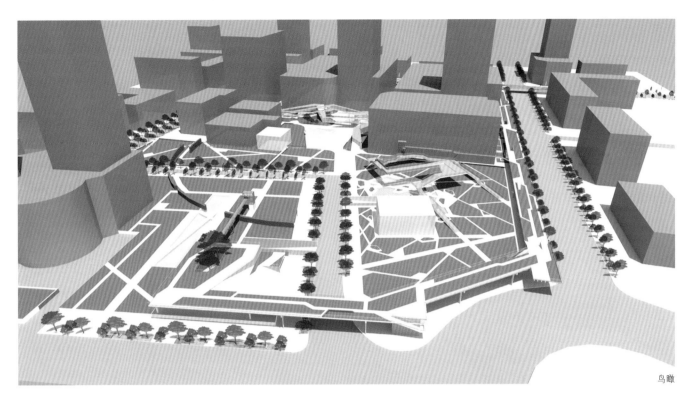

鸟瞰

设计感悟

　　随着工业发展与城市发展不断取得成就，人类生活的地区面临生态环境恶化、能源与自然资源枯竭、环境污染等严重问题。为了缓解这个问题，国际上提出了人类住区的生态优化原则。城市住区的生态设计是促进城市现代化和城市可持续发展的重要基础工作，也是当

设计对比

前住区规划建设有待深入研究的主要课题之一。生态居住小区的本质是指尽量减小对自然伤害的居住小区，因此建设生态居住小区应该是依托现有的城市，根据生态学的原理，应用现代科学与技术等手段逐步创建可持续发展的人居模式，追求一种社会、经济、自然协调发展，实现自然、城市、人类共生共荣的目标。生态型小区是一种设计理念，除了工程技术层面上，如节源、节能、环保技术的运用外，还需要研究小区人文生态的内容，这样才能全面把握生态型住区的内涵。

　　相信我们在完成这个设计之后，我们可以以后更好地利用专业课知识完成我们的设计，在设计中领悟建筑的魅力，在设计中完善自己的知识，同时，我也明白了团结的强大力量，只有团结合作才能完成最好的作品。

穿梭记忆
——校园广场设计

Through the Memory
—Campus Square Design Candy

主创姓名：杨芬
所在学校：华侨大学建筑学院
学　　历：本科
指导教师：张恒
作品类别：公共环境设计
作品名称：穿梭记忆
　　　　　——校园广场设计
奖项名称：iDEA-KING 艾景奖铜奖

设计说明

穿梭记忆——生命·参与·快乐——校园广场规划设计。

一个充满岁月记忆的校园文化区。

一个生命在于参与而得到快乐的校园广场。

一个"滴水不漏"充满自然生机的生态广场。

广场规划设计背景：广场位于福建省厦门市集美区华侨大学校园内，现广场基地为闽南当地居民生活居住区，区内大街小巷空间形态十分复杂，因校园的规划建设，居住区即将拆除，而伴随这块土地上人们生活的记忆和学生游走在大街小巷中满载青春的记忆也即将消失。

规划构思的来源：一是对基地闽南居住区的调研；二是区域分析，在校园整体规划建设中，思考广场的未来；三是基于对居民的采访和实地测绘进行的场地分析。

设计理念：本设计旨在从生态景观的基础出发，探索场地——人——空间——环境的相互作用关系，针对大学生生活校园空间中其行为与场地、时间的关系，规划现有复杂的基地，将即将拆除的居民区以一种独有的方式将记忆永存——记忆像素化。对各种生态限制要素进行叠加，最终确定场地的生态基础设施格局。

设计感悟

"设计有它的唯一性"。通过此次校园广场的设计，我深刻体会到这一点。起初我拿到任务书时，看到校园广场设计，觉得很容易，因为之前看过很多广场设计的案例。但是后来在老师的指导下，我也是第一次深深体会到设计中场地的魅力。我在未进行场地实地考察前，

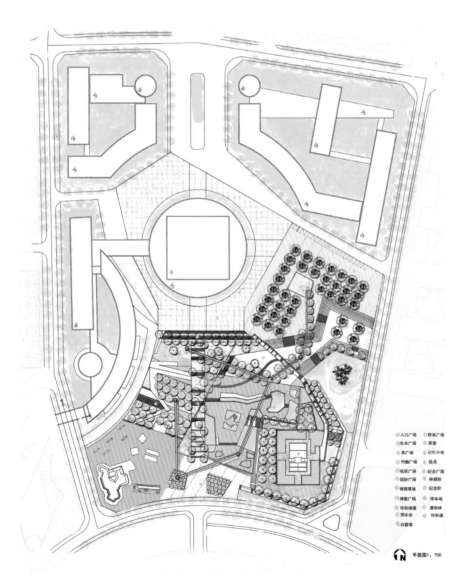

总平面图

平面图1:700

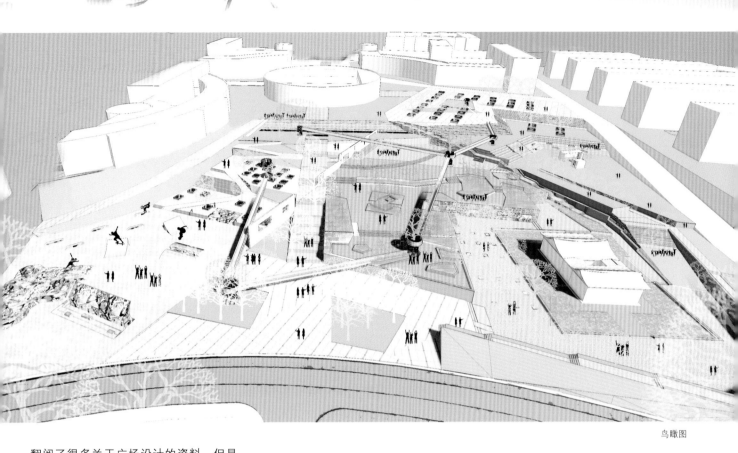

鸟瞰图

翻阅了很多关于广场设计的资料，但是当我第一次身入场地时，却是一片茫然。这时，我听取老师的建议，首先对场地进行感性的体验。我抛开之前的所有资料的影子，再一次走进场地，从早晨一直到晚上，感受穿梭在这杂乱无章的空间里的变化，体验一天之中周围阳光、水热的变化，体会这些独具闽南传统特色的古民居的意味。之后连续好几天，我都到场地里去感受，去发现它独有的东西。之后，专业课上，我将这些天对场地的种种感受与老师分享。老师建议我再去看看之前看过的资料，我带着这些实地感受的一手资料再次翻阅之前的关于广场设计的一些资料。紧接着我便对场地进行实地测绘（高程、地表水系统、古建古树分布等）。我终于明白、理解到了场地的价值，它便是设计唯一性的首要条件，这其中包括对场地的感性体验与理性分析，去理解场地所具有的精神。同时也是进行生态景观设计的第一步。这是我在此次设计中所感悟到的，我会一直学习实践下去。

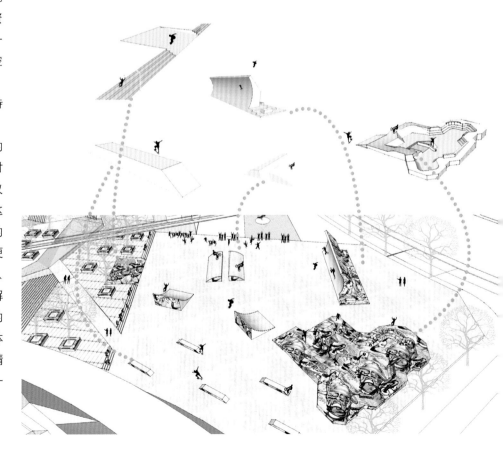

湖心·沉璧
——湿地生态公园与城市关系的探究

A jasper Inside the Lake
——The research of the Relationship of Ecological Park and City

主创姓名： 徐思颖 朱姚菲
成员姓名： 章世杰 杨华杰
所在学校： 浙江大学
学　　历： 本科
指导教师： 沈实现
作品类别： 公共环境设计
作品名称： 湖心·沉璧
　　　　　——湿地生态公园与城市关系的探究
奖项名称： **iDEA-KING** 艾景奖铜奖

设计说明

　　任何一座城市在追求发展的同时必须思考城市的未来，体味与生态环境和谐发展的智慧。城市的拥堵所造成的大气污染绝非一朝一夕能够解决，所幸的是，PM2.5这一指标监控已经引起人们对大气环境的关注。每一个景观设计者也应当将城市的发展融入到设计当中，营造绿色、环保、低碳的城市。基于此，我们在本设计上，以璧玉为切入点，在城市的上风向处设计了该生态公园，从水文、植物等方向展开对PM2.5的综合治理，旨在改善小气候的空气质量，构建人与自然和谐相处的公共休憩环境。此外，公共空间的设计体现人与人的平等，就如同杭州的西湖，没有围栏和门票，让每一个游客都能陶醉在美丽的山水之中，人与人之间才能够真正做到和谐相处。

　　和谐生活，便是与风景为邻，追逐记忆中的繁星点点，萤火虫飞舞的安宁与美好。

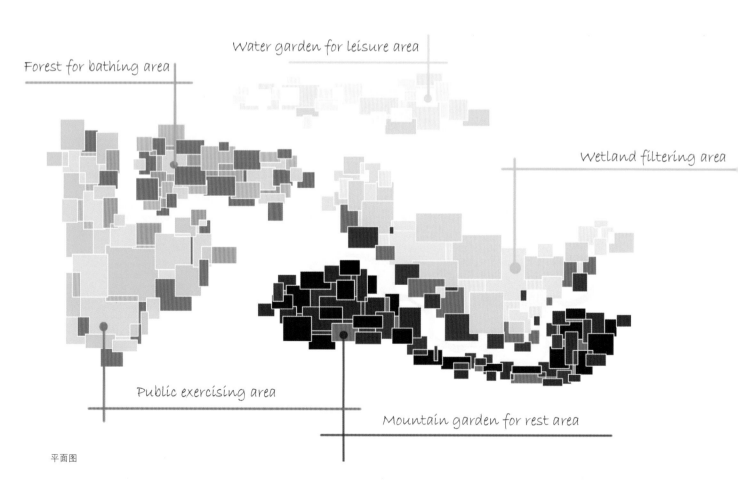

Forest for bathing area

Water garden for leisure area

Wetland filtering area

Public exercising area

Mountain garden for rest area

平面图

设计感悟

在了解 PM2.5 这一概念的过程中，我们小组深刻地认识到了治理 PM2.5 的艰难与不易，要依靠现有的科学技术和手段来改善大气污染几乎没有答案。这并不是种一些树、划分一些水所能治理的，而更应该通过控制源头来达到目标。如发电站还产生废气污染，如果仍采用煤炭发电，PM2.5 将会源源不断地危害到人类的健康，但经济的发展和人们的生活都离不开燃烧煤炭，所以又回到了探讨已久的问题上，即需要通过一点一滴的行为汇聚成环保的力量，减少碳排放量。也许景观设计只是微不足道的力量，不能够改变大环境，但在微小的细节上，我们应当坚持低碳环保的理念，如不使用大面积的玻璃钢架材料，选择做一些透水路面，在植物的选择上考虑更多抗污染的树种等。

在设计的合作过程当中，我们得听取他人的意见和建议，明白要解决实际问题不能光凭自己的想象。设计者需要积淀，就如同只有在充分地吸收养分和水分后植物才能结出最丰硕的果实一样，这种积淀是广阔而深厚的，过程也是漫长而艰辛的。文化是一种平台，我们在认识文化的过程中总会有一些收获，形成自己的理解，然后将之运用在设计规划之中，赋予其新的形式。我们要体味的东西还有很多，坚守本心，热爱生活，一路前行。

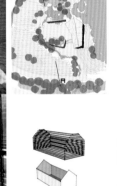

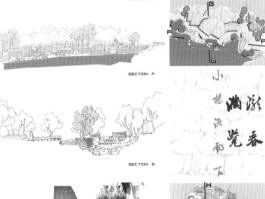

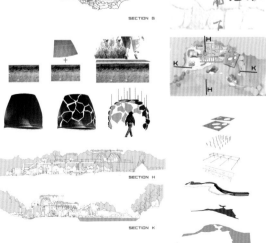

湿地节点

新书
——宁波大学西校区景观设计

New Book
—Ningbo University West Campus Landscape Design

主创姓名：叶景

所在学校：宁波大学

学　　历：本科

指导教师：王园园

作品类别：公共环境设计

作品名称：新书
　　　　　——宁波大学西校区景观设计

奖项名称：IDEA-KING 艾景奖铜奖

设计说明

新书——新概念教育的载体。宁波大学西校区作为艺术学院的专属校区，主要包括是艺术教学区、学生生活区、艺术创作商业区以及相应的配套景观设施，通过景墙、设施、景观小品、特色铺装等"两轴廿一景"对琴、棋、书、画进行描写来表现艺术学院的特色。"琴"不仅代表音乐，更是一种艺术涵养，"棋"代表人生的选择（也体现宁波大学平台加模块的教育方式），"书"是艺术人的文化底蕴。"画"是艺术气息，也是专业能力的体现。该设计是体现宁波大学艺术学院艺术特色的校园景观，结合现代景观设计手法与古典造园手法，倡导低能耗的绿色生活，提倡户外活动，展现多彩的现代化校园风貌。

设计感悟

选择母校的校区规划是一项庞大的设计工程。为了能在毕业之际献上自己的作品，做了很多努力。看过很多概念或类似建筑，通过同学间的问卷调查，了解同学们实实在在的需要。这是一个为同学们设计的规划。处处体现以人为

入口区
① 西区主入口
② 门前江滨公园
③ 琴（主题音乐水景墙）
④ 入口广场
⑤ 林荫大道与车流地下入口
⑥ 北入口及北区地下通道
⑦ 宁波轻轨2号线宁波大学站

主要水景
⑧ 河岸观景平台
⑨ 环艺实验室（半地下建筑）
⑩ 亲水木栈道
⑪ 棋（地面铺装与下沉临水广场）
⑫ 水中树池
⑬ 社区生态泳池

建筑
⑭ 特色餐厅
⑮ 社区服务中心
⑯ 西区学生公寓1村
⑰ 平面与动画教学楼
⑱ 室内健身会所
⑲ 学生俱乐部
⑳ 音乐与美术教学楼
㉑ 行政综合楼与学院展厅
㉒ 多功能小音乐厅
㉓ 图书馆
㉔ 环艺与服装教学楼
㉕ 西区学生公寓2村
㉖ 新双桥（餐饮、酒吧、画廊）

主要休闲活动区
㉗ 疏林草地
㉘ 学生公寓1村入口景观
㉙ 运动场
㉚ 书（主题室外阅读区）
㉛ 琴房与画室（半地下建筑）
㉜ 农作物景观（保留农田）
㉝ 高尔夫练习场
㉞ 河岸红树林

总平面图

本的设计理念，倡导低能耗的绿色生活，提倡户外活动，展现多彩的现代化校园风貌。在形式上突出宁波大学艺术学院的风格。

希望通过设个设计来美化我们的校园环境，提高学生社区的生活品质。为开放的教学方式提高硬件的设施，让教学更加互动、工作更加效率、生活更加休闲。拉近师生间的距离、改善人与自然的关系。让工作与学习成为一种享受生活的方式。

北京前门步行街街道绿化景观设计

The Afforestation Landscape Design of Qianmen Avenue in Beijing

主创姓名：汤朝君

成员姓名：农正剑 叶正红

所在学校：桂林理工大学旅游学院

学　　历：本科

指导教师：李海防

作品类别：公共环境设计

作品名称：北京前门步行街街道绿化景观设计

奖项名称：IDEA-KING 艾景奖铜奖

设计说明

北京市前门步行街街道绿化景观设计围绕着本次主题"治理PM2.5 · 景观规划设计 · 和谐生活"展开。本设计由以下几部分组成：第一是从平面的立体的绿化设计，包括道路绿化系统、建筑立面绿化以及阳台绿化。

第二是雨水收集再利用系统。将雨水收集与植物种植相结合，在保持街道简洁的情况下尽可能实现土地的最大利用价值。第三在街景中点缀具有独特创意的景观亭，当人们徜徉其中时，能够收获关于人与环境的思考。

在植物的选择上，选取兼具观赏价值及较强净化能力的品种，以缓解PM2.5的污染。设计旨在将街道的功能性与环保性相结合，缓解城市水资源贫乏、流失问题，以绿色植物来改善空气质量，塑造一个赏心悦目的高人气空间。

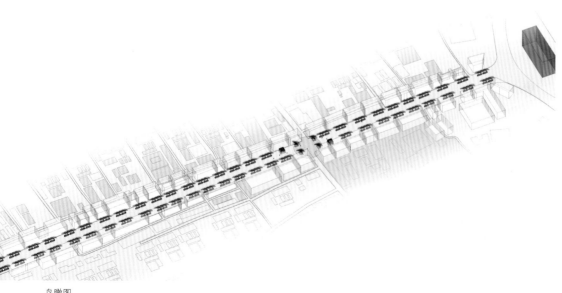

鸟瞰图

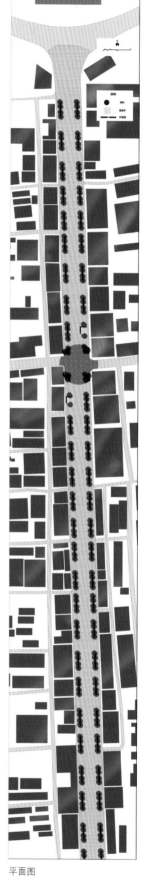

平面图

效果图

建筑立体绿化

设计感悟

设计的过程就是人与人之间、人与场所之间进行的对话,了解空间、人所需要的是什么、所缺少的是什么,思考如何去填补这一空白,让空间更好地成长起来。在本次设计过程中,充分体会到了这一点。设计场所选择前门步行街这一点本身就具有很强的约束性,街道本身具有一种从古典到现代的端庄尔雅的过渡感,无论是从建筑形式抑或是街景设计中都能够体现出来。中轴的景观视线亦是绝妙,设计过程中让人无法破坏。故本次设计的蓝本依托于原有的纵向绿化带上,在道路平面上进行种植槽的设计、增加植物的数量。纵向上对于建筑立面进行垂直绿化设计,创造丰富的阳台绿化景观,实现空间中立体的能量交换。北京地区 2012 年 7 月遭遇的特大暴雨事件令本设计有了新的发展方向:如何利用现有的土地缓解降水集中带来的危害,甚至创造价值呢? 在此基础上诞生了基于种植槽的道路集水系统。其在降水集中时能够有效地分流雨水输送到地下管网,并且拥有一定的存储空间,其中的水能够湿润空气,帮助植物生长。

生活即思考,在景观亭的设计过程中体现了这一点。如何让人们融入与环境的对话当中呢? 通过小型空间的趣味

性塑造,将街道赋予寓教于乐的一面。

利用有限的空间,发挥最大的价值,对自然环境进行修补,满足人类对于生存环境的需求,顺应空间的发展,用手中的工具描绘下未来的蓝图,这就是为景观设计而献身的我们所应该不断学习和思考的命题。

静

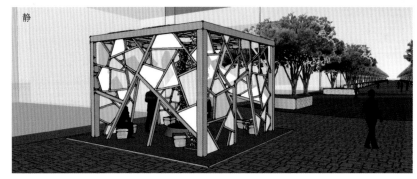

动

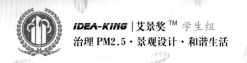
流景
——武汉武珞路—珞瑜路主干道绿色生态走廊设计

FlowScene
—Wu Luo Road-Luo Yu Road Main Road Green Corridor Design in Wuhan

主创姓名：汪莲

成员姓名：王昊 丁心语 徐凌飞

所在学校：华中科技大学建筑与城市规划学院

学　　历：本科

指导教师：甘伟

作品类别：公共环境设计

作品名称：流景
　　　　　——武汉武珞路—珞瑜路主干道绿色生态走廊设计

奖项名称：iDEA-KING 艾景奖铜奖

设计说明

设计来源：我们选择的设计场地位于湖北省武汉市武珞路——珞瑜路路段，这条从光谷到亚贸的主干道汇集了从商业区、住宅区、高校3个不同区域人潮的流动。在这种人流纵横交错的地方，在人们若无其事地度过每一天的日常生活当中我们希望通过这样一个方案，打造出新的空间，可供人们长时间消遣，并找到自己中意的场所。

设计主题和构思的出发点。

在这条主干道上我们希望通过打造一条绿色走廊来解决城市绿化不平衡，城市排涝基础设施老化不完善，城市道路路面暴晒，城市生物物种因无休憩之所以逐渐减少等一系列城市道路问题。将我们对平淡生活下自身的经历与珞瑜路主干道的现状调研分析描绘成一种语言，并将其直接转变成一种空间，这就是我们构思该方案的开端。

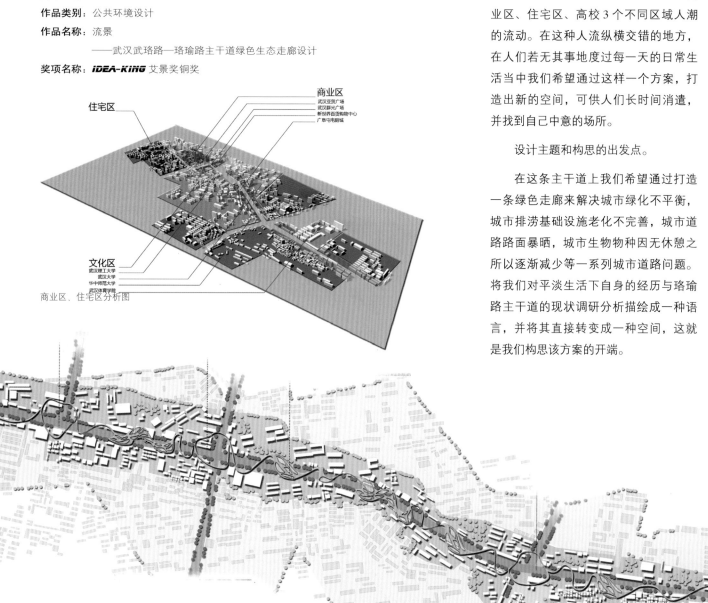

住宅区

商业区
武汉亚贸广场
武汉群光广场
新世界百货购物中心
广埠屯电脑城

文化区
武汉理工大学
武汉大学
华中师范大学
武汉体育学院

商业区、住宅区分析图

平面图

总平面图

效果图

设计感悟

现代景观设计学的经典之作，西蒙兹的《景观设计学——场地规划与设计手册》里这样说："……景观设计师的终生目标和工作就是使人、建筑物、社区、城市以及他们的生活同生活的地球和谐共处……人们设计的不是场所，不是空间，也不是物体；人们设计的是用途和体验——首先是确定用途和体验，其次才是随形式和质量的有意识的设计，以实现希望达到的效果。场所、空间或物体都根据最终目的来设计，以最好的

服务来表达功能，最好的产生所欲设计的体验。"

城市，作为一种物质的表现，是一种可以看到的物质形态。城市景观规划的目的是通过城市与周围影响地区的整体研究，为居民提供良好的工作、居住、游憩和交通环境。也就是说，我们的设计必须依靠服务大众。面对"PM2.5"这一串字符，一开始让我们看得云里雾里，不知所云，不知怎样用设计，特别是景观的设计语言去表达我们对它的感受，以及想要如何去减缓它的感受。在团队

的讨论思考和设计后发现，其实它有一个容易理解的中文名——细颗粒物，是对空气中直径小于或等于 2.5 微米的固体颗粒或液滴的总称。我们就想到了我们所处的江城武汉的文化特征，在流线形的水流景观设计中，我们着眼于实际情况，对武汉武珞路——珞瑜路街道进行公共环境设计，丰富的植物配置，疏密有质的空间划分，层次变化、色彩丰富的景观展示面，是我们团队共同辛勤汗水和智慧的结晶。

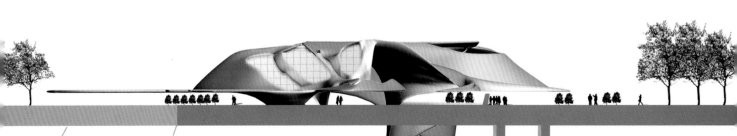

立面图

景观的 N 次方
——生态公交站台设计

The Nth Power of Landscape
—The Design of Ecological Bus Station

主创姓名： 侯冠旭 郁滨薇

成员姓名： 顾飞洪

所在学校： 江苏师范大学城市环境学院

学　历： 本科

作品类别： 公共环境设计

作品名称： 景观的 N 次方
　　　　　　——生态公交站台设计

奖项名称： *iDEA-KING* 艾景奖铜奖

设计说明

本次设计，通过加强城市小型公共设施的景观功能，尤其是生态功能的挖掘，充分利用城市公共空间，共同营造市民和谐生活。在 PM2.5 这个环境课题中，景观环境占据重要的位置，而在景观环境领域里，人们同样无法忽略小型公共景观所发挥的生态功能。此次将对城市公交车站进行针对性设计，使之在满足站台基本功能的条件下，充分发掘景观规划功能，并进一步提高市民的生活质量和出行质量，达到治理 PM2.5，营造和谐生活的要求。公交车站外形设计的灵感来源于中国古典宅院，将站台形象为宅门，使其更加亲切。我们在站台上加以框景，使两边的景观都聚焦化，让忙碌的人们能够停下脚步，关注周围的人和物。营造了人与人之间的和谐。

纵观本次的站台设计，律动的线条造型、金属质感、木质的窗框连接着古与今；新型节能材料以及雨水循环系统紧跟世界发展的脚步；亦假亦真的植物造景交相呼应蕴含诗情画意，别具匠心的独特造型拉近彼此距离，促进社会的和谐。

公交车站正面效果

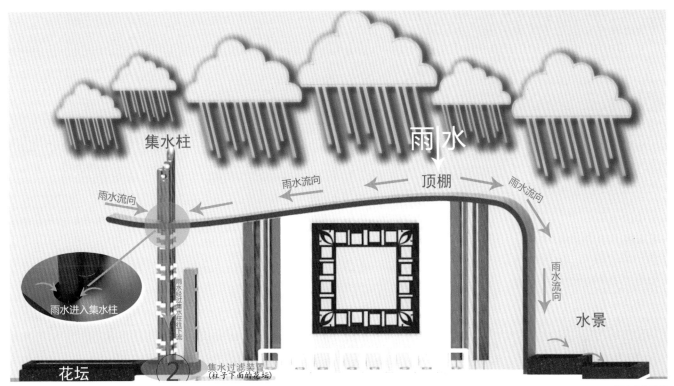

雨水收集系统

设计感悟

本设计本着以人为本的理念，将设计重点放在易被忽略却具有潜在景观功能和生态功能的公交车站上。公交车站从更深的层次来看，也可以将其作为一个城市的窗口，其设计价值不言而喻。城市公园、广场等重要公共场所已经成为人们节假日休闲的首选，但节假日毕竟是有限的。公交车是市民出行的重要交通工具，公交车站则给人们提供乘车的场所，因而广大市民基本每天都在和公交站台打交道。为了充分发挥和挖掘

公交站台的功能，我们将景观和生态理念结合起来，并融入了公交站台的设计。经过我们的努力，打破了其原有呆板的形象。设计顶部造型时加入了优美的曲线设计，并且利用造型的物理原理，方便了对雨水的收集。此外，站台内侧引入了中国古典园林中借景的概念，使人们能够在喧嚣的城市中觅得片刻宁静。车站坐凳在考虑人机工程学的前提下，融入了绿色植物。左侧柱子的灵感来源于竹子，兼具美学和生态功能，不仅可以作为集水管进行收集雨水，而且打破

了呆板的对称设计。站台右侧融入了简单的水景，此外配合左侧的精致园林小景，从而将置石、植物、水景等环境要素融入景观设计，丰富了站台的生态环境，并在周围形成怡人的小环境中，对减缓 PM2.5 的危害起到了重要意义。公交车站作为城市中的小型公共服务设施，使用量巨大，充分发掘其中的景观价值和生态价值能够使人们直接受益，丰富了人们的物质和精神生活。对于促进和谐社会以及治理 PM2.5 都具有重要意义。

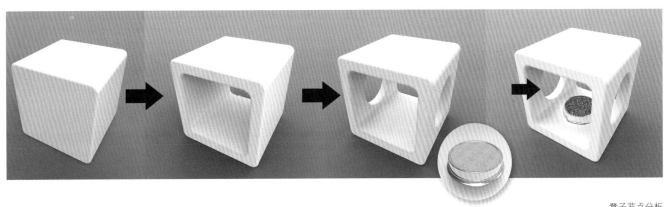

凳子节点分析

中国农业银行景观设计

Agricultural Bank of China Landscape Design

主创姓名： 彭善惠
成员姓名： 温浩
所在学校： 长春工业大学艺术设计学院
学　　历： 本科
指导教师： 朱华
作品类别： 公共环境设计
作品名称： 中国农业银行景观设计
奖项名称： *IDEA-KING* 艾景奖铜奖

设计说明

中国农业银行的发展历程决定了其性质始终与农业发生着联系。该项目位于山东临沂费县，费县地区地形复杂，背面山峰重叠，西面与南面也为山岭环绕。近年来费县农业局大力推荐金银花生产基地建设，费县县委、县政府把发展金银花产业作为优势特色农业产业，给予重点扶持，在坚持科学规划布局，突出优势品种的基础上，扩大基地建设规模。

此银行项目处于商业区，山野的发展始终带动着发展，中国农业银行是国有经济支柱的重要组成部分，因此中国农业银行所处的位置更加体现了服务于周边的重要性。因此整体布局的设计既要满足时尚前沿又要体现当地文化特色、地域特征，同时还应满足临沂的大发展背景下未来时代特征的趋势状态，用发展的眼光整体设计，力求在治理PM2.5的同时，创造和谐的生活，使景观最大限度地满足人们的需要，"以人为本"可持续地进行景观设计。

效果图

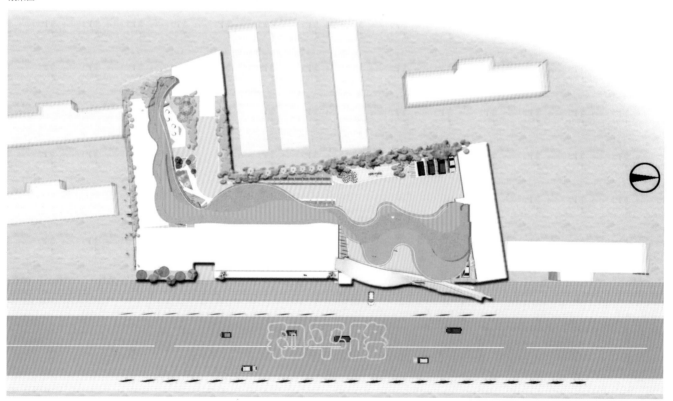

总平面图

效果图

设计感悟

（1）通过此次设计，让我们更加了解、更加明白环境的重要性。PM2.5 的出现带来了社会诸多健康问题，我们应该携手治理环境问题。PM2.5 已经成为世界性的环境问题，我们新一代设计人员要致力于研究新材料、新技术，提倡低碳环保、节能材料的使用，努力改善全球环境。

（2）通过设计，也让我们学习到了更多关于设计的内容，设计在发展，景观设计的形式也在不断演变（20 世纪的景观——地面＋场地，21 世纪的景观——竖向设计）20 世纪的景观规整；21 世纪的景观更加灵活、多功能于一体等，更能体现人性化的设计。

（3）景观设计一定要体现文化和地域特征。许多设计只追求形式的外在，而忽略了当地的文化和生活习性，使得设计千篇一律，并且设计高消耗、破坏环境，射击场所的利用率低，造成巨大浪费，因此，在进行此次设计时充分考虑了体现地域特色。

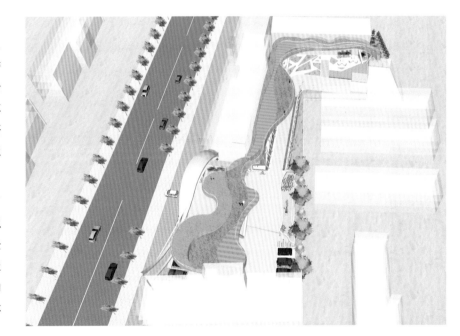

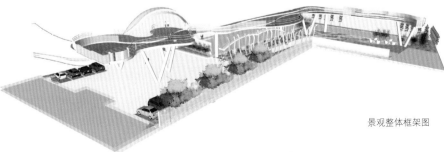

景观整体框架图

蔓一点 慢一点 漫一点

Follow a Green Trail for Easy and Healthy Life

主创姓名： 李欣玥 叶梅
成员姓名： 雷慧华 王雪
所在学校： 江西农业大学
学　历： 本科
指导教师： 刘纯青
作品类别： 公共环境设计
作品名称： 蔓一点 慢一点 漫一点
奖项名称： iDEA-KING 艾景奖铜奖

设计说明

　　以生态可持续发展为基点，治理PM2.5为目标，在城市中提倡绿色蔓延城市，慢速交通、公共交通、慢节奏的生活。设计结合现状的场地地形，创造出在城市中能够使城市生活与自然环境相互融合的空间，同时也是城市中治理PM2.5的先锋场所。该方案根据场地的特征和南昌城市规划创建一个三层的立体空间的规划，将交通有机疏散的同时控制汽车尾气中PM2.5造成的危害。方案在增加城市绿化空间时充分考虑人们的行为和需求，尽可能使人的活动面与自然相融合。该方案以"蔓一点，慢一点，漫一点"为主题，"蔓"代表着利用藤蔓植物及竖向空间进行垂直绿化增加城市中的绿色覆盖面积；"慢"提倡人们选择公共交通和慢速交通工具；"漫"则引导、呼吁人们感受浪漫的生活，在城市中提供给人们更多与自然接触，享受生活的漫步空间。同时利用景观引导人们关注空气状况，关注自然，促进城市中人与自然和谐相处。

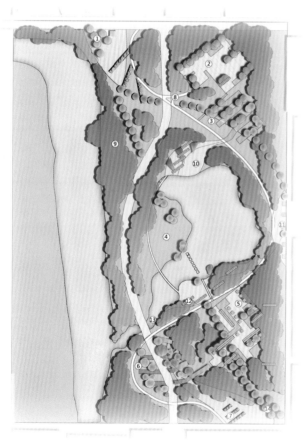

1. 枝言蔓语（宣传学习区）　　　2. 慢条"思"理（科技展示区）
3. "青"歌"蔓"舞（生态体验区）　4. 漫步"境"心（绿心）
5. 蔓引株求（科技展示区）　　　6. "添真"浪漫（生态体验区）
7. 慢言细语（宣传学习区）　　　8. 高架天桥
9. 防风林　　10. 亲水平台　　　11. 次入口
12. 栈道　　　13. 湿地　　　　　14. 引风廊

平面图

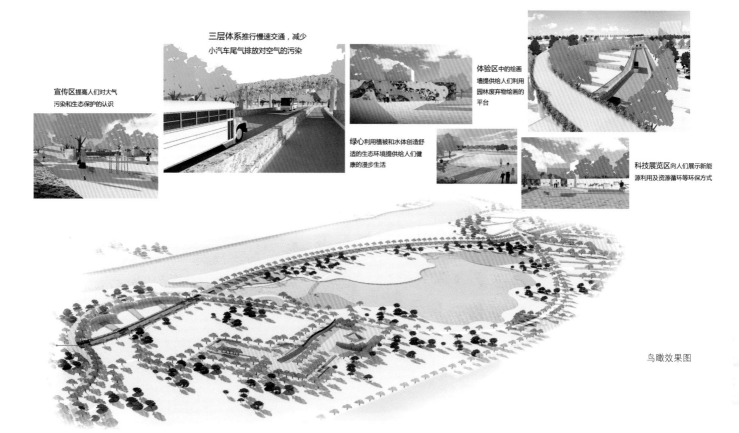

宣传区提高人们对大气污染和生态保护的认识

三层体系推行慢速交通，减少小汽车尾气排放对空气的污染

绿心利用植被和水体创造舒适的生态环境提供给人们健康的漫步生活

体验区中的绘画墙提供给人们利用园林废弃物绘画的平台

科技展览区向人们展示新能源利用及资源循环等环保方式

鸟瞰效果图

设计感悟

首先对于此次专题设计，我们学会了如何从根源上分析问题，然后解决问题。平时的设计作业可能更多的是针对周边的环境和现有地形来设计，而这次的设计则让我们更深层次地与现实问题接触，了解更多生态的处理手法并如何应用在我们的设计中。其次我们通过对PM2.5的特点来源和治理途径的了解，提出相应的治理方案，并且针对所选场地的现有地形和现状提出把方案进一步完善，使其更适应这一片土地。每一个场地都有他的独特性，没有一个万能公式能适应每个场地，所以每一个想法的提出都要结合现状，尊重原有场地。这也是我们这些未来园林人应该学习的精神。再一个是如何创新，可能开始阶段我们会更多的关注创新，但是慢慢的我们发现如何让这个创新与这个场所结合才是最重要的。不管创意有多么好，适合才是最重要的。

PM2.5的治理不仅仅是通过自然界净化及硬件设施的处理，提高人们的意识同样重要

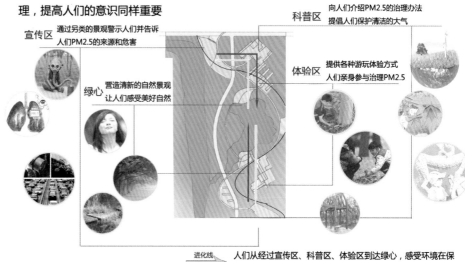

宣传区 通过另类的景观警示人们并告诉人们PM2.5的来源和危害

绿心 营造清新的自然景观让人们感受美好自然

科普区 向人们介绍PM2.5的治理办法提倡人们保护清洁的大气

体验区 提供各种游玩体验方式人们亲身参与治理PM2.5

进化线 人们从经过宣传区、科普区、体验区到达绿心，感受环境在保护下逐渐美好的过程

UNINSTALL

退化线 人们从环境美好的绿心渐渐走出，外部环境与绿心的强烈对比激发人们对绿心的向往，并感悟保护自然的重要性。

除此之外，团队的合作和坚持也在我们每个人心中打下了深深的烙印，一个好的作品不是单打独斗就可以的，每次智慧的碰撞，都可以让彼此成长得更快，所以团队的力量才会让一个方案更为完整。而一次又一次的颠覆想法，一次又一次的修改图样，这种过程让我们有种痛并快乐的感觉，坚持下来那种痛苦就会变成收获，变成喜悦。

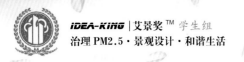

易
——内江市四方块街区景观规划改造设计

Exchange
—The Neijiang Four Boxes Neighborhoods Landscape Planning and Transformation Design

主创姓名：陈晓敏 杨雪儿

成员姓名：冯森 康梦云 易守礼

所在学校：四川农业大学风景园林学院

学　　历：本科

指导教师：张海清

作品类别：公共环境设计

作品名称：易

　　　　　——内江市四方块街区景观规划改造设计

奖项名称：IDEA-KING 艾景奖铜奖

设计说明

方案从人的需求出发，将场地规划为五大环形空间，保留四方块本身的内聚感，利用四方块本身的内聚感，利用中医的治疗精髓排除汽车产生的"浊气"对人群的影响，同时解决人车矛盾带来的安全隐患，用保留性的设计手法对原有的梧桐树林荫道进行了保留，以"阴阳互换"的概念打造生态自然的城市中心，创造一个有"形""神""气"内涵的空间。

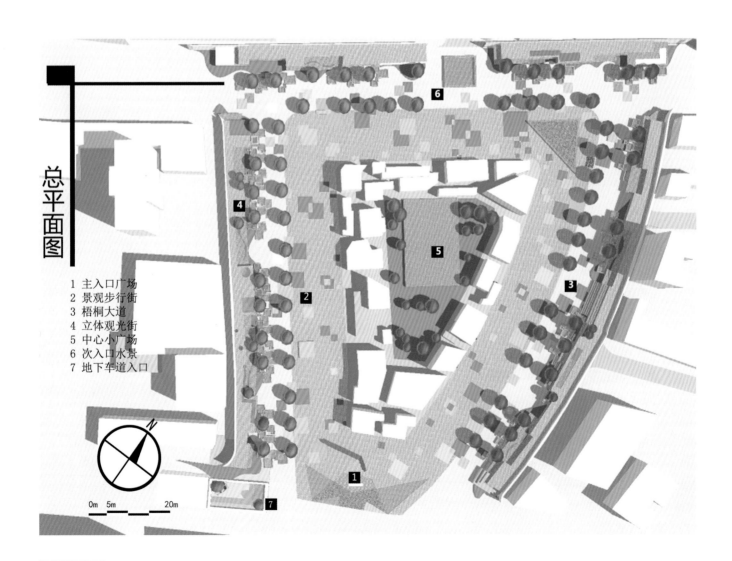

总平面图

1 主入口广场
2 景观步行街
3 梧桐大道
4 立体观光街
5 中心小广场
6 次入口水景
7 地下车道入口

0m 5m 20m

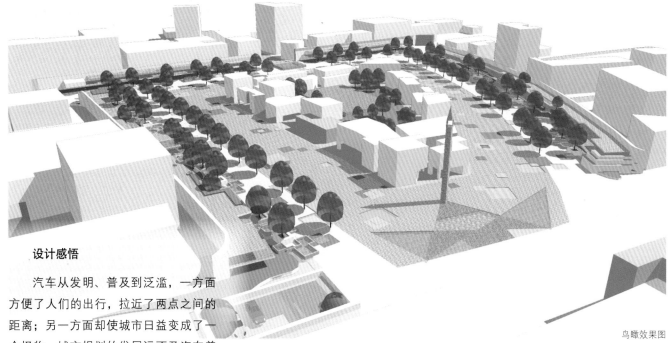

鸟瞰效果图

设计感悟

汽车从发明、普及到泛滥，一方面方便了人们的出行，拉近了两点之间的距离；另一方面却使城市日益变成了一个怪物，城市规划的发展远不及汽车普及的速度。导致出现人车混流的尴尬局面，引发了不少安全、环境、人与人交流等问题。"我们城市的存在不是为了汽车通行的方便，而是为了人的安全与文明"（刘易斯·芒福德），街道应该是为行人服务的，而不是汽车。汽车应该有专门为此规划设计的道路，以隔绝噪声，减少污染。

PM2.5 的重灾区在城市中心区，故此次选择内江市市中心旧城改造。内江是典型的盆地丘陵地貌，适合城市发展，四方块区域地势较平坦，不存在地形方面的局限。随着城市多年的发展，四方块经历了重点开发、开发成熟、陈旧过时的进程，现在急需更新，让城市中心展现新的活力。四方块区域是内江人口密度最大的地区，这是问题同样也是契机，结合不同的产业类型，合理改造，平衡各方面的关系。

我们挖掘了具有东方内涵的中医学来作为设计指导，阴阳理论作为设计核心概念，同时也注重了环保节能材料的使用，以人为本为设计原则，致力于打造一个生态自然、环境宜人的城市中心，探索 CBD 景观设计的新形式。

人车分流效果图

中心广场效果图

跳动的脉搏
——成都市成华公园（原游乐园）环境改造设计

Throbbing Pulse
—Environmental Design Renovation of Chenghua Park of Chengdu

主创姓名：廖朦
成员姓名：易超
所在学校：四川农业大学风景园林学院
学　历：本科
指导教师：张海清
作品类别：公共环境设计
作品名称：跳动的脉搏
　　　　　——成都市成华公园（原游乐园）
　　　　　环境改造设计
奖项名称：**IDEA-KING** 艾景奖铜奖

设计说明

有着22年历史的成都市的原游乐园，是成都最早的游乐园，给在成都生活长大的几代人都留下了许多美好的回忆。而如今被改造成了开放性的休闲公园，只保留了一段翻滚列车。如今，场地存在许多问题：各个空间利用不足，缺乏层次感、体验感；缺乏休息场地；照明设计单调；缺乏唤起人们回忆的，又在功能上与时俱进的场所；与周围的景观缺少关联。

于是，将设计定位为恢复性设计，恢复场地的历史文化记忆，以满足人们对以前场地的各种情结的追忆。同时，结合生态设计，营造多元化景观来恢复调节这个区域的小气候环境，并结合周围用地和景观，打造开合有度的空间。主题设计为"跳动的脉搏"，象征着游乐园并没有随着拆除而消失其活力，而是与时俱进地更加多功能化、现代化地延续着这段生命。

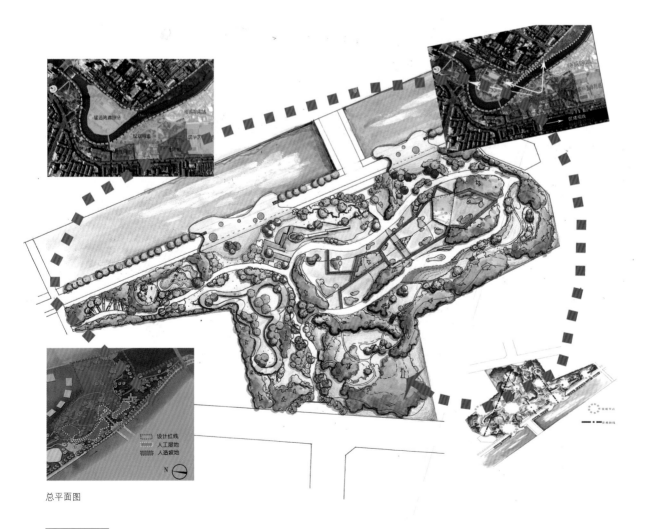

总平面图

亭内部的屋顶，结合
儿时的回忆里老师中的……
以望天书的形式，运用杜甫的佳作名句，
雕刻在上面，让人们可以在攀枝桠……体验
的同时，再次领略那种 "大庇天下寒士俱欢
颜" 的大爱

望天书亭

儿童活动区
结合攀爬等探险项目

桃花谷
将原有景观保留，并加以改造，
使桃花树集中放置，便于丰富体验

桃花谷

"对话" 双层空间

以类似于星星的形状，引起人
们对成都夜晚看不到星星的思
考，使人们重视环境保护。双
层互动空间，丰富的体验感。

"对话" 双层空间，河边走廊

设计感悟

首先，前期分析。对于存在的场地，
特别是有很多历史记忆的公共场所，都
需要从历史文化的角度深入挖掘场所记
忆，在表现当代景观的同时不能忘本，
要在继承传统的基础上，使传统与当代
一脉相承地联系在一起。如这个场地是
原来的成都市游乐园，有几代人童年的
回忆，为许多人提供了第一次接触游乐
设施的机会。提炼历史文化元素时，要
有着重点，最有特色、影响范围最广的
元素。如提炼摩天轮的形态，是成都建
造的第一个摩天轮。接着，致力于分析
场地的区位、地理环境、气候条件，进
一步了解场地的现状，想想能够提供何
种设计的可能。如此次设计的湿地区域，
就是依据临水而建，将河水引入、净化
并营造景观。

小入口处休息区
设计有彩色植物带，
可供观赏、体验。中
间也可供休息、交流。

小入口处休息区

再者，一定要与时俱进。特别是满
足人们的功能需求。此次的公共环境设
计，要有私密的可供休息的交流空间，
又要有开敞的进行活动的空间，还需要
有观望的空间，来满足人们登高望远的
心理需求。

最后，设计的景观、空间，都需要
有人们的参与，形成互动。只有这样，
才是真正地发挥它的作用，体现了它存
在的价值。所以趋向于引发人们的联想、
思考，还有参与到创造景观中来。此次
设计的幸福摩天轮区域的笑脸墙，正是
一种与公众互动性极强的景观，激发了
人们创造的兴趣，参与景观建设，创造
出景观的生命力。

177

建三江市前进农场城南绿化区滨水绿地方案设计

The Program Design of Jiansanjiang Qianjin Farm Chengnan Green Area Waterfront Green Land

主创姓名：马宇
成员姓名：宋丹丹 李彦星
所在学校：大连工业大学艺术设计学院
学　　历：本科
指导教师：冯嗣禹
作品类别：公共环境设计
作品名称：建三江市前进农场城南绿化区滨水绿地方案设计
奖项名称：iDEA-KING 艾景奖铜奖

设计说明

　　城市滨水绿地是城市开放发展中的重要资源，在提高城市环境质量的同时，丰富地域风貌方面具有极其重要的价值。由于处于水路的交接，因而滨水区景观较为丰富，往往成为一个城市优美的区域。滨水区域以其优越的亲水性和舒适性满足着现代人的各种需求，同时也成为改善城市环境、提高城市空气质量的重要屏障。

　　本次设计是对建三江市前进农场城南绿化区滨水公园的景观设计，通过对其特殊的地理现状分析，进行利用分析和整合，提出整体的概念，强调对滨水景观的过渡区域设计，进而为人们提供一个健康、安全、亲和、温馨的亲水空间，丰富滨水景观的功能性。

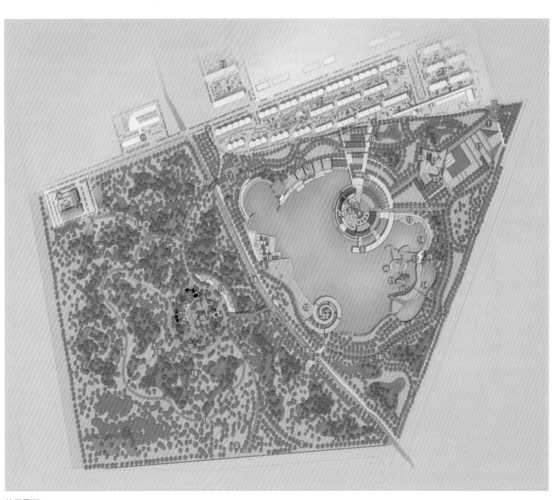

总平面图

设计感悟

通过对滨水景观的设计，我更深切地感受到一个和谐、健康、安全、温馨的环境对人们生活的重要性，城市的发展与改善离不开环境的提高与改善，对设计人员来说更是具有极其重要的意义。

鸟瞰图

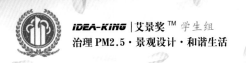
城市玄关
——无锡东站环境系统优化

The Porch of City
—Environmental System Optimization in Wuxi East Station

主创姓名：温雨龙

成员姓名：刘悦 刘昀鹏 董绍超

所在学校：江南大学

学　历：本科

指导教师：杜守帅

作品类别：公共环境设计

作品名称：城市玄关

　　　　——无锡东站环境系统优化

奖项名称：iDEA-KING 艾景奖铜奖

设计说明

　　无锡市东站作为无锡城市与外相接触的窗口，犹如无锡市的玄关一样，接纳这来来往往于无锡的人。同样无锡的南广场，作为无锡市东站的玄关一样，接纳着进出东站的人群。作为一个这样的玄关，我们就要把玄关的价值发挥出来，我们也正是想通过这样一个必要的途径之地，用水雾清晰、静电吸尘等方式收集空气中的杂物、灰尘再通过污水处理系统对使用过的水进行循环使用。通过这个无锡东站环境上的小系统，来提高出入无锡东站车辆的整体洁净程度，也就改善了周围的环境程度。我们也希望通过对这些设施的推广，使得更多的环境得到改善。

　　无锡东站的南广场也将会成为无锡市东站乃至这个无锡市的城市玄关，为整个城市的空气环境起到很好的保护作用，由此小环境来影响整个的大环境。

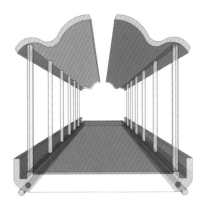 

高脚架桥结构

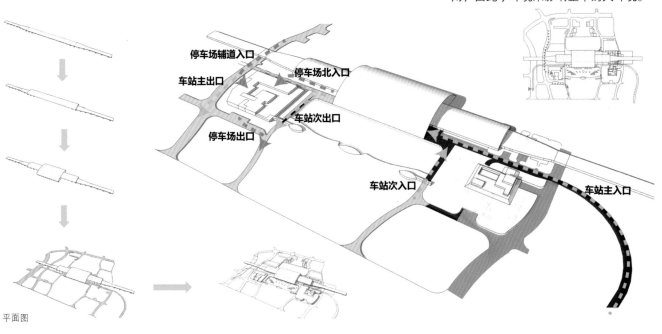

平面图

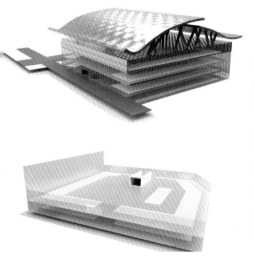

玄关停车场结构分析

设计感悟

通过对无锡火车东站进行的两个月考察，以及一个多月的思考制作，我们对无锡火车东站附近的地形及环境情况有了很深入的了解，也让我们小组的成员对一个项目从头到尾的工作流程也有了更详尽的了解。在考察中，我们也发现了当今公共空间中的许多不足，以及科技技术水平的有限。同样也惊叹于现在已经拥有的技术与科技。这些已经拥有的技术，也为后人提供了宝贵的思想宝库。

通过对无锡火车东站新环境体系的探索，也让我们还认识到了该领域的多层性以及全面性。这是一个跨专业、跨行业、跨领域的作品。在我们兼顾优化环境的前提下，还要注重人性功能的亲身体验，以及所创造出环境的文化感受。也正是在基地的多番考察，让我们对基地的文化、城市玄关的重要位置有了新的理解，从而成就了我们最终包含着人文情怀的方案。

通过这次比赛，更加促进了我们组的默契，在沟通交流之中，我们也互相学习。从一起在火车东站现场考察，到后来一起做方案，我们得到的不仅仅是知识，还有友谊，做方案时，促进了我们的协作精神，也为以后的合作提供了良好的基础。

"巢"城市俱乐部空间设计
"Nests" City Club Space Design

主创姓名： 任玉婷
所在学校： 哈尔滨工业大学建筑学院
学　　历： 本科
指导教师： 刘晓光
作品类别： 公共环境设计
作品名称： "巢"城市俱乐部空间设计
奖项名称： *IDEA-KING* 艾景奖铜奖

设计说明

本设计以城市公园俱乐部空间为主题。旨在提供一个自由的公园式的室内室外皆可的俱乐部空间。达到为工作人群减压，为其提供与志同道合的人交流的场地的目的。设计中提供开放的广场外空间，小广场聚合空间，林间的独立空间，以及小体量室内组合的室内空间，为各种功能的聚乐形式提供场所。

设计以"蜂巢"为设计母体。延伸出六边形以及120°的折角形式。将六角形应用于场地的划分，构筑物的形式，场地的装饰以及座椅设施的设计中去。

第一部分为开放运动区，包括攀岩空间、滑板空间以及跑步空间，自行车可通过。植物种植以通透为原则，旨在外界对内有完整的视线，形成内部活动对外部的展示。铺地因活动的需要以硬质为主。

第二部分为场地动静过渡空间中的室外观影空间。该场所分为两部分：一是林下观影。该处提供沙发、地灯等室内家具似的小品营造林中幽静温馨的气氛。另一部分为广场观影，由单墙划分。既有各自的单独的空间，又可以相互交流。

第三部分为模型制作空间。活动内容分为航模制作和船模制作两部分。整个场地划分的设计概念来源于飞行棋的棋盘形象。映衬主题。船模制作部分，由场地马家沟河引入水体，上设六边形平台。

第四部分为象棋空间。场地的平面生成小品设计都是由象棋各部分幻化而来，由中间的一条引入的"楚河汉界"划分为两个部分。场地的照明设施则是由"棋子灯箱"按棋盘排列。

第五部分为室内的俱乐部空间。由多个室内独立小空间组成中间围和广场。使各部分之间相互独立，又可以相互交流，整个小镇隐秘在林中。

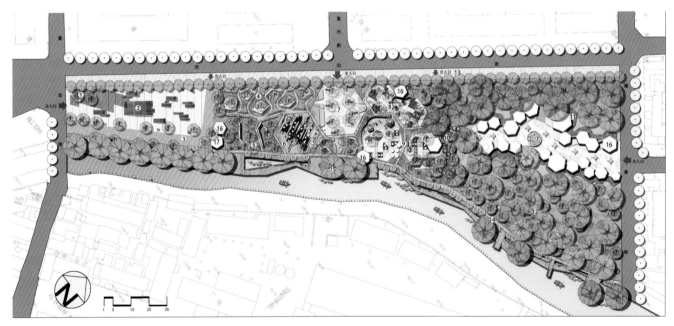

1 攀岩空间　2 滑板空间　3 跑步空间　4 桌游空间　5 林下电影空间　6 广场电影空间　7 入口集散广场　8 象棋广场　9 模型制作空间　10 林下漫步空间　11 俱乐部小镇
12 丛林空间　13 沿街步行道　14 沿河林下步行道　15 沿河平台　16 洗手间　17 更衣室

➡ 主入口　➡ 次入口　□ 石材铺装　■ 塑胶地面　■ 草坪　■ 水面　■ 木质地面

平面图

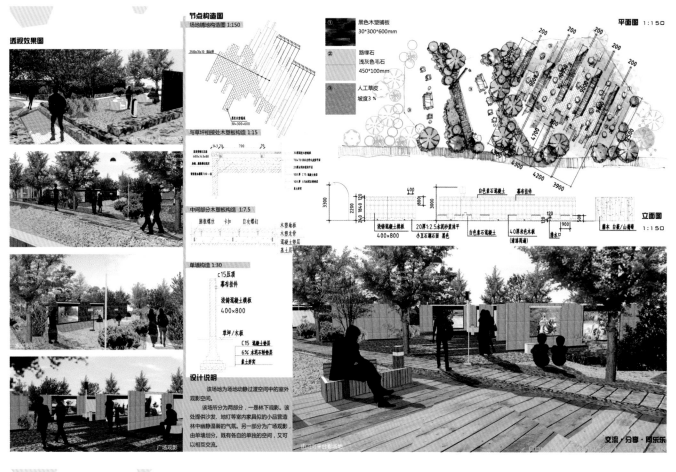

节点构造图
场地铺地构造图 1:150

与草坪相接处木塑板构造 1:15

中间部分木塑板构造 1:7.5

单墙构造 1:30

① 黑色木塑铺板 30*300*600mm
② 路缘石 浅灰色毛石 450*100mm
③ 人工草皮 坡度3%

平面图 1:150

立面图 1:150

透视效果图

设计说明
该场地为场地动静过渡空间中的室外观影空间。
该场所分为两部分，一是林下观影，该处提供沙发、地灯等室内家具类似的小品营造林中幽静温馨的气息。另一部分为广场观影，由单墙划分。既有各自的单独的空间，又可以相互交流。

广场观影

由林间平台看场地

交流·分享·同乐乐

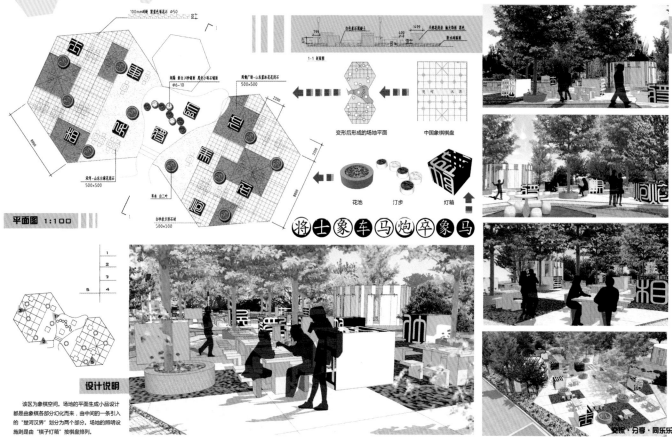

平面图 1:100

变形后形成的场地平面 中国象棋棋盘

花池　汀步　灯箱

将士象车马炮卒象马

设计说明
该区为象棋空间。场地的平面生成小品设计都是由象棋各部分幻化而来，中间的一条引入的"楚河汉界"划分为两个部分。场地的照明设施则是由"棋子灯箱"按棋盘排列。

交流·分享·同乐乐

绿色
——上海新渡口居民区改造设计与 PM2.5 治理方案

Green
—The Retrofit Design of Shanghai Xindukou Residential Area and PM2.5 Management Scheme

主创姓名：朱清松 曹旭

所在学校：华东师范大学设计学院

学　　历：本科

指导教师：王锋

作品类别：居住区环境设计

作品名称：绿色
　　　　　——上海新渡口居民区改造设计与 PM2.5 治理方案

奖项名称：*iDEA-KING* 艾景奖金奖

设计说明

新渡口居民区位于上海普陀市区枣阳路附近，毗邻苏州河畔，周边环境优越。作为一处老旧的居民区，其陈旧的面貌以及管制不合理，使它没有发挥周边良好的环境优势，小区的杂乱更是对居民的日常生活造成了环境污染。

该居民区聚集了大量的 2 到 3 层楼的旧私宅，是颇具老上海特色的建筑群，早期的不完善规划使该老旧的低矮建筑群形成了错落感很强的密集区，除去小区主干道外，次干道多为不到两平方米的小巷子，建筑风格较一致，但建筑的结构造型却多变，长久的缺乏综合治理和违章搭建的建筑破坏了原有的道路系统。建筑主体的外表陈旧，但结构用料

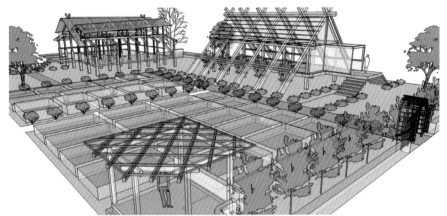

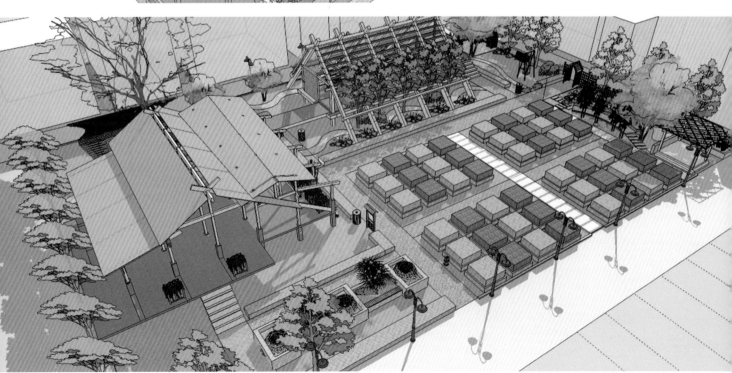

采用了坚固的钢筋混凝土，所以具有良好的改造空间。

居民区由于建筑拥挤导致基本没有任何地面绿化，只有极少部分的阳台与屋顶绿化。

因此针对其特色进行改造，充分利用周边优越的环境与地理优势，重新定位小区，保留新渡口居民区原有的历史痕迹，放弃全部拆除重新规划，而是针对其根本问题，从居民区的建筑、开放空间以及屋顶绿化这三方面进行改造，重点治理该区的 PM2.5，给居民创造一个要绿、要水、要新能源、要低碳、要宜居更要特色的新居民区。

设计感悟

这次完整的对上海苏州河畔新渡口居民区的设计过程，更像是一次奇妙的旅行，从最初的选题、选址、收集资料、进行实地调研进而发现场地存在的问题、找也解决问题的突破口再去具有问题具体分析到最后提出改造方案，又一遍遍地修改方案直至最终完成。在这个漫长的旅程中我学习到了很多，与使用人群的交流、与导师的讨论、与同学的互帮互助等，最重要的是使自己对一个新景观课题的认识得到了很大的提升。

PM2.5 这个新环境问题的出现给社会、给我们带来的诸多不变使人们开始重视对它的治理，尤其近几年一直作为热点被研究的"垂直绿化"，更是城市中治理 PM2.5 的良方。借着这次课题的研究机会也让我进一步地了解了"垂直绿化"，了解了"屋顶花园"，它提高了我们城市土地的多维利用率，为我们的生活创造了更多的绿色机会。而我这次对居住区的改造便着重对垂直绿化进行了设计，借助多样化植物来柔性边坡，创造新型居民区。

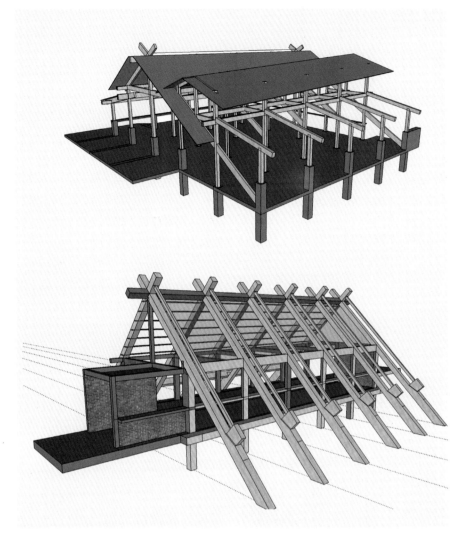

岛居生活

Island of Life

主创姓名：侯喆昊
所在学校：华侨大学建筑学院
学　　历：本科
指导教师：刘仁芳
作品类别：居住区环境设计
作品名称：岛居生活
奖项名称：IDEA-KING 艾景奖金奖

设计说明

设计理念来源于闽南村头印象，居住区有必要设计成具有强大认同感和归属感的家园，小区依水建造，与水密切关系，而厦门也是由多个岛屿组成。因此利用海滨城市优势大胆将居住区划分成几个"岛屿"形式。形成"海在城中，城在海中"的完美意向。以生态岛为景观主题，以新中式地域景观风格结合生态效益"治理PM2.5"景观规划创造新居住模式。

设计以"岛"为主题，采用传统古典园林与现代简约的设计手法相结合，以一个全新的新中式风格呈现出来。整体为直线与折线的构图。在整个景观设计中着重强调水与岛的塑造，形成岛因水而生、水因岛而活的景观意境。通过设计景观设计将建筑功能合理划分，形成独立的小岛，再通过千姿百态的景桥将其完美地连接起来，让人们在这里可以充分感受到和谐生态的自然景观。人

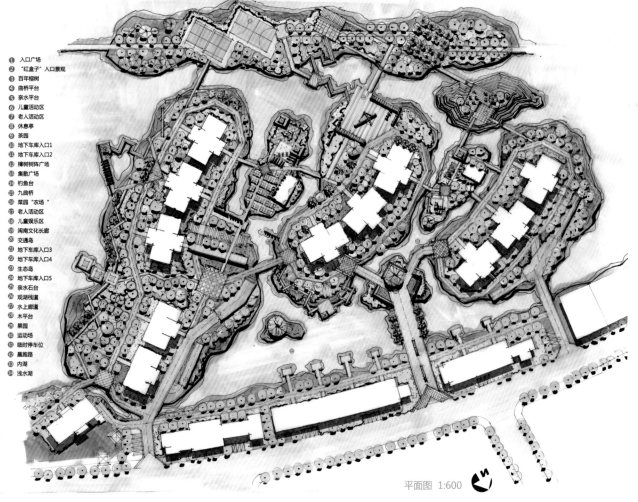

① 入口广场
② "红盒子"入口景观
③ 百年榕树
④ 曲桥平台
⑤ 亲水平台
⑥ 儿童活动区
⑦ 老人活动区
⑧ 休息亭
⑨ 茶园
⑩ 地下车库入口1
⑪ 地下车库入口2
⑫ 樟树树阵广场
⑬ 集散广场
⑭ 钓鱼台
⑮ 九曲桥
⑯ 菜园"农场"
⑰ 老人活动区
⑱ 儿童娱乐区
⑲ 闽南文化长廊
⑳ 交通岛
㉑ 地下车库入口3
㉒ 地下车库入口4
㉓ 生态岛
㉔ 地下车库入口5
㉕ 亲水石台
㉖ 观湖栈道
㉗ 水上廊道
㉘ 木平台
㉙ 果园
㉚ 运动场
㉛ 临时停车位
㉜ 晨跑路
㉝ 内湖
㉞ 浅水湖

平面图 1:600

平面图

们在观景的同时也能够体验自给自足的田园风光。茶园的设立，给人们的生活带来了很大的提升，人们在体验和了解闽南茶文化的同时也会陶醉在清香四溢的茶香之中。整个小区亲水而建，景观设计将当地的文化和风土人情巧妙地融入其中，使得整个小区的景观与周围环境相得益彰，使居民具有强大的归属感和认同感，在"生态岛"上拥有自己独立的家园。

设计感悟

设计不仅仅是一次艺术的旅行，而是在追求艺术的真理。每一个设计都能给自己带来巨大的快乐与充实。设计来源于生活，设计来源于古去今来。从文化景观到地域性景观再到 PM2.5 景观，每一次的有机结合都在完善这次艺术的旅行。

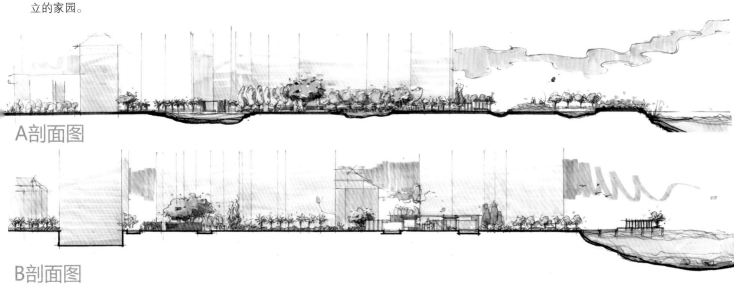

A剖面图

B剖面图

伊甸寻
——未来社区畅想城市建筑与景观规划

Seek Eden
—Imagination of Future Residential Community

主创姓名： 张伟建
成员姓名： 杨晨音 陈聪
所在学校： 天津美术学院
学　　历： 本科
指导教师： 孙锦
作品类别： 居住区环境设计
作品名称： 伊甸寻
　　　　　　——未来社区畅想城市建筑与景观规划
奖项名称： iDEA-KING 艾景奖银奖

设计说明

本项目位于浙江省慈溪市上林湖湖区，风景秀美的上林湖周边对胃丘陵和低缓山坡地带，结合当地地形气候，我们力图打造一个生态节能、功能齐全并合理分配的住宅一体化社区。我们追求科技的效用但不仅仅依赖于科技，我们注重文化的沿袭，注重人的心理感受，所以我们在建筑、景观、交通等各个方面探索设计，在以不破坏现有生态环境的前提下倡导为人而设计，进而提高人们的生活质量，以实体的"物"感染人的"心"。

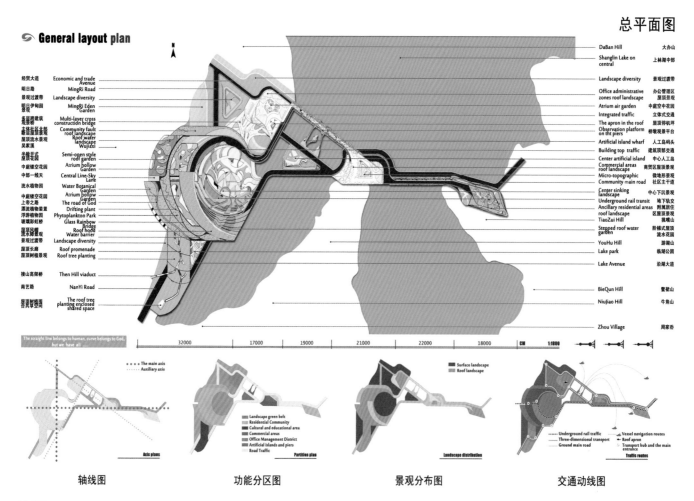

总平面图

轴线图　　　　功能分区图　　　　景观分布图　　　　交通动线图

总平面图

188

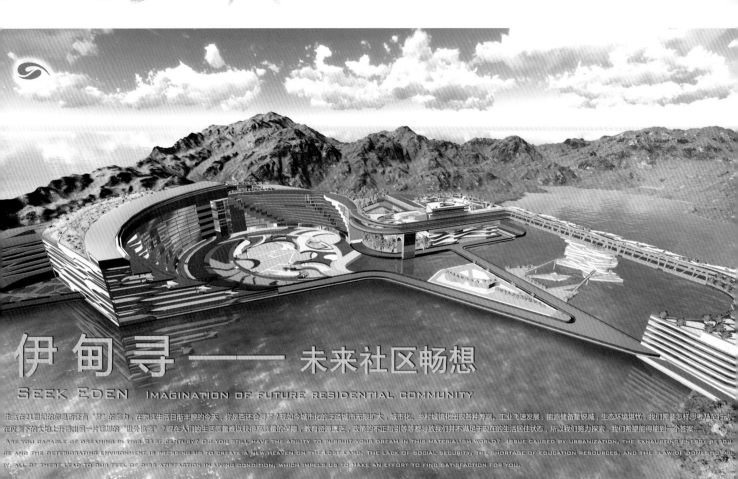

伊甸寻——未来社区畅想

SEEK EDEN IMAGINATION OF FUTURE RESIDENTIAL COMMUNITY

生活在21世纪的你是否还有"梦"的能力，在物质生活日渐丰腴的今天，你是否还会寻梦？现如今城市化的泛滥城市无限扩大，城市化、乡村城镇化出现各种弊端，工业飞速发展，能源储备量锐减，生态环境堪忧，我们需要怎样思考乃至行动去在仅剩下的大地上开辟出另一片理想的"世外桃源"？现在人们的生活质量难以获得高质量的保障，教育资源匮乏，政策的不正指引等都导致我们并不满足于现在的生活居住状态，所以我们努力探索，我们希望能得到一个答案……

ARE YOU CAPABLE OF DREAMING IN THIS 21ST CENTURY? DO YOU STILL HAVE THE ABILITY TO PURSUIT YOUR DREAM IN THIS MATERIALISM WORLD? ISSUE CAUSED BY URBANIZATION, THE EXHAUSTING ENERGY RESOURCE AND THE DETERIORATING ENVIRONMENT IS PRESSING US TO CREATE A NEW HEAVEN ON THE LOST LAND. THE LACK OF SOCIAL SECURITY, THE SHORTAGE OF EDUCATION RESOURCES, AND THE FLAW OF DOMESTIC POLICY, ALL OF THESE LEAD TO OUR FEEL OF DISSATISFACTION IN LIVING CONDITION, WHICH IMPELS US TO MAKE AN EFFORT TO FIND SATISFACTION FOR YOU.

鸟瞰图与方案造型主题演变

设计感悟

生活在 21 世纪的你是否还有"梦"的能力，在物质生活日渐丰腴的今天，你是否还会寻梦？现如今城市化的泛滥，城市无限扩大，城市化、乡村城镇化出现各种弊端。工业飞速发展，能源储备量锐减，生态环境堪忧，我们需要怎样思考乃至行动去在仅剩下的大地上开辟出另一片理想的"世外桃源"？现在人们的生活质量难以获得高质量的保障，教育资源匮乏，政策的不正指引等都导致我们并不满足于现在的生活居住状态，所以我们努力探索，我们希望能得到一个答案……

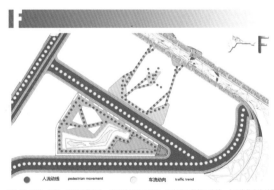

人流动线 pedestrian movement   车流动向 traffic trend

F区【人工岛、码头、桥墩观景台】：该区域分为三部分，各部分之间相互连接。人工岛作为主社区与其他区的缓冲带，具有公共休闲和货运集散地的功能，连接码头的桥墩观景平台丰富了桥墩的功能，更能带给人别样的观景感受。船只作为本社区重要的出游交通工具，码头设计了多种船只停靠点和停靠方式。本区域是整体社区的功能补充，最优配合并有机融合于其他各区。

植物

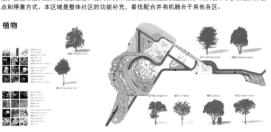

项目F区详图

杭州紫源轩小区景观设计方案

Hangzhou Purple Source Porch Area Landscape Design

主创姓名：刘芸
所在学校：西京学院艺术学院
学　　历：本科
指导教师：齐达
作品类别：居住区环境设计
作品名称：杭州紫源轩小区景观设计方案
奖项名称：**iDEA-KING** 艾景奖银奖

设计说明

本小区坐落于美丽的杭州，西邻中河景观带，北距胡雪岩故居百余米，地属南宋皇城保安桥旧址，是杭州上城区中心地段成熟的高端社区。本次设计主要体现的是自然现代的风格，小区景观设计要求美观大方，又要体现自然亲切，让每一个居住的居民都感到家园的惬意。

通过本次的设计，使小区的景观给人以雅致、天然的感觉。小区景观设计的成果是供小区内所有居民共同休闲、欣赏和使用的，因而设计出优美自然的环境使住在这个小区的人，能够在自己的家就能享受到公园式的环境。在设计中全方位着眼考虑设计空间与自然空间的融合，不仅仅关注于平面的构图及功能分区，还注重于全方位的立体层次分布，运用堆土成坡、铺地落差、植物配置等手段进行高差的创造和空间的转换。满园的植物随季节变换造成的景观变迁，使整个小区欣欣向荣。

彩色平面布置图

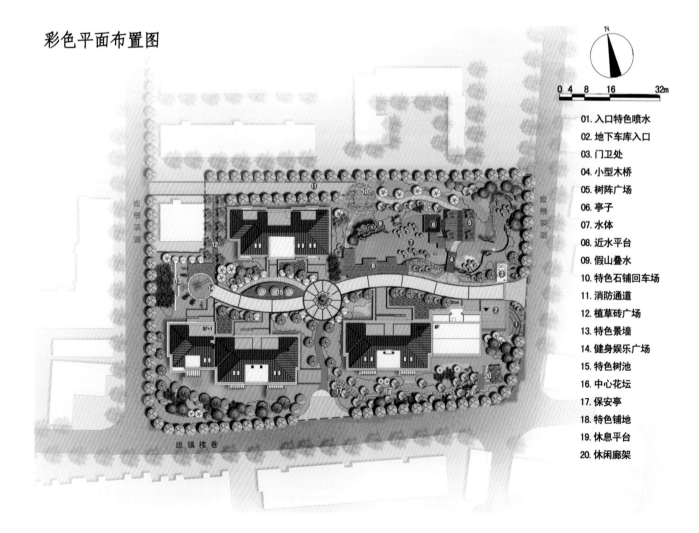

01. 入口特色喷水
02. 地下车库入口
03. 门卫处
04. 小型木桥
05. 树阵广场
06. 亭子
07. 水体
08. 近水平台
09. 假山叠水
10. 特色石铺回车场
11. 消防通道
12. 植草砖广场
13. 特色景墙
14. 健身娱乐广场
15. 特色树池
16. 中心花坛
17. 保安亭
18. 特色铺地
19. 休息平台
20. 休闲廊架

鸟瞰图

设计感悟

PM2.5 不只是一个数值，而是一种生活的方式；景观设计也不只是为了生计，而是了解社会的一种途径。

在本次设计中，我认为设计思路一定要明确。首先功能上的分区要明确，根据人们日常需要，形成各个分区，如入口处的小型广场、适合散步的小径、惬意的观景平台等。其次，要提升人们的生活品质，设计出独特的景观文化，让小区的环境有自己的文化特色，让居民喜欢并自觉爱护自己的生活环境。再次，绿化的种植、康乐设施的分布方面，要有科学的安排，根据季节变化，搭配不同的植物，让小区更加生态自然，休闲放松的人们不必考虑会受到粉尘的危害，让锻炼成为一种习惯。

植物配置意向图

风都水城

Windy Watertown

主创姓名: 闵睿

成员姓名: 刘俊环 崔立达 赵研妍 张旭

所在学校: 哈尔滨工业大学建筑学院

学　　历: 本科

指导教师: 张一飞

作品类别: 居住区环境设计

作品名称: 风都水城

奖项名称: **iDEA-KING** 艾景奖银奖

设计说明

社区实体空间形态在冬夏两季主导风风道模拟的基础上,结合周边城市形态经一体化设计而成。利用建筑实体主动引导风向,使风的流动更有效地更新社区空气。建筑表面挂载覆水构件,流水通过电晕场形成荷电水流,提升水体对PM2.5的吸收效果。倾斜的建筑立面有效增大了可覆水面积,进一步增强社区对PM2.5的吸收能力。街道断面布局中将人行道向建筑移动,整合道路绿化,形成路面与人行道之间的绿化隔离空间,并在行道树间增设水幕装置,利用荷电水幕对PM2.5的主要来源——汽车尾气进行就地净化。改造后的街道断面与倾斜的建筑立面共同作用,形成较为开敞的街道断面空间,增强街道纵向空气流动,减少在街道空间滞留的PM2.5。建筑单体内嵌雨水管可以利用晴天日照形成的温度差将路面空气导致屋顶,经荷电水雾喷淋和屋顶绿化吸收进行净化。

总平面图

鸟瞰图

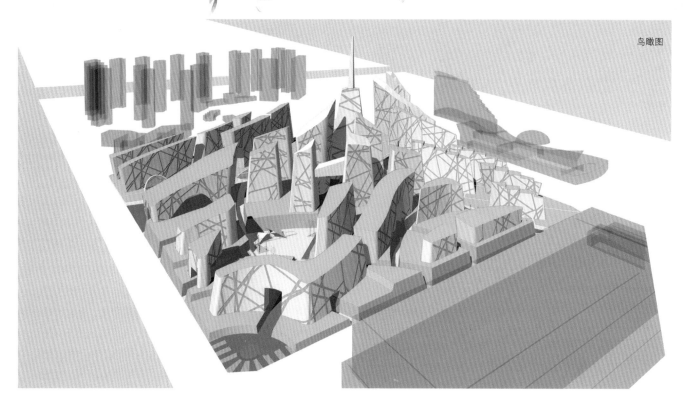

设计感悟

PM2.5 是当今最热门的环境问题之一，作为本科生阶段的学生，对于热点问题的关注度、理解力和研究热情尚有不足，通过本次设计，提醒了我们要同时抓住学业和专业领域前沿两个方面。

本次设计初期查阅的资料给予了我们丰富的知识，明确 PM2.5 的具体定义、PM2.5 的各种来源、现行标准和治理措施甚至一些前沿的尖端处理技术。翔实的知识是创作的基石，正是有了这些信息，我们才能探索和创造。随着覆水构件和电晕场技术结合这一基本构思的确定，结合平日学习的专业知识，进一步决定从风道模拟这一城市设计尚不多见的角度进行深入。钻研新的软件也给我们留下了宝贵的经验，掌握了关于全球气候数据的搜索和下载方法、数据导入、流体模拟以及流体模拟后处理等技术手段，既丰富了专业知识、拓展了专业视野，又增长了专业技能，更为今后的学习和工作提供了一个全新的思路。

本次设计使我们收获最大的是来自于张一飞老师的详细指导。抛开了常规

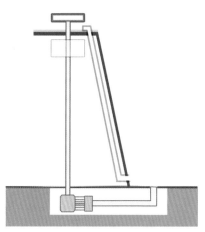

覆水循环示意

教学的时间限制，老师的发散式指导帮助我们尽力抓住每一个闪光的想法，老师丰富的设计经验则引导我们将这些想法有趣且有效地结合到设计中。老师丰富的阅历既帮助我们推进设计，也让我们认识到自己目前的能力有着诸多不足，本次设计也因我们时间安排失当，没能充分展现出我们的专业素养和张老师的精彩指导。

整个设计过程是我们大学期间一次宝贵的经验，谢谢张老师！

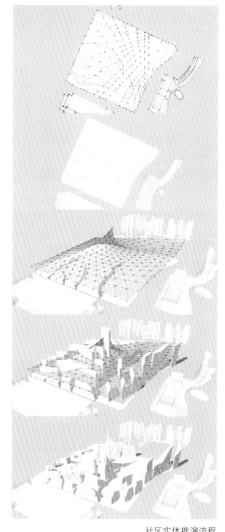

社区实体推演流程

651·科大花园景观设计
651-Swust Garden Landscape Design

主创姓名： 李明初
成员姓名： 曾娇
所在学校： 西南科技大学
学　　历： 本科
指导教师： 张源铭
作品类别： 居住区环境设计
作品名称： 651·科大花园景观设计
奖项名称： iDEA-KiNG 艾景奖银奖

设计说明

651·科大花园设计构思的来源：一是对学校历史的了解；二是区域所具备的特色文化分析；三是基于场地分析（最大化的保护环境）。科大花园位于学校1965～1979年清华大学在绵阳艰苦的创办分校所在地。对于设计每一个地方不仅仅有复合功能的需求，同时应具备每一个设计都有来源，能找到根。所以本设计的根我认为就是：外在的方面表现为那时期的石打垒建筑，内在方面就是清华大学创建绵阳分校的那种艰苦朴素，耐劳的那种内在精神。那么从宏观方面来讲，怎么来体现呢？从外在体现穿针引线到内在精神方面可以用遗留的元素来体现，如石打垒、碎石头、瓦片等，从内在来讲，农耕文化对于体现艰苦朴素、耐劳是最好的选择了。这不仅符合周围的环境，而且这也符合于现代人一直对亲近自然的向往。设计总的指导方向为：生于自然，长于自然，乐于自然；生于文化，长于文化，乐于文化。

设计感悟

通过本次的651·科大花园景观设计，我们体会到了设计的乐趣。仔细想想其实还是有原因：首先拿到这个场地后很高兴，它就在我们学校的老校区，这样可以考察很多次，地域就是学校原来清华大学绵阳分校暨651遗址所在地。问题是因为设计区域整个地形由南往北都是逐渐偏高的（除中间有个小湖低矮一点以外），特别接近最北段时，地势更是高。有问题就要解决。设计开始，搜集相关的文化背景及设计定位这是一件比较有意思、比较累的事情。等收集完成后，设计的合理性又是一个头疼的

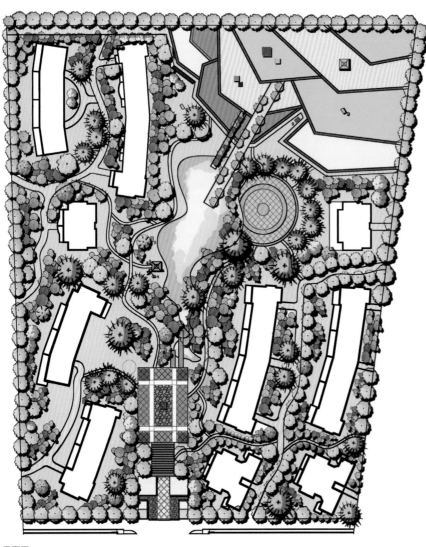

平面图

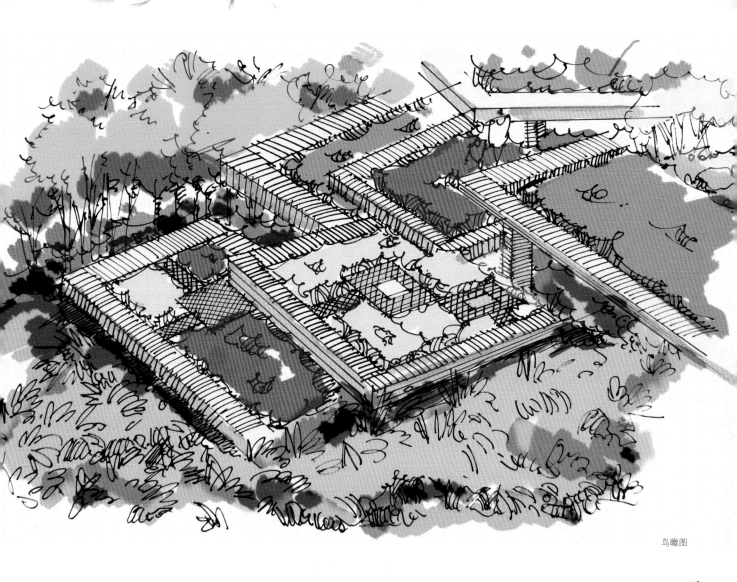

鸟瞰图

事情，在设计的过程中，怎么把 651 工程的背景文化与现代人的生活、审美等文化结合起来？这思考了很久，讨论了很久，让我真正理解到了做设计艰难，我们感悟到，我们做设计，不仅仅是为做设计而做设计，一定站在使用人感受的角度去看待设计。这是一个挑战。站在使用者的角度去思考，可能难以接受，这就需要我们对于文化用另一种巧妙的方式来表达出来。我们理解了一句话：设计师，需要的是给设计赋予生命。这种生命该是独立的、特别的，并具有智慧、文化的，这样它才能令人印象深刻并且长久。

效果图

195

"珊"谷新型商业住宅

"Alexandra" Valley of New Commercial Residential Area

主创姓名：包航宇
成员姓名：许玟
所在学校：东北师范大学人文学院
学　　历：本科
指导教师：潘奕
作品类别：居住区环境设计
作品名称："珊"谷新型商业住宅
奖项名称：IDEA-KING 艾景奖银奖

设计说明

设计场地位于开发区大学城附近，比邻高速公路、城市交通主干道、轻型轨道车等交通枢纽人口集散地。交通方便但空气质量差，适合在校大学生、毕业生、年轻夫妇、单身青年等群体在房地产价格过高的现状下的最好选择。

为了适合这一地区所适合人群所以选择了单身公寓、小户型、廉租房等形式。但该地位于开发区大学城商业气氛不足的地区为了解决这一群体的生活购物的需求，所以选择底商上住的形式以满足商业需求和地产经济价值。上述条件只满足了生活的必需条件，为了能够提高这一人群的生活质量，将上述条件整合加入其他设施形成微型城市的概念，并加入室外景观室内化、景观立体化、景观微型景观理念，在提高这一人群的生活品质的同时提高附近空气质量，降低PM2.5的含量。

设计感悟

设计过程中必须因地制宜地考虑设计地区人群，设计适宜人群所需生活必须条件，并在适应这些特性的同时提高他们的生活质量，这些问题是设计的根本——为人服务、解决问题。

在美学角度根据特定人群去设计，也是设计所需要的，本设计运用了柔美的曲线形成适合年轻群体所需的建筑，打破了廉租房、低价房传统的"火柴盒"的形式。

对于景观室内化、景观立体化、景观微型化在现有条件下还未成熟，但对于现在全国廉租房的发展形式却给了一个可参考的方向，不仅是为普通市民的廉租房，同时也要为刚刚进入社会的年轻人提供事宜的居住生活空间。

景观的加入也是为了能够在这一地区提供改善环境，能够使得生活于此的群体的周围空气质量得以提高、PM2.5含量得以降低。这一形式可以在类似区域内复制这种形式。

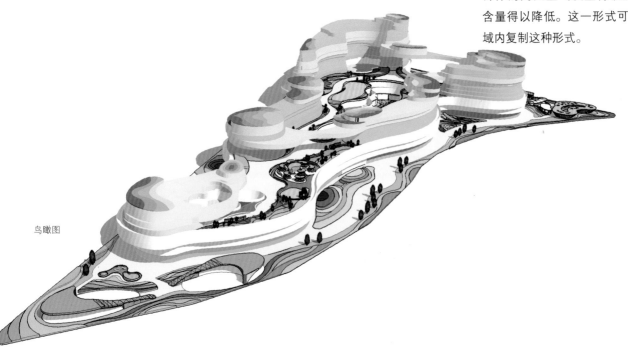

鸟瞰图

'珊' 谷 *Coral valley*

新型商业住宅区
new pattern bussiness uptown

生态社区 ——城市中的珊瑚体 山与谷的交融

设计来源：

项目造型来源：——珊瑚
每年春夏之交满月之时，
在大海的浅岸礁石上珊瑚成群的将美丽的下一代一同释放，
成为了生命的延续的希望，成为了另一群生命的根源。
用珊瑚田体来代表建筑综合体，
而每天从建筑中进进出出忙碌的年轻人则形代了生命的活力，
体现了生物体本质与现代社会现状的完美融合。

竖向分析图

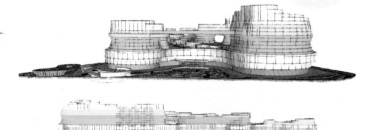

解决问题：

解决大学毕业生、在校大学生、单身青年、年轻夫妇的住房购物娱乐等综合问题，
同时在解决问题的同时提高周围高密度人群的环境问题。

设计说明：　　地理位置：

运用形态的仿生，吸收珊瑚形式以及
自然生态的规律，动态和自由感的柔
和曲线划分地块。在整体三层商业建
筑之上建立居住建筑，建筑相互联系，
及独立又整体。
在设计建筑的周围地块、中央天井、
层与层间、建筑顶层等能够利用上的
空间内制造高绿化率的休闲工作空间。
建立这样整体设计的高绿化率综合性
空间以降低这一区域的PM2.5。

吉林省长春市净月，绿园经开交界处

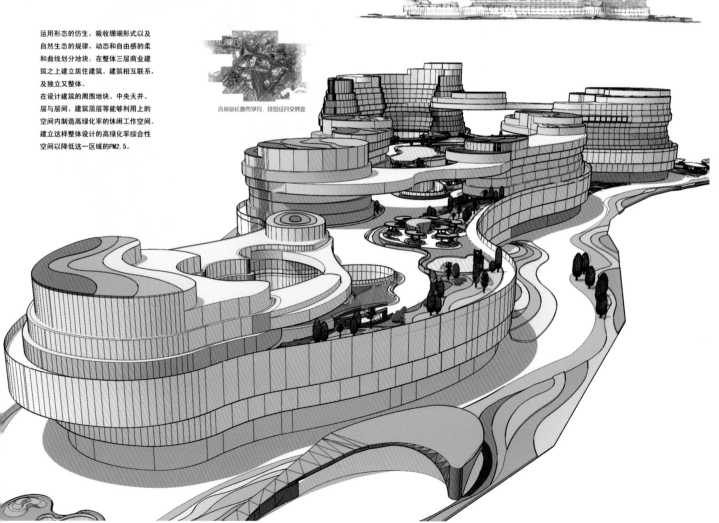

"盒"谐空间
Minimalism · Japanese Garden

主创姓名： 包茜琳 陈世博昭 魏莱
所在学校： 大连工业大学艺术设计学院
学　历： 本科
指导教师： 冯嗣禹
作品类别： 居住区环境设计
作品名称： "盒"谐空间
奖项名称： iDEA-KING 艾景奖铜奖

设计说明

当今社会科技发达、资讯繁杂，生活在如此高速步调中的人们每日都置身于压力之中，渐渐渴望一种简单、纯净的生活方式。本庭院的设计巧妙之处在于运用古典庭院禅宗理念和布局与极简主义设计的抽象，大气风格相融合。可以将一种平静和静谧的感觉融入到居住者的生活中，让居住者承受巨大压力和无数外界纷扰之事困扰的心灵有所放松。

庭院设计简洁大方，道路的铺设与植物的栽种都呈现出条带状，有条有理不会杂乱。庭院内设10个节点，开敞、半开敞、封闭、半封闭的空间都在院内有所体现，这样的布局能给居住者选择的空间，在不同的心境下可以观赏不同的景色，方形现代铺装与枯山水的大胆结合，打破形式上的约束，新奇的构思、简单明了的造型从而更加适应这个清雅的居住氛围，不仅体现出古典园林与西方极简主义的相互融合，也体现出人与自然的和谐。

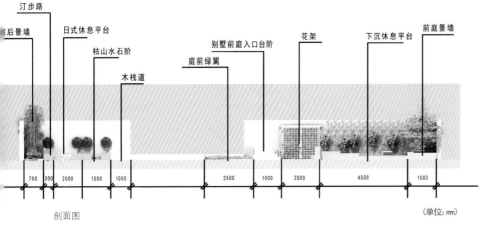

剖面图 （单位：mm）

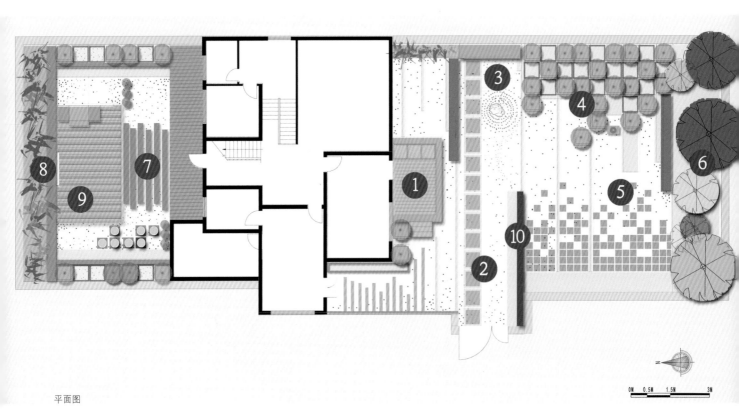

平面图

MINIMALISM ● JAPANESE GARDEN

整体鸟瞰图

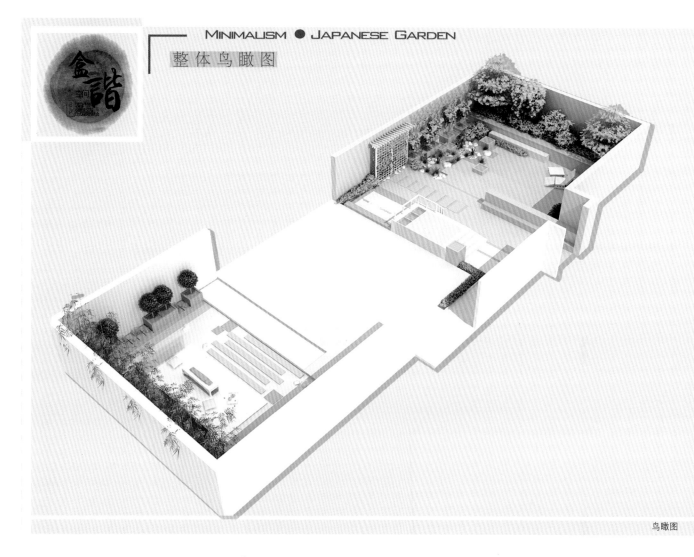

鸟瞰图

设计感悟

本设计秉着将古典庭院与极简主义相结合的宗旨，少即是多，以少成就多；简就是繁，以简代替繁，打破形式的约束，用新奇的构思、更加简单明了的造型，营造大气的禅意的居住氛围。

参加这次比赛让我们感触很深，不仅对景观设计有了更深入的了解，而且还对与队友间的合作有了更深的认识。设计思路我们也别出心裁，将园林最具纯意禅宗的部分和西方极简主义园林中最具简洁纯净部分和谐地融入别墅现有生活空间。使居住者不仅在生活质感上得以追求，更在精神领域中得到潜移默化的影响。

一场生活与自然的和谐对话，一次枯淡之美与简约形式的和谐碰撞。通过这次比赛让我们树立并明确了一种理念，也将成我们毕生做景观设计的不二法则："打破形式的束缚，用新奇的构思打造适合人的景观。"过程中：第一，不断追寻人性的功能的体验，从私密的空间设计到精巧的绿化面积最后到方便的日常生活设施，我们都从适合人们生活的角度出发；第二，时时优化，处处优化，前庭的设计我们不断的斟酌，反复修改，直到设计出最满意的方案；第三，做有灵魂的景观文化，在这次比赛中，我们真正的理解了人、自然、文化的联系，在设计中只有注入了这3样灵魂，我们的作品才不会显得那么空洞。

灾后 新农 绵阳市安县安昌镇翼泉村环保型住房概念设计

A Disaster New Rural The Wing Springs of Mianyang City of Anchang Environmentally Friendly Housing Concept Design

主创姓名：杨志旺
成员姓名：胡溢洋 曹云华 陈斯璐 王丹
所在学校：四川大学艺术学院
学　　历：本科
指导教师：周炯焱
作品类别：居住区环境设计
作品名称：灾后 新农 绵阳市安县安昌镇翼泉村环保型住房概念设计
奖项名称：**iDEA-KING** 艾景奖铜奖

设计说明

本案设计，在功能上为了满足灾后迅速恢复地区的风貌，恢复灾后经济，通过对原始人类的建筑形式的考察，将其结构关系与材料更新运用，打造一个能够迅速搭建的灾后永久概念性住房。用现成的木柱与墙面板直接搭建，高效地提供生活住房。三角形木架结构以它特有的不易变形的结构关系，以及木架结构的抗震能力，为以后再生灾难做到必要的预防条件，倾斜部分的墙体将自然光线引入室内，借助倾斜的角度，依附在上面的太阳能板能够更高效地吸收太阳能，附草墙体也能更好地发挥其光合作用，改善周围环境。

在形式上，简单的三角形几何形体为田园风光增添新的视觉层次，根据山体与湿地的结构关系，将环保住房放置其中，很好地借助湿地的净化功能给住房周围带来新鲜环境。住房大面积的玻璃及墙面绿化，景观花卉的栽培，及周围的远山绿水相结合，打造全新的新农村旅游形象，为周片区居民带来日常游憩休闲场所，也为其他城市居民周末乡村旅游提供良好的场所。

设计感悟

通过对本案的设计，让我们了解到目前城市与农村的发展问题所在，如今城市农村的高速发展，给环境带来的压力是巨大的，如今的发展只着眼于经济的发展，为此环境的发展便被人们忽略掉了，以致于来带了各种人为的自然灾害。山洪暴发，台风，温室效应，地震等一系列的环境问题等待着我们去解决，去防止。所以正视这些环境问题是刻不容缓的，环境需要我们每一个人的共同努力才能发展得更加美好。

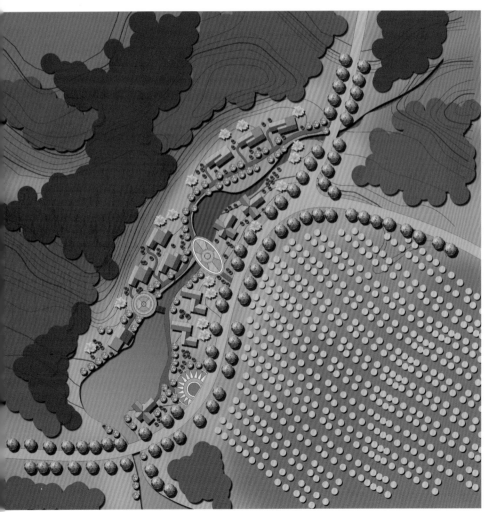

平面图

鸟瞰图

效果图

地景网络
——升起的空间

L andscape Net
—The Rising Space

主创姓名： 王亮亮

成员姓名： 刘河新 盛博园

所在学校： 吉林建筑工程学院艺术设计学院

学　　历： 本科

指导教师： 高月秋

作品类别： 居住区环境设计

作品名称： 地景网络
　　　　　　——升起的空间

奖项名称： IDEA-KING 艾景奖铜奖

设计说明

当代大学校园规划设计雷同，校园规划模式相同。如今科技进步，那种源自人的本能和生活需求的生命信息系统过分被人所创造的但超越了有机生命界限的符号信息系统所侵扰，传统的空间正日益演化成技术的产物，设计建立在更高级文化技术的基础上，所以新的校园迫不及待需要一种新的模式。由于所处地段在东北地区，在寒冷的冬天几乎没有景观可言，特殊的地段特殊的气候，地景的创造或许是一种选择。本设计本于心而不超于法，尊重自然，以人为本，畅想自然，而不凌驾于自然，充分体现地方特色，更注重校园文化特色，给予学生以人文关怀。

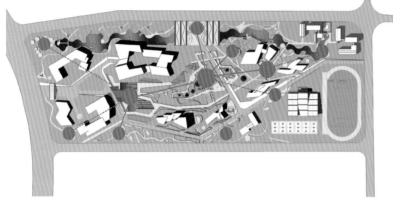

景观节点

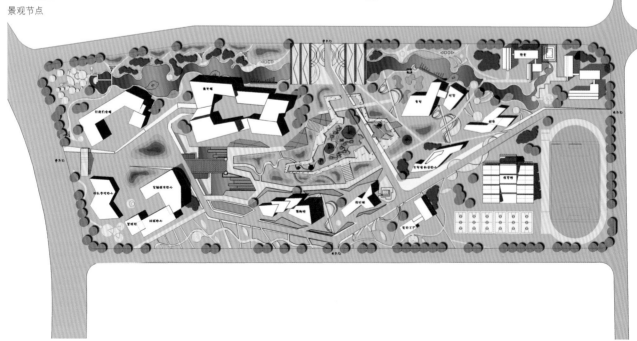

总平面图

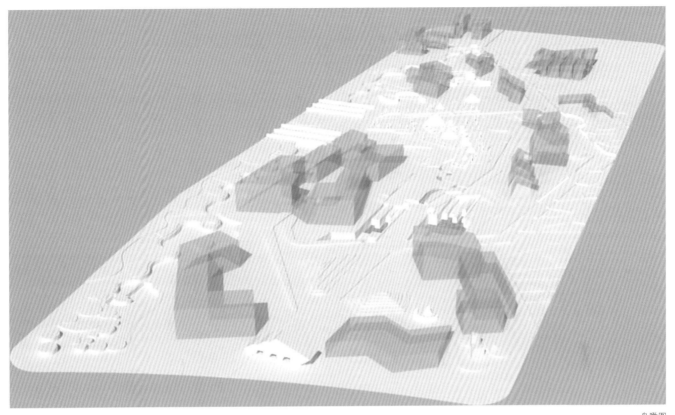

鸟瞰图

设计感悟

　　无论做什么设计都需要好的切入点，这个切入点就是灵感，灵感源于对生活的细微观察、对生活的体验，一张图一些纹理或许都能成为设计的源泉，设计不断完善的过程其实就是不断修改的过程。设计其实就是对空间的创造，应该以人为本，多创造一些符合人的身体和心理需求的环境显得尤为重要。设计本身没有模式，随处可拾取。我们的设计其实更多的来自于自然，遵从自然、施法自然，又要高于自然。平时设计经验固然重要，也应该学习，但是不可人云亦云。我们的生活当中有很多需求，但是也缺失了一些东西。这就是我们设计人员应该去深思的问题。慢慢等待，在等待的过程中早发现，找灵感，从大多数人的角度出发，创造出更加和谐，更加自然的生存空间，服务人类、服务社会。

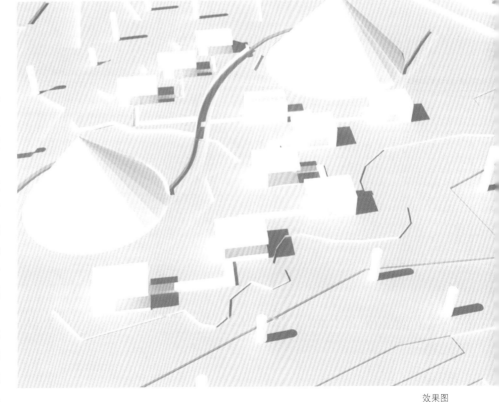

效果图

"蔓城"悬挂、连接、低碳
——新型住宅区设计

"Man City" Suspension, Connected, Low Carbon
—— The New Residential Area of Design

主创姓名： 吴晓飞

成员姓名： 王娜 王莹 陈雪 李伟铭

所在学校： 东北师范大学人文学院

学　　历： 本科

指导教师： 潘奕

作品类别： 居住区环境设计

作品名称： "蔓城"悬挂、连接、低碳
　　　　　　 ——新型住宅区设计

奖项名称： IDEA-KING 艾景奖铜奖

设计说明

本项住宅设计在解决住房难问题的情况下，同时结合对PM2.5治理情况，将现有平面城市布局进行延伸，纵向发展，以对物体及灰尘吸附能力极强的藤蔓为主要元素向上生长，使建筑"零距离"接触PM2.5，沿着中心建筑轴线向四周蔓延，整个城区由内部建筑群构成，犹如一张大网矛头直指PM2.5。藤蔓的蜿蜒生长与钢骨架结构完美的结合，在坚固的外表下整体建筑群产生一种生机向上无限的成长象征着生命力的生生不息，同时使用鸟巢将变形的住宅进行Y轴分布，形成了"挂"的寓意，建筑物及住宅外部特殊材料的运用和这种高度的变化让每个住户都拥有观景的效果的同时都减少了城区底层的空气污染情况。概念而富有针对性的设计让人们住的安心，活的开心。

平面图

鸟瞰图

设计感悟

通过本次比赛设计，主题的设定让我们了解到除设计以外的其他知识，设计不仅仅只是局限在我们脑中对于建筑、艺术品等方面的专属，同时设计联系着生活，与生活密切相关，可以说设计体现出人们的生活。针对主题我们充分发挥了团队优势各其所能，从前期分析寻找资料到提出设计观点、元素发展到建筑演变、外观装饰到功能分区、新材料运用到抑制有害气体。这过程无不需要认真观察、详细探讨、利用人员优势充分发挥每个人的想象力，从而使我们的设计最终成型。这期间我们有欢笑、有争吵，但是我们享受着设计中的快乐，每一个人都从自己的设计中得到了不小的收获，我们沉迷其中，看着自己的作品一步步成型感受着它一层层地向上"生长"，心中那份喜悦总是按耐不住，期待着它早一点诞生，每个人心里都有自己的辛酸苦辣。作品从某种意义上来说也存在一部分缺陷，自身理论基础不够强，对主题分析落实在作品中不是很完美等因素造成，今后会更加努力朝更高的方向发展。

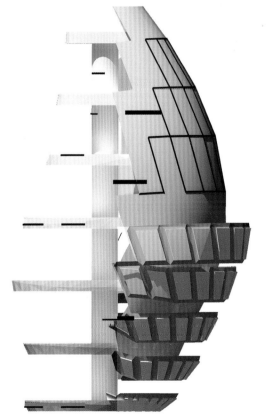

居住区剖面图

沉睡千年的美
——南江卓宏国际御花园居住区环境设计概念方案

Millennium Sleeping Beauty
—The Environmental Design Conception of Nanjiang Zhuohong Imperial Garden Residential Area

主创姓名：冉江涛

所在学校：重庆师范大学美术学院

学　　历：本科

指导教师：张为民

作品类别：居住区环境设计

作品名称：沉睡千年的美
　　　　　——南江卓宏国际御花园居住区环境设计概念方案

奖项名称：iDEA-KING 艾景奖铜奖

设计说明

本方案设计的灵感来源于中国的古典文化《洛神》，洛神就是宓妃，宓妃原是伏羲氏的女儿，因迷恋洛河两岸的美丽景色、降临人间，来到洛河岸边。她是美的象征，她的美是倾国倾城，她的美让河伯与后羿为此犯下天条，被贬人间。为此御花园的美唯有与其媲美，将其神话故事、中国古典文化与自然生态结合起来，打造出一个回归自然，天然环保、和谐人们生活的居住区景观设计。

本方案中现代风格主要体现在对几何形体的运用，几何形的道路与几何形的场地是本方案景观规划的重点所在。而生态自然和新技术、新材料、新能源的运用，则是该项目的重中之重。在方案中，将大量地把我们生活中的各种自然风光运用到此方案中来，通过对新技术、新材料、新能源的运用让景观更加天然、节能、环保。

平面图

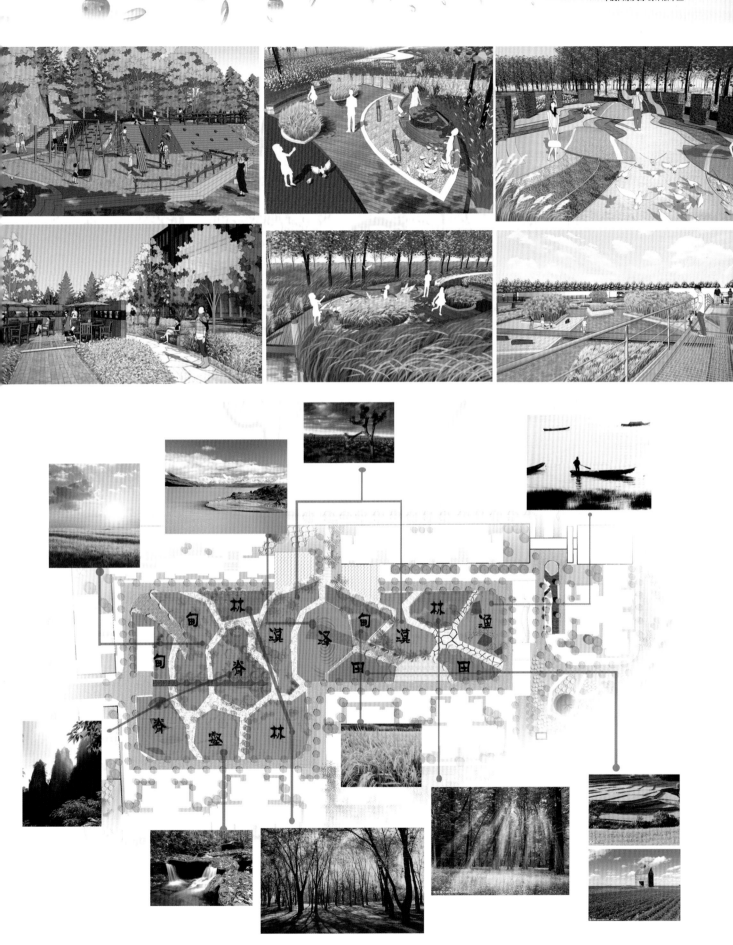

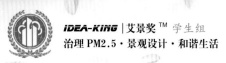

景德镇三闾庙古街区保护和改造设计

Jingdezhen Three Village Temple Streets' Protection and Renovation Design

主创姓名：夏婷婷
所在学校：景德镇陶瓷学院设计艺术学院
学　　历：本科
指导教师：徐进
作品类别：居住区环境设计
作品名称：景德镇三闾庙古街区保护和改造设计
奖项名称：iDEA-KING 艾景奖铜奖

设计说明

　　三闾庙古街位于江西景德镇城区西北的昌江之畔，是景德镇这座千年瓷都最后的历史文化遗存。当清晨第一缕阳光投射到昌江水面，景德镇这座千年瓷都已从晨曦中醒来。三闾庙古街的小巷里，不时传来悠长的叫卖声，似乎穿越着近500年的时空。本人有幸带着毕业设计考察的任务，多次探访古街，触摸那段隐藏在街巷、青花、船橹里的历史。古街区由明街、清街和古码头组成，由于年代已久，并缺少保护措施，目前古街区环境已经变得萧条、杂乱，很多建筑面临着倒倒塌的危险，所以对它的保护和改造刻不容缓，本方案提出了保护和改造的设计。

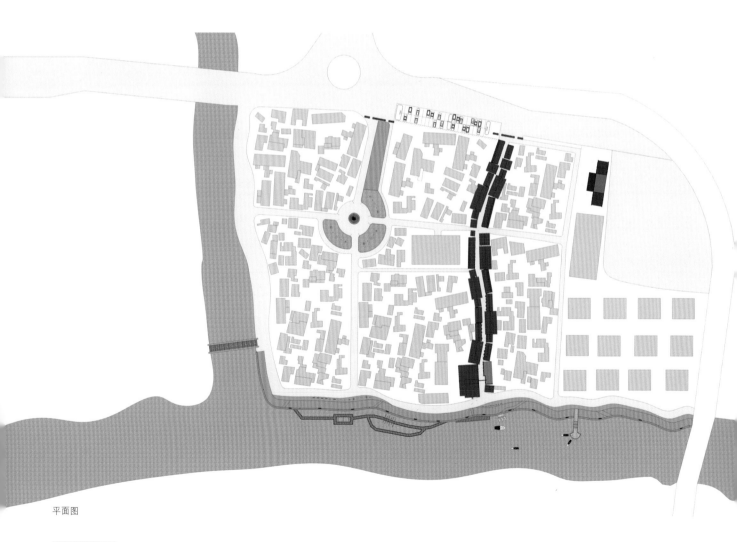

平面图

鸟瞰图

设计感悟

首先，我要感谢景德镇陶瓷学院给予了我如此丰富多彩的 4 年大学生活，感谢每一位领导和老师。感谢我的指导老师徐进，本设计是在徐进老师的指导下一步步完善的。

通过对景德镇三间庙古街区保护和改造的设计分析，我得出了以下结论：古街区保护改造设计的最终目的，是要保留我们自然和文化遗产中有价值的重要部分，为我们未来的世世代代所用、所喜爱。尽管目前我已经完成这个设计，但相对于三间庙保护的迫切性与复杂性还远远不够，并且设计中还存在一些不足，三间庙保护和改造还需要更多研究人员的关心。

最后感谢大赛各位评委老师对我的设计进行了严格的评选。

融
——西安桐树湾小区规划设计

Integration
—The Xi'an Tongshu Bay Residential Area Planning and Design

主创姓名： 丁亚虎
所在学校： 西北农林科技大学
学　　历： 本科
作品类别： 居住区环境设计
作品名称： 融
　　　　　　——西安桐树湾小区规划设计
奖项名称： IDEA-KING 艾景奖铜奖

设计说明

桐树湾商住小区位于陕西西安东二环与马旗寨路东南角。占地面积24 000平方米，景观面积为8000平方米，包括经济适用房和商品房两个部分。桐树湾位于大明宫遗址规划带。西安市长期受城市化的环境影响，人们缺少自然舒适的环境，渴望寻求郊外的田园风光。同时本土文化元素丢失严重。由于只重视公共设施上的乡土文化而在面对自己居住的环境时人们常常忘记这些元素，从而使居住环境和周边的历史文化格格不入。这在一方面也影响了城市的统一性和完整性。与此同时人们在利益的驱使下越来越注重建筑高度。而这就严重影响到地面活动区的采光性。传统小区只

在乎硬质装饰，丢失了植物和建筑的特色，桐树湾也不例外，传统文化也丢失。方案注重传统文化元素的应用，无论是总体规划还是局部小品都融入了东方的历史沉淀。由于居民生活用水的浪费严重，加上当地气候干燥少雨。所以湿润的自然环境更为重要。因此该方案采用了雨水和生活用水回收再利用系统。利用回收周边居民的生活用水和雨水经过净化处理用于水景和植物用水。这有助于帮助改善周边环境和湿地能够拦截和管理洪降水的作用。同时也起到了美化环境的作用。由于周边的建筑过高，影响到小区的地面的采光和通风，所以方案设计了大面积的高空观景平台。这样，

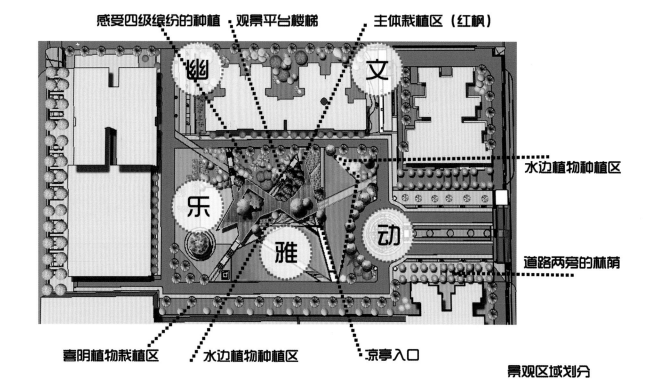

景观区域划分

在解决采光的同时也丰富了景观的单一性。同时充分应用乡土植物。确保空气的清新度。将给树木、草地和湿地也提供了健全的栖息地。尤其是树木在夏季能够遮蔽建筑和人群，在寒冷气候里遮风挡雨。更是宜人气候的保证。因此桐树湾将"以人为原则"将环境、文化、经济和生活质量的四元体系为规划的基础从而达到"天人合一"。

设计感悟

人类面临着全球气候变化、经济发展与可持续发展冲突、环境恶化等挑战，可持续发展是我们唯一的选择。从城市规划到建筑单体的设计再到小区，可持续发展设计可以带来商业利益，不仅可降低运营成本，提高使用者的满意度，同时也降低了将来关于低能源消耗和碳排放的规范所带来的风险。可持续设计还意味着对社会可持续的关注，桐树湾作为高档住宅小区在已有的环境基础上尊重自然，将城市郊区的田园风光引入到小区当中。再加上古典元素的引用和水资源的循环使用将小区换上了一件有机衣服。使小区更具有活力，更加和古都西安的城市风貌相结合。

视点分析图

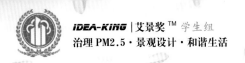
乐之韵国际花园景观规划创意方案

The Creative Landscape Planning Scheme of Le Zhi Yun
International Garden

主创姓名：严思文

所在学校：鲁迅美术学院

学　　历：本科

指导教师：马克辛

作品类别：居住区环境设计

作品名称：乐之韵国际花园景观规划创意方案

奖项名称：*iDEA-KING* 艾景奖铜奖

设计说明

根据环境地形特点，本小区自然分隔成北区和南区。

整个小区设置出入口两个，其中北区一个，南区一个。

南北小区主出入口处分别设置邻里中心。北区包含有亲水广场、便利商业、健身中心（内设室内游泳池）。南区设有活动中心。网球、羽毛球场及幼儿园等辅助设施分置于南北两区。

根据日照要求，部分住宅建筑呈角度条状布置，不如方位角偏东或偏西大于15°，以保证日照间距。经过日照分析，多层住宅点式楼高层建筑的影响。由于紧凑的布置最大限度地提高容积率。

住户机动车和非机动车主要停放在地下机动车和半地下非机动车停车库，主要车流不进入住宅之间的宅前绿地空间，从而保证了行人和居民户外活动的安全性，并提高了公共绿地设施的使用率。

宅前绿地为硬质和软质景观相结合。在紧急情况下，如搬家、救火和救护车，可临时进入接近住宅。结合现有水源和景观形成河岸步行景观带，并与各主题景点共同形成生态景群。

社区防犯罪设计（Community Crime Prevention by Design）原理在本小区的运用：亲近的邻里关系、无视线遮挡的公共设施和住宅入口处理以及明亮的路灯等，有利于防止犯罪行为。本小区住宅形式为小高层，南北双侧入口。居民可安全进入两侧宅前绿地休憩活动。宅前绿地成为居民聚集交流场所、从而形成强烈的场所拥有感。居民互相熟识，增添罪犯恐惧感，减少罪案发生率。

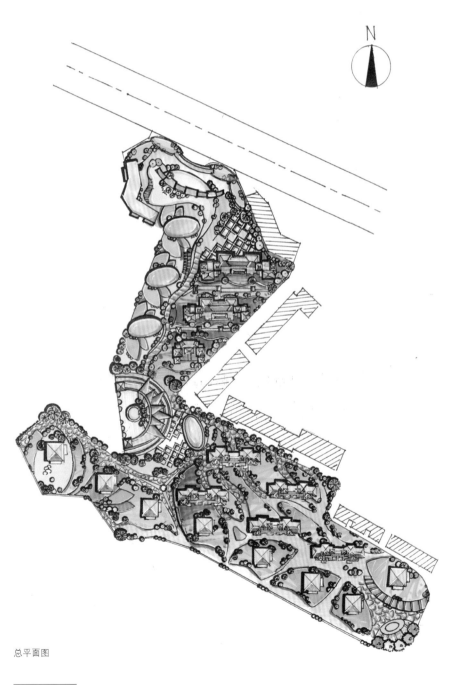

总平面图

生入口效果图

次入口效果图

设计感悟

　　人的生活离不开建筑，建筑组成居住小区，居住小区构成了我们的环境，环境是构成自然的主体，然而人又是自然的产物。因此，在本规划设计中主要考虑"人与自然"之间的和谐关系，坚持以人为本的设计理念。设计中以生态环境优先为原则，充分体现对人的关怀，坚持以人为本，大处着眼，整体设计。在规划的同时，辅以景观设计，最大限度地体现居住区本身的底蕴，设计中尽量保留居住区原有的积极元素，加上合谐亲切的人工造景，使居民乐居其中。

　　继承传统文化中的"天人合一"的建筑规划理念，并却尽可能地解决和完善了人们观赏、娱乐、休闲、集会、居住、健康、工作、交流等之间的关系，从而达到"人与自然和谐统一"这一永恒的主题。

　　居住环境是人类最为重要的生存空间。居住与人类之间的密切关系世人皆知。在本规划设计中注意与周边环境的协调，在内部环境中强调生活、文化、景观间的连接，以达到美化环境、方便生活之目的。因此，处理好"自然—住宅—人"的关系，就是小区规划着重需要解决的问题。

鸟瞰图

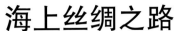

海上丝绸之路
——第九届中国（北京）园林博览会福建展园设计

Silk Road on the Sea
S—The Ninth China (Beijing) Garden Exposition Fujian
Exhibition Design

主创姓名：康惠玲
所在学校：福建工程学院
学　　历：本科
指导教师：陈芝
作品类别：立体绿化设计
作品名称：海上丝绸之路
　　　　　——第九届中国（北京）园林博览
　　　　　会福建展园设计
奖项名称：**iDEA-KING** 艾景奖金奖

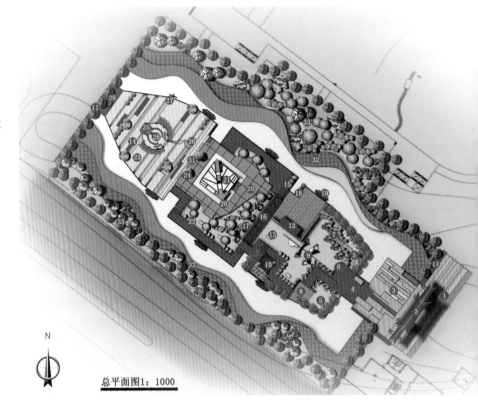

总平面图1：1000

设计说明

福建是"海上丝绸之路"的起点。在福建的发展历史中，海上丝绸之路起了十分重要的作用。

本方案将福建的发展与"海上丝绸之路"相结合。以海上丝绸之路为起点，以闽南地域文化特色为主线贯穿全园来诠释福建的发展历程。以一艘正在前行的船舰来寓意正飞速发展的福建。具体设计围绕绿色生态和地域特色做文章。寓意重现海上丝绸之路，提取闽南红砖文化作为全园贯穿性元素。利用闽南红砖文化中红砖的不同编排形式代表不同寓意这一特点巧妙的与设计小品及铺砖相结合。

根据福建展园的地块形状特点为长方形，将地块规划为"一轴、两带、三地块"。其中，一轴为船形景观地块的主轴。两带为两岸飘逸的时令鲜花带；三地块，将船形景观部分分为3个地块：分别是过去、现在、未来3个地块。船上景观部分为主要游览路线，船下部分以植物景观为主，结合大面积飘带形式的草花、灌木，强化丝绸之路形式，形成基质背景，以一定距离观赏为主。其次结合新技术新能源的运用例如垂直墙面绿化、屋顶绿化、喷雾降温花架、太阳能风帆等新技术来有效降低空气中PM2.5的浓度。

设计感悟

作为一名景观设计师，在面对类似这样的展园设计中，我们应该更多地去考虑人的需求和资源上的利用。园博会是一个大型的展览会，建设期间需要的材料等需求量都是相当大。怎样去合理利用这些资源必然是一个重要的着入点。其次如何去利用少量的资源去达到自己所需要的效果也是很重要的一部分。在展园的设计上必须有明确的设计原则。

设计中必须考虑到绿色生态可持续发展原则。园博会可以理解成是一种大型的展览会，在这样大型的展览会展览

一般是有一个起止日期的。设计师在设计上面承担着局限和创造两个矛盾,既要设计出有创造力的作品,又不能偏离展览作品的中心,并且在会展场地和资源上要做到以人为本怎样合理利用资源和怎样做到资源可回收利用。所以在设计原则上不能脱离以人为本、绿色循环、永续利用这 3 点。

其次必须考虑到地域特色与文化传承原则。在展园的设计初期,设计师必须了解地形地域特色的同时要把握设计的核心以及展园所要展示给游客的内容。脱离了这个核心再出色的设计置于展园中便失去了意义。在设计作品富有创造力的同时必须嵌入地域特色和文化特色为元素,贯穿全园。

鸟瞰图

叶绿体
——城市立体过滤装置

Chloroplast
—City Spatial Filtering Device

主创姓名： 危莹
成员姓名： 王谧子 李文涵
所在学校： 华中科技大学建筑与城市学院
学　　历： 本科
指导教师： 甘伟
作品类别： 立体绿化设计
作品名称： 叶绿体
　　　　　　——城市立体过滤装置
奖项名称： **iDEA-KING** 艾景奖银奖

设计说明

随着人类已经全面进入工业化时代，交通堵塞、大气污染严重，热岛效应明显。同时人口密度的增长导致建筑密度的加大，建筑与建筑中间出现越来越多的负空间。

热岛以串联的形式分布在城市缝隙当中，我们从中提取了细胞的形态，结合植物中叶绿体制造养料的功能，提出了类似于叶绿体的城市立体过滤装置。城市的现状无法提供大面积纯粹的绿化，但是在空中还存在着一定的利用空间，本设计构想在相邻建筑之间在建筑与建筑之间架构一种净化空气的绿膜，作为高层建筑面积和功能上的拓展，在城市街道的上空构建绿色的廊道，作为景观设置美化整个城市。

这个网状的膜结构是个自给自足的过滤系统，不仅能够解决高温和扬尘的问题还具有雨水循环利用系统达到节约用水的目的。

设计感悟

通过比赛，我们学到了许多，也成长了许多。在这过程中，团队成员都牺牲了大部分的休息时间，每天冒着酷暑到工作室。第一次与团队的成员合作，开始不免有些生疏，通过设计比赛的磨合，大家都成长了、了解了。在提出方案阶段，我们以很多以前的竞赛获奖作品做参考，并学习其中的表达技巧。为了提出更新的想法，我们做了不同的尝试，大家一起讨论，发散思维，而并不是一味地走老路。在指导老师的帮助下，我们终于有所突破。但在效果方面还是存在瓶颈，三番五次地修改让我们几乎失去信心。经大家一起努力，便没有什么难得住我们。每天相互交流，相互鼓励，最终取得了比较满意的成果。

我们都认识到，团队合作的精神和相互交流学习是最重要的。设计来源于生活，只有在平时就注意积累才会有所突破。

在效果方面也要多加练习，掌握好软件知识，才能更好的表达出概念。虽然有辛苦，也有压力，但我们永远对生活充满激情，对事物有着敏锐的洞察和好奇心，对明天充满渴望，这就是我们喜欢的生活状态。

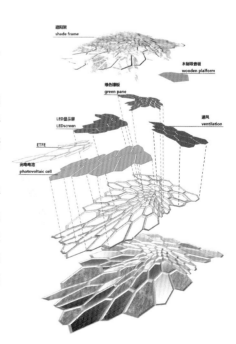

遮阳架
shade frame

木制搁音板
wooden platform

绿色搁板
green pane

LED显示屏
LEDscreen

通风
ventilation

ETFE

光电电池
photovoltaic cell

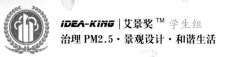

反区域线性联动
——校园空中花园(海南大学宿舍楼群空中花园)

Linear Linkage of Anti-Region
—Campus Hanging Gardens (Roof Greening for Hainan University Dormitory Buildings)

主创姓名：庞洋 李杰 徐艺瑄

所在学校：海南大学园艺园林学院

学　历：本科

指导教师：陈翀

作品类别：立体绿化设计

作品名称：反区域性联动
　　　　　——校园空中花园（海南大学宿舍楼群空中花园）

奖项名称：**IDEA-KING** 艾景奖银奖

设计说明

由于宿舍是一个学生聚居的区域，人与人之间被动的拉近了距离，宿舍就成为了一个心理上安全性与私密性较高的地方，人的安全距离就相对小了。这个因素使宿舍很容易成为人与人集中交流的空间。人与人在宿舍的距离使得这个场所有着其他场所不具备的交流优势，此时人与人的戒备心较低，距离较近，故促成自然交流的概率很高。而且宿舍的私密性也决定了此区域发生的交流内容更广更深层次。

然而宿舍楼中，又以每间宿舍相分隔，专业与专业间相分隔，年级与年级之间相分隔，故人容易区域化。而楼顶则是宿舍内唯一融合的大面积交流空间。所以大学宿舍的屋顶是非常具有开发价值的地方，值得我们好好去设计，去研究。

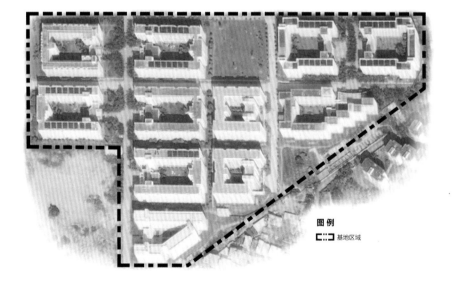

图 例
基地区域

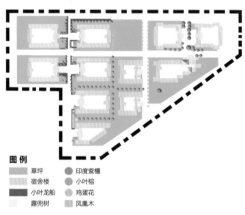

图 例
草坪　　　印度紫檀
宿舍楼　　小叶榕
小叶龙船　鸡蛋花
露兜树　　凤凰木

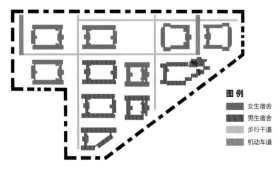

图 例
女生宿舍
男生宿舍
步行干道
机动车道

基地平面分析

基地地面交通以步行道为主，宿舍楼群可按男女生大致分为南北两部分，其中一男生宿舍较为集中，且大部分不被交通流线分隔。

地面绿化一草坪为主，辅以低矮灌木及中型树木，生长状况优良。宿舍之间无高大树木分隔。

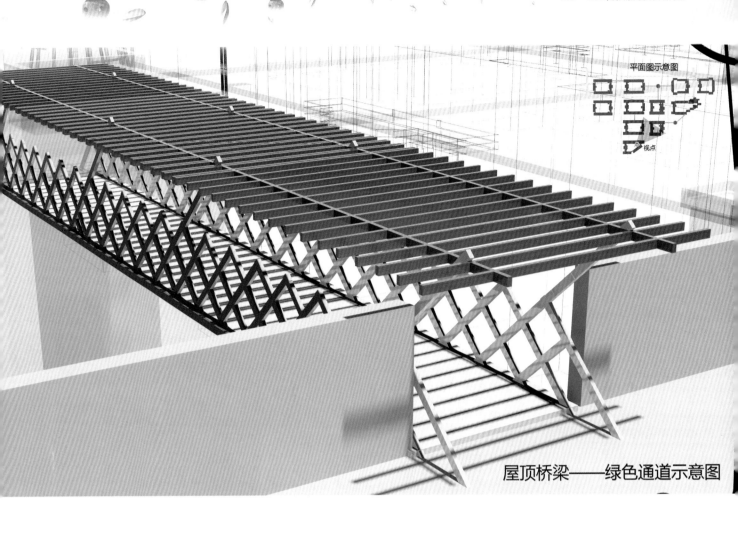

平面图示意图

视点

屋顶桥梁——绿色通道示意图

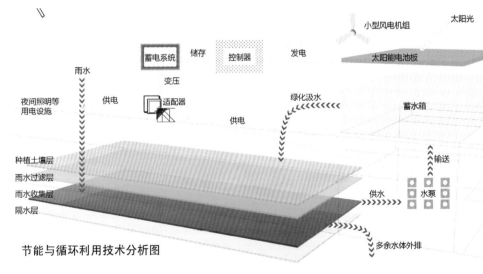

设计感悟

设计后真的感觉——创作源于生活。之所以有这个想法，是因为我们都很热爱楼顶。我们学校的楼顶其实没有任何修正，甚至是施工垃圾或生活垃圾的堆放处，然而我们却觉得它很美——因为上到楼顶的心情很美，感受很美——有凉爽的海风，美丽的海景，更可以接触到许许多多的同学。每次上楼顶接触不同类型的同学都有不一样的心情和收获，有失恋的同学，有迷茫的同学，有思考的同学，有讨论学术的，有讨论艺术的……这些同学在楼顶似乎十分安心，畅所欲言，然而在其他公共场合却很难有这样的交集。发现了楼顶的神奇之处，觉得不去研究设计并好好利用起来确实太可惜了，所以我们才有了这么一个想法。于是我们开始调查，开始收集资料，研究方案、设计。在设计过程中，我们

有很多大胆的想法，但考虑到一些设计不切实际就想放弃。后来在陈老师的指导下，我们大胆保留了自己的创意，作出了这个创新的概念设计。这个设计在大胆的创新中，不仅结合了学习和生活，

更是对"楼顶精神"的一种继承，我们十分期待设计能被实现的那一天。做完设计以后，感想颇多，对楼顶的那份钟情又多了一分。

小型风电机组
太阳光
蓄电系统
储存
控制器
发电
太阳能电池板
变压
雨水
供电
适配器
绿化汲水
蓄水箱
夜间照明等用电设施
供电
种植土壤层
输送
雨水过滤层
水泵
雨水收集层
供水
隔水层
多余水体外排

节能与循环利用技术分析图

打造生态和谐学习环境
——海南大学应用科技学院教学楼屋顶绿化设计

Creating an Ecological and Harmonious Learning Environment
—The Teaching Building Green Roof Design of School of Applied
Science and Technology, Hainan University

主创姓名：彭仁志

所在学校：海南大学应用科技学院

学　　历：本科

指导教师：高联红

作品类别：立体绿化设计

作品名称：打造生态和谐学习环境
　　　　　　——海南大学应用科技学院教学楼屋顶绿化设计

奖项名称： **IDEA-KING** 艾景奖铜奖

设计说明

海南大学应用科技学院地处比较喧哗的地带，北面马路，西面为工厂，上课噪声大，同时也有来自马路和工厂的污染物；教学楼为俄式建筑，教室不通风且没空调，夏季炎热。以上种种问题都对学习产生了不良的影响，为了给同学们一个好的学习环境，同时治理来自周围的PM2.5等污染物，屋顶绿化尤为重要。

该方案的设计目的在于降低来自周围环境的污染物，清新空气，同时给教学楼加上一把太阳伞，降低室内温度，给同学们一个好的学习环境。结合教学楼自身和周围和环境，设计应遵循以下几个原则：①安全性，要注意防水和承重，将雕塑、亭、花架等放在立柱的上方；②实用性，为同学们提供一个好的学习的场所。同时也要起到教育作用；③生态性。

以本地植物为主，且适合屋顶的生活环境，吸附污染物效果良好，如龙血树等。

小品设计要符合主题或者能降低空气中的污染物，如写有校训的雕塑、水幕墙等。

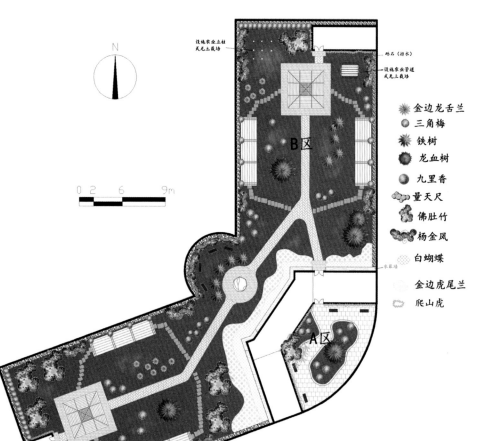

总半面图

设计感悟

通过对海南大学应用科技学院教学楼的屋顶进行绿化设计，我感悟很深。在查阅相关资料中，我了解到在工业高度发达的当今社会，人们的生活环境正在不断的恶化，水污染、大气污染、土壤污染等一直困扰着人们的生活，近年来 PM2.5 成为一个新的话题。PM2.5 等污染物的严重超标，直接导致了心肺疾病发病率的升高，严重损害人们的健康。

绿色植物是人类最亲近的朋友，很多人类不能解决的问题，绿色植物可以解决。治理 PM2.5 最好地办法就是进行绿化，然而随着人口的增多以及房地产事业的迅速发展，可用于绿化的土地越来越少，因此，屋顶绿化等立体绿化越来越重要。

海南大学应用科技学院周围都是工厂，来自外界的 PM2.5 等污染物时时刻刻都危害着同学们的健康，也影响着同学们的学习，因此有必要对教学楼进行屋顶绿化。对教学楼进行屋顶绿化，不仅能降低一定区域的大气污染物，降低室内温度，为同学们提供一个良好的学习环境；更重要的是，教学楼是教书育人的地方，对其进行屋顶绿化，有利于增强同学们的环保意识，在一定程度上减少污染物的产生。

建筑的绿色脉络

The Green Artery of Building

主创姓名：张清云
所在学校：桂林理工大学旅游学院
学　历：本科
指导教师：黄莹
作品类别：立体绿化设计
作品名称：建筑的绿色脉络
奖项名称：iDEA-KING 艾景奖铜奖

设计说明

　　在建筑的绿化设计中，植物的设计和搭配总是以一个依附关系出现，建筑为主体的绿化设计一直被人们所推崇，绿墙的出现似乎在打破人们对绿化是附属品的观念。故本设计是以建筑和绿化相辅相成为初始观进行景观设计的，从整体上来看，植物通过屋顶和墙体和建筑融为一体，让城市生活中的人们弱化对冰冷僵硬建筑的态度，用植物的质感，色泽感和层次感来让建筑内的工作者感受到大自然的气息，同时也将植物绿化和建筑的关系从主次变成共生关系。

　　屋顶花园的绿化和墙体的绿化不仅充分利用了有限的空间，还从一定的程度上改善了人们的精神状态，让人们从紧张的生活中放松出来，回归自然。外墙和内墙的墙体绿化犹如建筑的血脉紧紧的相连，成为一个完整的绿化体系。

总平面图

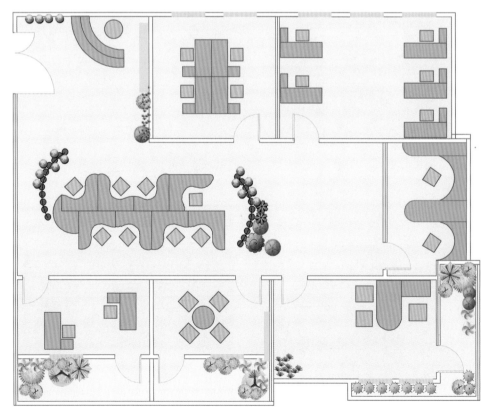

N

┈┈ 绿色屏风
　　 绿墙
🌿 南天竹
🌵 棕竹
🌼 长春花
✿ 非洲茉莉
🌿 鸭脚木
✾ 黄素梅
✳ 含笑
🌿 四季桂
🌴 散尾葵
🌸 君子兰
🌺 芦荟

效果

设计感悟

　　这是一个建筑与景观的共生关系作品，或许很多人还是觉得景观就是建筑的一个附属品，建筑就应当是主题，景观始终没有一个主要的存在感。这是一个比较偏激的观点，在人们生活日益丰富的现代社会，人们对绿化的需求越来越迫切，建筑即便是再奇特也不能够满足人们的精神需求。景观是一种既可以满足人们的心里需求，又能够改善人们的生活环境的一种社会产物。绿墙就如同一个垂直花园，瞬间引发人们的新鲜感和好奇感，这也是提升人们生活品质的一条重要途径。

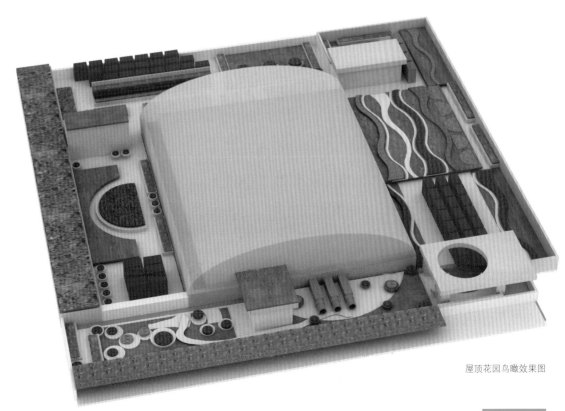

屋顶花园鸟瞰效果图

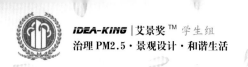
感官屋顶花园设计

The Sensory Design of Roof Garden

主创姓名：魏笑笑
成员姓名：王闰霏 郝玉兰
所在学校：大连工业大学艺术设计学院
学　　历：本科
指导教师：张妤
作品类别：立体绿化设计
作品名称：感官屋顶花园设计
奖项名称：**iDEA-KING** 艾景奖铜奖

设计说明

利用人类五种感觉器官综合感知环境，充分站在不同使用人群的角度作此感官屋顶花园设计。通过人的空间感觉，运用人的感官体验不同的环境行为，借用于武汉市保利·心语花园某商业屋顶对人的感官与环境进行研究，通过对空间视觉、触觉、味觉、听觉、嗅觉的设计与感官传达，尝试作出一种弱化建筑强化屋外环境，一种不同以往的户外环境空间。

其中，充分考虑到残疾人群的使用功能，以及老人小孩的不同体验空间，具有一定的趣味性和教育意义。同时，也给人们提供一个全面立体感知环境的绿色空间。

总平面图

设计感悟

随着现代社会城市化进程不断加剧，使现代人尤其是城市居住人群对自身环境的五官感受越来越淡漠，导致环境对人们的五官刺激减弱，由此致使城市园林景观的美化保健功能逐渐减退。近些年中国城市人口老龄化现象日趋明显，老年人口增多。这对城市园林景观的设计提出了更高的要求。加之幼龄儿童、残障人士都有使用绿地的权利和要求，而我国现有的园林设计往往不能满足他们的需求。因此，可利用五种感官综合感知环境的设计成为一种趋势，能使人们全方位感受园林的"无感"设计理念逐渐被重视，探讨如何通过景观设计来满足不同人的需求，给人们提供一个全面立体感知环境的绿色空间，是此次屋顶花园设计的主要思考问题，以此创建和谐社会。

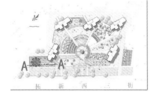

孝妇河河流景观及周边环境设计

The Landscape and Surroundings Design of XiaoFu River

主创姓名：王雪垠

成员姓名：李少晨 戚芳妮 张春雷 刘晓武

所在学校：北京林业大学

学　　历：本科

指导教师：郭洪武 史钟颖

作品类别：旅游度假区规划

作品名称：孝妇河河流景观及周边环境设计

奖项名称：**iDEA-KING** 艾景奖金奖

设计说明

该设计项目位于山东省滨州市邹平县长山镇境内的孝妇河，设计全长约 2.6 千米，主要设计范围为河流河道及周边环境的景观设计。项目主旨在于通过利用非传统水泥化的河道处理手法，为生活在河流两岸的居民提供休闲活动的场所，增强人们与河流的联系；最大限度地利用河流本身的自然形态，避免渠化从而增强自然的自循环能力与生态自修复能力，进而提高 PM2.5 的治理水平，改善环境，创造和谐生活。

项目设计利用绿道设计理论，恢复原有河道的生态功能，减少对当地乡土植物的破坏，并将河流打造成为一个具有 3 个层级的散步通道，3 个层级相互交汇，从竖向上丰富了景观的层次，形式上与麦穗的形象结合，将麦穗的 3 个部分——麦秆、麦穗和麦芒设计成为步道、休憩平台和具有时代感、夸张的构筑物。周边小型湿地公园和工厂的旧址改造主要意图是创造相对集中的活动空间，促进人与人之间的交流。

设计手法上主要利用具有强烈反差的材料——锈蚀的铁板、钢板等与自然的野草及乡土植物之美进行对比，增强视觉冲击力，形成工业与自然生态的对话，同时也符合该地区的地域发展特色，引起人们的共鸣。另外，就地取材也减少了资源的浪费。

设计感悟

为了更好地完成设计，我们设计小组一行人对项目地块进行了为期一周的实地考察，在考察的过程中，我们发现该河段污染问题比较严重，由于经济的发展和工业化及城镇化水平的提高，人们与河流的联系渐渐疏远，不再像过去一样在河中嬉戏、玩耍，反而使河流沦为人们倾倒日常生活垃圾的垃圾场，自然系统遭到严重破坏。

走访的过程中了解到当地政府为了改善环境，提高人民生活水平，提出了将河流渠化的治理方法，仅仅用了几天

总平面图

的时间就将河流两岸及河道中的部分植物完全砍除,严重破坏了自然环境。对此,我们小组成员也觉得十分惋惜,因此决定在设计的过程中要尽可能少地改造原有地形及自然环境。

设计的过程中,我们也试图挖掘当地的地域文化特色。我们发现该地区发展脉络非常清晰,历史进程过渡痕迹明显,因此我们决定利用这一特色,在景观中营造完全不同的两种感觉,让具有工业特色的景观与大自然进行对话。

通过调查问卷我们发现,当地居民每到节假日就会坐车到镇里的公园散步休闲,而周边却没有供人们的休闲娱乐的场所,这也是我们项目设计的初衷——提高人们的生活质量,改善人们的生活水平。

河道效果图

工厂效果图

辰山碳足迹教育体验园规划设计

Chenshan Carbon Footprint Education Experience Park Planning and Design

主创姓名： 黄斌全

所在学校： 同济大学建筑与城市规划学院

学　历： 本科

指导教师： 董楠楠

作品类别： 旅游度假区规划

作品名称： 辰山碳足迹教育体验园规划设计

奖项名称： iDEA-KING 艾景奖金奖

设计说明

　　基地位于上海松江区，现辰山植物园内，辰山山体的南部，面积为5.3公顷，其中矿坑面积为1.4公顷。土地现状为矿坑迹地及台地，地形丰富多变，有60米深的采矿坑和垂直的悬崖峭壁。

　　本项目首先对基地内自然现状进行全面调研，叠加得出千层饼式的土地适宜性评价图，并依据此进行整体格局的专项规划。通过将碳足迹的概念衍生至食、住、行、游、购、娱等生活的方方面面，将生态理念以不同媒介和参与手段反复强化，从而加强解说效果，使生态理念深入人心。本项目的亮点在于，创新性地引入了碳足迹卡的概念，使原本不可

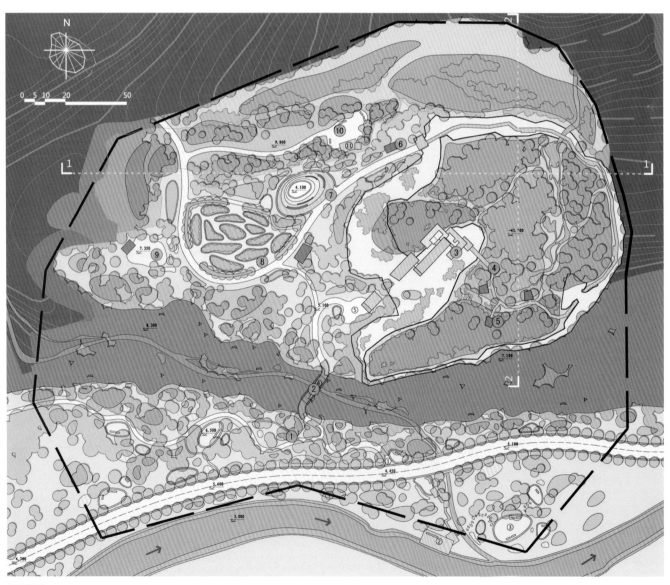

总平面图

入口

观景斜廊
悬崖餐厅
听虫闻鸟小屋

出口

鸟瞰图

视的生态概念量化融入生活的点点滴滴，让原本枯燥的生态学习变得妙趣横生，每个参与者可切身感受生态带来的生活变化，加深感受和体验效果，使生态理念深入生活中的每个细节。

设计感悟

对于生态规划设计，我虽说资历尚浅，经验不丰，然犹有一己之见。以我而言，生态规划设计可分3等：最基础一等，谓之"独善其身"，对于生态破坏严重、资源严重匮乏的地区，通过合理的规划手段，进行全方位的保护，使地区生态逐步稳定，避免进一步破坏。中间一等，谓之"稳中有升"，在资源保护的同时，结合地区特色与资源，平衡旅游开发与资源保护的关系，以保护为主开发为辅，在生态稳定、资源保护的上，提升旅游品牌与价值。最高一等，谓之"兼济天下"，生态理念与原理不应只有科学家和规划师懂得，而应让全天下的人民懂得并理解，否则即使保护了一亩八分田，也会有更多的土地和资

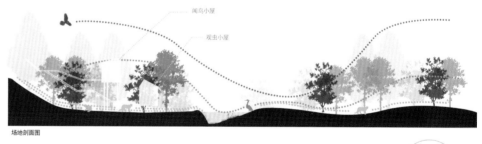

闻鸟小屋
观虫小屋

场地剖面图

观虫闻鸟小屋剖面图1

观虫闻鸟小屋剖面图2

矿坑生态教育剖面图

源被破坏，因而生态保护、旅游开发与全面的生态教育的结合，才是好的生态规划设计。

通过对于现今辰山植物园的调研与大量的文件访谈，我了解到如今中国生态教育解说系统的薄弱，解说形式单一，解说效果不佳。因而，完整全面的解说

形式和新颖独到的解说方法也是本次项目所追求的。通过本次项目规划设计的实践经历，使得我加深了对于生态理念和生态技术的理解，丰富了生态手段和规划设计的技巧。

绿野仙踪
The Wizard of Oz

主创姓名：李冰
所在学校：哈尔滨工业大学建筑学院
学　　历：本科
指导教师：曲广斌
作品类别：旅游度假区规划
作品名称：绿野仙踪
奖项名称：iDEA-KING 艾景奖银奖

设计说明

你是否有永远忙不完的工作？你是否整天与计算机为友？你是否每天被各种作业搞得焦头烂额？那你一定憧憬绿叶红枫，碧水蓝天，鸟语花香！那你也许希望可以大汗淋漓地运动一番！或者只是找一片宁静草地依偎在树旁读书……

本设计满足你的所有需求，让游客如置身于丛林，融入自然。场地中有密集的树丛设计流线变换丰富，景观层次感强。小品以及公共设施均力图贴近自然。大限度地保留原生湿地，体现其原生态。还设计了湿地博物馆与试验体验田，希望起到一定的教育、宣传的作用。

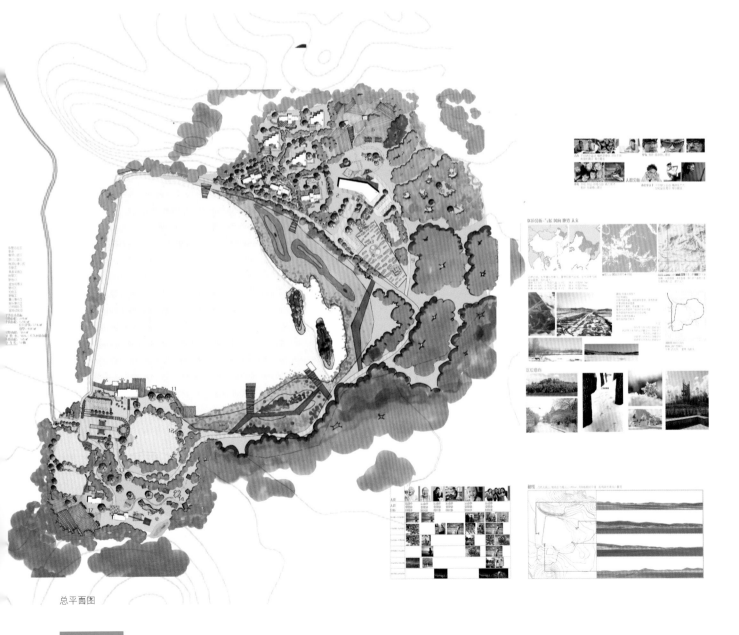

总平面图

风向
冬季空气 | 冬干保温
夏季空气风及 | 排干通风降温

视线

日照

交通

共建区属平面

风向
冬季空气 | 冬干保温
夏季空气风及 | 排干通风降温

视线

日照

交通

夏令营平面

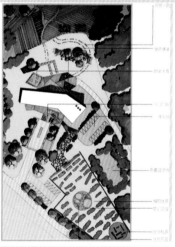

梦幻拼园

世外桃源

 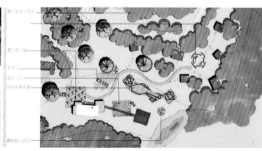 

景观节点　　　A—A剖面图

树屋区

瀑地节点

迈向第三自然

Twards the Third Nature

主创姓名：王蓉
所在学校：浙江工业大学
学　历：本科
指导教师：张新宇　马骏
作品类别：旅游度假区规划
作品名称：迈向第三自然
奖项名称：iDEA-KING 艾景奖银奖

设计说明

本方案的设计意愿是想创造一个"第三自然"式的公园，能够成功处理城市和自然之间的关系，以人为本，满足人的各种活动的需求，并且利用垂直绿化使景观建筑更加生态、环保。公园分为"密林区""草坪区""滨水区"3个部分来设计，最外围为密林区，处于城市街道与公园之间的过渡地带，起到阻隔及吸附大部分空气颗粒的作用。中间地带为一座集绿色生态、游人休憩为一体的景观连廊及舒缓草坪区，为主要人群聚集地带。靠近西湖的地带为类似湿地系统的滨水地带，起到减弱人类活动对西湖的负面影响。

其中，重点设计在景观连廊上面。连廊分为上下两层，串联了4个圆形节点。通过连廊创造了很多不同的景观空间，上部分为开敞式空间，适合观景。下部分通过结合水景，铺装的变化，创造了很多私密性休憩空间。连廊部分中空，用来作为休憩空间或是连接上下两层的楼梯。整个景观连廊的变化丰富，可以满足人们不同的需求。连廊外部种植攀援性植物，符合可持续性原则。

第三部分的滨水区临近西湖，主要为自然形态的景观，分布着很多水池，类似于湿地景观，适合垂钓，野餐等户外活动。

图例 LEGENDS

ⓐ 树阵广场 \集散 餐饮
ⓑ 城市阳台 \观景 眺望
ⓒ 临水平台 \垂钓
ⓓ 台阶草坪 \休憩
ⓔ 观景台 \观景 眺望
ⓕ 下沉式座位 \休憩
ⓖ 中心广场 \节事 餐饮
ⓗ 花带
ⓘ 景观连廊 \休憩 观景
ⓙ 连廊花园 壹
ⓚ 连廊花园 贰
ⓛ 连廊花园 叁
ⓜ 连廊花园 肆
ⓝ 旋转上升台 \连廊入口
ⓞ 厕所
ⓟ 自行车停靠处
ⓠ 停车场
ⓡ 喷水广场 \休憩 集
ⓢ 滨水休憩带
ⓣ 小节点

0米　10米　30米

总平面图

连廊部分中空，可以自由穿行，内设有休息座椅，冬暖遮凉，并有连接上下的楼梯。

具有集散功能的小平台

连廊地下的空间采用不同的铺装分割为不同空间并配合水景，在夏季创造出凉爽

连廊地下的空间也是人们聚会闲逛的好去处

景观连廊蜿蜒穿过整个长桥公园，一方面作为密林区与舒缓草坪带的过度及阻隔城市热流直接穿过公园，另一方面，通过该连廊营造出不同的景观空间满足人们各种休憩需求

景观连廊提供了上下不同的休憩空间，特别是下部空间，设计了多种座椅，并且四周均被植物覆盖，在炎炎夏日非常舒适

景观连廊位于公园的中部，是密林区和舒缓草坪的过渡地带，是整个公园的主要景观区域。连廊分为上下两个部分，由四个楼梯区及一个通往上升面台和缓坡平台构成，每个楼梯平台的高差约为3m，上部分为开敞空间，适合登人眺望，下部分则主要为私密空间，适合人们休憩。四个楼梯平台的植物种植上呈现春秋、夏冬、秋绿、冬青为四季主题。

景观连廊分析

景观连廊的表面选用石材地板，种植爬山虎等攀援性植物，几年后，植物覆盖连廊的大部分墙面，远远望去，与周围解解散的环境融为一体，仿佛是一条绿色的飘带，带来一片绿意盎然，同时也降低了周围环境的温度，为人们休憩营造了舒适的环境。

景观连廊各个通过口配合城市气流的消散方向，采取倾斜的开门方式，最大程度上减少直接从通过口流通的气流。

直角开门

逆气流角度开门

停车场——立体绿化

设计感悟

地球上原有的、原始的自然之物叫做"第一自然"。随着人类文明的进化，创造了"第二自然"，即现代文明。科技的发展赋予了它多重的形式。然而，这第二自然所带来的冲击最终却超出了人们的意愿，产生了我们今天很多的环境问题。

然而在当今环境危机的威胁下，寻找第三种途径变得迫切必要。我们需要从技术上、文化上重新建立"自然"的概念，由此产生了一些哲学家所说的"第三自然"。今日的情况迫使我们必须作出一个全面性的思考，同时也向我们提出了一个挑战：创造出一种新的自然，在这里，人类和周围环境可以共同和谐生存。

在本方案里，如果把西湖比作第一自然，周围的建筑道路环境为第二自然，那么设计的公园就是这个"第三自然"。第三自然是一种可持续发展的自然，一种必须将各种环境问题结合起来的自然。在城市中，景观设计师的工作就是创造出人工环境所不能提供的价值，在坚硬冰冷、无生命的建筑物世界和柔软温暖、活生生的居住者之间建立过渡性的元素。

植物是一个很重要的要素，使得城市变得更加生动、更加感性，因为它同时为两个不同的世界带来质量。在本方案设计中，采用了垂直绿化的方法，使得景观建筑具有亲和力，注入更多的感性。使得人们愿意并且喜欢来到公园。

湿地的远见

Foresight of Wetland

主创姓名： 游雅

成员姓名： 周琳 凌犀 朱家亮

所在学校： 合肥工业大学建筑与艺术学院

学　　历： 本科

指导教师： 李峻峰

作品类别： 旅游度假区规划

作品名称： 湿地的远见

奖项名称： iDEA-KING 艾景奖银奖

设计说明

　　基地位于安徽合肥市庐阳区三十岗水源保护地，在合肥市水源地——董铺水库的西北角。处理水源地、湿地保护、旅游开发之间的关系，成为我们需要面对的问题。基地范围内遗存三个村落，如何保存基地的旧有属性，贯穿了我们设计的始终。我们试图以最恰到好处的手法，理清水、土地、生命和生活之间的关系，给出最合理的设计，通过再生、更新的设计理念将现有场地改造成水体净化、生态保育、审美启智、防洪的综合生态服务功能的湿地公园。

　　对此，我们的设计策略是通过建立不同的系统，包括水系统、游憩系统、生物系统，来改善遭到人类破坏的自然环境，然后场地经过时间的洗礼，达到湿地演替的目的，我们对湿地演替的设计分三个阶段：第一阶段，场地内基础生态系统的恢复；第二阶段，游客的适当引入；第三阶段，经过时间的推移，湿地蔓延、场地的活动类型转型并且伴随着活动强度的减弱。

总平面图

　　整个场地分为三个区块，湿地探险游线，教育展示游线和文化交流游线。

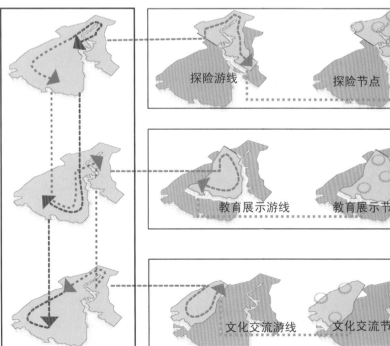

区域划分 流线分析

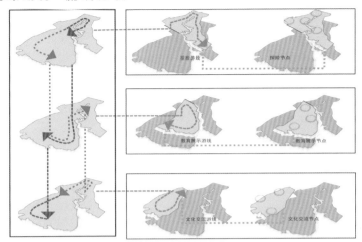

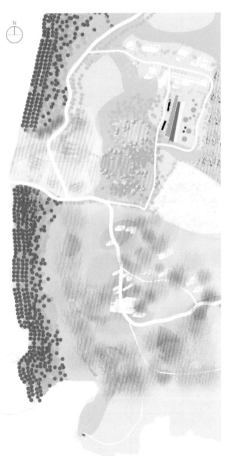

农夫市集

1.在保留部分建筑的基础上将场地与董铺水库进行联通，人为地加速场地自然演替的进程
2.随着时间的推移自然开始做功，并产生新的物种
3.物种丰富度达到平衡，并维持稳定

设计感悟

通过这次景观规划设计实践，对景观以及景观规划设计有了更深的了解与认识，首先一个良好的景观规划设计必需建立在完整的知识体系基础之上，其次景观规划设计并不是一种平面构图上的美感强化，它结合生态学、美学、人类行为学，对场地的功能和形式美起到强化作用。

从概念策划、概念规划到总体规划我们无不体现着对自然的尊重、对生态的了解以及对土地伦理的支持，以时间为横轴、以人类活动需求和场地的承载力为纵轴，三者相互协调为出发点，尽量避免"大手法"对场地造成破坏。实践的过程中也让我们认识到了团队之间相互沟通协调的重要性，虽然在遇到问题时会有分歧，但是总会找到一个妥善的解决办法。

西安楼观台化女泉景区景观规划设计

The Landscape Planning and Design of Xi'an Louguan Zhen Female Springs

主创姓名：荆宇璐

所在学校：西安建筑科技大学

学　　历：本科

指导教师：徐娅

作品类别：旅游度假区规划

作品名称：西安楼观台化女泉景区景观规划设计

奖项名称：IDEA-KING 艾景奖银奖

设计说明

可持续发展总体原则是"法自然"，即顺应自然而行。《老子》提出"道法自然"的理论，有着十分丰富的生态伦理思想。结合化女泉景区设计的实地调研、环境分析、地域性、文化性因素总体分析总结出化女泉景区设计的设计原则，并设计出有针对性的设计构想及方案。化女泉依托终南山优美自然风景、楼观台道教文化底蕴、周至关中民居乡土风情，通过累积小环境的设计，最大限度地保留原有建筑与果园，营造一幅自然和谐的乡野景观，为游客提供一个自然、休闲、本土、安静的活动与休憩城郊型休闲游赏区，与周边道教文化展示游览景点形成旅游资源的优势互补。

设计感悟

首先，旅游事业的发展，旅游景区人文景观大兴建设所能带来的是更多积极地推动旅游的作用，还是相仿无文化底蕴的构筑物给予人的反旅游重自然地感触？

其次，在大兴人文景观的同时该如何改善对当地自然环境的破坏。

再次，旅游开发的同时如何做到有效的结合自然，利用并保护自然，做到环境的可持续发展、景观的可持续、设计的可持续？

此次的设计让我对老子及他的一些思想产生浓厚的兴趣，开始认真的去深读"道法自然""无为"。无为在一定意义上，是一种法自然的手段，要达到无为而无不为的境界，是一种生态智慧。

1. 村口
2. 入口广场
3. 停车场
4. 民俗文化街
5. 中心景观区
6. 时蔬菜田
7. 桃园1住区
8. 杂果园采摘园
9. 品茶园
10. 茶圃
11. 化女泉广场
12. 化女泉保护区
13. 桃园
14. 桃源2住区
15. 退耕还林区
16. 登高观景平台
17. 坡地集水井
18. 特色农家饭庄
19. 季节性河流
20. 新农村规划住区
21. 观光农田

总平面图 MASTER PLAN
0M 10M 20M　　50M　　　　100M

总平面图

植被分析 ANALYSLS OFPLANTING

斑块

廊道

基质

物配置保留乡土树种，组建相对稳定的乔灌、乔草等多种复层混交种植结构的植物群落。

种植计划 PLANTING SCHEDULE

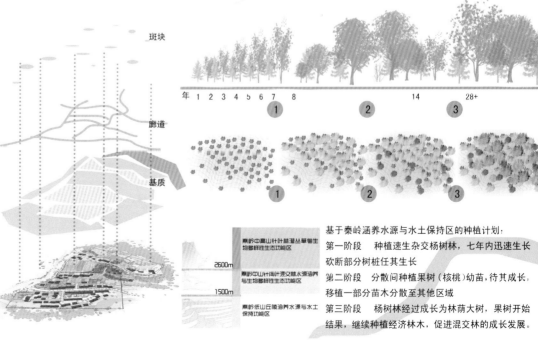

年 1 2 3 4 5 6 7 8   14   28+

① ② ③

① ② ③

2600m

1500m

基于秦岭涵养水源与水土保持区的种植计划：

第一阶段 种植速生杂交杨树林，七年内迅速生长，砍断部分树桩任其生长

第二阶段 分散间植果树（核桃）幼苗，待其成长，移植一部分苗木分散至其他区域

第三阶段 杨树林经过成长为林荫大树，果树开始结果，继续种植经济林木，促进混交林的成长发展。

广安西溪峡谷概念方案设计
The Conceptual Design of Guangan Xixi Valley

主创姓名：杨艳梅
成员姓名：田育民
所在学校：西南交通大学建筑学院
学　　历：本科
指导教师：傅娅
作品类别：旅游度假区规划
作品名称：广安西溪峡谷概念方案设计
奖项名称：iDEA-KING 艾景奖铜奖

设计说明

四川省广安市西溪峡谷是位于城市边缘场所的"城市峡谷"。它既是城市景观的残留处，又作为城市构成的一部分。可由于地形等条件的限制，场地的可达性不好，其现有景观资源种类与丰富度也没有足够的开发价值。因此，设计希望通过对该片区的重新定位，将该峡谷重新归还于市民，同时又适当考虑作为"红色旅游开发"的特殊区位优势。让该片区成为市民乃至周边游客的生活游憩地。

设计概念在于打造一个生态的城市与活力的自然。使人工的痕迹与自然达到完美融合，软硬质景观的穿插对比应用是主要的设计手法，从而打造一个宜赏宜居的双面城市名片，并辅以参数化网络地景的分析方法，根据人群聚集点与景观吸引力的影响范围等因子生成节点、场地、路径等。将"人"的因子切实运用于景观的规划中，让以人为本的和谐思想同时体现于人的空间感受与自然的接纳程度中去。

设计感悟

广安市西溪峡谷是位于城市边缘场所的"城市峡谷"。因此，进行好的开发可行性不佳，导致整个场地被闲置，成为了城市的生态死角。作为城市构成的一部分，其地理位置的隐蔽性使得绝大多数城市功能建筑不能赋予至内部，从而城市的发展也常常止步于峡谷景观区的边缘。

设计通过对广安西溪峡谷片区景观资源现状与广安市发展背景进行调研分析处理数据，对西溪峡谷景观规划的定

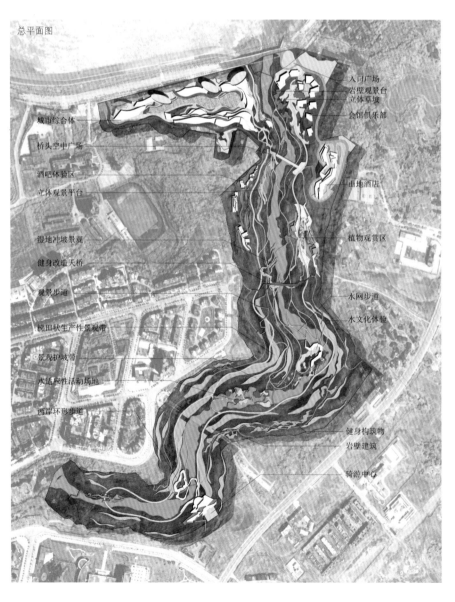

总平面图

城市综合体
桥头空中广场
酒吧体验区
立体观景平台
湿地冲坡景观
健身改道天桥
观景步道
梯田状生产性景观带
景观护坡带
水适应性活动场地
西岸环形步道

入口广场
岩壁观景台
立体草坡
会馆俱乐部
山地酒店
植物观赏区
水网步道
水文化体验
健身构筑物
岩壁建筑
骑游中心

概念生成探讨

设计说明：

地形较为陡峭，地形复杂，正好又是几大功能板块的交汇处。出于这样一个功能跟立体层次的考虑，将该地段赋以"源"的概念，既是峡谷景观段的前奏篇，亦为空间层次的发始端。

将酒吧建筑往高处移动，将河岸沿岸腾出大量户外活动空间，在河岸与建筑之间赋以景观游步观赏道，以有机的形态向自然肌理中穿插。

建筑形式也由仿岩石与仿山势开展，以流动的地势为参照。发展景观形态。

创造景观与建筑一体设计的思想，让大地托举建筑，让建筑溶于自然。

组织建筑与地形　组合观光步道

交通步道　酒吧建筑　交通步道　主园路　立体花池　　景观观景台　　　酒吧部分详细设计

造景空间

观览空间

平行空间

高架空间

剖面关系示意图

剖面1

剖面2

剖面3

透视效果图

植物观赏区详细设计

生态城市 活力自然
——西溪峡谷概念方案设计

杜鹃 rhododendron
天竺葵 Pelargonium hortorum
郁金香 Tulipa
牡丹 Paeonia suffruticosa
菊花 Flos Chrysanthemi
栀子花 Gardenia jasminoides

设计说明：

需应坡度变化，设计丰富的空间层次。利用基地现有的高差关系，形成半下沉空间，屋顶空间，高架空间，台地空间等，以满足不同人群的功能需要。从开放到半开放到私密空间，通过地形的处理就能得到，并且贴合地形变化，显得自然而不生硬。

透视效果图

位是，自然式城市公园，主要服务对象广安市市民。建立地形模型，分析坡度、高程、坡向等主要地理数据，充分熟悉场地，并运用参数化网络地景分析方法，根据人群聚集点与景观吸引力的影响范围划分出各个节点的设置范围，并赋予其适用于潜在服务对象的各类功能。设计的主导思想是生态化的设计，将峡谷景观与城市绿地有机结合，两者不再对立。再从场地中提取各自然因素的肌理，作为详细设计的形体设计依据。希望通过概念设计能够恢复峡谷的生态功能，改善峡谷的自然景观格局，城市消隐于峡谷，达到自然与城市的高度和谐。

布骆陀文化主题公园设计方案

Bu Luo Tuo Cultural Theme Park Design

主创姓名： 黄洪昆

所在学校： 广西工学院［广西科技大学（筹）］

学　历： 本科

指导教师： 陈波

作品类别： 旅游度假区规划

作品名称： 布骆陀文化主题公园设计方案

奖项名称： IDEA-KING 艾景奖铜奖

设计说明

　　该方案以祭祀壮族布骆陀神为主线，结合布骆陀文化体系的麽教宇宙"三界观"来介绍壮族历史悠久的文化。设计目标：打造壮族布洛陀文化之乡，传播壮家文化的圣地。

　　设计手法：布骆陀文化体系传说魔教的宇宙"三界观"分为三界，即天、地、水三界，根据"三界观"的竖向顺序排列和权力体系，围绕祭祀佈骆陀神为主的思想框架，来布局规划方案的竖向空间关系，体现布骆陀文化体系宇宙

总平面图

鸟瞰图

"三界观"的哲学思想，这种哲学思想在铜鼓的纹饰上有所体现。设计手法的表现形式：天界——雷公塔，塔在山巅，直指苍穹，代表天界；地界——布骆陀神庙以及其他纪念布骆陀神的文化形式，布骆陀神庙在两界中间，代表地界；水界——水神湖，水神湖位置在最底下，代表水界。

设计感悟

艺术来源于生活而高于生活，这是家喻户晓的名言。生活是什么呢？生活是指人在自然界中的一切活动，如种田、吃饭、旅游、休息等。艺术是什么呢？艺术是指人在自然界的一切活动中，对自然现象进行的体验、感悟、提炼、加工，并用艺术的形式去表现它。例如，用音乐去表现高山流水，用绘画中去表现梅兰竹菊，用书法去表现阴晴圆缺。总之用艺术诠释自然、生活之规律。其目的是：使人们了解自然、认识自然、融入自然、人和自然能更好地协调发展。

雷公塔效果

部骆驼神庙

主大门效果图

铜鼓广场效果图

感官密码
——哈尔滨马家沟沿岸城市感官生态公园设计

Sensory Code
—The Design of Harbin Majiagou Shore Urban Sensory Eco-park

主创姓名：张艺帅 周骁 朱超

成员姓名：王新宇

所在学校：哈尔滨工业大学建筑学院

学　　历：本科

指导教师：冯瑶

作品类别：旅游度假区规划

作品名称：感官密码
　　　　　——哈尔滨马家沟沿岸城市感官生态公园设计

奖项名称：iDEA-KING 艾景奖铜奖

设计说明

随着现代化的不断推进，人类文明跨越了一个又一个的高峰，在与大自然的博弈中也越加强势。然而在人类文明集中体现的都市中人们开始彷徨、忧虑甚至抑郁，钢筋混凝土的质感无法触及人们的内心。本方案选址于密集的都市中心，试图建构一个多感官、多体验的生态公园，帮助人们重新找回淳朴自然的生活状态，实现都市中的"田园牧歌"。同时尝试城市生态公园的多种可能，在城市内涝、内河净化等方面发挥作用。方案原为哈尔滨儿童公园，由于年久失修已无法发挥都市公园的作用。在设计中，保留

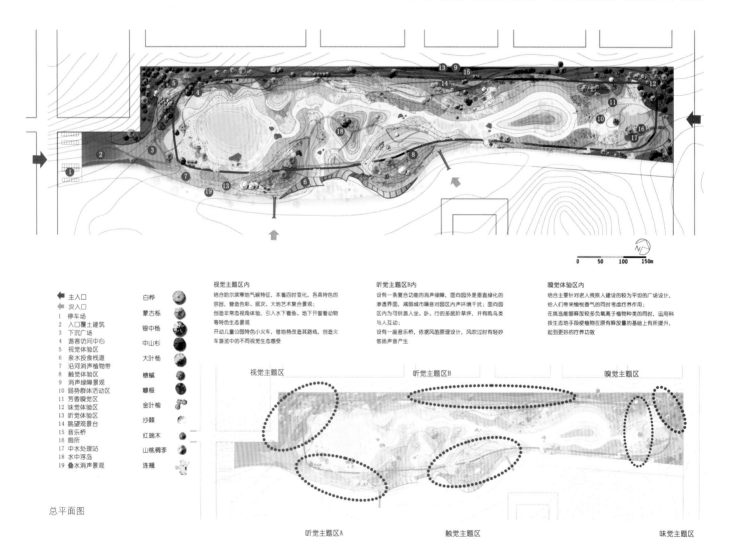

总平面图

主入口
次入口
1 停车场
2 入口覆土建筑
3 下沉广场
4 游客访问中心
5 视觉体验区
6 亲水投食栈道
7 沿河消声植物带
8 触觉体验区
9 消声绿障景观
10 弱势群体活动区
11 芳香嗅觉区
12 味觉体验区
13 听觉体验区
14 眺望观景台
15 音乐桥
16 厕所
17 中水处理站
18 水中浮岛
19 叠水消声景观

白桦
蒙古栎
银中杨
中山杉
大叶杨
槭槭
糠椴
金叶榆
沙棘
红瑞木
山桃稠李
连翘

视觉主题区内
结合哈尔滨寒地气候特征，本着四时变化，各具特色的宗旨，营造色彩、层次、大地艺术复合景观；
创造非常态视角体验，引入水下看鱼、地下开窗看陆地动物等特色生态景观；
开动儿童公园特色小火车，借地势改造其路线，创造火车游览中的不同视觉生态感受

听觉主题区B内
设有一条复合功能的消声绿障，面向园外是垂直绿化的渗透界面，减弱城市噪音对园区内声环境干扰；面向园区内为可供游人坐、卧、行的多层次草坪，并有鸣鸟类与人互动；
设有一座音乐桥，依据风笛原理设计，风吹过时有轻妙悠扬场声产生

嗅觉体验区内
结合主要针对老人残疾人建设的较为平坦的广场设计，给人们带来愉悦香气的同时考虑疗养作用；
在挑选能够释放较多负氧离子植物种类的同时，运用科技生态地手段使植物在原有释放量的基础上有所提升，起到更好的疗养功效

视觉主题区　　　　　　　听觉主题区B　　　　　　　嗅觉主题区

听觉主题区A　　　　　　触觉主题区　　　　　　　味觉主题区

设计感悟

了原小火车等相关设施，让历史的符号得以保留，并结合园区游览流线重新赋予其生命。设计主题为都市感官生态公园，提出多感官、多层次、多视角的入园体验，在触、听、嗅、视、味等多重感官上结合设计，设计手法中运用覆土、不同高差游览流线、植物选种配置以及雨洪管理等手段，最大限度地拉近人与自然的距离，在保证核心生态区生物活性良好的前提下满足缓冲区和游人活动区的各分区需求。同时考虑到园区周边内涝问题突出，园区地处低洼的优势有利于雨洪管理，发挥生态公园蓄水固水的特点。充分运用 GIS 等地理信息软件，帮助园区地形的分析与改造。建构完成的都市感官生态公园，包涵着对人与自然和谐相处的希冀以及运用所学所想良性改造现代都市的尝试！

设计的初衷在于观察到两方面：城市人们的身体健康和心理健康。

因此设计的全过程致力于研究各类人群的需要，在今天过于喧嚣的水泥丛林里，一片能够触手可及的感官绿色世界是人们所缺少的，同时也是人们所渴求的。只有通过五官的充分体验，才能将人们从电子屏幕中的森林公园拉回现实中，回归人类与自然的亲密接触。

森林中的感官风暴必然给人们带来了极大的改变，这不仅仅是设计地段哈尔滨所需要的，更是在全国各地都可以发展，都市人们所追求的，人类对于自然的渴慕，对于自然的回归。

设计中也照顾了各类人群，在设计自然景观的前提下，适当进行了具有中国特色的活动设施的设计，满足小孩和青年的需求，以求在城市中心最大化的为所有人服务。

而关于身体健康，设计中致力于最大程度地减少周围地段的尾气污染，覆土建筑和所设计的大量的垂直绿化层，在隔离了汽车噪声的同时，都尽可能地吸收空气中的有害粉尘颗粒，不仅让在设计中的居民有一个安逸的环境，也营造了周围居民绿色的生活。

同时，设计中尽量设计了分散水体，多体量的小水环境能够较大程度地吸收周围的污染气体，进行有效净化，并降低局部地区温差，形成有利的小气候。

此次设计在学习的同时，我们更加深刻地理解了社会中人们的需求以及景观对于人们在生态以及心理上的作用，受益匪浅。

生态旅游度假公园外环境设计

The Environmental Design of Ecological Tourism Holiday Park

主创姓名：张杰

所在学校：哈尔滨工业大学建筑学院

学　　历：本科

指导教师：唐家骏

作品类别：旅游度假区规划

作品名称：生态旅游度假公园外环境设计

奖项名称：iDEA-KING 艾景奖铜奖

设计说明

该项目地块位于黑龙江省哈尔滨市郊区，城镇旁边，交通便利，适合发展旅游，并且周围有很多景区，有规模效应。规划面积22公顷，主体包含一个水库，一个旧度假村和大片农田。设计难点集中在，水库枯水期和丰水期对场地规划的影响，坡差处理和生态景观保护等。设计理念：保护、突破和协调。要保护库区周围的环境，现有的生态平衡，要突破传统旅游度假区的传统景观模式，要协调人和自然的关系以达到最佳平衡状态。

鸟瞰图

设计感悟

设计初期，没有达到现场，不知道实地地形，只是照着现有的等高线设计，难免有些盲目。仔细观察和感受过现场后，才发现基地环境非常好、很自然，但也存在一些问题，比如水土流失，乱采乱挖，倾倒垃圾，水质一般等。这就给设计带来了难度，既要保留住原有的景观风貌，又要解决环境问题以及未来开发可能产生的问题，还要创新地设计景观。

先从场地规划开始，利用和改造现有度假村，沿坡度在同一层的地形设置环水库主道路，从主道路往外引申别墅区和附路以及木栈道等人行系统；别墅的设置主要考虑建筑与现有农田的结合，以及景观观赏的需要；现有长条形种植模式易产生水土流失，所以改成类圆形，便于排水和作景观欣赏；木栈道穿插在湿地中间，其间有透明玻璃区和吊桥，让人可以与自然更好地相处，有些部位还可以走下去，戏水、触摸植物。

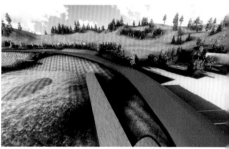

康健净月·和谐关东
——长春净月潭民俗养生度假村规划与设计

Jingyue Health Recovery Centre · Northheast of China in Harmony
—The Urban Planning and Landscape Design Of Changchun Jingyue Holiday Village

主创姓名：马建云 吴佳军 董杨初
所在学校：吉林建筑工程学院艺术设计学院
学　　历：本科
指导教师：高月秋
作品类别：旅游度假区规划
作品名称：康健净月·和谐关东
　　　　　——长春净月潭民俗养生度假村规划与设计
奖项名称：**iDEA-KING** 艾景奖铜奖

设计说明

该项目位于吉林省长春市净月潭国家森林公园内，并且地处东北寒带，因此该地段先天便有着东北独特的民俗文化、冬季美丽的严寒冰雪以及大片森林的幽静宁远。由于现今社会人群中亚健康比重过大，由此确定该设计主题为"养生"。

地段中的广场与小品的设计主要以养生为主，利用东北民俗、严寒冰雪和自然森林的地域特色将其展示给住户与旅客。其中，图腾健身区、生态养生区、冰雪活动区等，均是养生与各地域特色因素的完美结合，使得住户与游客即可在游览休憩中得到健康的，又可以从中领略到东北民俗的特色，领略到严寒冰雪的魅力，领略到森林浴场的宁静。

本方案人行与车行路线是由太极衍化而来，其中功能分区与建筑摆放是按照九星飞宫推算出来，使得其中无论在人文与风水都合乎情理，都给人以完美的感觉。

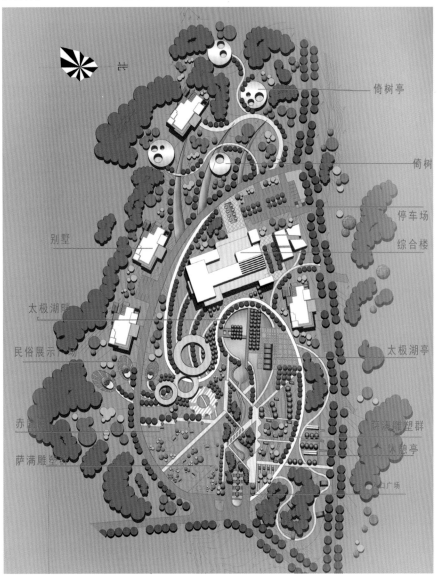

总平面图

鸟瞰图

生态观光区平面　　　≫ 景观广场平面　　　≫ 文化观光广场

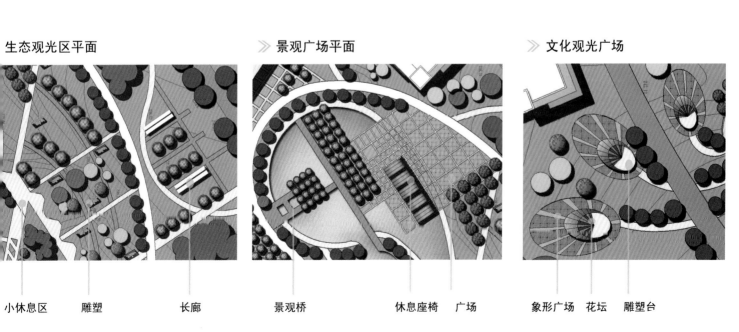

小休息区　　雕塑　　　　长廊　　　　景观桥　　　休息座椅　广场　　　象形广场　花坛　　雕塑台

大理龙首关旅游商业园概念性规划

Dali Dragon Offsite Tourism Commodity Base Conceptual Planning

主创姓名： 高佩
成员姓名： 贾卫国 徐成颖 郑敏 闫飞
所在学校： 昆明理工大学艺术与传媒学院
学　　历： 本科
指导教师： 张琪
作品类别： 旅游度假区规划
作品名称： 大理龙首关旅游商业园概念性规划
奖项名称： **IDEA-KING** 艾景奖铜奖

设计说明

场地区位： 场地位于云南省大理白族自治州上关镇旁的龙首关遗址的内城与外城之间，场区西沿点苍山脉，东靠214国道，北依上关镇，南望喜洲镇，且场地东南至西南部紧靠龙首关遗址的内城墙，场地总面积122 690平方米，周长2179米。

规划主题： "平行线的交点"——西汉的南丝绸之路，唐宋的茶马古道，现代的滇西北旅游路线，这3条不同时空下的平行线，纵向相交于龙首关一点。使龙首关成为商业、文化、宗教的交融地。

规划理念： "只今盛世追龙首，谁在记忆思流连。"

设计目标： 传承龙首关的历史文脉；挖掘南丝绸之路和茶马古道的历史价值；发扬大理民族风情；提取传统民居特征；融合中外文化；重塑人们记忆里"大理第一关"的历史形象；将其打造为大理"国际"旅游商品集散中心及旅游观光和各国民族风物展示区。

设计感悟

"只今盛世追龙首，谁在记忆思流连"——回忆里总有谁的影子——是西汉的南丝绸之路——还是唐宋的茶马古道——还是现在的滇西北旅游线——当龙首关被挖断——全世界都忘断了繁华的思绪——究竟是谁的记忆出了错。

设计原则——"四趣与四可"相结合原则。四趣：史趣——怀古之趣；天趣——天然之趣；商趣——购物之趣；观趣——骛远之趣。四可：可观——苍雪可观、洱月可赏；可游——曲径绕园、步移景异；可淘——异域风物、总有所爱；可居——别有洞天、舒适宜人。

设计要求： 规划布局强调空间的连通性和层次性；遵守瓮城原则；满足项目定位的整体要求；打造与主题概念相符的整体形势；尊重地域风俗，

投游模式

餐厅区
管理区
白族风情体验区
快餐区
川西风情体验
错落花阶
藏族风情体验区
冷饮区

生态隔离区

印度风情体验区

花海

泰国风情体验区

缅甸风情体验区

生态防护区

主入口
停车场
休息集散广场

台地
枯水景观
遗址保护区

斜落广场

文化交流广场

异国风物展示区
安静休息区
水源涵养区

————总平面图

总平面图

效果图一　　　　效果图二　　　　效果图三　　　　效果图四

延续当地文化；满足文物保护的保护性开发要求。

　　我们团队利用两个半月的时间，从搜资料到现场调查，再细细推敲，整理出了这个从3条线出发做成国际旅游商业园的概想，咋看有点异想天开，但是从理性分析来看，如果做成了，不仅大大提高大理的旅游经济，而且能打通大理的东西两条线，从各方面提升大理的旅游层次，不管从景观层面还是运营方面，都令人期待！

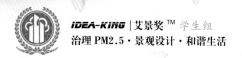
黑龙江五常市农业生态旅游开发规划设计

Rural Ecological Tourism Development Planning and Design of Wuchang City, Heilongjiang

主创姓名：胡长府 赵粒栋 陈军

所在学校：吉林建筑工程学院艺术设计学院

学　　历：本科

指导教师：高月秋

作品类别：旅游度假区规划

作品名称：黑龙江五常市农业生态旅游开发规划设计

奖项名称：iDEA-KING 艾景奖铜奖

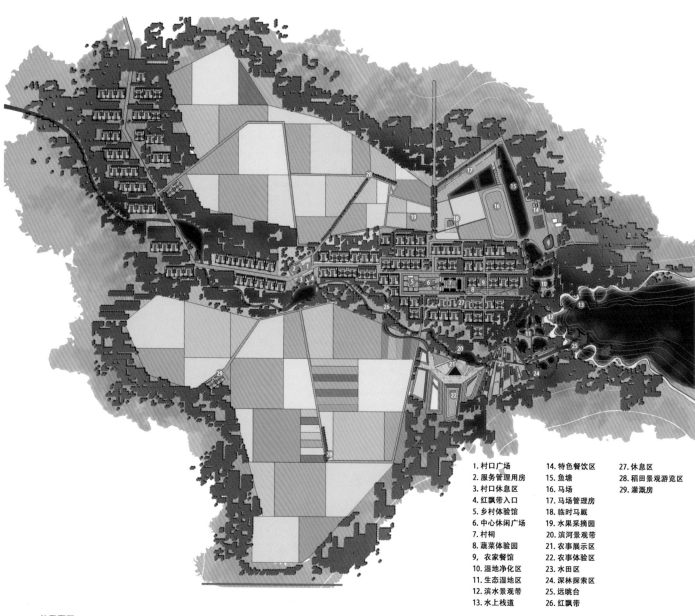

1. 村口广场
2. 服务管理用房
3. 村口休息区
4. 红飘带入口
5. 乡村体验馆
6. 中心休闲广场
7. 村祠
8. 蔬菜体验园
9. 农家餐馆
10. 湿地净化区
11. 生态湿地区
12. 滨水景观带
13. 水上栈道
14. 特色餐饮区
15. 鱼塘
16. 马场
17. 马场管理房
18. 临时马厩
19. 水果采摘园
20. 滨河景观带
21. 农事展示区
22. 农事体验区
23. 水田区
24. 深林探索区
25. 远眺台
26. 红飘带
27. 休息区
28. 稻田景观游览区
29. 灌溉房

总平面图

鸟瞰图

设计说明

　　该项目位于黑龙江省五常市，项目的特色在于从规划到深入设计都从"生态治理，人文关怀"的理念出发。对生态敏感度的深度分析，加上对民族文化的理解，使得我们的规划在农业生态旅游层面展开。在项目中，我们对场地中各种景观结构通过最低介入的手法，充分展现出对场地精神理解。我们探索了新能源与农村生活的有机结合，并且优化了农村产业模式，使得农林牧副渔产业全面发展。我们还对农村的公共空间进行了深入的分析，不仅为村内农民营造出良好的人居环境，而且还为来此旅游的人群提供具有农村和民族特色的集散空间。在对场地信息详细勘察的基础上，我们将废弃的砖窑和建筑改造，创造性地整合到新的旅游模式好产业链中。在过程中，我们更深刻地理解了本次大赛的意义。

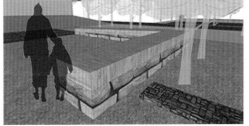

■ 广场空间
□ 公共建筑
■ 民用建筑
▨ 交通流线

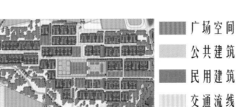

邻里空间：位于多个宅院之间的组团绿地，地铺和座椅材质取自于村内旧建筑拆除的石头和木材，采用季相分明的灌木和乔木搭配种植，四季景逸，为村民提供休憩交流的温馨小空间。

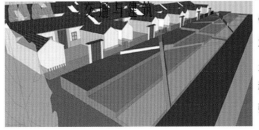

蓝溪谷景观概念设计

Blue Valley Landscape Design

主创姓名： 陈雅轩

成员姓名： 郭薇薇 蒲唯一

所在学校： 四川建筑职业技术学院

学　　历： 大专

指导教师： 段晓鹃

作品类别： 旅游度假区规划

作品名称： 蓝溪谷景观概念设计

奖项名称： *IDEA-KING* 艾景奖金奖

设计说明

设计理念：以绿色设计为概念

Reduce——减少用料

Recycle——回收再生

Reuse——重复使用

本项设计遵从生物多样性原理，模拟自然群落的植物配置。遵循以水为主体的设计：充分利用湿地中天型植物及其基质的自然净化能力净化污水，并在此过程中促进大型植物生长，增加绿化面积和野生动物栖息地，有利于良性生态环境的建设。选取泛欧景观中魏玛元素为蓝本，紧扣"魏玛元素"中的音乐文化元素，着力打造浓郁的欧式风情景观带，欧式喷泉景观跌水，景观小品，借助项目特有的生态景观湖，以水为景、围水造景，在不同的区域设置不同的亲水区域，强调人景的参与性。运用欧式景观及现代景观的设计手法，巧于因借、精在体宜，使景物于视线巧妙结合，营造一个生态自然、健康宜居、雅致内敛、秀外慧中、视觉多层次的魅丽文化小镇。

景观泳池

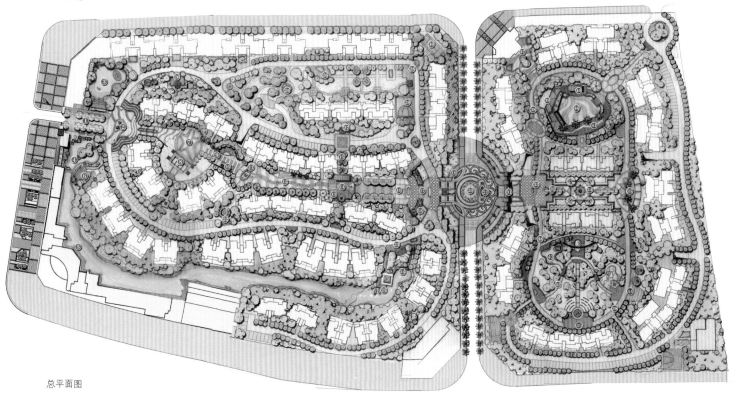

总平面图

设计感悟

低碳生活代表着更健康、更自然、更安全。返璞归真地去进行人与自然的生活。

在这个蓬勃发展的城市，是植物创造了凉爽的环境，弱化了钢筋混凝构架和玻璃幕墙僵硬的线条，增加了城市的色彩。我希望当我们走出办公室、家或学校时，感到自己身处一个花园之中。实现人与环境的和谐共处，最终达到人类不断追求的理想化生活方式实现的目的。

我希望能应用生态学原理，保护利用场地现有的自然生态系统。可以通过利用当地的乡土资源：使用乡土物种的管理和维护成本最少，能促使场地环境自生更新、自我养护。另外尊重场所自然演进过程：保留原场所的自然特征同时基于生态调控原理，利用并再生场地现有的材料和资源；倡导能源与物质的循环利用，使用再生原料制成的材料，将场地上的材料和资源循环使用，最大限度地发挥材料的潜力，最大限度地减少了对新材料的需求，减少了对生产材料所需的能源的索取。对于土壤的设计：采用生物疗法，处理污染土壤，增加土壤的腐殖质，增加微生物的活动，和其能吸收有毒物在植物废弃物的处理：利用微生物发酵技术使这些废弃物转化为可以利用的土壤介质，不但可以减少填埋场的面积，减少病原菌的繁殖场所，同时解决了园林植物废弃物的处置问题，降低城市绿化维护成本。

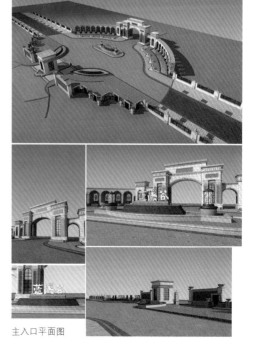

主入口平面图

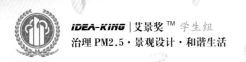

陌上花开

Blossom on the Field Ridge

主创姓名：吴亚杰
成员姓名：刘坤宇 汪军 王贵 夏东东
所在学校：安庆职业技术学院
学　　历：大专
指导教师：唐长贞
作品类别：公共环境设计
作品名称：陌上花开
奖项名称：iDEA-KING 艾景奖银奖

设计说明

在这里我们走进了园林这座神奇的艺术殿堂。她让我们欣喜地看到，城市环境如此和谐，也让我们想起自己的童年，我们更希望她能改变乡村环境，让所有人的生活环境都文明有序。

这正是我们的项目背景，当老师交给我们安徽省望江县樟湖镇中心学校景观设计这个项目时，我们突然感到这已不是一次作业、一次实习，而是我们作为陌上独自开放的小花，为自己重造梦想中成长环境的机会，这个项目是我们心中那抹霞彩的飘落。"陌上花开""小溪，童年的梦""故乡的风"，希望有着我们一样童年的他们在这里淋浴春风雨露，美丽绽放。

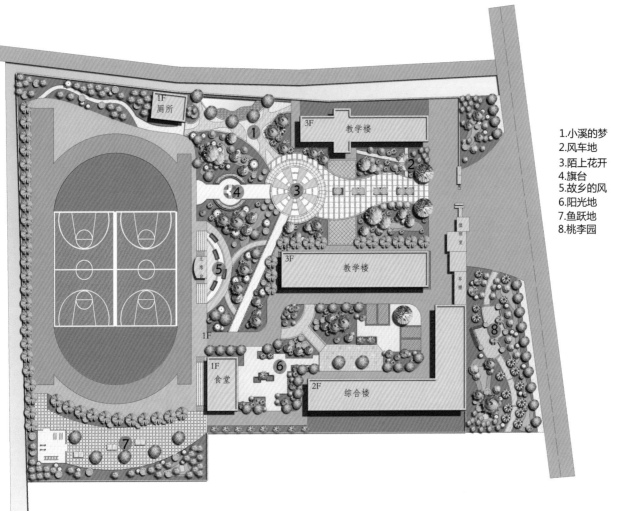

1.小溪的梦
2.风车地
3.陌上花开
4.旗台
5.故乡的风
6.阳光地
7.鱼跃地
8.桃李园

总平面图

鸟瞰图

设计感悟

4月初的季节，我们随老师去郊外，田野里油菜花一片片金黄，像画家不小心打翻了颜料盒，奢侈地铺向一眼望不到的遥远边际，暗香沉醉的田野边，一座普通的乡村小学在眼前。农家小院式的大门，俗气地贴着朱红色的镜面花岗岩，没有特色的教学楼，单调突兀的儿童游乐设施，几株孤零零的杂树，脏乱的环境。一切是那样熟悉，一切又是那么的令人感慨：乡村环境自然、恬静、生机盎然、如诗如画；村民们的建筑、人工环境却是那样的缺乏审美观点，无所适从，即使是眼前的学校，也一样不例外。

望着在落满灰尘的土地上跑来跑去欢笑着的小学生，我们好像看到了自己的童年，充满着亲切，也盈满了心疼。一切是那样的顺理成章、自然而然：设计的灵感来自真情，设计的激情来自热爱，设计的源泉来自生活……当我们首次提交初步方案时，学校方面没有任何意见，全部接受。

接下来很快地就进入了详细设计阶段，目前该项目正在施工。愿我们的努力能让他们一样在阳光下享受到园林对美好生活的惠顾，一如田野里恣意的小花，尽情开放。

别墅景观设计之田园地

The Pastoral of Villa Landscape Design

主创姓名：雷任梓
所在学校：广东省建筑职业技术学院
学　　历：大专
指导教师：陈炜林
作品类别：居住区环境设计
作品名称：别墅景观设计之田园地
奖项名称：**iDEA-KING** 艾景奖铜奖

设计说明

设计区的别墅庭院风格以"简约田园"的风格来设计，以田地和园圃特有的自然特征为形式手段，表现出带有一定程度的乡间艺术特色和现代风格，自然闲适，清新明朗。

庭院的命名来自于主题，叫田园地，作为两庭院的总称。为区别两庭院的各自特色，1号别墅庭院名称为"S·田园地"，2号别墅庭院名称为"R·田园地"。1号庭院和2号庭院的单个字母表示设计主体形状，也是他们的名字，S是Square，正方形；R是Rectangular，长方形。

1号别墅庭院"S·田园地"和2号别墅庭院"R·田园地"在设计上基本没有使用曲线，如它们的名，方方正正、简简单单。从整体布局上来说S和R是一样的，采用前密集后开阔的形式，同时后庭院具有明显的景观轴线和块状的绿地。两庭院都设计了无边缘泳池，以一种水体贴近水体的方式去表达园野的氛围，同时使得视野更加开阔。

设计感悟

"田园地"这个概念是源于我对与老家门前的那几片稻田印象。多年未回老家了，记忆中的那个夏末，安静的午后，风不大，却乐得门前那几片稻田上快熟的稻子们欢乐的摇摆，有节奏的摩擦着发出"唰……唰……"声，黄绿的交替着，像海边的波浪，舒服极了。或许这设计带上了些许我对家乡的思念，也表明我喜欢田园的这种感觉，有序的排列，简单却又细腻。

繁华的都市，复杂的社会群体，忙碌的工作，这里有着精彩的世界，却少了份宁静。我想为那些在那精彩世界中的人添份简单的宁静，在自家里就能感受到那种清新自然的田园气息。因此"田园地"的设计内容很简洁，一片入院的空地，一块休闲小地，一个池塘，几片

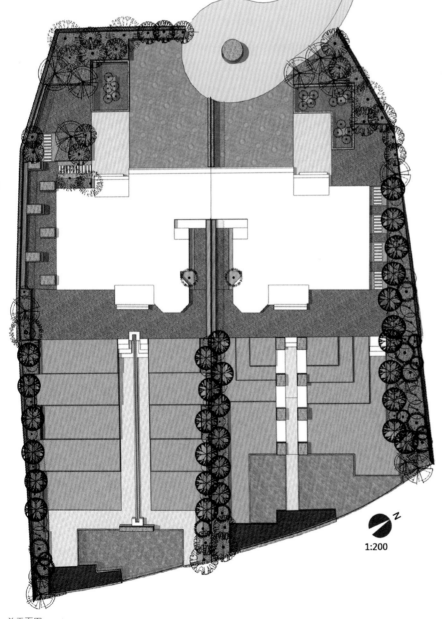

总平面图

1:200

规则的草坪梯田加上一个泳池，没有曲折复杂的东西，就这样简单。这也是表达出我喜爱的生活方式，简单并附有生命力。或许这样简单并不能完全体现别墅的层次，主人的社会地位，但是却可以给人另一种的不失高档的高雅感觉。

　　在这不断城镇化的年代，我想给自己还有大家一个回归田园的开始。

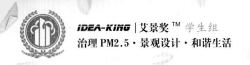

虚拟生态农家庄

Virtual Ecological Farm Village

主创姓名：甘婷蕉 田唯 王娟

所在学校：天一学院

学　历：大专

作品类别：公共环境设计

作品名称：虚拟生态农家庄

奖项名称：**IDEA-KING** 艾景奖铜奖

设计说明

1.概况

本项目位于北郊天回镇，距城区 10 千米，左邻成都市植物园，后接银杏园等众多农家乐，园内绿树成荫，环境幽雅，景色宜人，是天一学院老校区。

2.设计思想

本设计主要考虑将该园区设计成具有多特色的综合功能生态农家乐，主要包括游憩、住宿、餐饮、棋牌室、书籍周刊阅览室、农家劳作生活、生产体验活动七个方面。而面对日趋严重的PM2.5环境问题，最好的办法是植物和水的吸附降解，所以在提高游人的吸引力和环保的前提下，我们不仅规划设计了沼气池、屋顶绿化、稻田种植、油菜田、向日葵田、大棚蔬菜、草莓种植区，还有葡萄树、梨树、李树、桃树生态园和美丽的玫瑰园、荷花池等，在不同的季节、不同的游憩方式下环抱最切实际的自然环境，还充分做到循环利用资源、在生活上自给自足和有效、有行动的为治理PM2.5，作出了自我的贡献。

设计感悟

通过这次比赛，在设计方面，我们了解了沼气池的作用、功能和相关的屋顶绿化，知道了在选择屋顶绿化植物上，要选耐干旱、生命力旺盛、覆盖能力强、低养护的多年生地被植物和对基质的营养以及水分供应要求不高，后期仅需少量人工维护，建造和维护成本低的植物。面对PM2.5，我们通过收集资料，发现最好的办法是植物和水的吸附降解，所以在一系列的收集考虑中，我们不断完善了园内种植设计，在经济作物为重点特色的设计下，我们将其余绿化多种植国槐、丁香、银杏、毛白杨、紫薇、榆叶梅等为主的高吸附粉尘植物。

本次农家乐设计我们主要定位：自然、生态、便于游憩、宜居、美化环境、资源的循环利用。过程中我们全面分析原学院的特征、特性、功能和优劣，注意到农家乐与一般农家乐的区别，兼顾游人的爱好与游憩需求，发挥农家乐的全方位功能，在整体上要使多特色综合型农家乐与周边环境、绿化和应对PM2.5相互融合。使该农家乐成为环境幽雅、景色宜人、经济环保、特色鲜明的一个新型农家乐。

在设计构想、项目分析、具体设计中我们不断接触、了解新的知识，发挥每一个队员的创作思想，在不断完善作品的同时，我们都有所长进，不断了解了不同领域的知识。为我们今后的设计生涯扩宽了知识面。记录了设计灵感，积累了经验，期望在成为设计师的道路上能不断提高创作水平。

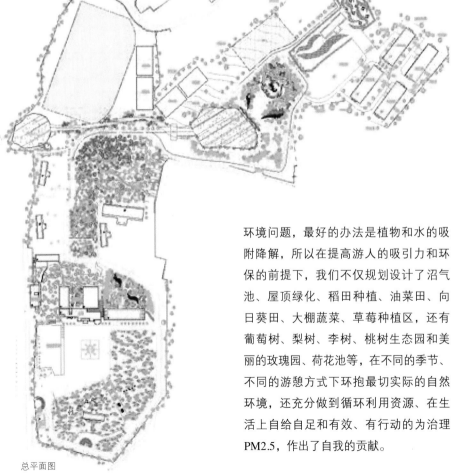

总平面图

鸟瞰图

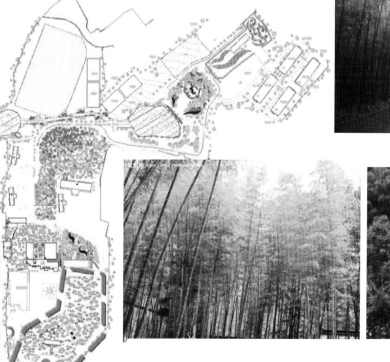

XWHO®|**RECON**®
A Planning and Design Subsidiary of RECON Network

nearly **50**+ years
operating history
近50年运营历史

1500+ employees
work hard together in the world
1500名全球员工共同奋斗

100+ different
countries and districts
where XWHO is actively working
业务遍及100多个国家及地区

provide services
in **18**+ fields
向18个领域提供专业服务

participate in the global **1000**+
large and medium-sized projects
参与1000多个全球大中型项目

智
城市之美
创

如需详细了解，请访问
www.xwhodesign.com
400-688-1639

| 波士顿 | 西雅图 | 巴吞鲁日 | 温哥华 | 香港 | 悉尼 | 东京 | 北京 | 上海 | 杭州 | 昆明 |
| BOSTON | SEATTLE | BATON ROUGE | VANCOUVER | HONGKONG | SYDNEY | TOKYO | BEIJING | SHANGHAI | HANGZHOU | KUNMING |